產品管理 第2版

PRODUCT MANAGEMENT

從創意到商品化

徐茂練 編著

作者序

商品是企業與市場交易的標的，商品的內涵包含產品、服務、體驗，或是三者的組合。商品最直接的目的是達成交易，既要滿足顧客的需求，也為企業帶來收益。這樣的目的要能滿足，需要從兩個角度來探討，第一個角度是商品的內涵，商品的內涵指的是抽象的產品概念或是商品的規格，甚至是具體的商品本身，企業所推出的數種產品或產品線，稱為產品組合，產品規格及產品組合最重要的考量，是企業的設計要能滿足市場的需求；第二個角度是商品的生命週期，商品的生命週期從構想、研發、量產製造、上市，直到產品銷售及下市，生命週期的主要目的是要讓商品能夠順利生產、順利銷售。

商品管理包含商品及其生命週期的管理，是一連串的決策及規劃活動，例如：決定公司的產品組合就是一個典型的決策，生命週期中產品規格的決定或是上市的行銷手段，也是重要的決策項目。產品經理人所扮演的就是商品管理的角色，產品經理要扮演好這樣的角色並不容易，因為這一連串的決策與規劃牽涉到複雜的溝通與知識技能。溝通包含對上的策略溝通、對下的專案成員溝通、水平的跨部門溝通，以及對顧客的溝通，各個溝通對象具有不同的需求考量與立場；就知識技能而言，包含產品策略擬定的策略知識、產品發展過程的專業知識、財務評估、市場評估、專案管理等，都相當專業而且跨越不同領域。因此，產品經理人要在產品生命週期中，成功地做好每一個階段的管理工作、有效地銷售產品，是相當不容易的。

討論商品管理內容的書籍主要是行銷管理、新產品管理、產品發展、產品設計等主題，這些書籍可能偏重於行銷、新產品發展的設計與技術、新產品發展專案管理等。就一個大學或技專院校商管背景的學生而言，為了要學習商品管理的理論與實務，面對這些書籍，選擇、閱讀時不易取捨，需要一個具有整合性而且入門的教科書作為指引。所謂整合性，指的是商品管理所牽涉的行銷、策略、技術、財務、設計等概念的整合，有了整體的概念，再進一步去鑽研相關的理論背景與運作的實務細節，方能充實商品管理所需之專業知識與溝通技巧，善用相關工具，提高商品成功之機率。本書的目的就是要提供產品經理人在進行產品管理時，有一個較為整體性的認知。

本書首先運用基本的邏輯來描述商品管理的架構，繼而說明該架構中相關的規劃與決策內涵，以及執行這些規劃與決策所需的知識技能。本書寫作時文筆相當淺顯易懂，也引用許多實例說明，每章之前均有與該章主題相關之實務個案，以供討論，是一本相當適合大專院校商品管理相關課程之教科書或參考書籍。

由於作者才疏學淺，此書又匆匆付梓，疏漏之處，恐在所難免，期望各界先進，不吝指正。

涂茂練 謹識

民國 112 年 12 月於臺中

目錄

本書導讀

本書共十六章，以第一章至第三章為基礎內容，延伸出產品管理的三大行動，包含產品策略、產品發展、生產與銷售等三個階段。第十五章講述專案組織與執行等流程，提供專案管理的基本概念。行動一至三分別對應第十六章各節的專案管理釋例，讓讀者實際演練產品專案的策略分析，以及製作專案章程等步驟，協助驗收學習效果。第十四章為前述章節的統整，幫助讀者釐清產品生命週期的重要觀念。同時，書中運用章前「引導案例」與內文「產品新趨勢」專欄，結合產品管理知識與產業時事的應用，全書架構如下圖所示。

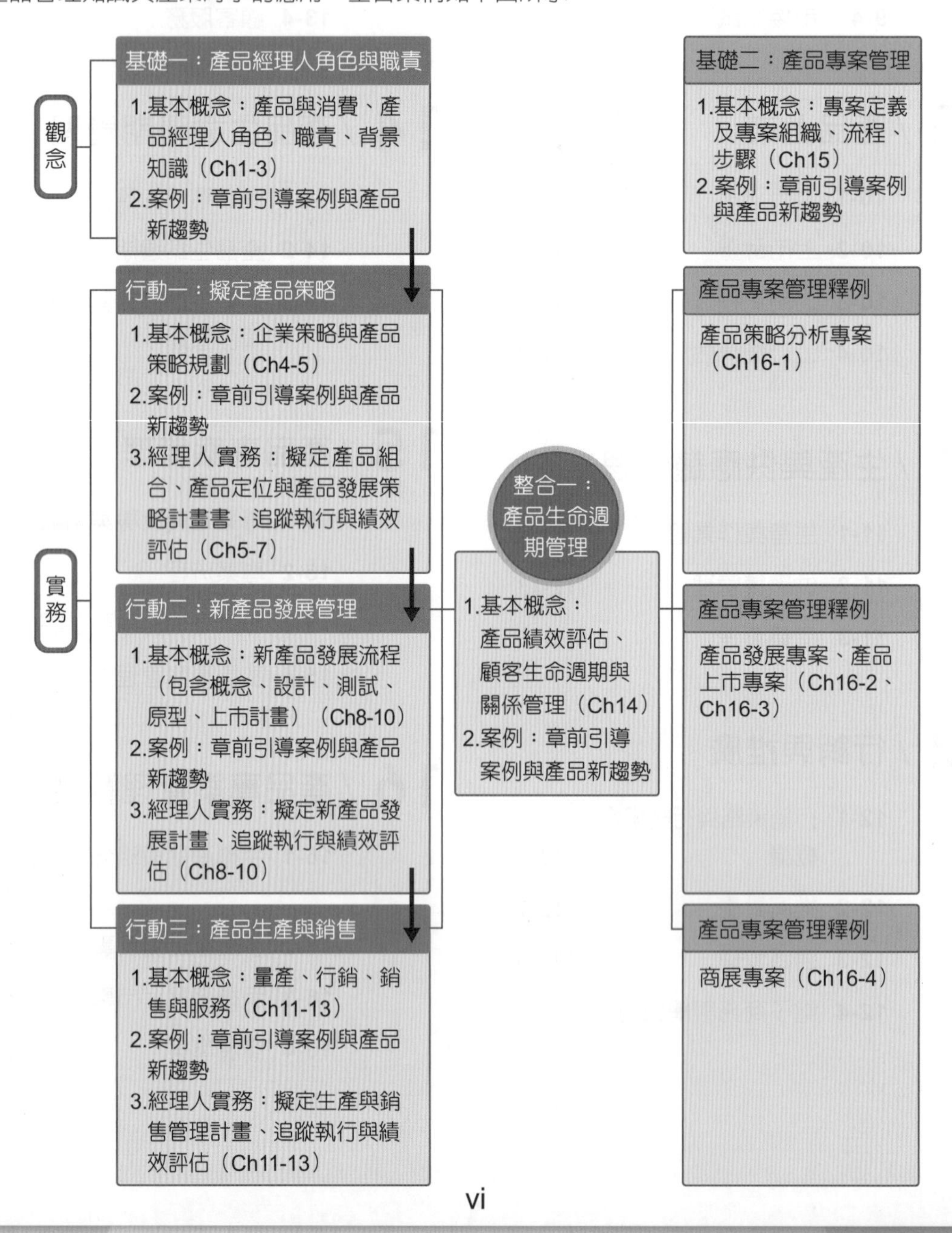

01

產品與消費

學習目標

本章內容為產品與消費之間的關係，從生產者與消費者的角度，說明生產者對產品的定義與產品組合決策，以及消費者對產品的需求與消費行為，各節內容如下表。

節次	節名	主要內容
1-1	產品的定義與角色	說明產品的分類、產品組合以及產品的內涵。
1-2	企業對產品的觀點	說明企業的理念與能力以及該企業所生產或銷售產品的關係，並說明產品與企業、產業、社會之層次關聯性。
1-3	消費社會	說明消費者的消費行為、類別與消費模式。

引導案例

華碩首款家庭服務機器人 ASUS Zenbo

2017 年德國紅點設計大獎（Red Dot Design Award）公佈得獎名單，華碩（2357）憑藉其產品設計實力，於 54 個參賽國家、5,500 項作品中脫穎而出，一舉奪下九項產品設計獎座。華碩獲獎的其中一項產品是華碩智慧小夥伴 ASUS Zenbo，該新聞指出：

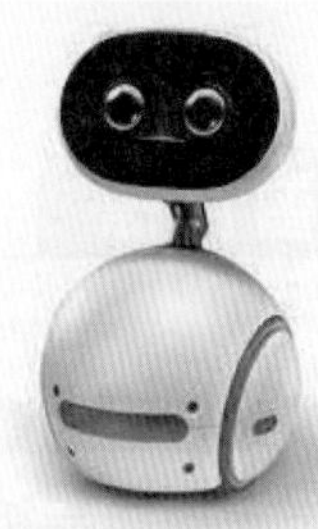

圖 1-1　ASUS Zenbo 家庭服務機器人（圖片來源：ASUS）

ASUS Zenbo 為華碩首款家庭服務機器人，華碩表示，其具備協助、娛樂及陪伴等豐富功能，例如：可提供孩童兼具互動及學習性的故事和遊戲，刺激創造力與訓練邏輯思考能力，成為寓教於樂的好玩伴，同時還是聰明生活小幫手，能查詢、朗讀食譜，連接控制多種智慧和傳統家電與感測裝置，甚至可透過內建鏡頭，化身全家人專屬攝影師，或做為守護居家安全的監控攝影機；此外，Zenbo 不僅能在年長家人跌倒時，立即將警示通知傳送至預設的家庭成員智慧型手機，還可引導其輕鬆於社群網站分享生活、觀看 YouTube 影片、網路購物，讓樂齡族無縫接軌最潮最夯的數位智慧生活。

從上述個案中，我們可以從不同的角度來描述商品，其中最重要的角度是從與商品相關的對象來說明。以商品本身來說，可以由其名稱、功能、規格、特色、整體印象等來描述該商品；以商品的提供者（製造商）來說，主要重視的問題是為什麼該商品能夠順利銷售出去，也就是該商品具有競爭性；以商品的使用者（最終消費者）來說，消費者重視的是商品的價值，也就是利益與付出成本的比值。

其次，我們對於消費社會為什麼願意、喜歡，甚至有些瘋狂地購買某些商品，也感到好奇。就消費者而言，商品可能可以滿足他（她）們多方面的需求，就社會而言，整合社會可能因為商品化而提升生活品質，但也可能是負面的效果，甚至引發災難。如果從企業的角度來看，企業是商品的生產者，其關鍵的議題是商品能否做得出來？能賣得出去？前者就是廠商的能力，後者是廠商的競爭力。（資料來源：MoneyDJ 新聞，2017-04-13）

1-1 產品的定義與角色

產品是指任何提供給市場，以滿足消費者某方面需求或利益的東西，廣義的產品形式包含製成品（又稱實體產品）、服務、事件、地方、個人與組織、理念等（曾光華，民 95，pp. 297）。本書所討論的產品主要是以產品和服務爲主軸。

產品是能夠提供買賣雙方於市場上進行交易之個體，所謂買賣雙方指的是買方與賣方。買方指的是消費市場上的消費者，或是購買產品的企業；賣方指的是產品的提供者，可能是產品的生產者，或是產品的通路商，譬如批發商或零售商等。

描述產品可以從產品的分類、產品的組成與產品的角色等三方面來說明。產品的分類，乃是從市場或技術的角度來將產品加以分類，例如：消費品與工業品，電子產品、食品等；產品的組成從生產者的角度來描述產品，代表該企業所生產的所有產品，或針對個別產品項目，描述其成份、效益與屬性；產品的角色則是描述生產者與消費社會之間的關係。

一 產品的分類

(一) 消費品與工業品

產品的分類是從整個市場或整體社會的角度來認識商品。從市場的角度而言，指的是購買或使用產品的對象，產品若從使用者的對象來區分，可分爲消費品與工業品。

消費品指的是供給最終消費者使用之商品，消費者包含個人或是家庭，例如：選購品、便利品等，供消費者日常生活或特定情況之使用。Kurtz 及 Boone 將消費品分爲四類型（林正智、方世榮編譯，民 98），說明如表 1-1 所示：

表 1-1 Kurtz 及 Boone 消費品四類型

消費品四類型	說明
便利品	消費者經常購買之商品。
選購品	消費者需要較為慎重考量之後才購買的商品。
特殊品	對消費者而言具有獨特性的商品。
未覓求產品	消費者尚未體認到需求的產品。

1. **便利品**：指的是消費者經常購買之商品，包含日常用品、緊急用品、衝動購買品等。針對便利品，消費者可能購買的頻率較高、希望快速購得，而且付出最少心力購買。

2. **選購品**：指的是消費者需要較爲愼重考量之後才購買的商品，消費者通常在比較各競爭品牌的價格、品質、形式及顏色等特性後再決定購買，同時在購買過程中會搜尋相關資訊來協助選購。
3. **特殊品**：指的是對消費者而言具有獨特性的商品，因爲具有獨特性，使得購買者會崇尙特定品牌。
4. **未覓求產品**：指的是消費者尙未體認到需求的產品，例如生前契約、長期照護等，通常生產者需要協助消費者找出其潛在的需求。

工業品則是供給工廠使用之產品，工廠使用之目的通常做爲設備、生產要素或是耗材，而進一步生產下一級之產品。購買者或使用者購買的標準當然是產品的功能是否能夠滿足自己在企業運作方面的需求，例如：在生產方面的產品研發、設計、生產等需求或是日常營運的需求。Kurtz 及 Boone 將工業品分爲六類型（林正智、方世榮編譯，民98），說明如表 1-2 所示：

表 1-2　Kurtz 及 Boone 工業品六類型

工業品六類型	說明
設備	設備是因應企業生產運作所需的特殊品。
附屬設備	附屬設備是花費較少，且使用期限較短的設備。
零組件	零組件是企業將其用來生產或組裝成另一種產品的某階段完成品。
原料	原料主要是由農產品及天然產品所構成，成為企業生產最終產品之原料。
物料	物料是指企業日常營運所需的物品。
企業服務	企業購買用以輔助其生產與營運流程的無形產品。

1. **設備**：設備是因應企業生產運作所需的特殊品，包括新工廠與大型設備的資本投資及電信系統，設備使用期間通常較長，而且涉及較高的金額。
2. **附屬設備**：附屬設備是花費較少，且使用期限較短的設備，例如：電腦。

圖 1-2　汽車影音設備（圖片來源：國際電子商情）

3. **零組件**：零組件是企業將其用來生產或組裝成另一種產品的某階段完成品，例如：對汽車業而言，需要購買 DVD 影音設備組裝於汽車內，DVD 影音設備則是企業的產品。
4. **原料**：原料主要是由農產品（例如：雞蛋、牛奶等）及天然產品（例如：煤碳、礦產、木材等）所構成，成爲企業生產最終產品之原料，例如：購買雞蛋、牛奶等原料來製作蛋糕，購買木材來製作傢俱產品等。
5. **物料**：物料是指企業日常營運所需的物品，所謂日常營運所需就是不會製造或加工而成爲可銷售的產品，例如：工廠的冷氣設備需要空調濾網等物料；用來修復機械的螺帽和螺栓的修繕項目；用來處理文件的紙、筆等營運物料。
6. **企業服務**：指的是企業購買用以輔助其生產與營運流程的無形產品，例如：財務服務、設備與交通工具租借服務、保險、保全、法律建議及顧問等。

(二) 技術領域

從不同的市場或技術領域可以區分各種不同的產品，不同行業的產品不同，所需的技術也不同，例如對半導體產業而言，半導體（如 CPU 或記憶體）是他們的產品，所需的技術包含電路設計、封裝、測試等技術；對資訊業而言，其產品可能是個人電腦，所需的技術則包含硬體設計與製造技術，以及軟體技術，而半導體就成爲該產品的零件。如果資訊業著重的是軟體，則軟體就是該公司的產品，包含系統軟體或應用軟體，而其技術包含系統發展、測試等技術，而有其系統發展的流程可遵循。

如果以資訊通訊技術爲基礎來發展產品，可能發展出數位產品。例如書籍、音樂等，均可能以完全數位化的方式構成數位產品，而許多實體產品也都可以透過數位技術增加其知識、強化其功能，例如自動化產品、智能化產品等，也可稱爲數位化產品。

若不談共通性的資訊通訊技術，而由各行業的專業技術來區分，則各領域均有其特定的市場，運用專業的技術，例如機械業、電子業、化工業等均有許多類型的產品。

(三) 產品、服務與體驗

從個別產品來說，產品可能包含服務及體驗的成份；廣義的產品有實體產品（Goods）與服務（Services）之分。實體產品的特色是本身較爲具體（Tangible），其規格能夠明確地描述，而且產品與消費過程是分開的，產品也可以獨立地儲存。反之，服務是較不具體的（Intangible），其生產與消費的過程往往是同時發生的，在消費過程中，與顧客的互動較爲頻繁，而且針對同一項服務，每次提供服務的內容或品質均可能不同，例如，每位客人到同一家餐廳用餐、點相同的菜色，但所獲得的服務仍具有差異。

實體產品與服務是相對的概念，消費的過程往往是兼具兩者，只是其比例不同，而有不同的消費過程。例如：購買電腦產品、汽車等，其主要的項目是實體產品，但是也包含運送、安裝、維修等服務，而醫療服務或是餐飲服務則是以服務爲主，但也包含實體產品，例如：藥品、餐點等。

圖 1-3　觀光酒廠（圖片來源：Proof）

相較於產品，服務的主要特性如下（Wolak, Kalafatis, and Harris, 1998）：

1. 無形性（**Intangibility**）：基本上服務是比較無形的，可能是感覺不到或是看不見的，因此顧客難以用感覺實體產品的方式來感受服務。
2. 不可分離性（**Inseparability**）：不可分離性就是指服務的生產、行銷 / 銷售與消費三者是無法分離的，每個流程幾乎是同時發生的。
3. 異質性（**Heterogeneity**）：異質性是指服務不像實體產品一樣具有標準化的特性。一樣的服務規格，不同的人員、時間、地點，服務的品質可能就不一樣；一樣的服務內容或服務品質，不同的人感受也不一樣。
4. 易消逝性（**Perishability**）：易消逝性是指服務無法像產品一樣加以儲存，隨著服務過程結束，服務也跟著消失了。

產品也可以被用於體驗設計之中，例如：近年來常見的DIY、觀光工廠等都是。此外，由於資訊科技的普及、品牌觀點的提倡以及溝通方式與娛樂作結合的趨勢，使得新時代的消費者需求改變。簡單來說，消費者需要的不再只是功能導向的產品，而是想要娛樂、刺激、情感的誘發與富創意的體驗。

體驗（Experience）係指某種心理情況時的意識過程，Pine 和 Gilmore 在「體驗經濟時代」一書中曾提到，體驗事實上是當一個人達到情緒、體力、智力甚至精神的某一水平時，意識中所產生的美好感覺。而兩個人不可能得到完全相同的體驗，因爲任何一種體驗，都是某個人本身心智動態與那些事件之間互動的結果（夏業良、魯煒譯，民 92）。

Schmitt 認為體驗行銷應該包含下列五個構面（王育英、梁曉鷹譯，民 89）：

1. **感官體驗**：經由視覺、聽覺、觸覺、味覺與嗅覺而產生的體驗，例如：巧克力漂亮的形狀、裝飾是視覺感。經由感官的刺激，提供了美學的愉悅、興奮、美麗與滿足。
2. **情感體驗**：透過內在的感覺與情緒，例如：品牌造成的歡樂或驕傲的情緒等。情感體驗包含心情與感情，心情往往是不明所以然的，感情則是有意義有原因的，生氣、愛、嫉妒，皆是感情。
3. 思考：訴求智力，讓人能夠創造認知、解決問題，例如：經由驚奇，引起顧客的興趣，而使其思考，鼓勵他們對企業與產品重新進行評估。思考也包含學習，例如：樂器供應商提供學習打鼓的機會，錶店可讓顧客學到手錶的歷史。
4. **行動體驗**：指影響身體的有形體驗，或較長期的行為模式與生活型態相關之體驗，例如：牛奶的銷售過程中，可建議在食譜中以牛奶替代水，說明多喝牛奶有助於強壯骨骼。
5. **關聯體驗**：包含感官、情感、思考、行動等層面，同時超越個人人格、私人感情，而且讓個人與理想自我、他人或文化產生關聯，包括與其他社群、國家、社會，或是文化的連結，其訴求在於自我反思。

由產品、服務到體驗，我們可以從商品的具體性與消費者的主導性來加以區隔。產品、服務到體驗的不具體性越來越高；消費者的主導性指的是消費者對於產品、服務、體驗的控制、參與的程度，針對體驗而言，消費者的主導性相當高，產品則最低。產品、服務、體驗的關係如圖 1-4 所示。

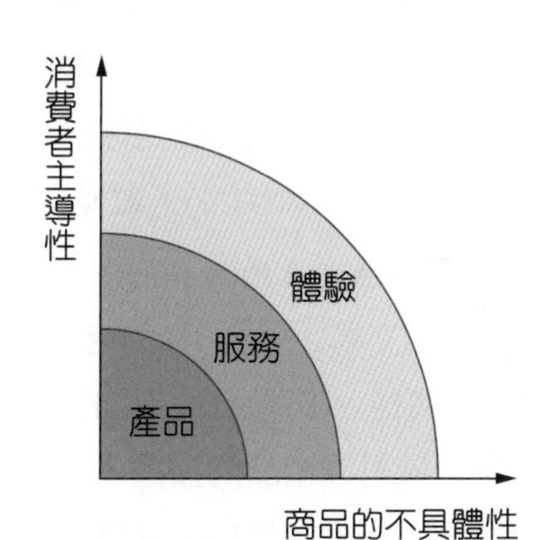

圖 1-4　產品、服務、體驗的關係

二 產品的組成

(一) 產品組合

產品組合指的是企業生產所有產品的集合，也就是說，產品組合是企業爲了面對競爭所需制訂有關產品的規劃或決策，在行銷學上就稱之爲產品組合（Product Mix），產品組合又稱爲產品搭配（Product Assortment）。

產品組合牽涉到企業所生產之各類產品的安排，可能包含新產品與舊產品的組合，或是不同產品線與不同類型產品的組合。了解產品組合管理的目的是希望透過產品組合決策，能夠持續地滿足目標市場的需求。產品組合管理主要的工作便是決定產品線的長度、每條產品線的產品數、每項產品的規格或選項數，分別成爲產品組合的長度、寬度及深度。產品組合管理可以分成這三個層次來說明，範圍由大到小分別說明如下。

1. 產品線（Product Line）

產品線是一家公司所提供的一系列相關產品，也就是指一群在功能、價格、生產程序、通路或銷售對象等方面，所有相關的產品所組合而成。例如：化工企業的產品線可能分爲營養保健、美容保養、家庭清潔等產品線；食品公司可能包含冰品、飲品、甜點等產品線。有些公司的產品線是以原料的成份來區分的，例如：某保健食品公司是以蟲草、大豆異黃酮、藍藻、葡萄糖胺等成份來區隔其產品線。

2. 產品項目（Product Item）

指特定規格、型號、屬性或造型的產品，也是最基本的存貨持有單位（Stock Keeping Unit），通常簡稱品項。對於生產、存貨、銷售的管理而言，產品項目是一個很好的管理單位。例如：面膜是化妝品公司的彩妝產品線的產品項目之一；食品公司的飲料類產品中，紅茶飲料算是其個別品項，紅豆冰棒是冰品產品線的一個產品項目；保健食品公司的蟲草產品線有飲品、膠囊、粉末等產品，藍藻產品線有藍藻錠產品。

3. 產品特徵與功能（Product Features and Functions）

就產品項目而言，於市場上進行交易之商品，諸如手機、電視機、電腦、玩具等等，均有其名稱與功能，也有其交易之價格。描述這些商品的最具體的方式就是規格，例如：電視機的尺寸、解析度等。各個領域對於產品的描述，其角度或重點有所不同，也就是每一個產品項目各有其不同的特色及規格，例如：食品公司的綠茶產品有無糖、有糖、大瓶、小瓶等規格；又例如保健食品公司的蟲草飲品有各種配方之規格。不同的角色描述產品特徵與功能有不同的重點，消費者或使用者重視產品的價格、規格與功能，工程師或設計師則較重視技術規格，行銷人員則需要針對兩方面進行妥善之溝通。

(二) 產品的層次

產品的層次是從概念化的角度，由內而外來描述產品的內在本質與外在的影響力，了解產品層次是消費者（顧客）需求分析的基礎。

從行銷領域而言，對於商品的定義包含核心產品、包裝、延伸產品等不同的層次，Kotler（1980 至 1999）將產品分爲三層次，爲核心利益、有形產品（包含特性、設計、包裝、品質水準、品牌名稱等五項）與延伸產品（包含售後服務、保固、產品支援、傳遞與保固），核心利益是概念化的價值描述，有形產品是實體的載具，延伸產品則描述延伸需求，例如：前述的產品延伸到服務與體驗便可視爲延伸需求。曾光華（民 95）則更進一步區分爲五個層次：

1. **核心利益（Core Benefit）**：指的是產品能夠爲消費者帶來什麼效益或是解決什麼問題，例如：手機可以提供通訊、保暖是衣服的核心利益。
2. **基本產品（Basic Product）**：即實際購買到的產品，係指整個產品的中心，指顧客眞正想要購買的部分，也就是構成產品的基本特質、基本功能的屬性組合。基本產品亦稱爲有形產品（Actual Product），有形產品包含五種特徵：品級、功能特色、設計、品牌名稱與包裝。
3. **期望產品（Expected Product）**：指的是消費者在購買時所期望的產品屬性的組合。
4. **附增產品（Augmented Product）**：指產品規劃人員決定隨有形產品提供給顧客之附加服務或利益。例如：衣服的鈕扣、口袋或圖案。汽車停車休息站、賣便當、查票等。旅館接送服務、提供旅遊、商務服務等。也包含延伸或個人化要求，例如：名牌衣服、旅館的個人鮮花、燭光晚餐等。
5. **潛在產品（Potential Product）**：指的是目前市場上尚未實現，但將來有可能實現的產品屬性。

產品層次由內而外的擴充，或是搭配不同的產品，並與使用者的問題解決需求相結合，可以達成整體解決方案（Total Solution）的效果，例如：IBM 公司由銷售電腦產品轉爲銷售解決方案的企業，將電腦產品的定義逐漸擴充，以解決企業資料處理的相關問題。

圖 1-5　IBM 公司（圖片來源：Feber）

(三) 產品的屬性構面

產品屬性（Attributes）是描述產品特質的方式，例如功能就是產品的重要屬性。從工程或設計領域而言，對於商品的描述包含功能與象徵兩個構面的屬性：

1. 功能指的是產品能夠提供給消費者哪些實用的用途。
2. 象徵則指外觀造型等美學效果，或是符號意義等，能夠帶給消費者或使用者一些個人風格或社會象徵的用途。

功能或象徵的描述有不同的概念化層次，如果從概念化的程度來描述產品，則產品名稱是最概念化的描述，產品定義與訴求次之，可以用核心利益或風格主題表示，功能與外觀規格再次之，轉爲技術規格則是產品發展過程中最具體的描述。透過象徵屬性的提供，可能強化競爭，例如：產品加上造型設計、納入風格與文化元素、強化故事性等，均可能成爲競爭優勢之處。

屬性有階層性之分，例如：泳裝的屬性有吸引力之設計、流行、風格等屬性，可綜合成爲時尚感之屬性；泳裝的屬性亦包含穿著舒適、易於游泳、實用性等，可綜合成爲舒適度之屬性，時尚感與舒適度是更高層次或更概念化的屬性，若是關鍵的屬性則可能成爲泳裝的關鍵屬性或是核心屬性，可能是構成核心利益之要素，又例如咖啡的口味、濃度、香味等是較爲抽象的屬性，純天然、人工香味等則是香味的更具體屬性。

(四) 產品的範圍

產品除了功能、利益、屬性之外，也需要包含完成產品功能所需的技術，以及傳達價值給顧客的行銷，亦包含企業如何因爲此產品而獲利。因此，在產品組合之下，產品項整體的定義包含（洪慧芳譯，2019）：

1. **產品功能**：即產品功能屬性及特色。
2. **體驗設計**：能夠呈現產品功能的體驗設計。
3. **技術**：能夠讓產品達成那些功能所需的技術。
4. **行銷**：如何吸引及招攬顧客。
5. **獲利**：如何運用產品功能來獲利。

三 產品的角色

從產品的生產者而言，產品與服務是該企業組織的重要產出，也是重要的獲利來源之一。因此生產者重要的議題便是如何讓所生產的商品具有競爭力，而順利銷售。因此商品的角色可以從企業競爭力的目標、資源分配來著手。

產品與服務的好壞，是由顧客來決定的，是否能滿足顧客的需求，是產品或服務成功的關鍵。更進一步來說，企業產出產品與服務，也可能對於非顧客有間接的影響，例如：增加生活的品質、對環境造成好或不好的影響等，因此針對產品或服務影響的層面，我們以消費社會來表示。此處我們將產品視爲企業或生產者與消費者或社會之間的橋樑，此種角色如圖 1-6 所示，企業生產出產品，銷售於社會，社會則對產品產生需求，轉變爲規格之後由企業加以生產。以下各節分別從企業與消費社會來分別討論之。

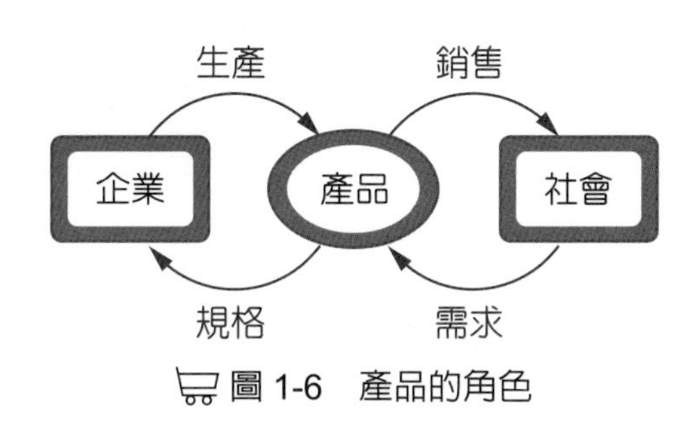

圖 1-6　產品的角色

產品經理手冊

銷售產品需要喜歡這個產品，喜歡這個產品需要了解這個產品，產品經理應該從產品分類、產品組成、產品角色來了解產品。

1-2 企業對產品的觀點

從企業的觀點而言，產品與服務爲該企業的產出，企業欲產出適當的產品與服務，主要是依據企業的理念及企業的資源與能力。企業的理念是企業產出產品與服務的根本動機，一般而言是由企業的使命與願景來得知；企業的資源與能力指的是企業能夠產出產品與服務的能力或條件，通常以策略來表達其方向與目標，再用行動方案或是發展的流程來做實際的產出。

一 企業的理念

企業的理念可能由企業的使命或願景表示出來，說明企業存在的理由。一般來說每個組織都必須要有其存在的理由，例如：企業以利潤、滿足顧客需求或尋求社會福祉，這是不同層次的企業理念。

舉例來說，日本的 UNIQLO 服飾藉由平價又具有品質及品味的商品，滿足多數消費者的需求，除了具有滿足消費者及業績的競爭優勢之外，以企圖藉由事業的經營，打破階級的意識形態，其理念是尋求社會福祉的理念；又例如瑞典的設計產業，視設計爲「民主設計」，也就是說設計是爲每一個人服務，沒有階級之分、沒有排他性。

圖 1-7　UNIQLO（圖片來源：UNIQLO）

宜家家居（IKEA）公司爲其代表企業之一，把民主理念帶到生活，其經營指導精神是「讓每個人能用極低的價格享受最好的設計，過好生活。」宜家說：「好生活是每個人的權利，美好的個人生活也是低公害（環保）的，我們要讓多數的人能夠享受美好的生活（馮久玲，民 91，pp. 22）。

非營利的組織也有其存在的理由，例如：理念應該致力於提升個人或人類的知識；宗教團體的理念可能在於宣揚眞理。非營利組織並不一定提供產品，但卻可能提供許多服務，這些服務都受到組織理念的影響，理念不同，則所定出的產品策略以及所產出的產品與生產方法就會有所不同，企業理念通常可以由企業的使命與願景中觀察出來，同時也落實在其企業文化中。

二　企業的能力

企業爲產品或服務的生產者，其競爭的要件是具有產出及銷售該產品或服務的能力，該能力與公司的資源有相當大的關係，例如：公司主要的資源包含技術資源、財務資源、人力資源等。一般而言，能力是動態運用資產的表現，將資源或能力表現於商品管理方面，需要透過組織的規劃、決策或是資源分配的過程，該過程可能是透過策略引導整體方向，再將策略與以拆解成爲更具體或功能性的行動方案。本書將這些過程區分爲策略層次與產品發展層次，策略層次是引導公司產品的發展方向，也就是定義產品組合，產品發展層次則負責單一產品的發展過程。

三　產品的價值

從產品本身而言，其主要討論的議題是產品是否能夠滿足市場或社會的需求，當然其條件是企業具有能在適當的時間點產出該產品或服務。因此我們討論能夠符合需求的產品，主要是從產品的價值來著手。

產品或新產品是企業競爭力的主要來源之一，而產品具有競爭力的條件是相對於競爭者而言，該產品能夠提供較多或較獨特的價值。產品是由生產者來生產，但是其價值則需要由使用者來定義。生產者運用策略、研發、生產等方式，得出產品之產出，產品經過銷售之後，生產者將獲得銷售收入與利潤。從前述競爭的觀點，商品欲順利銷售，其中一個重要的因素是滿足顧客的需求，因此企業在規劃及生產產品之前，應該了解顧客的需求，進而發展出能夠對顧客有效益或能夠解決顧客某些問題的產品。易言之，就是要發展對顧客有價值的產品。

從加值的角度來說，良好的產品品質才具有競爭力，對企業而言具有競爭力，而獲得的銷售額與利潤，到產品對於消費者甚至整個社會均有其貢獻，因此產品最直接的績效是透過產品或服務的績效而影響競爭力，該績效因爲營業的增加而提升產業的產值，進而爲社會創造財富，產品或服務經過社會大眾的使用之後，也對人們的生活品質有所提升，因此討論產品的價值需要從產品面、企業面、產業面與社會面來討論，如圖 1-8 所示。

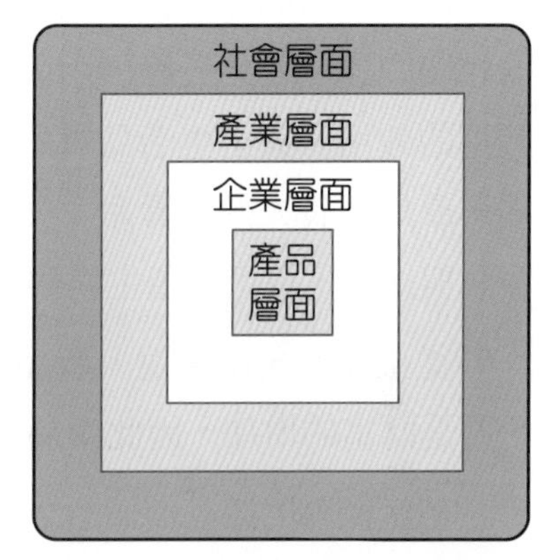

圖 1-8　加值鏈觀點的產品價值

圖 1-8 加值鏈觀點的產品價值分別說明如下：

(一) 產品面

從產品的績效角度來說，產品是否能夠達成預設的產品規格是第一個績效指標，例如半導體 DRAM 的產品規格爲記憶容量，顯示器產品的規格爲尺寸與解析度等；其次，成本效益也是產品層次指標；第三，產品導入的時效性亦爲績效指標之一，產品時效性是產品在市場上的重要競爭因素之一。

(二) 企業面

就營運績效而言，企業常見的績效指標如獲利率、市場佔有率、營業額等均與研發或新產品的績效有所關聯，也就是說，產品的產出，對企業的商機、市場銷售、提升利潤及提升企業競爭力均有貢獻，最終的績效可能表現在股票價格上面。

其次，企業品牌形象與產品品牌及銷售狀況也會有交互影響的關係。企業面的績效也可以從客戶端來表示，顧客購買產品之後，因爲有相對效益的認知，而產生滿意的感覺，或是願意再次購買與口碑推薦的忠誠度。

(三) 產業面

就個別的企業而言，產業中各企業營業額的加總即為產業的產值，企業個別的產品競爭力也就間接影響產業競爭力，從政府的角度來說，產業政策的重要目標是提升所選定產業的產值，因此政府的政策工具往往用於鼓勵產業中的生產廠商及其他單位（如研發、知識、銷售通路等）能夠做適當的投資以增加產品的產量。

(四) 社會面

商品化之目的除了獲得銷售利潤之外，應有其更進一步的目的，也就是為了解決人類的相關問題，產品最終仍由人們來使用，人們使用這些產品，對於問題的解決、產生各類型的效用，甚至生活品質的提升，均有所貢獻。例如：醫藥產品，可以減輕人類的病痛，或是延長人類的壽命；又例如資訊與通訊產品，強化了人類的溝通，也提升人類的資訊與知識，更可能產生娛樂價值。

若從生產的角度來說，產品消費過程中，便提升了生產者的收入，從整體的社會而言，乃是財富的增加，因此產品在社會面可以創造財富。

加值鏈觀點的產品價值訴求整理如表 1-3 所示。

表 1-3　加值鏈觀點的產品價值訴求

加值鏈層次	主要價值訴求
產品面	產品規格、成本效益
企業面	企業營收、競爭優勢
產業面	產業產值、產業競爭力
社會面	創造財富、提升生活品質

產品經理手冊

產品經理應該從企業理念、能力及流程了解企業產出該產品的過程，並從產品面、企業面、產業面、社會面描述產品的價值。

1-3 消費社會

消費面的議題主要有兩大主軸，第一爲產品或服務滿足消費者或企業顧客的需求，例如：滿足消費者的需求（Need）與欲求（Want）、滿足功能與象徵性的需求、滿足服務與體驗的需求等，其次爲消費對社會產生的整體性的影響，例如：生活品質的提升、意識形態的操弄等。

一 消費行為與歷史演進

消費社會充滿消費者，消費者有其個別或是集體的消費行爲，消費行爲通常是由價值觀、態度、購買行爲所構成的，影響這些行爲的因素相當多，包含消費者本身因素、社會文化因素等兩大類。

消費者本身因素主要從心理學的觀點，深入探討人類的需要、態度、期望以及認知、溝通、學習等內涵，來解釋、分析消費行爲與文化，例如：「個人」、「身體」和「自我價値觀」等。心理學的觀點強調消費者的欲求（Want），也強調廣告對消費者購物動機的影響力，也注意商品品牌傳達消費訊息的影響力，因此商品本身成爲各種類型且數量頗多的一種媒介。

社會文化因素主要從社會學的觀點，其乃基於眞實的社會現象來分析消費文化，例如：「流行」、「社會認同」、「身份地位」是社會因素，人們購買物品的目的在於表現、誇耀，故有炫耀性消費、休閒階級消費等行爲發生。文化因素方面，不同文化背景的人，其欲望與需求也有所不同，從解決個人問題、滿足需求，到渴望、愉悅、感情和美學等感性因素，均爲考量重點，風格與生活型態也透過消費而逐漸成形。

意識型態亦屬於社會文化的因素之一，意識型態與所謂的「迷思」（或神話 Myth）意義相近。消費社會的意識形態來說，商品化本身就是一種意識形態，資本主義的社會，主張要運用科技，生產許多商品供人們使用，人們不知不覺接受這個事實；再舉一個例子，性別的意識形態，社會上一直認爲女性應該如何裝扮服飾、如何扮演廚房的角色，因而產生出許多的服飾與家庭用品，這都是從男人的角度來看的，但是經過操縱之後，女性也不自覺地接受了。

有時候產品推出故意挑戰意識型態，製造矛盾的效果，可以得到不錯的效果，例如：1960 年代，在表彰男性氣概的社會氛圍之下，福斯汽車推出小而巧的金龜車，而獲得不小的迴響。

消費者購買產品除了能夠對自己產生效益之外，商品化的結果也對社會產生一些影響，消費者購買產品也受到社會價值觀的影響，因此需要了解個別消費者或是集體的消費者對產品的看法，本節從消費的歷史、不同領域的觀點以及消費型態來探討此類問題。

(一) 消費的歷史演進

消費模式的演進階段可區分爲生產導向的消費、大眾消費、分眾消費等三個階段：

1. **生產導向的消費**：基於生產能力的限制，早期的消費模式是以生產爲導向，生產者所生產的商品，可以在市場上自由販賣。此階段主要的商品類型是食品與農產品，其原因是這與人們日常生活需求息息相關。其次，有關服裝、飾品等商品也逐漸出現，這些也都脫離不了日常生活範圍。

2. **大衆消費**：工業革命之後，生產能力大幅提升，加上資本主義逐漸形成，商品大量推出，逐漸進入大眾消費的時代。大眾消費的時代最大的特色是因爲生產成本降低，使得中產階級具有消費能力，例如：福特的 T 型車，因爲統一規格大量生產，因而成本降低，這種大量生產與大眾消費的現象稱爲「福特主義」（Fordism）（Harvey, 1989）。

圖 1-9　福特 T 型車（圖片來源：Wikipedia）

大眾消費時代需要具有銷售技巧來提升銷售績效，例如：在報紙上刊登廣告、百貨公司、櫥窗購物的出現，生活方式也逐漸改變。商品的內容從日常生活的必需品，逐漸擴充到較爲奢侈的商品或休閒商品，消費的目的也從維持生技而逐漸擴充，例如：消費目的之一是炫耀其社會地位，美國社會學家衛伯倫（T. Veblen）於 1899 年出版「有閒階級論」（The Theory of the Leisure Class），認爲團體中的有錢人喜歡用消費來展示自己剛到手的財富，這種消費稱之爲「炫耀性的消費」（Conspicuous Consumption），又例如消費的目的之一是建立認同感，以及展現個人的生活風格或是表現個人的喜好，甚至表現自己與其他個人或團體有所差異，因而產生消費認同感，個人的服裝與身體裝飾就是典型的例子。

3. **分衆消費**：大眾消費發展到某一個程度，市場便開始有所區隔，造成市場區隔的變數可能包含社會階級、職業、生活方式等，這些變數之間也互有關聯，例如：不同階級或職業的消費者，其家庭生活、工作、道德觀念、宗教信仰、休閒生活等生活方式各有不同，因而產生不同的消費重點，其次，也因爲消費的品味或美感判斷的提升，而逐漸建立自己的生活風格，各類生活風格亦有其消費重點。

   各類消費重點的人們也逐漸形成消費團體，團體之間逐漸形成認同感，也就是說，人們運用消費的過程，比如衣著打扮、聆聽流行音樂或參加體育活動等，逐漸建立群體認同感，欲展現獨特的生活風格，對於商品的需求也就逐漸由功能的需求，轉移到美感、社會地位等象徵性的需求，此爲重要的消費趨勢，產品的設計與發展，亦朝向此趨勢邁進，產品的競爭，不僅僅是技術的優勢或是強大的功能，也包含設計的意象與美學。

   消費的歷史演進整理如表 1-4 所示。

表 1-4　消費的歷史演進

階段	特色
1. 生產導向的消費	生產能力的限制，生產出來即可銷售
2. 大衆消費	1. 生產能力大幅提升，中產階級亦有消費能力 2. 需要銷售技巧來提升銷售績效
3. 分衆消費	1. 市場有所區隔 2. 對商品的需求由功能轉移到美感、社會地位等象徵性的需求

(二) 消費的類型

人們會從事不同類型的消費，以尋求各式各樣的愉悅和滿足。消費型態是因消費者動機與需求不同，所產生不同的消費方式，消費型態可區分爲單純消費（Simple Consumption）與複雜消費（Complex Consumption）。

單純消費指的是「與維持基本生存最密切相關的行動」，例如必要的與放縱的消費。必要的消費是爲了追求日常生活中的想望和慾望等基本滿足；放縱消費指的是人們從事這些消費行爲是爲了得到一些愉悅，例如：飯後來一塊奢侈的巧克力、稍微帶點異國風情的房屋裝潢、在時髦的餐廳裡吃頓飯，或是全家一起到當地的冒險樂園玩樂。放縱消費一般是偶一爲之的奢華。

圖 1-10　冒險樂園（圖片來源：Twitter）

複雜消費指的是滿足複雜需求的消費，追求愉悅、追求長期奢華、炫耀等均屬之，複雜消費的需求較爲複雜，消費過程也較爲主觀，例如：追求愉悅的消費，愉悅可能來自於對消費品或消費過程意義的解釋；炫耀性消費的目的是運用消費來炫耀消費者本身的社會地位或社會階級。複雜消費有時必須有足夠的財富以及用於非生活必需的用途，同時複雜性消費也是象徵性的消費，主要的目的是藉由對消費「意義」的解釋來得到特定滿足和愉悅，這種意義可能是既抽象且難以捉摸，例如：「吃牛肉」是單純消費的行爲，但也可能有高度的象徵意涵，對於中國而言，牛是勤苦的象徵，對印度而言，是神聖的象徵，他們對吃牛肉就有複雜的考量；又例如機車，是交通工具，卻也可能是男子氣概的象徵。

(三) 產品價值的衡量

價值主要的衡量方式是滿足消費者的需求，從需求的範圍廣度來說，消費者從簡單（單純）消費延伸到複雜的消費；從需求的層次（深度）來說，消費者的需求從功能需求延伸到象徵的需求。產品對於消費者而言，具有不同類別與不同層次的價值。

首先，價值可以從需求（Needs）與欲求（Wants）的角度來衡量，需求是消費者的生活必需品或工作所需之商品；欲求則是外加的需求，例如：令人感覺很棒、美觀、流行的產品，購買名牌就是滿足欲求的例子。對消費者而言，滿足需求是必要的，而滿足欲求則是錦上添花的。

其次，價值主要都是由消費者主觀來認定的，上述價值就可區分爲主觀價值與客觀價值，例如：情感層次偏向主觀的價值，智識層次偏向客觀的價值。商品價值一般區分爲交易價值、使用價值、象徵或符號價值。交易價值是最早出現的商品價值，也是社會主義者馬克思所強調的價值；使用價值著重於商品的功能及實用性；象徵或符號價值則將商品價值延伸至消費者建構其象徵意義中，例如：美感、品味、社會地位等，這些都是不同類別的價值。

第三，不論是單純消費或是複雜消費，其目的都是在滿足不同類型與不同層次的需求，例如心理學家 Maslow 的五大需求層次（Maslow, 1970）：

1. **生理需求**：爲人類最原始的需求，如食物、飲水、睡眠等。
2. **安全需求**：爲人類避開危險、解除威脅、保護自己免於身心及財產受到傷害之需求。
3. **社會需求**：爲個人隸屬於某團體，讓人喜愛、接受、獲得友誼之需求。
4. **自尊需求**：爲人類對於成就、榮譽、自我肯定之需求，例如：對於地位、聲望之追求等。
5. **自我實現需求**：爲人類能夠充分發揮潛力，致力於本身理想之達成，並持續成長之需求。

最後，心理學家及哲學家傾向從全人的角度來探討人類的完整需求，包含生理層次、情感層次、智識層次以及精神層次。

1. **生理層次**：指的是人類基本的生存需求、本能地追求舒適快樂的需求等，人類透過感官而感覺產品的存在，而滿足生理需求。
2. **情感層次**：指的是人們主觀的情緒變化，例如：喜歡、憤怒等，這些情感因素造成消費者對於產品的好惡或是忠誠關係。
3. **智識層次**：指的是人類透過知識與技能的學習、理性的判斷，而提升自己解決問題的能力，或是追求人生的目標與成就感。
4. **精神層次**：精神層次可能與人的信念或信仰有關，也就是觸及我們內心深處的東西，除了宗教信仰之外，人們的藝術、審美、創造、修養等均與精神層次有關。

各類型對商品價值的衡量整理如表 1-5 所示。

表 1-5　對商品價值的衡量

類別	內容
需求與欲求	1. 需求：基本的、必需的。 2. 欲求：外加的、錦上添花的需求。
主客觀分類	1. 主觀價值：情感層次、個人感受之價值。 2. 客觀價值：理性的與智識層次的價值。
Maslow 的需求層次	1. 生理需求：人類最原始的生存需求。 2. 安全需求：人類避開危險、保護自己安全之需求。 3. 社會需求：個人社交之需求。 4. 自尊需求：人類對於成就、榮譽、自我肯定之需求。 5. 自我實現需求：人類能夠充分發揮潛力之需求。
人類的完整需求	1. 生理層次：人類基本的生存需求及本能。 2. 情感層次：人們主觀的情緒變化。 3. 智識層次：人類的知識與技能。 4. 精神層次：人的信念或信仰。

產品新趨勢

優衣庫產品的「零件哲學」攻占你家老小衣櫃

說起全齡商機指標企業，優衣庫（UNIQLO）絕對當之無愧。你只要在門市繞上一圈，無論嬰幼兒服、內睡衣、男裝、女裝、牛仔褲到正式上班穿著，各品項幾乎都能一次搞定。店內消費者的樣貌也非常多元，從成群結隊的高中女生、銀髮族、男性上班族，到帶著孩子的夫妻，都會出現在這裡，而它也被《日本經濟新聞》評為「全齡化成功企業」代表。

圖 1-11　UNIQLO 產品融入大眾生活
（圖片來源：UNIQLO 台灣官網）

早在 1984 年，柳井正創辦優衣庫時，商品就已經沒有預設消費者年齡，2010 年更祭出「為所有人打造（Made For All）」標語，強調任何年齡、性別、種族或身材，都能在此找到適合自己的服裝。能夠達成此目標的關鍵之一，是把你的商品視為零件（Component），而非主角。如果消費者全身上下都是優衣庫，這是最好的情況，但不太可能。所以「該怎麼讓優衣庫的產品融入任何品牌都不突兀，增加大家穿著的頻率」就是重點。優衣庫沒有 Logo、設計簡約、少有花俏鮮豔的顏色，都是基於這樣的邏輯。這樣也許當不了穿搭的主角，但它們堅信，越是簡潔的商品，越能夠輕鬆融入人們的生活，成為衣櫃裡的「最佳配角」。

為了做到全年齡，優衣庫主動捨棄了流行設計、商品分眾、快速生產製造等元素——以上每一點，都是多數服裝品牌賴以為生的武器，優衣庫卻放手不做，這是否代表，它藏有其他秘密武器？有什麼別人不用做、它反而耗費大量資源投入的關鍵環節？答案，就是「顧客之聲中心（Voice Of Customer，VOC）」。他們的 KPI 不是處理完多少客人，而是蒐集到多少有意義的點子。顧客之聲中心的負責人舉例，包括疫情間熱賣的涼感口罩、涼感床單，方便老人穿脫的前扣式內衣等商品，原始點子都是消費者向 VOC 提供而來，目的就是一網打盡，避免遺漏掉任何世代消費者的需求和建議。之後進到「即時打樣中心」，隨後由工廠接手，評估製程與大量生產的可行性，再回報總部。

資料來源：蔡茹涵（2023-07-13）。它最會做全齡生意！優衣庫東京神秘戰情中心獨家開箱，「零件哲學」攻占你家老小衣櫃。商業周刊，1861 期。2023-07-13，取自：商業周刊知識庫。

評論

優衣庫的產品是衣飾，它的產品對各年齡層的人產生各種價值，具有功能（保暖）、美感（穿搭）、象徵（時尚）等屬性，滿足消費者生理、心理與社會的需求。

(四) 消費模式

由上述描述，可以發現消費往往配合當時的社會現況，例如：宗教信仰、工業革命、資本主義、科技發達等，消費文化也跟著形成。消費者有不同的消費類型與價值層次，其趨勢是逐漸讓消費者滿足更深層次的需求，例如：滿足個人風格、社會象徵、社會認同等價值。歸納前述的價值，可將消費者的需求包含生心理需求、社會的需求，生心理需求包含生理、情感、智識、精神層次的需求，社會的需求包含階級與認同等需求，產品的價值或效益指的就是能夠滿足消費者的這些需求。

就生產者而言，希望產品的屬性能夠滿足各類消費者不同層次的價值，產品的屬性可以用功能屬性與象徵屬性來表示，產品屬性代表產品可以提供給顧客的效益。如果把產品價值與消費者消費模式（需求）加以對應，便可以得知生產與消費之間的關係，稱為消費模式，如圖 1-12 所示。

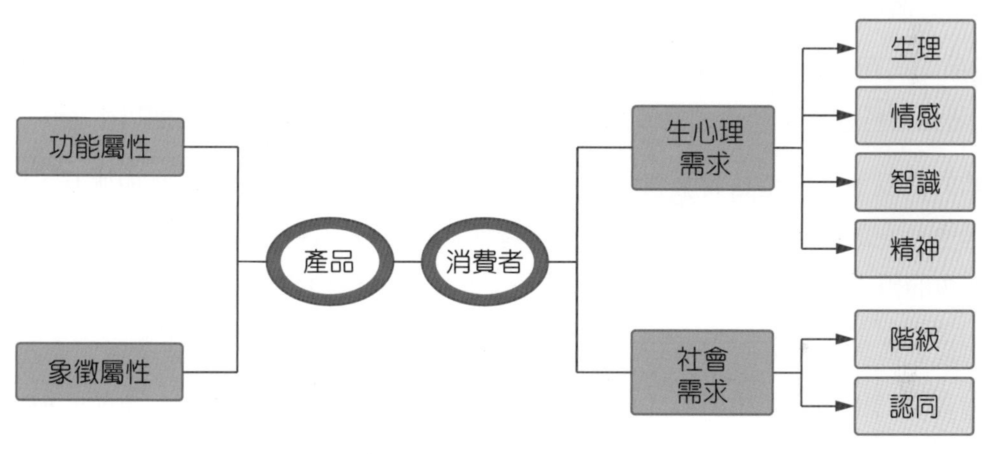

圖 1-12　消費模式

產品經理對於產品銷售的最基本認知是在產品屬性與消費者需求之間做匹配。

本章摘要

1. 產品是指任何提供給市場，以滿足消費者某方面需求或利益的東西，廣義的產品形式包含製成品（又稱實體產品）、服務、事件、地方、個人與組織、理念等。
2. 相較於產品，服務的主要特性包含無形性、不可分離性、異質性、易消逝性。
3. 描述產品可以從三方面來說明：
   (1) 產品的分類是從整個市場與技術的角度來將產品加以分類，分成消費品和工業品、行業別產品、產品與服務等。
   (2) 產品的組成是從生產者的角度來描述產品，包含產品組合（產品線、產品項目和產品功能）、個別產品的效益與屬性。
   (3) 產品的角色是將產品視爲企業或生產者，與消費者或社會之間的橋樑，企業生產出產品，銷售於社會；社會則對產品產生需求，轉變爲規格之後由企業加以生產。
4. 從企業的觀點而言，產品與服務該企業的產出，企業欲產出適當的產品與服務，主要是企業的理念及企業的資源與能力。從產品本身而言，主要討論的議題是產品是否能夠滿足市場或社會的需求，能夠符合需求的產品主要是從產品的價值來著手。
5. 價值可以從需求（Needs）與欲求（Wants）的角度來衡量；也可區分爲主觀價值與客觀價值；或區分爲交易價值、使用價值、象徵或符號價值；從加值的角度來說，產品的價值主要滿足產品面、企業面、產業面與社會面的需求。
6. 消費行爲通常是由價值觀、態度、購買行爲所構成的，影響這些行爲的因素相當多，包含消費者本身因素、社會文化因素等兩大類，社會文化因素也包含意識型態。
7. 消費模式的演進階段可區分爲生產導向的消費、大眾消費、分眾消費等三個階段。生產導向階段生產者所生產的商品，可以在市場上自由販賣；大眾消費階段生產成本降低，使得中產階級具有消費能力；分眾消費階段市場便開始有所區隔，生活方式不同而產生不同的消費重點。
8. 消費型態可區分爲單純消費與複雜消費，單純消費指的是「與維持基本生存最密切相關的行動」；複雜消費指的是滿足複雜需求的消費，追求愉悅、追求長期奢華、炫耀等均屬之。
9. 產品價值的衡量包含需求與欲求、主觀與客觀、滿足心理學家 Maslow 的五大需求層次，或是人類的完整需求，包含生理層次、情感層次、智識層次以及精神層次。

本章習題

一、選擇題

(　　) 1. 消費者需要較為慎重考量之後才購買的商品稱為　(A) 便利品　(B) 選購品　(C) 特殊品　(D) 未覓求產品。

(　　) 2. 下列何者不屬於工業品？　(A) 原物料　(B) 零組件　(C) 特殊品　(D) 設備。

(　　) 3. 一家公司所提供的一系列相關產品稱之為　(A) 產品線　(B) 產品項目　(C) 產品特徵與功能　(D) 以上皆非。

(　　) 4. 下列有關商品內涵的敘述何者有誤？　(A) 接受醫療的服務成分較購買汽車的服務成分為高　(B) 購買電視完全是產品，沒有服務成分　(C) 觀光工廠往往包含體驗的成分　(D) 以上皆是。

(　　) 5. 下列有關商品內涵的敘述何者有誤？　(A) 針對體驗而言，消費者的主導性相當高　(B) 針對產品而言，其不具體性相當高　(C) 針對體驗而言，其不具體性相當低　(D) 以上皆非。

(　　) 6. 功能特色、設計、品牌名稱與包裝是屬於　(A) 核心利益　(B) 基本產品　(C) 期望產品　(D) 擴增產品。

(　　) 7. 產品能夠提供給消費者哪些實用的用途是屬於產品的哪一種屬性？　(A) 功能屬性　(B) 象徵屬性　(C) 美學屬性　(D) 以上皆非。

(　　) 8. 因為使用某產品而讓消費者有提升其社會地位的感覺是屬於何種價值？　(A) 交易價值　(B) 使用價值　(C) 象徵價值　(D) 以上皆是。

(　　) 9. 市場開始有所區隔是屬於消費模式的哪一個演進階段？　(A) 生產導向的消費　(B) 大眾消費　(C) 分眾消費　(D) 以上皆非。

(　　) 10. 團體中的有錢人喜歡用消費來展示自己剛到手的財富，這種消費稱之為　(A) 生產導向的消費　(B) 炫耀性的消費　(C) 分眾消費　(D) 以上皆非。

二、問答題

1. 依據 Kurtz 及 Boone，消費品及工業品如何分類？
2. 產品組合可分為哪幾個層次來管理？
3. 產品、服務與體驗有何異同？
4. 核心利益、有形產品與延伸產品的內容分別為何？
5. 產品在企業面與社會面所扮演的角色有何不同？
6. 請敘述產品功能屬性與象徵屬性的差異。

本章習題

三、實作題

請找出某一個產品項，標註該產品的製造或品牌公司、產品名稱、產品線、產品層次、產品屬性、目標市場等相關訊息。

填寫項目	填寫說明	該產品項相關訊息內容
產品名稱		
製造或品牌公司	公司名稱	
	產業類別	
產品線	（該產品隸屬於該公司的哪一條產品線）	
產品層次	核心利益	
	基本產品	
	期望產品	
	附增產品	
	潛在產品	
產品屬性	功能屬性	
	象徵屬性	
目標市場		

參考文獻

1. 林正智、方世榮編譯（民 98），《行銷管理》，初版，臺北市：新加坡商勝智學習（Kurtz, D.L., Boone, E.B.（2009）. Principles of Marketing, 12th ed）。
2. 洪慧芳譯（2019），《矽谷最夯 · 產品專案管理全書：專案管理大師教你用可實踐的流程打造人人喜愛的產品》，（原作者：馬提 · 凱根 Marty Cagan，Inspired: How to Create Tech Products Customers Love），初版，臺北市：城邦商業周刊。
3. 曾光華（民 95），《行銷管理：理論解析與實務應用》，二版，臺北縣三重市：前程文化。
4. 夏業良、魯煒譯（民 92），《體驗經濟時代》，臺北市：經濟新潮社。
5. 王育英、梁曉鷹譯（民 89），《體驗行銷》，初版，臺北市：經典傳訊文化。
6. 馮久玲（民 91），《文化是好生意》，初版，臺北市：臉譜出版：城邦文化發行。
7. Baudrillard, J.（2001）, *Selected Writings*: Edited and Introduced by Mark Poster,（Second Edition）.Cambridge: Polity Press（first edition 1988），引自黃彥翔譯（民 97）。
8. Harvey, D.（1989）, The Condition of Postmodernity, Oxford: Oxford University Press, 引自黃彥翔譯（民 97）。
9. Maslow, A, H.（1970）, *Motivation and Personality*, 2nd Edition, New York: Harper &Row.
10. Wolak, R., Kalafatis, S. and Harris, P.（1998）, An Investigation Into Four Characteristics of Services, *Journal of Empirical Generalisations in Marketing Science*, **Vol. 3**, pp. 22-43.

NOTE

02

產品經理人的角色

學習目標

本章內容為產品管理的主要工作內涵，以及產品經理在這些工作中的職責、所扮演的角色與所需的技能，各節內容如下表。

節次	節名	主要內容
2-1	產品管理的架構	說明產品管理在不同組織階層及不同生命週期的工作內容。
2-2	產品經理的組織與職責	說明組織結構及產品經理在組織結構中的職責。
2-3	產品經理的角色與知識技能	說明產品經理的三大角色與相對應的技能和知識。

引導案例

矽谷軟體工程師不稀奇，產品經理才是搶手貨！

高科技產業的工程師有科技新貴的美名，其薪資的確令人羨慕，以矽谷為例，一個實習生年薪就有 8.16 萬美元，是美國薪資中位數的兩倍。但是軟體工程師在矽谷並不是薪資最高、晉升條件最好的職務，產品經理才是矽谷最搶手的職業。

圖 2-1　產品經理是矽谷最搶手的職業
（圖片來源：Pixabay）

根據線上招聘平臺 Hired 於今年上半年針對 1,848 家企業進行的 31,146 份面試需求發現，2016 年第二季平均薪水最高的是產品經理（13.3 萬美元），其次是軟體工程師及設計師（分別為 12.3 萬美元、11.5 萬美元）。就趨勢而言，產品經理的薪資持續成長，領先軟體工程師的幅度也越來越多，以工作年資來說，軟體工程師第一年的平均薪資或是六年以上的平均薪資都比產品經理少 10%。

為什麼會有這樣的差距呢？前 Google 產品經理認為：產品經理的技能已經轉變，長期來看，一個好的產品經理可以決定成敗，因為產品經理必須掌握對一個願景的概念到完成、了解客戶、控制時程、管理團隊，還要關注商業模式。再從知識技能來說，電腦科學不是產品經理唯一的技能，甚至不是最重要的技能，好的產品經理需要有廣泛的技能，才足以掌握從市場機會、產品決策到市場行銷各種不同的環節。（資料來源：科技新報，2016-08-29）

2-1 產品管理的架構

產品管理的工作具有其複雜度與困難度，因此需要有一個整體架構，用以引導產品管理工作的進行。以企業爲單位，該架構既要能夠連結公司的策略，也要指引產品管理的細節，使得企業各部門依據其專業進行分工。

產品管理的整體架構乃是從企業的觀點，要開發出滿足消費社會需求的產品或服務，所具備的能力與流程，這區分爲三個重要的層次：層次一爲策略，包含使命、企業策略與產品策略，以及擬定策略所需的環境分析與自我分析，使命代表企業的整體理念與方向，使命之下有企業的整體策略、產品策略，描述產品發展的主要方向與目標，而產品策略爲該企業策略的子項；層次二爲產品發展，乃是依據產品策略進行產品構想提出、開發、生產、上市銷售等流程，層次二爲戰術面的活動，往往以專案方式進行；層次三爲產品生命週期管理，負責從產品發展、上市到銷售，甚至淘汰各個階段的管理活動。策略面的活動牽涉到環境分析以及內部的資源分析，再由策略分析結果決定待開發的產品進行產品發展程序。商品化的整體架構如圖 2-2 所示。

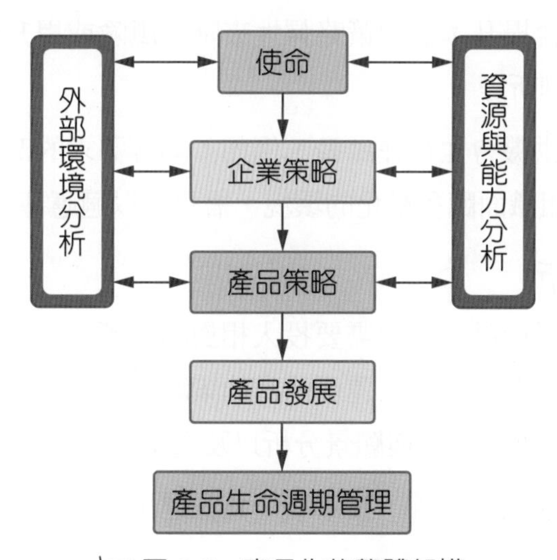

圖 2-2　商品化的整體架構

一 策略

企業由外部環境與內部資源能力分析擬定策略，此處的策略包含使命、企業策略與產品策略，以下分別說明之。

(一) 外部環境分析

探討競爭力可以由組織與環境的關係來建構企業競爭的模式。環境的總體環境與產業環境之分，總體環境指的是社會、科技、經濟、生態、政治等環境；產業環境指的是供應商、競爭者、顧客及合作夥伴等直接與企業相關的對象。

一般而言，衡量環境的主要變數包含資源豐裕度（Munificence）與不確定性（Uncertainty）。資源豐裕度指的是環境中可以支援組織的程度，亦即衡量組織可以從這個環境中所獲得的資源，如果環境的資源豐裕度較高，組織可以從環境中獲取較多的資源，因而產生較多元或較爲深度的策略，以便提升競爭力或達成組織的目標，當然，組織與夥伴之間獲得合作策略的機會也較多，這些資源包含資金、技術、人力資源、市場等。

不確定性指的是環境變化的速度或是環境中個體數目多寡、異質程度與複雜行爲的程度，組織面對這個不確定性是否能夠有效的偵測及衡量。造成環境不確定性的原因包含科技的進步、廠商的競爭行爲或是一些突發事件，這些不確定性可能造成機會或威脅。組織降低不確定性的方法包含透過合作以降低或分攤風險，包含與現有夥伴或另覓新夥伴進行策略聯盟；也包含提升本身的策略彈性來降低風險或提升因應的能力，例如：建立核心競爭力、不斷地創新等。

總而言之，環境提供機會並存在威脅，例如：顧客需求的改變、競爭者的威脅、新市場或新技術的機會，組織面臨多變化的環境，需要加以適應甚至操控。

(二) 資源與能力分析

與產出具有競爭力之商品，企業需要投入相對的資源，以及具有相當的能力。資源與能力分析主要配合外部環境分析，運用適當的策略分析方法，例如：SWOT 分析、五力分析、價值鏈分析等，進行使命與願景分析以及企業策略或產品策略之擬定。

由上述可以得知，就企業而言，其策略、資源運用等均影響商品的競爭力，需要妥善加以規劃。

(三) 使命

使命是企業存在的目的和理由。企業使命是對企業的經營範圍、市場目標的概括描述，它回答「我們的企業爲什麼而存在？」這個重要的問題，企業存在的理由主要表現在企業對於社會的貢獻。表達企業使命的方法是運用使命宣言（Mission Statement）的方式，使命宣言可能從產品的貢獻、對經濟或是對社會的貢獻等方向著手，不管是企業的定義、產品或社會的貢獻等，企業使命都會與產品策略或是產品管理有關係。

爲了表達企業存在的理由，有三項與使命相關的要素，即事業定義、企業形象、企業文化。事業定義說明企業的經營範圍，例如：製造汽車與製造交通工具有不同的事業定義，又例如統一超商是銷售「便利」的事業，與銷售日常用品有不同的事業定義，所有的產品策略以及商品化項目，均應該依據事業定義。

企業形象指的是企業本身對自己的認同，以及外部對於本身事業的識別，企業可能透過產品、符號、廣告、建築、布置等方式，凸顯本身的企業形象，因此產品的設計、包裝、行銷廣告等商品化流程，均需考量要與企業形象一致。

企業文化是組織成員共同的信念或價值觀，也就是做事情的方式，信念或價值觀往往被認爲是基本假設，也就是不自覺地依循這些基本假設進行決策、規劃等管理活動，或是進行各項公司業務。企業文化對於產品的創新也有顯著的影響，例如：較爲開放或是具冒險性的文化特質者，就會投入較多的資源開發新產品。

使命以及上述三項要素均牽涉到公司較長遠的目標以及核心價值觀，在領導領域便提出願景領導的方式，爲長遠目標描繪清晰的影像，以激發前進的動力，稱爲願景領導。企業的使命與願景主要目的是引導企業的方向，以及引導員工的向心力，甚至引導顧客或社會大眾對企業產品的認知，企業的策略及產品的策略均受到使命與願景的影響。

(四) 企業策略

所謂策略指的是適當地分配資源以達成與組織的發展和成長相關的目標，因此在資源分配的前提之下，策略應該重在達成目標的途徑。在此定義之下，策略的重要構面包含目標、策略方案及資源分配。

與商品發展相關的資源包含人力資源、財務資源、硬體設備資源、知識資源等。這些資源之間均有相互的關連性，例如：欲開發新產品，需要有人員了解需求、提出創意，再運用設備與資金來開發出新產品，妥善的資源分配將可達成策略目標。

組織透過各種不同的方案（策略）來適應或操控環境，例如：運用差異化的產品或服務（產品策略）可以有效地滿足市場需求或提升競爭力，這也可以說明產品管理的重要性。易言之，企業商品的產出，因爲具有滿足需求、功能或價格之相對優勢等因素而具有競爭力，也因此順利銷售而提升組織營業額、利潤、市場佔有率等經營績效目標。

常見的企業層級策略包含低成本、差異化、焦點市場等競爭策略，也包含國際化、併購、創新等成長策略，若是高科技產業，技術策略也是重要的策略。競爭、成長、技術等策略均影響產品策略之制定。

(五) 產品策略

產品策略指的是企業運用產品（尤其是新產品）作爲競爭的武器，因此產品策略主要的內容在於提出適當的產品以滿足所預設的目標市場。

探討產品策略的主要領域是從行銷管理出發，在策略的階段，主要是探討公司的定位，由市場區隔、目標市場的分析，來定義產品的地位。由行銷組合的觀點，主要探討的主題包含產品組合、產品差異化、新產品管理等內容，若技術是產品的重要競爭要素，則產品平臺策略也是重要的主題。

產品定位指的是「在消費者的腦海中，為某個產品或品牌建立有別於競爭者的形象」的過程。定位可以經由品牌的屬性、功能、利益、個性等角度來設定，或是由使用者及競爭者來設定，例如：咖啡可由口味純正與浪漫氣氛兩個角度來定位。

產品定位之後，需要將該商品定位與公司的願景與策略相一致，故需要做一些評估。願景評估指的是確認商品的發展須符合公司的價值觀、長遠的目標與意象；策略評估的主要內容包含市場評估、技術評估、生產評估、財務評估、核心專長評估，評估的重點是競爭力。

產品進行行銷組合分析，以便確認行銷的可行性，行銷組合分析主要包含產品策略、通路策略、定價策略、銷售與促銷策略等。

策略是較為長期的目標與策略方案，這些目標與策略方案需要能夠分解為更具體的執行方案，稱之為戰術方案。戰術方案必須要正確地支援策略目標，也就是與策略目標的方向一致。其次戰術方案必須要落實到能夠具體執行與管理，也就是能夠分解為具體的流程步驟，以便執行者能夠有明確的執行方案，而管理者能夠明確分工、分配資源、評估績效。一般而言，戰術性的工作可視商品化流程為一個專案，而以專案管理的方式執行之。

二 產品發展

在策略階段，找出主要的方向（策略方案），例如新產品，並初步分配資源，針對各項新產品方案加以評選，得出產品發展之優先順序，便進入了商品化流程階段。

產品發展主要工作是擬定產品發展計畫，定義產品發展流程。產品發展（Product Development）指的是將已經獲得評估完成的產品概念，透過研發、設計等過程，製作成產品原型（Prototype），這過程需要行銷、研發、設計、生產等部門的通力合作。產品發展流程包含產品企劃、設計與測試、原型製作等，整個流程可搭配專案管理為之。本書將產品發展流程區分為概念發展、產品設計、產品上市三大階段。

概念發展指的是應該生產什麼（哪些）產品，除了決定產品名稱（品牌）之外，也需要決定產品的概念與規格。產品概念（Product Concept）指的是從消費者的角度，運用文字或圖片等媒體，來描述產品特性與利益（曾光華，民 95，pp. 340）。

設計是創意活動，是將需求轉化爲具體可行方案的過程，產品設計就是將產品概念轉化爲具體的產品之過程，可能是產品的原型、實驗階段產品或商品。

產品上市指的是生產之後將產品正式引介給市場的動作，上市是綜合運用各種專業知識，將新產品或新服務推動到市場上，且讓它持續一段時間的過程（戴維儂譯，民2006，pp. 193）。

產品發展流程可以從階段模式、學習模式、設計模式、同步工程模式、敏捷開發模式等五個角度來說明。

(一) 階段模式

主張採用階段模式作爲產品開發，指針對最具代表性的是 Cooper 的階段 - 關卡模式（巫宗融譯，民 89）。Cooper 將新產品發展區分爲初步調查、細部調查、發展、產品測試與確定、全面生產與上市等五個階段，每一個階段均有相對應的關卡作爲決定是否能進入下一個階段的依據。本書爲討論方便，產品發展流程區分爲概念發展、產品設計、生產、產品上市四大階段，如圖 2-3 所示。圖 2-3 的流程也包含生產階段，但非本書討論的範圍。

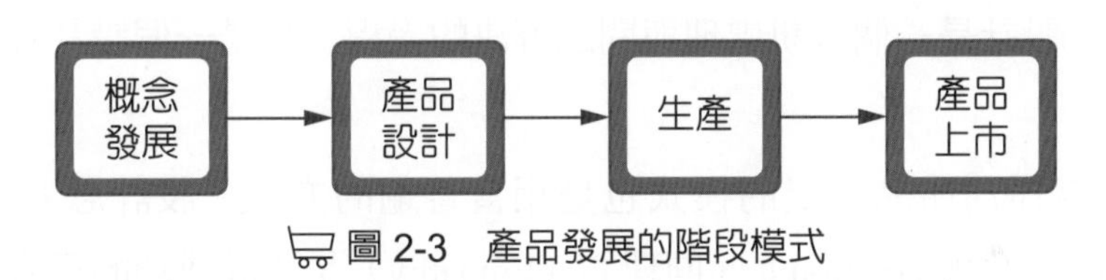

圖 2-3　產品發展的階段模式

圖 2-3 模式中的每個重要階段均需要進行評估的活動，例如：概念發展階段在概念定義之後須進行概念測試（Concept Testing），概念測試是運用各種調查或是訪問的方法，測試目標市場對於產品概念的反應（曾光華，民 95，pp. 340），例如：了解產品利益是否符合其需求？對消費者產生哪些效益或在什麼時機解決什麼問題等。概念測試亦可測試消費者對於價格的看法甚至詢問消費者購買的意願。相同的道理，產品設計之後須進行使用測試，上市之後須進行上市評估，詳細內容於後續章節中介紹。

(二) 學習模式

學習模式是階段模式的延伸，新產品發展的過程中，包含許多的創意構想、分析與評估。這些決策或評選活動需要處理許多的資訊，這些資訊有個特色，那就是隨著產品發展的階段進行，所蒐集的資訊會越來越詳細及完整，例如：創意構想或核心利益的評估，是用較爲初步的市場、技術、財務等資訊來篩選，到了細部設計或生產階段，則是採用較爲詳細的市場、技術、財務等資訊。因此可以將新產品發展視爲一個學習過程，專案團隊或整個組織，從過程中有了知識累積或學習的效果，甚至將學習的資訊或知識應用到下一個新產品開發的過程。

(三) 設計模式

設計模式也不脫離階段或是學習的模式，只是在發展過程中，因爲造型或意象等議題扮演著重要的角色，因而從設計的流程來進行新產品的開發。設計模式的重點也是將構想、意念等抽象的概念轉爲具體的內涵，例如：物質化、型體化等，重點強調美學、造型、風格、文化等設計元素的納入。

例如設計的階段亦可區分爲定義問題、了解問題、思考問題、發展概念、細部設計及測試等五個階段（游萬來、宋同正譯，民87）。設計過程包含收集市場資訊、競爭分析、策略規劃等管理面的議題。Walker, D. et al.（1989）則是歸納設計過程爲四個階段，稱爲設計的外部生產過程，其重點在於設計的最終產品，該四個階段的重要內容摘述如下：

1. 四大階段內容包含計畫、設計與開發、生產與市場反應。
2. 四大階段內容依據目標、概念、具體化、細節、生產、廣告、配銷、使用、認知價值、重新評定等過程循環進行。
3. 四大階段內容考量內部的簡報、提案、上市等過程，也考量外部的市場測試、研究等市場反應。

總而言之，設計是一個資訊處理與問題解決的過程，也是一個設計者與市場溝通的過程。

以設計思考作爲產品發展的模式也是相當普遍的方法。設計思考模式認爲洞見（Insight）、觀察（Observation）、同理心（Empathy）是設計成功的三大要素，而且採用「3I」空間來思考這個過程（吳莉君譯，民 99，pp. 49）：

1. **發想（Inspiration）**：刺激你尋找解決方案的機會與需求。
2. **構思（Ideation）**：想法的催生、發展和驗證。
3. **執行（Implementation）**：從研究室通往市場的步驟。

在整個思考過程中，擴散性與聚斂性的創意思考方法交錯運用，若是在數個現有選項中作決定時，聚斂性思考（Convergent Thinking）是一種實際有效的做法；如果是爲了豐富選項或擴增提案，擴散性思考（Divergent Thinking）就是合適的方法。設計思考的具體步驟如下（吳莉君譯，民 99，pp. 107）：

1. **同理心（Empathy）**：主要是定義目標客群（TA），深入同理，了解其需求。透過觀察使用者行爲及情緒，接觸或深度訪談了解使用者，甚至體驗他的生活，來了解需求，並詳細記錄上述需求，包含行爲與肢體語言、情緒感受、內在動機或價值觀。此步驟可運用擴散式思考，而同理心地圖是一個可行的工具。

2. **需求定義（Define）**：將蒐集到的需求，加以分類、刪去、挖深、組合以便定義使用者的需求。需要用簡短的一句話定義使用者的需求，包含使用者是什麼樣的人、使用者有什麼需求，以及為什麼使用者會有這樣的需求。需求定義是一種設計觀點（Point of View, POV），用一句簡短的描述「我們要做什麼來為誰解決什麼問題」，例如「使用者他希望透過手工咖啡，來緩解一下工作壓力。此步驟可運用聚斂式思考，而且可以使用同理心地圖的結果收斂成為需求定義。
3. **創意動腦（Ideate）**：包含發想及篩選解決方案，發想出眾多的解決方案來解決所找出的問題（亦即滿足需求定義所得到之需求），是屬於擴散式思考，腦力激盪是一個相當有用的工具；篩選解決方案屬於聚斂式思考，例如投票或是採用決策表（計分模式 Scoring Model），依據「獨特」、「偏好」、「重要」、「獲益」、「可行」等準則篩選發想出來的解決方案。
4. **製作原型（Prototype）**：將解決方案作出原型，也就是具體的呈現構想與設計，原型越貴越複雜，就越像成品。原型可能有非實體的原型，包含腳本（例如顧客旅程腳本）、角色扮演遊戲、體驗式原型、組織重整，可用簡略的草圖呈現。
5. **實際測試（Test）**：可能運用情境模擬、試用（給使用者試用，觀察使用者的使用狀況、回應）等方式測試，進而重新定義需求或是改進解決方案，直接測試或 A/B 測試（同時給兩種選擇方案讓使用者使用，看哪種較被接受）都是常見的測試方法。

經過上述五個步驟之後，就進入執行階段，也就是進行產品設計製作，或是服務與體驗設計，甚至說故事傳播訊息，以實際執行方案。

(四) 同步工程模式

同步工程模式指的是產品發展各階段之間的同步進行，也就是後階段工程可以與前階段並行，例如：生產部門可以參與研發部門的工作，或是顧客可以參與構想提案的工作。

同步工程主要的目的是縮短產品開發的週期，以因應市場的需求，同步工程之所以能夠有效推動，主要的原因是市場需求的變化快速，造成產品須快速推出，但這需要良好的跨部門溝通，藉由資訊與通訊技術的發展可以達到此種要求。

同步工程的進行方式包含觀念同步、管理同步、技術同步、流程同步、資訊同步等，也就是說，在各個階段進行過程中，所牽涉到的觀念（例如：產品概念）、管理（例如：規劃、控制）、技術（例如：平臺技術、產品技術、銷售技術）、流程（即各階段之流程）、資訊（例如：市場資訊）等均可能同步進行。

(五) 敏捷開發（Agile Development）模式

敏捷開發（Agile Development）是 1990 年代出現的一種新型態軟體開發方法，主要是將大型軟體專案切分爲較小的子專案，漸進式的進行並隨時依據顧客反應修正產品功能。敏捷開發方法對應的是瀑布式模式（Waterfall Model）的流程，瀑布式模式類似階段式的模式，逐步進行開發，開發模型是線性的，只有等到最後才會看到開發成果，也就是把風險累積到最後。

風險包含（洪慧芳譯，2019）：

1. **價值風險**：顧客會不會購買此產品。
2. **易用性風險**：顧客容不容易操作或了解如何操作。
3. **產出風險**：團隊能不能在時間、技術、人力限制之下做出所定義的產品。
4. **商業風險**：此開發案對業務、行銷、財務、法務等是否具有可行性。

能快速調整是敏捷式開發最主要的核心價值。Scrum 是實現敏捷開發的其中一種方法，敏捷開發過程中，工程師通常會把工作拆解成一系列遞迴（Iteration）活動，若敏捷開發使用 Scrum 模式，這種遞迴稱爲衝刺（Sprint），可能需要 1 到 3 次衝刺才會完成產品開發（洪慧芳譯，2019）。

由商品化的流程可以得知，參與商品的策略、行銷、財務等活動屬於管理領域的人員，參與商品發展者包含工程與設計領域的人員。

三 產品生命週期管理

產品生命週期一般分爲萌芽期、成長期、成熟期、衰退期四個階段，每個階段有其管理的重點，例如萌芽期，研究發展及上市是重要的管理，成長期則著重生產管理、產品改良及行銷。本書所稱的萌芽期在上述架構中是屬於產品發展階段，各階段內涵說明如下：

(一) 萌芽期

萌芽期是指產品從設計、投入生產、市場測試，直到開始上市。萌芽期因爲只有少數領先者領先開發與上市，因此產品品種少，顧客對產品還不了解，會對這些新產品有興趣的顧客是創新者，他們對於新鮮新奇的產品較有興趣，社會大眾則鮮少購買。就生產者而言，其生產技術受到限制，製造成本高，而且投入於創新者的行銷費用也比較高，因此價格較高，銷售量低。

(二) 成長期

當購買者逐漸接受該產品，產品銷售成功之後，有大量的購買者購買產品，便進入成長期。就生產者而言，生產成本大幅度下降，利潤迅速增長。當然也因此吸引競爭者的注意，紛紛進入市場，使得產品供給量增加，價格隨之下降。

(三) 成熟期

當產品技術穩定，大量生產，而購買者人數增加，市場趨於飽和，便進入成熟期。就生產者而言，日趨標準化，成本低而產量大，而購買者已經無法快速增加，因而競爭激烈，此時需要做些降低成本或是產品改良的方式來競爭。

(四) 衰退期

因爲產品的競爭激烈、消費習慣的改變、新產品的上市等因素，產品已經老化，銷售量和利潤持續下降。就生產者而言，主要的決策是要退出市場或是繼續銷售，再撐一段時間，直到該產品已經無法銷售，所有競爭者完全撤出市場，生命週期也就結束。

產品經理手冊

產品經理的工作是多元的，因此需要有一個整體性的架構來了解本身的工作內容，以利規劃及分工。

2-2 產品經理的組織與職責

一 組織的階層與功能

我們常用一個三角形來概略代表企業組織，水平線區分高、中、低階層的管理層級，分別爲策略、戰術及作業層級，另一方面，垂直線區分企業功能，包含生產與製造、行銷與銷售、技術與研發、財務與會計、人力資源等，如圖 2-4 所示。

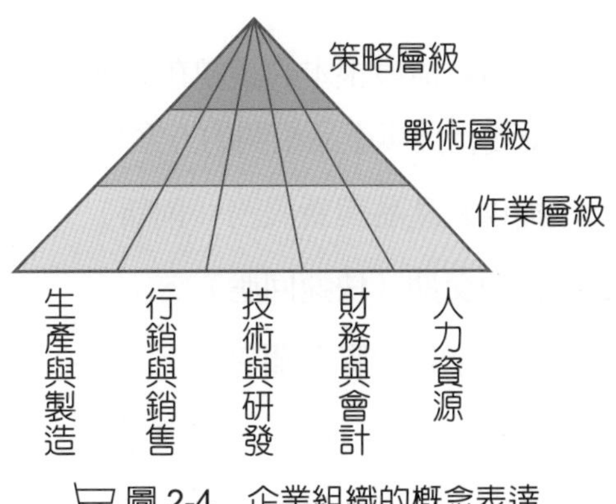

圖 2-4　企業組織的概念表達

組織結構用以具體表示上述的概念，組織結構指的是組織的部門職權安排與任務分工，組織結構決定了個別任務、命令及決策、溝通方式。「職權安排」是指報告關係、權力、責任之分配，例如，階層式的組織指的是垂直的職權關係，而授權乃是將職責授與較低層級的管理者或員工，功能型的組織將組織依據生產、行銷、財務等功能部門加以部署，部門別組織則是依產品來劃分部門的形式；「任務分工」指的是組織成員的工作描述或工作定義。

傳統的組織結構包含階層式的組織、矩陣式的組織等，新的組織結構包含了團隊結構（例如：問題解決團隊、自我管理團隊、跨功能團隊、虛擬團隊）與虛擬組織。

傳統的組織是以企業功能為單位，企業功能包含研發製造、財務會計、行銷及銷售、人力資源等等，如圖 2-5 所示。技術研發功能包含一系列的創意構想、實驗、設計、測試、原型製作等流程，規模較大的公司由技術與研發副總來帶領，規模較小的是技術與研發經理，其下設有各項技術或產品之負責人員或專案，例如：半導體技術研發、DRAM 產品等；生產與製造功能包含採購、檢驗、庫存、組裝、出貨等任務，也包含供應鏈管理；財務與會計包含會計報表編制、財務分析、資金調配、稽核等流程；銷售及行銷功能包含行銷組合、行銷規劃、訂單履行等；人力資源功能則包含人事、工時、薪資、生涯規劃、教育訓練、福利保障等，也包含行政、公安法律等部門。

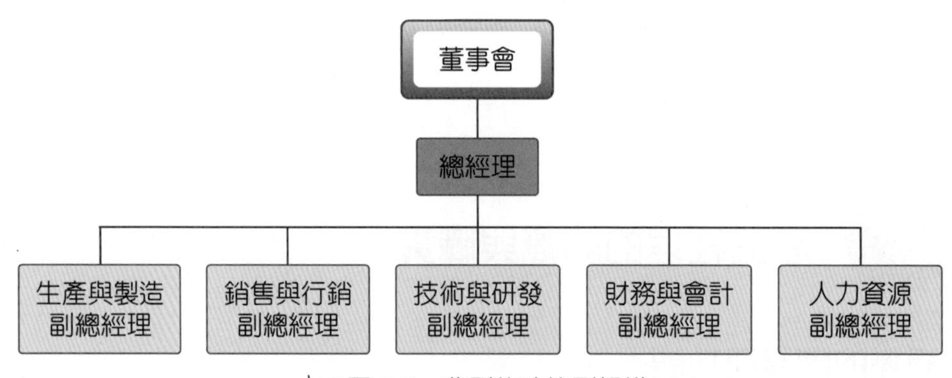

圖 2-5　典型的功能型組織

組織結構最根本的議題在於彈性，也就是組織能夠因應外界環境變化的能力，因應外界環境變化且與產品相關的方案可能如下：

1. 提供新產品與新服務（創新）。
2. 縮短交期（快速回應）。
3. 與顧客建立聯盟關係。

二 表達產品經理位階的組織

Gorchels 的產品管理組織架構如圖 2-6 所示（戴維儂譯，2006），該組織架構可以讓我們了解產品經理的職責與角色，產品經理的職責主要源自於圖 2-4 與圖 2-5 的銷售與行銷部門，Gorchels 強調行銷那一部份，因而表達產品經理位階的組織圖是由行銷副總領導，包含行銷服務、產品群經理、銷售三大部門。產品經理主要負責產品的行銷、銷售與顧客服務的工作，做好這些工作，除了管理好產品的生命週期之外，還需要與研發、生產部門的溝通協調，與高階主管的報告與建議。

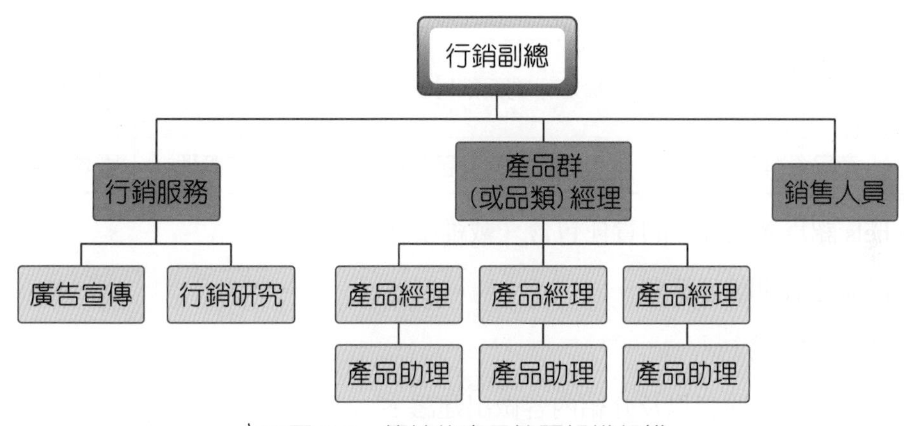

圖 2-6　傳統的產品管理組織架構

（資料來源：戴維儂譯，2006）

三 產品經理的職責

產品經理主要負責產品的行銷、銷售與顧客服務的工作，而所謂的產品，具有不同的層次，一個公司的所有產品的集合稱爲產品組合，產品組合由各種產品線所組成，每個產品線有數個產品項，產品項是企業在市場上銷售的基本單位。我們可以把「決定企業的產品組合或新產品組合」視爲策略議題，由組織的策略層次來負責，而把產品線或產品項的決策議題視爲戰術議題，由組織中階主管負責，產品線或產品項的日常管理視爲作業議題，由組織的作業層級來負責。

行銷、銷售與顧客服務是產品經理的主要職責，包含產品的生命週期管理，也就是萌芽期、成長期、成熟期、衰退期的管理，具體言之，從產品的機會調查、新產品發展、上市、行銷、銷售，到產品的調整或是下市，都是產品經理的職責。而主要的工作內容包含：

1. **產品決策**：決定企業的產品組合、調整產品組合或是決定待開發的新產品組合。
2. **行銷、銷售與客服**：針對產品組合、產品線或產品項進行行銷、銷售與客服工作。

3. **績效評估**：針對產品或團隊的績效進行評估，並作適當的調整與改善。

4. **團隊管理**：產品經理如何帶領團隊以完成上述任務。

上述工作內涵搭配組織層級可列出產品經理的職責，如表 2-1 所示。

表 2-1　產品經理的職責

層級	產品決策	行銷、銷售與客服	績效評估	團隊管理
策略	參與組織策略規劃 擬定產品競爭策略 挖掘新產品機會	行銷策略規劃	產品組合績效管理	跨部門溝通
戰術	進行產品線及產品決策、競爭分析	擬定行銷與銷售計畫	產品線績效管理	產品團隊領導
作業	產品資料蒐集與分析	行銷與銷售計畫執行	產品項績效管理	團隊成員溝通協調

Gorchels 認爲產品經理的責任包含（戴維儂譯，2006）：

1. 爲產品制定長期競爭策略。
2. 發掘新產品的機會。
3. 對產品的更動、改善以及介紹內容做出建議。

由表 2-1 可更具體地了解在策略層級產品經理主要的工作，包含產品決策方面的參與組織策略規劃、擬定產品競爭策略、挖掘新產品機會，行銷、銷售與客服方面的擬定行銷策略，績效評估方面是要負責產品組合績效管理，團隊管理主要著重於跨部門溝通。在戰術層級，產品經理在產品決策方面主要的工作是進行產品線及產品決策、競爭分析，行銷、銷售與客服方面的工作是擬定行銷與銷售計畫，績效評估方面是要負責產品線的績效管理，團隊管理主要著重於產品團隊領導。在作業層級，產品經理在產品決策方面主要的工作是產品資料蒐集與分析，行銷、銷售與客服方面的工作是行銷與銷售計畫的執行，績效評估方面是要負責產品項的績效管理，團隊管理主要著重於團隊成員溝通協調。

搭配組織層級與功能，產品經理有不同的任務，產品經理可能負責產品群（就是品類或產品組合），也可能只負責產品線或是某產品項。如果產品依據功能細分，產品經理可能負責行銷服務，包含廣告宣傳及行銷研究，甚至行銷通路，因而有「行銷服務經理」、「行銷研究經理」、「通路經理」等不同的職稱。有些公司的產品任務是依據市場或關鍵顧客來區分，此時可以用「市場經理」來區分，也就是某某區域行銷經理或銷售經理，或是某關鍵客戶經理等。

與產品經理相類似的職稱包含專案經理（Project Management）、產品行銷經理（Product Marketing Manager）、產品企劃開發人員、產品管理師等。專案經理通常針對有關產品研發、市場調查研究、市場測試等相關專案進行專案領導的工作，專案是指有時間限制的任務，也就是有明確的開始與結束，專案經理負責專案的成敗。產品企劃與產品行銷分別負責產品生命週期前後端的工作，我們可以把它們視爲產品經理的部分工作。當然，各公司對部門及職稱有不同的名稱，其工作內容也有不同的定義，前述的分工，大抵以產品生命週期的階段來劃分，相當值得參考。

其次，在敏捷管理的專案中，若採用 Scrum 方法，便有了產品負責人（Product Owner, PO）的角色，做爲產品客戶的代言人，是團隊與客戶間唯一的窗口，同時也對產品的成敗負責（周龍鴻，2022）。

四 產品團隊

一個產品團隊通常至少由一位產品經理及數位工程師所組成，若是產品設計或是使用者介面很重要，產品團隊還會有設計師的設置。對新創公司而言，產品經理可能由共同創辦人或執行長擔任，主要任務是開發新產品，成熟的公司則可能有產品經理的職位設計，主要的任務則是產品的持續創新。

產品經理最重要的職責就是要讓公司的產品與市場匹配（洪慧芳譯，2019）。工程師一般稱爲開發人員，工程師的主要任務，就是將構想經由設計或開發的過程產出符合功能需求的產品。設計師負責工業設計、商業設計、介面設計與使用者體驗設計。工業設計著重於產品外觀設計，商業設計著重於視覺設計，使用者體驗設計則提供互動設計。其次，設計師也常常負責打造原型，做爲溝通創意的主要媒介。

此外，亦可能有產品行銷經理或產品行銷人員的編制，以利於產品行銷。只是一般而言，其人力需求較少，因而一位行銷經理可能負責數個產品團隊的行銷。

產品新趨勢

運用 AI 產品了解寵物情緒

許多養寵物的人，都希望可以理解愛犬或愛貓的語言，因此誕生寵物溝通師這個職業。韓國新創公司 Petpuls Lab 相中這個商機，開發出「狗狗人工智慧項圈」，透過項圈和手機，就能夠了解毛小孩到底在想什麼。

圖 2-7 透過項圈了解狗狗的情緒
（圖片來源：Pixabay）

為了分析出狗狗吠聲中代表的情緒，該公司從 2017 年就開始大量蒐集不同品種的狗的叫聲，歸納出他們的情緒。至今他們已經有五十種不同品種的狗的叫聲，超過一萬個聲音的樣本當作數據庫，成功做出智慧項圈。

狗狗戴上項圈後，主人們即可透過智慧型手機，了解牠們「快樂、放鬆、焦慮、憤怒、悲傷」五種情緒。根據首爾大學測試裝置數據顯示，這條項圈情緒辨識的平均準確度達 90%。

自 2020 年十月開始，Petpuls Lab 狗狗人工智慧項圈以 99 美元於網路上銷售。一位牧羊犬飼主在使用過後說：「我發現我不在家的時候，牠會悲傷和焦慮，如果一起玩的時候，狗狗輸了，牠也會有生氣的情緒。」

資料來源：韓國打造智慧項圈毛小孩想什麼一吠就知。商業周刊，1733 期。2021-01-28，pp.87。

評論

這是一個結合人工智慧技術的產品，除了項圈硬體設計之外，主要是人工智慧的程式，這個程式發展的過程，主要是透過問題確認、需求分析、演算法的選擇、資料收集（狗的吠聲）、訓練（機器學習）、測試等步驟，當準確度到達一個水準，便可商品化，進行狗情緒預測的工作。

產品經理手冊

產品經理的工作除了多元性，還牽涉許多跨部門溝通，所以應該了解自己在組織中的位階及職稱，並確認團隊的組成及本身的職責。

2-3 產品經理的角色與知識技能

一 產品經理的角色

管理者的角色包含人際角色、資訊角色、決策角色（Mintzberg, 1975），產品經理的角色說明如下：

1. 人際角色（**Interpersonal Roles**）：包含領導部屬、溝通同僚、參與高層決策等溝通協調工作，也包含塑造產品形象及執行儀式或象徵性的工作。
2. 資訊角色（**Informational Roles**）：蒐集及整理組織內部外部的資訊，了解環境變化與組織能力，並將相關資訊分享給其他部門（用以擬定產品策略），也包含對外產品發言人的角色。
3. 決策角色（**Decisional Roles**）：主要的工作是分配資源進行產品相關決策，包含尋找產品機會、新產品開發、產品線調整等工作，資源分配共乘可能需要協調其他單位以爭取產品利益或是突發狀況與衝突之排解。

二 產品經理的技能

管理者的技能主要表現在概念化、人際關係與專業技術三方面（蔡敦浩、李慶芳、陳可杰，民 102），說明如下：

1. 概念化能力（**Conceptual Skills**）：管理者理解組織整體與其內外環境之間關係的洞察能力，概念化能力包括管理者思考、資訊處理和規劃的能力，一般而言，越高層次的管理者，越需要更高的概念化能力。
2. 人際關係能力（**Human Skills**）：管理者和他人相處、合作，並且成爲一個有效率工作團隊的能力。這種人際關係包含對外與客戶或是市場大眾的關係，也包含對內與主管、同僚、下屬的關係。
3. 技術能力（**Technical Skills**）：了解並且精通完成特定任務所需的能力，基層管理者特別需具備技術能力。產品經理的技術能力包含產品技術（例如產品開發）、行銷銷售與客服的技術、市場技術等。

產品經理人的角色是扮演公司產品與市場顧客之間的橋樑，如果從產品歷程的角度來說，產品經理人需要關注市場需求、產品構想、產品開發、測試、量產到上市銷售的過程，若從管理層級的角度來說，新產品與公司的使命、策略、開發專案以及相關的執行活動都有關係。

依照這樣的角色扮演，產品經理人最需要具備的知識技能有策略技能、技術技能、市場技能、溝通技能等，再加上倫理守則共五項，分別說明如下：

(一) 策略技能

策略是將資源投注於與組織生存發展相關活動的過程，產品經理人在策略上的意義就是要決定投入多少資源於哪種新產品組合，此種決策的依據（決策準則）主要包含競爭、市場、技術、使命與公司策略，意思是說新產品組合必須滿足這些條件才能夠成功，因此需要具備有策略規劃與執行的能力。Linda Gorchels 認爲產品經理是企業策略家，同時也是有能力貫徹策略的執行者（戴維儂譯，2006），就是這個道理。

(二) 技術技能

通常新產品開發都有其技術條件，例如：開發手機需要通訊、電子、機械等專業技術。新產品開發的工作主要是由專業的工程師來負責，但是產品的設計、技術等專業，需要轉換爲產品的功能與市場需求，因此產品經理人需要具備有某種程度的技術知識，才能夠與工程師做良好的溝通。專業技術領域的涉獵，也是產品經理人需要的技能。舉例來說，Linda Gorchels 認爲產品經理必須了解：產品能做什麼（性能及技術性功能）、產品是什麼（結構、零配件技術）、產品是爲誰服務（目標市場）、產品在顧客心中的意義爲何（特點、個性、形象）等問題（戴維儂譯，2006）。由此例就可以知道技術技能對產品經理人而言是重要的。

(三) 市場技能

我們可以說市場導向是產品經理人的重要特色之一。產品始於市場終於市場，前者的意思是我們需要設定目標市場，並了解目標市場，才能夠開發正確的新產品；後者則是新產品逐漸開發完成，必須要與市場不斷互動（包含產品測試、市場測試、上市宣傳、廣告、促銷等），才能夠讓顧客對產品有所認知、進而認同，而採取購買行爲。因此，爲了要有效地了解市場的需求以及有效地將新產品導入到市場，產品經理人需要市場技能。

(四) 溝通技能

我們可以說產品經理人的重要特色是具有跨功能的溝通技能。產品從構想到上市，經過了策略層級與戰術層級的參與，也經過不同部門的參與，更牽涉到與外部顧客、合作夥伴的溝通，溝通技能成爲產品經理人關鍵技能之一。從對象的角度來說，溝通可區分爲對內溝通與對外溝通，對內溝通指的是與上司、同僚、專案成員之間的溝通；外部溝通則是與外部顧客、合作夥伴以及其他利害關係人的溝通。不同的對象、不同層級都有不同的溝通內涵，就產品經理人而言，其最重要的溝通內容是產品概念，也就是利用顧客需求、產品概念、產品功能、技術規格等概念的連結，將產品由構想轉成能上市銷售的商品。

若從管理層級的角度，在策略上，產品經理人需要將市場機會、產品概念與企業使命、策略之間的關係與主管溝通；在產品發展的專案上，產品經理人需要協調工程、製造、銷售等不同領域的人員。因此產品經理人必須熟悉溝通技巧，能夠與不同領域的人員進行溝通。

例如：本田汽車進行第三代 Accord 車種設計時，其重要的概念是維持 Accord「人最大，機械最小」（Man Maximum, Machine Minimum）的概念，這樣的概念被塑造成「穿西裝的橄欖球員」（A Rugby Player In A Business Suit）的形象，再將這形象分解成「心胸開闊」（Open-Minded）、「友善溝通」（Friendly Communication）、「堅毅精神」（Tugh Spirit）、「沒有壓力」（Stress-Free），以及「永遠的愛」（Love Forever）等五種屬性（Clark and Fujimoto, 1990）。這是比較抽象性且意象性的概念，通常在與上層、市場顧客，或是在產品開發前面階段所需要的溝通。

圖 2-8　本田第三代 Accord（圖片來源：Wikipedia）

這些抽象概念需要轉為更具體的規格，例如：抽象概念若是「袖珍飛彈」（Pocket Rocket），需要被轉換成「最高時速 250 公里」、「風阻係數小於 0.3」等目標或規格，另一方面，還要把這些目標和規格轉換成通俗的語言，傳達給消費者（Clark and Fujimoto, 1990）。

(五) 倫理守則

當然企業使命、社會責任、倫理道德等均是管理者所需具備的條件，與產品經理人比較有關的專業倫理守則包含尊重、公平、誠實等。尊重是指尊重自己、尊重他人及尊重託付給我們的資源（例如：人、錢、名聲、他人安全及環境）。因此產品或專案經理人需要尊重他人規範及慣例、尊重善良風俗民情，而且不做不尊重他人之行為。產品或專案經理人也需要尊重智慧財產權（包括商標、著作權與專利權、尊重他人隱私）。

其次，產品或專案經理人應採取公平與客觀做為處世之原則，妥善處理利益衝突，避免只顧私利，不可有歧視與偏見。例如：不因性別、種族、宗教、年齡、國籍、殘障、性傾向等歧視他人，或影響僱用、賞罰等決策。第三，產品或專案經理人應該具有誠實的道德，以受人信賴。也就是說須以誠信方式進行溝通並採取行動。例如：不欺騙、不誤導、不做錯誤聲明或斷章取義，不可圖利他人、不可行賄收賄，而且需要塑造一個誠實的工作環境。

產品經理手冊

產品經理應該了解自己的角色與技能需求，並檢視自己及團隊成員是否具備這些技能。

三 產品管理的知識需求

由產品管理的整體架構告訴我們，產品管理包含策略與戰術兩層次，策略方面需要有策略管理的知識基礎，戰術方面可以從產品發展流程來考量，包含主要的工程、設計、行銷等領域的專業知識，以及負責經濟評估與資金資源的財務管理領域，整個流程可以用專案管理來加以整合。

從管理的角度來說，產品管理的過程需要有策略的引導、有產品或服務的開發、有專案的管理、有銷售與行銷的活動，這些活動均與管理有關。就產品發展的角度而言，產品發展可能需要複雜的技術，例如：開發電視機需要有電子與機械相關的技術；另一方面，產品發展可能也需要設計的專業，例如：工程、外觀、包裝等設計。因此產品管理，至少涵蓋了工程與設計的領域。

從工程的角度來說，由於技術的日新月異，其功能也須滿足多元的需求，因此在產品管理的過程中，需要由工程師與管理或行銷人員進行密切的溝通，跨領域的分工與合作，已經是長久存在而被視為重要的議題。科技管理是管理技術領域的知識體。從設計的角度來說，設計的角色從外觀的設計、演進到產品設計，進而涵蓋組織設計的議題，因此設計與管理相關的知識需要加以整合，才能有效地達成商品化需求。

與產品管理相關的領域包含技術面的、設計面的、行銷面的、財務面的議題，而產品管理的過程需要有策略來引導，戰術面的流程需要以專案的方式來進行，因此討論產品管理的領域包含策略管理、科技管理、設計管理、行銷管理、財務管理、專案管理等六大領域，如圖 2-9 所示。

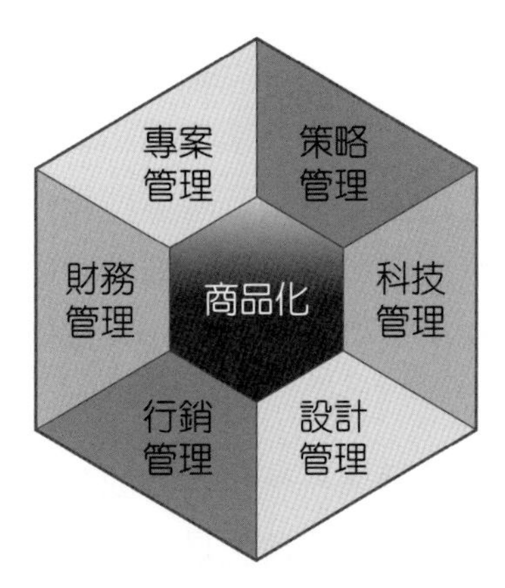

圖 2-9　產品管理跨領域知識需求

產品管理跨領域知識需求整理如表 2-2 所示：

表 2-2　產品管理的知識需求內容

領域	知識需求
策略管理	產品策略、技術策略、平臺策略規劃能力
科技管理	技術涉略規劃、新產品發展能力
設計管理	工業設計、商業設計、包裝設計、廣告設計、展場設計等能力
行銷管理	新產品管理、產品定位策略與行銷策略、市場與消費者行為研究等能力
財務管理	成本規劃、產品組合或新產品投資評估能力
專案管理	產品發展、新產品上市、商務展覽等專案管理能力

(一) 策略管理

策略是分配資源以達成組織目標的過程，就產品發展的策略而言，策略主要的目的是用以引導產品組合管理與新產品開發的進行，策略管理的重要工作是運用策略規劃來進行。

以產品管理而言，產品發展策略是最相關的策略，運用策略規劃的程序，可以分析出產品發展的主要方向、訴求等策略方案，繼而進行產品的發展，產品發展是戰術面的工作，其管理可透過專案管理方式爲之。產品發展過程中也牽涉到專業技術的問題，因此技術策略或是平臺策略也是重要議題，而與科技管理相關。

(二) 科技管理

科技管理主要的內容是探討如何透過技術作爲組織的競爭武器，所謂的組織包含政府組織與企業組織。政府組織透過產業政策及產業技術政策，決定重點發展的產業，以及發展該產業所需的技術支援或產業投資環境，稱爲巨觀的科技管理。企業組織則依據其事業定義或產品發展，決定採用或引進何種技術，以便提升競爭力，稱爲微觀的科技管理。

就產品管理的角度來說，產品發展具有技術的成分，尤其是高科技產業，技術爲新產品開發重要的成份，科技管理所扮演的角色是將技術視爲產品發展的重要基礎，尤其是高科技產業，技術更是新產品成功的重要因素。企業主要是透過研發活動，來發展出產品的原型，以進一步執行生產的活動。商品發展過程中，若將技術視爲各種產品開發的共通元件，則技術稱爲產品開發的平臺，也就是技術平臺。因此，科技管理爲產品管理重要的知識領域。

(三) 設計管理

設計具有絕對的美學特質，並且能有效率地被生產製造，是一種具有某些複雜性的跨領域活動（游萬來、宋同正譯，民 87，pp. 6）。產品設計不論是外觀造型、品牌形象、包裝等均需要考量美感，並配合功能的訴求，因此產品發展也需要良好的設計管理。

設計管理的對象可能包含商品、服務、識別、活動等項目，與商品化較爲相關的主題是工業設計、商業設計、包裝設計、廣告設計、展場設計等。設計管理相當重視美學、造型、文化等因素，但是在產品設計的過程中，仍然包含技術的成份，諸如零組件、原型製作等。設計師與工程師切入產品發展過程的角度有所不同，因此兩者之間的合作有其必要性，也已經逐漸成爲趨勢。

(四) 行銷管理

行銷是透過交換的過程來創造效用，商品化過程需要將商品推廣至市場進行交易。

行銷管理的重要主題包含新產品管理、產品定位策略與行銷策略、市場與消費者行爲等，也包含倫理與道德的議題。行銷管理最主要的目的，在策略面是定義品牌或產品的定位，以引導新產品的發展，在執行面的目的是將新產品順利推出，並成功銷售。新產品上市需要應用到許多的行銷技巧。

(五) 財務管理

產品發展，尤其是科技產品發展，除了技術上的不確定性之外，還有一個特色是產品發展的時間較長，所需的經費也較高，這些經費的投入，需要到產品上市之後才能夠回收，因此財務管理也是一個重要的議題。

財務管理在新產品發展與上市過程中所扮演的角色，包含技術或商品的價値評估、成本效益評估，以便支援新產品投資決策，在新產品投資的過程中，資本預算的決策是相當重要的。最常用來評估不同建議提案的方法，有：「平均報酬率」（Average rate of Return）、「還本期間」（Payback Period）、「現値」（Present Value）和「內部報酬率」（Internal Rate of Return）等。資金投入之後，也需要考量資金籌措與調度的問題，因此需要建立一套關於產品、服務以及顧客的財務規劃、預算與控制架構。新產品發展的績效也需要從財務面加以評估，例如：運用財務報表分析、財務比率等方法來判斷績效，財務報表比率分析可以分析資本結構、償債能力、經營能力、獲利能力、現金流量等指標，藉由比較不同期間的財務報表，也能夠找出績效表現的趨勢，以及運用這些資訊進行後續的決策。

在戰術層次而言，財務管理也運用成本會計或管理會計的方式，來針對產品發展進行成本分析，例如：分析製造成本與非製造成本、變動成本與固定成本、直接成本與間接成本、可控制成本與不可控制成本、差異成本（Differential Costs）、機會成本（Opportunity Costs）等。或利用成本、數量、利潤來分析，產品價格、銷售量、變動成本、固定成本之間的關係，來決定產品成本與銷售組合。

(六) 專案管理

專案是具有目標性、時間性的任務，往往不具重複性、具獨特性或單一性的特性，因此專案具有明確的起始與結束，而且有獨特的目標。專案管理採用生命週期管理的方式，包含起始、規劃、執行、控制、結束等階段，而且是遞迴式的階段關係。透過專案管理方式，可以讓專案達成其預期的目標，滿足顧客或專案發起者的需求。

就產品管理的角度來說，我們傾向於將產品發展、新產品上市、商務展覽等視爲專案，進行有效的專案管理，提升成功的機率。

其次，若產品策略規劃過程中，有一些具有特定任務及時效性之工作，亦可成立專案進行之，例如：爲了了解新產品市場需求，以進行新產品之策略定位，可將該市場研究視爲專案；或是需要進行技術研發來支援產品的技術平臺，則該技術創新活動亦可定爲專案，甚至參加商業展覽也可視爲專案。

在策略與產品發展過程中，需要跨領域的知識，上述六大領域的知識均將於本書後續章節中加以介紹。其中最具有共通性的知識包含科技管理、設計概論、創意發想等。科技管理中的技術策略影響產品平臺的擬定，因爲產品平臺是以共通技術爲核心，發展出一系列的產品，而新產品發展亦屬科技管理的一環；設計概論有助於企業識別形象與品牌設計、產品外觀造型設計、包裝設計、廣告設計等；創意發想則有助於產品構想與概念之提案，以及行銷方案之提案，如圖 2-10 所示。

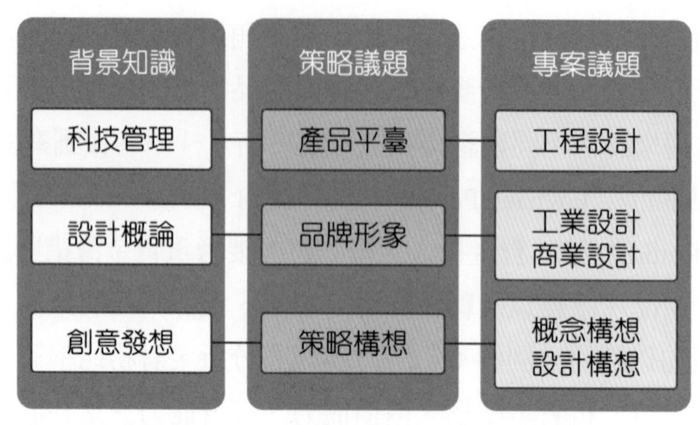

圖 2-10　商品化管理的背景知識需求

產品經理手冊

產品經理應檢視這六大技能，並與 2-1 節整體架構的工作內容相對應。

本章摘要

1. 產品管理的整體架構區分三個重要的層次，一為策略，包含使命與願景，代表企業的整體理念與方向，也包含企業策略與產品策略，產品策略描述產品發展的主要方向與目標；二為產品發展，乃是依據產品策略進行產品構想提出、開發、生產、上市銷售等流程；三為產品生命週期管理，針對產品萌芽期、成長期、成熟期、衰退期進行管理。
2. 產品發展流程可以從階段模式、學習模式、設計模式、同步工程模式、敏捷開發模式等五個角度來說明。階段模式將新產品發展區分為概念定義、產品設計、產品上市三大階段；學習模式將新產品發展視為一個學習過程，從過程中有了知識累積或學習的效果，甚至將學習的資訊或知識應用到下一個新產品開發的過程；設計模式的重點也是將構想、意念等抽象的概念轉為具體的內涵，例如：物質化、型體化等，重點強調美學、造型、風格、文化等設計元素的納入；同步工程模式指的是產品發展各階段之間的同步進行；敏捷開發過程中，通常會把工作拆解成一系列遞迴（Iteration）活動，並且採取逐步增量的方式交付，漸進式的進行並隨時依據顧客反應修正產品功能。
3. 設計思考模式認為洞見、觀察、同理心是設計成功的三大要素，而且採用發想（Inspiration）、構思（Ideation）、執行（Implementation）等「3I」空間來思考這個過程。設計思考的具體步驟包含同理心、需求定義、創意動腦、製作原型、實際測試等步驟。
4. 一個產品團隊通常至少由一位產品經理及數位工程師所組成，若是產品設計或是使用者介面很重要，產品團隊還會有設計師的設置。
5. 產品經理主要的工作內容包含產品決策、行銷、銷售與客服、產品績效評估、團隊管理，而這些工作內容涵蓋策略、戰術及作業管理三大層次。
6. 產品經理的人際角色包含領導部屬、溝通同僚、參與高層決策等溝通協調工作，也包含塑造產品形象及執行儀式或象徵性的工作；資訊角色蒐集及整理組織內部、外部的資訊，了解環境變化與組織能力，並將相關資訊分享給其他部門（用以擬定產品策略），也包含對外產品發言人的角色；決策角色主要的工作是分配資源進行產品相關決策，包含尋找產品機會、新產品開發、產品線調整等工作，資源分配共乘可能需要協調其他單位以爭取產品利益或是突發狀況與衝突之排解。
7. 產品經理人最需要具備的知識技能有策略技能、技術技能、市場技能、溝通技能、倫理守則等五項。
8. 與商品化相關的領域包含技術面的、設計面的、行銷面的、財務面的議題，而商品化的過程需要有策略來引導，戰術面的流程需要以專案的方式來進行，因此討論商品化的領域包含策略管理、科技管理、設計管理、行銷管理、財務管理、專案管理等六大領域。

本章習題

一、選擇題

(　　) 1. 下列何者不是屬於產品管理整體架構的策略面元件之一？　(A) 企業策略　(B) 產品策略　(C) 產品發展　(D) 以上皆非。

(　　) 2. 企業本身對自己的認同以及外部對於本身事業的識別指的是？　(A) 事業定義　(B) 企業形象　(C) 企業文化　(D) 以上皆非。

(　　) 3. 「在消費者的腦海中，爲某個產品或品牌建立有別於競爭者的形象」的過程稱之爲　(A) 產品定位　(B) 產品差異化　(C) 新產品管理　(D) 以上皆非。

(　　) 4. 從消費者的角度，運用文字或圖片等媒體，來描述產品特性與利益稱之爲　(A) 產品發展　(B) 產品差異化　(C) 產品概念　(D) 以上皆非。

(　　) 5. 有關設計模式的敘述何者有誤？　(A) 設計領域經常使用　(B) 重點強調美學、造型、風格　(C) 不可能是階段模式　(D) 以上皆非。

(　　) 6. 一般而言，產品發展與上市是屬於產品生命週期哪一階段？　(A) 萌芽期　(B) 成長期　(C) 成熟期　(D) 衰退期。

(　　) 7. 下列何者不是產品經理的職責？　(A) 產品決策　(B) 產品研發　(C) 產品銷售績效評估　(D) 以上皆非。

(　　) 8. 產品經理分配資源決定開發哪幾項新產品，則產品經理扮演哪一種管理者的角色？　(A) 人際角色　(B) 資訊角色　(C) 決策角色　(D) 以上皆非。

(　　) 9. 下列敘述何者有誤？　(A) 越高層次的經理人需要越高的概念化能力　(B) 越高層次的經理人需要越高的專業技術能力　(C) 人際關係能力表現在對內及對外的關係　(D) 以上皆非。

(　　) 10. 產品經理需要了解產品性能、績效指標，這是屬於哪一種技能？　(A) 策略技能　(B) 技術技能　(C) 市場技能　(D) 溝通技能。

二、問答題

1. 產品策略的主要內容爲何？
2. 使命與產品策略之間的關係爲何？
3. 產品生命週期管理的內容爲何？
4. 產品經理在產品決策領域的策略、戰術、作業層次的職責分別爲何？
5. 產品經理的決策角色爲何？
6. 產品經理人最需要具備的知識技能有哪四項？
7. 產品管理的六大領域知識需求爲何？

三、實作題

請從徵才廣告中，找出三個名稱爲「產品經理」或「產品經理人」的徵才職位，列出徵才的公司、部門及徵才條件，並將應徵條件對應到下表的知識技能領域。

徵才廣告	職位名稱	徵才公司	職責	應徵條件	知識技能領域
1.				1A	
				1B	
				1C	
				……	
2.				2A	
				2B	
				2C	
				……	
3.				3A	
				3B	
				3C	
				……	

參考文獻

1. 巫宗融譯（民 89），《新產品完全開發手冊—如何在新產品戰爭中勝出》，初版，臺北市：遠流。
2. 吳莉君譯（民 99），《設計思考改造世界》，初版，臺北市：聯經。
3. 洪慧芳譯（2019），《矽谷最夯・產品專案管理全書：專案管理大師教你用可實踐的流程打造人人喜愛的產品》（原作者：馬提・凱根 Marty Cagan，Inspired: How to Create Tech Products Customers Love），初版，臺北市：城邦商業周刊。
4. 周龍鴻（2022），《成功的敏捷產品管理：打造暢銷產品的祕訣》，初版，新北市：博碩文化股份有限公司。
5. 曾光華（民 95），《行銷管理：理論解析與實務應用》，二版，臺北縣三重市：前程文化。
6. 游萬來、宋同正譯（民 87），《設計進程—成功設計管理的指引》，一版，臺北市：六和出版社。
7. 蔡敦浩、李慶芳、陳可杰著（民 102），《管理學：以服務爲導向的新觀念》，二版，臺中市：滄海。
8. 戴維儂譯（2006），《產品經理的第一本書：完全剖析產品管理關鍵領域》，二刷，臺北市：麥格羅希爾。
9. Clark, K.B.,& Fujimoto, T.,（1990）. “The Power of product Integrity” Harvard Business Review, Nov-Dec, pp. 108-118.
10. Mintzberg, H.（1975）, The Manager’s Job: Folklore and Fact, Havard Business Review, July-August, pp. 56-62.
11. Walker, D. et al.（1989）. Managing Design: Overview: Issues, pp. 791, Open UniversityPress, Milton Keynes, pp. 34.

03

產品經理的背景知識

學習目標

本章內容為產品經理所需之技術策略、設計及創意等相關知識內容之詳細說明，包含科技管理、創意發想、設計概論，各節內容如下表。

節次	節名	主要內容
3-1	科技管理	說明科技對企業的重要性以及科技的定義、科技管理的內容、技術策略以及技術能力的概念。
3-2	創意發想	說明創意的特性、影響創意的因素以及提升創意的方法。
3-3	設計概論	說明設計的特色、內容與分類，以及設計的美學策略。

引導案例

蘋果的產品理念

蘋果公司於臺北時間 2011 年 3 月 3 日凌晨 2 點，在美國舊金山芳草地藝術中心召開特別發布會，發布全新的 iPad 2 平板電腦，iPad 2 的產品研發團隊接受全場掌聲。基於 iPad 產品造成如此大的轟動，我們不禁要對研發團隊給予讚賞。

首先是技術方面，包含優異的軟體及硬體設計（軟體、作業系統、處理器晶片等）、極為成功的 App Store 第三方軟體平臺及 iTunes 優異的媒體整合平臺，使得 iPad 能夠瀏覽網路、收發郵件、閱讀電子書並播放影片與音樂，較筆記型電腦更為精緻，使用體驗也比智慧型手機更強。

賈伯斯在這發表會上特別強調這一席話：「蘋果的產品並不是單靠科技撐起的，它是通過科技與藝術的結合，以及人文的陶冶，才能感動人心。」產品要把技術、藝術和人文結合起來，使其具有品味和美感、讓使用者更容易使用。

上述個案中，我們需要思考在商品研發及上市的過程中是需要靠著強大、跨領域團隊的強力合作才會成功。從知識技能的角度來說，此階段的產品管理若要能夠順利進行，需要考量的因素包含技術研發、創意發想、美學設計等。本章的主要重點便是強調產品經理團隊有效地執行產品管理活動，需要具備哪些知識技能。

圖 3-1　賈伯斯（圖片來源：PicSnaper）

3-1 科技管理

一 技術的定義與特性

所謂技術是指所有的知識、產品、製程、工具或方法，以及創造產品和提供服務的系統（姜禮輝整譯，民 94）。Betz 認爲技術是一個人們可以操弄的系統，以達成人類的某些目的（徐啓銘譯，民 87），據此，我們對技術的定義爲：「技術是一組將相關資源轉換爲產出的知識、方法或工具，用以達成人類的某些目的系統。」從系統的角度來說，相關的知識、方法或工具的集合，是由一連串的元件以及元件之間的關係所組成，而技術的產出指標稱之爲績效參數，技術產出之後，應用於各產業領域之產品或服務發展，稱之爲應用領域，技術系統說明如下：

1. **投入**：技術系統運用資金、知識、人力、儀器設備等資源，進行加值轉換，這些資源爲技術系統的投入。
2. **技術元件與關係**：技術元件指的是技術內涵中各個組成元件，組成元件有不同的分類方式。首先，可能是以不同的技術方案來分類，例如：半導體的製程技術又區分爲 CMOS 技術與 Bipolar 技術。其次，可以依據技術創新流程來分類，例如：材料或零組件、設計技術、製程技術、測試技術、可靠度技術、行銷技術等。第三，從產品功能模組的角度來區分技術元件，例如：資訊技術區分爲中央處理器技術、輸出入介面技術、儲存技術等。
3. **績效參數**：技術參數或技術指標指的是某項技術產出的績效，例如半導體技術之主要技術指標爲晶片密度（每個晶片可容納之真空管線路個數），半導體晶圓技術之參數爲矽晶圓尺寸（Inch），半導體製程技術之參數爲線寬（微米 Um）等。
4. **應用領域**：技術產出之後，應用於各產業領域之產品或服務發展，稱之爲應用領域，應用領域是決定該技術的價值指標之一，領域越廣，技術的價值或效益也可能越大，例如：半導體技術之應用是爲了資料之處理、儲存，飛機技術之目的爲協助人類的飛行。

常見的技術分類包含專業技術與共通技術。專業技術指的是產業領域相關的技術，這些技術因爲產業不同而有不同的分類，例如：半導體技術、生物技術、航太技術、通訊技術等。共通的技術指的是跨產業所需使用的技術，主要指的是資訊與通訊技術，資訊與通訊產業視這兩種技術爲專業技術，但是其他產業爲了提升其競爭力，均可能採用之，因此被視爲共通的技術。其次，許多企業經營的方法或工具也都被視爲共通技術，例如：規劃工具、策略分析方法、行銷服務、會計制度等，均屬於廣義的技術。

圖 3-2　生物技術（圖片來源：LinkedIn）

專業技術主要用於提升研發與生產的效能，共通技術則用於支援價值鏈的各個加值點或支援跨功能的企業流程，資訊技術中的財務資訊系統（FIS）、管理資訊系統（MIS）、會計資訊系統（AIS）、零售業用的端點銷售系統（POS）等均屬於此類。

一般而言，技術具有依存性、複雜性、知識性、創新性等特性，分別說明如下：

1. **依存性**：技術通常不能夠單獨存在，而是要附著在某一種形體上，例如，半導體的封裝技術必須要封裝成半導體這個產品。其次，技術可能存在於不同型式的產品或製程內，而且以不同的技術階段依存其中，例如：產品技術或生產技術，可能是實際實現產品或生產績效的技術，也可能只是一種剛萌芽的創意構想。
2. **複雜性**：複雜性是個體所涵蓋的元件以及元件相關性的多寡，或是這些元件與關聯性變化的快速程度，技術具有複雜性（Complexity），指的是一項技術是由多項不同的技術領域、途徑、各種不同的零組件、個人以及資源的組合而成，例如：個人電腦產品之相關技術，若從產品模組而言，可能包含顯示技術、儲存技術、運算技術等，從產品發展過程而言，可能包含電腦的設計技術、測試技術、可靠度技術等，從另一個角度來說，某種技術可能應用於多種產品甚至多種產業，例如：半導體技術可能是資訊、通訊或醫療產業所需的技術，因此技術的複雜度相當高。
3. **知識性**：技術具有相當高的知識成分，這也是技術的交易不稱爲銷售，而稱爲技術移轉的原因之一，技術的知識形式有有形與無形之區分，一般而言，有形的知識可以加以表達傳播，具有顯性的特質，例如：圖面、規格等；無形的技術具隱性（Tacitness）的特質，對於技術的實質內容，無法用言語或程式來表達。
4. **創新性**：技術不斷地演進，也就是說，既有技術不斷地改良，新技術不斷地開發出來，技術具有創新性的特質，也說明了技術創新的重要性。因爲具有創新性，因此包含許多不確定性，技術的發展便具有相當的風險。

二 科技管理

從企業的角度而言，技術被視爲是企業的資產或能力，用以爲企業創造價值。企業透過一系列的生產製造流程而產出產品與服務，產品與服務的價格與差異化是企業競爭的要素，就波特的競爭模式而言，企業爲了要因應環境的變化，可能採取差異化、低成本或焦點策略。我們可以說，企業爲了因應環境變化，需要採取一些因應的方案。在這些解決方案中，可能與技術有相當密切的關係，例如：差異化策略需要原料、零件技術、設計技術、測試技術等投入；低成本策略可能需要製程技術、資訊技術、管理流程等投入；焦點策略則需要行銷技術的投入。

技術對於企業的競爭力有相當高的影響力，越是高科技產業，技術能夠提升企業競爭力的能力越大，角色越重要，也就是說，高科技產業的產業競爭核心要素是技術。其次，從產業的角度而言，國家或產業推動機構透過產業發展的過程，使得產業中所有廠商產品與服務的產值提升，整體產值的提升除了政府的產業政策之外，也決定於產品與服務的價格與差異化，越是高科技產業，技術能夠提升產業競爭力的能力越大，角色越重要。第三，就國家經濟的角度而言，除了勞力與資本之外，技術創新已經成爲創造財富的第三個重要生產因素，不但可以創造新產業、提升產值，更可能影響長期經濟循環。技術促成了經濟發展，創造更多財富，國民所得因而提升。

由上面各種層次的說明，可以得知，技術是形成競爭的重要因素，包含企業、產業、國家，甚至地區經濟的競爭力。因此企業也不斷從事技術的研發，國家也相當重視高科技產業的發展。探討技術如何爲企業、產業、國家創造價值或提升競爭力的議題屬於科技管理的議題，科技管理的定義應該包含總體面與個體面兩個部分（姜禮輝整譯，民94）：

1. **個體面**：著重企業之技術發展。科技管理是一個涵蓋科技能力的規劃、發展和執行，並用以規劃和完成組織的營運和策略目標的跨學科領域。
2. **總體面**：著重國家政府之產業技術發展。科技管理是一個關於如何制定政府政策，以處理科技發展、利用以及對社會、組織、個人和自然之影響的學門，其目的在於鼓勵創新、促進經濟成長和增進人類的利益。

由科技管理的內涵可知，技術策略以及擬定與執行該策略的技術能力是重要議題，以下分別介紹。

三 技術策略

依據定義，策略是爲了達成生存與發展的目標所投入之資源。技術策略乃是公司依賴技術作爲競爭的武器，因而也要投入資源以增加技術能力。技術策略對政府而言是產業的技術政策，企業就是技術策略。

技術策略的擬定需要考量技術變革的方向或趨勢，了解技術變革的過程其主要目的是爲了規劃，例如技術預測，乃是推測出技術未來發展的趨勢，或推測是否可能有新技術的產生。得知技術未來趨勢，便可以進行技術策略之規劃，以便有效地因應環境改變或擬定競爭方案。技術趨勢可以用技術生命週期來分析，技術生命週期指的是技術發展過程中，從技術構想一直到技術成熟，甚至被取代，過程所經歷的階段。

技術策略主要的議題包含技術的取得與應用，兩者均牽涉到技術移轉與技術選擇，而執行技術策略需要有良好的技術能力，這些議題與商品化過程中的產品平臺有密切關係，以下分別探討此類議題。

(一) 技術取得

產品發展可能需要技術方面的支援，技術取得成爲重要的議題。技術的取得方式主要有自行研發或是外購兩種形式，若更進一步細分，外購又包含多種不同的方式，例如：參與合資、委外研發、技術授權、購買技術等。企業應考量各種因素來決定採用何種技術取得方式。主要的考量因素包含技術面與非技術面：

1. **技術面**：主要從技術的能力培養、技術權力的分配或是與外部單位的互補性來考量，例如自行研發可促成企業技術生根累積；又例如參與合資具有技術互補的效果。
2. **非技術面**：指的是爲了投入技術所需配合的事項或是所需承擔的風險。例如：自行研發需要龐大的財務資源、較長的時程以及較大的風險，而有可能影響市場的需求；又例如購買技術可掌握時效，風險也較低，但是對於技術面的技術能力累計或是對方的技術支援則有疑慮。

(二) 技術選擇

技術選擇是選擇公司所欲開發或取得之技術項目或技術項目之組合，技術選擇是相當重要的技術策略，因爲選擇了技術代表需要投入相對份量的資源進行技術研發。

技術選擇常常透過一些評選的模式來進行，例如：使用評分模式（Scoring Model）、線性規劃模式、整數規劃模式、多目標或多準則的決策模式等，期望選擇最適當的技術進行開發或引進。技術選擇的重要評估準則包含技術與市場兩個構面，技術面的準則包含技術能力、技術差距、技術應用潛力等；市場面的準則包含市場需求、競爭等。

技術選擇是決定企業主要發展的某組合或某項技術，選擇某技術作爲一系列產品開發的共同技術可稱之爲產品平臺策略。

(三) 技術應用

技術應用是將手中握有之技術應用於產品或是直接銷售，技術應用的方式主要也包含自行生產或是授權兩個方向，授權又可細分爲委外生產銷售、合資、授權等。自行生產的優點是掌握技術、移轉較易，但需要考量本身的生產能力及市場需求。委外生產銷售可以降低生產及行銷成本，但需要注意技術支援、智權之分配。合資主要目的是製造及行銷資源互補，但需要注意其成果及智權之分配。授權的條件是本身技術是先進的，而且應用層面很廣，如此則可能因授權而獲得大量之利潤。

技術若應用於自行生產，則其目的往往是用以提升所生產產品或服務的競爭力，也就是透過提升產品或服務之性能、差異化、降低成本等方式來提升競爭力。

(四) 技術移轉

技術移轉是一個過程，使技術內容透過某些管道，能從創造者傳播到技術接收者。若從創造者與接收者的角度，技術移轉可以區分成國際間的技術移轉、區域間的技術移轉、產業間或行業間的技術移轉、公司間的技術移轉、公司內部的技術移轉等類型，各有其決策之考量。

技術移轉之內容主要包含技術實體（Technological Artefacts）、技術知識（Technological Knowledge）、資訊（Information）及人力轉移（People Movement）。技術實體主要內容爲工廠、軟硬體、設備、工具等；技術知識主要內容爲知識、Know-How 及智權等；資訊則包含技能、報告、手冊；人力轉移則是指人力的移動或是人員知識技能之移轉（姜禮輝整譯，民 94）。

技術移轉的管道可以區分成一般管道、逆向工程管道、計畫性的管道等三大類（姜禮輝整譯，民 94）。一般管道指的是無意間產生的管道，而且可能不需要創造者持續推動，包含教育、訓練、出版物、研討會、研究任務、互訪等，一般管道也包含公開的資訊，其使用性決定於使用者。逆向工程管道包含逆向工程和模仿，其可能的方式是從市場中購得先上市之產品，加以解析與模仿，進而得出類似的產品，並與原產品競爭。計畫性的管道則是事先規劃的管道，主要包含授權（Licensing）、特許加盟（Franchise）、合資（Joint Venture）、承包專案（Turnkey Project）、國外直接投資（Foreign Direct Investment，FDI）、技術合夥及研發合作（Technical Consortium and Joint R&D）等方式（姜禮輝整譯，民 94）。

技術移轉乃透過尋找機會、評估技術、引進技術等流程來進行，Khalil 所提出的技術移轉步驟說明如下（姜禮輝整譯，民 94）：

1. **掃描（Scanning）**：組織依據本身規劃或是外界的機會，掃描技術及企業環境，以便尋找可供技術移轉之機會。
2. **需求確認（Requirement）**：組織確認技術移轉之需求及對象，定義技術移轉之目標、移轉方式、內容，並定義技術規格。
3. **可行性評估（Feasibility）**：針對技術移轉進行可行性分析，分析本身資源、成本效益考量、技術、經濟、法律等可行性評估。
4. **談判（Negotiation）**：指的是與技術提供者之間的談判、簽約的工作，以確認技術移轉工作成立。
5. **導入（Implementation）**：將技術融入接受者的公司，包含內容安裝、流程配合、設計製造、制度化、教育訓練等配合措施。
6. **評估（Evaluation）**：針對技術移轉事件進行績效評估，包含評估直接效益、長期效益、學習及累積經驗等。

四 技術能力

組織有多重的能力，例如生產能力、銷售能力等，技術能力亦爲眾多能力的一種，乃是將構想轉爲技術或產品原型的能力。技術能力包含研發能力、技術吸收能力、技術轉化能力、技術擴散能力等，若以技術爲主的能力組合，而成爲獨特且不易被模仿者稱爲以技術爲主的核心專長，以下分別說明之。

(一) 研發能力

研發能力是指將構想轉爲技術、產品原型、商品的能力，或是有效地吸收最佳技術及改善現有技術，並建立新技術所需知識與技能的能力。由於環境變化快速，產品生命週期變短，導致產品市場替代性加快，因此研發能力也就相當受到重視。研發能力受到研發人力、設備、資金等因素的影響，在研發流程中，研發能力則表現於投資能力、學習能力、協調能力與整合能力。研發能力在應用上仍需考量研發活動對象（例如：技術導向、產品導向等）、產業類別等因素而有不同之重點。

(二) 技術吸收能力

技術吸收能力（Technological Absorptive Capacity）是指組織對於外界新技術或新知識加以認知、同化，以有效運用於商業目的的能力（Cohen & Levinthal, 1990）。技術吸收能力影響組織技術知識與能力的累積，也影響企業取得技術的績效。依據 Cohen &

Levinthal 的論點，影響企業技術吸收能力包含企業現有的技術知識、企業與上下游策略聯盟的能力、企業觀察技術知識發展趨勢的能力、企業了解領域中最先進技術的程度、企業與外界環境間的溝通結構、企業對於研究發展的投資、企業外部技術環境等七項。

(三) 技術轉化能力

企業的技術轉化能力指的是企業內部將技術知識加以重新定義組合，而轉換爲產品或服務組合之能力（Garud & Nayyar, 1994）。技術轉化能力與企業或產業技術系統中的管理元件有關，若能依據技術導入或採用的流程，將技術有效轉換爲產品或服務，將可提升企業或產業之競爭力。

(四) 技術擴散能力

技術擴散能力（Technological Fusion Capacity）指的是企業將技術知識有效傳給組織其他成員或團隊，達成所執行的任務運作的能力。此種擴散能力包含內部擴散、企業間的擴散，以及對產業、社會全面的擴散。技術擴散需透過正式與非正式的管道來進行，正式管道包含組織流程、教育訓練、團隊合作等;非正式管道則包含非正式的溝通、語言、符號等方式擴散之。

(五) 核心專長

核心專長是企業用以對其顧客增加價值的知識、技能和技術，這將決定企業整體的競爭力。核心專長是企業一系列能力的組合，例如：新力公司（SONY）的核心競爭力是「迷你化」，該核心競爭力是由一系列的電子設計、微機電、材料等技術的組合，方能有效設計出迷你化的產品。又例如本田公司（HONDA）的核心競爭力是「馬達」，該核心競爭力是由一系列的機械、伺服器、控制等技術來組合而成。

圖 3-3　SONY 電子設計（圖片來源：SONY）

以技術爲核心的核心專長是企業用來作爲主要競爭武器的技術，通常該項技術可以提供組織獨特的優勢，延伸出許多不同的產品，具有獨特的優勢並且不易被競爭者所模仿，爲顧客創造新的產品和服務（價值）（姜禮輝整譯，民 94）。如果企業的核心競爭力偏重於技術，則技術對於該企業而言，具有相當高的競爭重要性，企業有需要建構其核心專長。建構核心專長的步驟如圖 3-4 所示，分別說明如下（修改自姜禮輝整譯，民 94）：

1. **開始執行計畫**：建立指導小組或工作小組，進行建立核心競爭力的會議，討論建構核心技術之相關事宜。
2. **建構能力的清單**：此階段乃是將企業所有的技術能力列出，構成技術能力清單，例如研發能力、人才、設備優異性等。
3. **評估能力**：決定技術能力的評估準則，依其相對重要性去評估清單所列的技術能力。
4. **確認候選的能力**：依據評估的結果，將各項技術能力依其互補性或互斥性加以分類整理，建立核心能力的選項。
5. **測試候選的核心能力**：依據競爭優勢、顧客價值、不可模仿性、市場機動或擴充性的因素，評估候選的核心能力。
6. **評估核心能力的地位**：更進一步強化或修正所評選出來的核心能力。

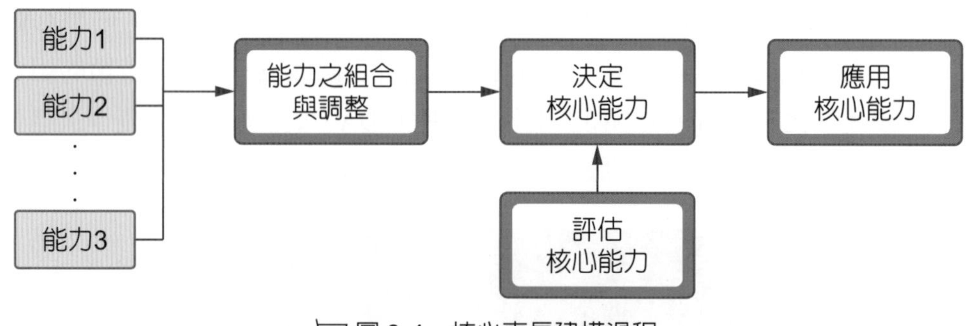

圖 3-4　核心專長建構過程

產品經理手冊

產品經理了解科技管理的內容主要的目的是執行產品策略及產品發展，並與工程師溝通技術問題。

3-2 創意發想

一 創意簡介

創意是一種創作作品的能力，而這作品則必須是全新的，且同時能適合它本身所存在的情境（蔣國英譯，民 96，pp. 28-29）。所謂「新的」作品是別出心裁、出乎意料之外的，它必定和創作者或其他人已經創作過的作品截然不同，也就是具有原創性；「適應性」必須要能滿足跟人們所在情境有關的各式各樣不同的條件限制，也就是符合用途，適合目標所給予的限制。創意也可以用「構想」與「執行」兩個面向來討論（賴聲川，民 95，pp. 39）。構想就如同前述的新穎特性，執行就是如何找到途徑讓構想成形。在本書中，創意較偏向構想階段。

創意是使得我們異於其他生物的特質之一，因爲它是一種能衍生出文化和人道的能力（蔣國英譯，民 96，pp. 15）。Csikszentmihalyi 認爲創造力是我們生活意義的主要來源，其理由大多數是有趣的、重要的、合乎人性的事物，皆是創造力的產物，而且在我們身入其境時，會覺得比生命其他時刻更加充實，創造力則留下結果，爲未來添增了豐富性（杜明城譯，民 88）。

探討創意已經有許多年的歷史，歷史上人們對於創意的看法不一。早先人類認爲創造力是神明的恩典，與宗教信仰有相當的關係，古希臘及猶太基督教均將創意視爲靈魂，靈魂充滿著由神賜予的靈感，並將這個靈感表達出來；接下來人們逐漸認爲人類本身具有創意，亞里斯多德認爲靈感來源是在個體自身的內心深處，而且是心智活動間串連的結果，而非神的介入（蔣國英譯，民 96，pp. 23）。

由於心理學逐漸地發展，心理學領域也對創意進行探討。在創意的歷程方面，美國心理學家華勒斯（Wallas, 1926）認爲創意是一個歷程，他提出了創意歷程四階段的模式。完形心理學派認爲創意是頓悟現象，經由思考單位間的統整而表達出來（蔣國英譯，民 96，pp. 25）。

在創意思考的技術方面，克勞福特（Crawford, 1954）所出版「創造思考的技術」（The Techniques of Creative Thinking）已經具體地設計各種增加創造思考的方法；杜威的「我們如何思考」（How We Think）也對此議題提出討論；到 1945 年，華賽麥（Wertheimer）發表其生產性的思考（Productive Thinking），用完形心理學的立場來解釋問題解決的過程（郭有橘，民 90，pp. 19）。

人格心理學派則討論創造性人格特質，瑞士分析心理學家榮格（Carl Jung）以成熟人格來統稱健康而具有創造力的人格。馬斯洛（Maslow, 1968）認爲創造力就是一種發揮潛力的方法，也就是自我實現（Self-Actualization），它包括了接受自我、勇氣及自由的思想等特質；羅傑斯（Rogers, 1961）認爲眞正健康或有志於創造的人，必須「向經驗開放」（Open to Experience），以增廣見聞與累積創意的資料；美國有名的創造心理學家拓倫斯（Torrance, 1973）則將與創造有關的各項人格特徵都包括進去，包含情、意與智力。

心理學家也認爲創造是人類的心智能力，吉爾福特認爲創意是心智能力的組合，他假設創造力需要好幾種心智能力的組合（Guilford, 1950），例如：探察到問題的能力、分析、評估和統整的能力，以及思考上的流暢度及彈性（變通性），他又發展出認知、記憶、擴散性思考、聚斂性思考和評估等五種智力活動，據以建立問題解決的智力架構（Structure of Intellect Problem Solving），將智力活動放在問題解決歷程中，認爲解決眞正問題的情境需要智力活動的參與，也就是創造力。

在創造力的應用方面，工商界對創造性的研究與發展比教育界普遍。根據愛德華茲（Edwards）所作的調查，美國在 1967 年已有 20 家工商業或私人機構設有訓練創造力的過程或研究顧問中心；在 1970 年代，位於紐約巴法羅的紐約州立大學院巴法羅校區曾經從事有系統的創造教學（郭有橘，民 90，pp. 25）。時至今日，創造力已經普遍爲政府、企業界、教育界之重視，甚至將創造力視爲企業、產業或國家的競爭力要素。例如：政府推動文化創意產業，創意便是該產業的重要元素之一。

二 影響創意之因素

一般而言，創意透過創意的流程而得到創意的產出，影響創意的因素包含情境因素、創意的動機、創意的來源、創意的方法，如圖 3-5 所示，以下分別說明之。

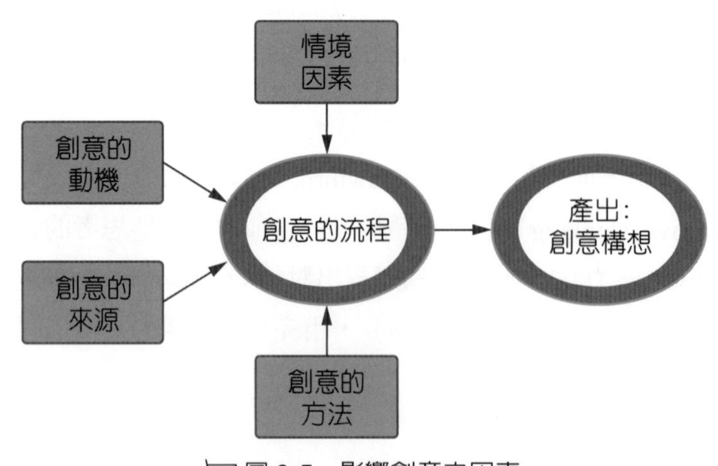

圖 3-5　影響創意之因素

(一) 情境因素

情境因素主要區分爲環境因素與個人因素。環境因素包含家庭環境、學校環境、職業環境、文化環境、科技環境；個人因素包含認知、意圖、情緒等（蔣國英譯，民 96，pp. 33），以下分別說明之。

1. **認知因素**：認知因素包含辨識及定義問題的能力、選擇性編碼的能力、選擇性比較的能力、選擇性組合的能力、發散性思考的能力以及知識。

2. **意圖性因素**：意圖性因素指的是行爲上偏好和（或）習慣的方式，包含人格特質、認知風格和動機（蔣國英譯，民 96，pp. 61）。人格特質指的是長時間下穩定的行爲模式，與創意有顯著關係的人格特質，包含堅持毅力、對曖昧不明的容忍、對新經驗的開放態度、個人主義、冒險傾向、精神病質等。

   根據近年來人格心理以及社會心理的研究，從眾性、刻板性以及嚴重的焦慮感、不安全感、神經病等病態的人格變項，都與創造有負的相關（郭有橘，民 90，pp. 185）。認知風格是指個人具體實現心智活動時，對特定訊息處理方式的偏好，例如：概括與精細、直覺與邏輯、適應與創新等。動機的定義指的是一組主導著一個行爲發生、持續和終止的生理和心理歷程。

3. **情緒因素**：情緒包含了情緒狀態、心情和個人情緒特（蔣國英譯，民 96，pp. 82-90）。情緒狀態是暫時過渡性的，憤怒、害怕、厭惡、悲傷，時常被認爲是基本情緒；心情是持續的情緒狀態，它持續的時間較長；個人情緒特是與個人直接相關的情緒特質。與個人經驗有關的情緒表達可能是創造性生產的動力，例如：藝術或文學作品可以表達作者的愛、憤怒或悲傷的情緒。情緒也會讓人處於一種有利創作的精神狀態，例如：悲傷情緒可能有利於文學創作。

(二) 創意的動機

創意的動機是個人表達創意意願或行爲時，其內在的驅動力。主要的創意動機理論如下（郭有橘，民 90，pp. 107）：

1. **昇華說**：佛洛伊德認爲詩人的狂想是在創造一種將來的情境以滿足其早期所未滿足的願望，主張昇華說（Theory of Sublimation），他認爲人性本惡，是沒有理性的（Irrational）。

2. **償還說**：創意的另一個動機是償還說（Theory of Restitution），以英國心理分析學家克來恩（Klein）爲首，他不滿意佛洛伊德的昇華說，而認爲創造是對破壞狂想所摧毀的對象的一種償還作用，是在消滅一個人由「破壞狂想」所引起的罪惡感。

3. **過度補償說**：阿德勒（Adler）對於創意的動機是主張過度補償說（Theory of Overcompensation），認為創造力量是以發展、奮鬥、成就，甚至一方面補償缺陷，另一方面力求成功等方式表現之。補償作用的來源包含自卑感與期望追求優越與完美，亦即自卑感以及為完美而奮鬥是人性中所蘊藏的兩種構成創造的基本動機。
4. **自我實現**：心理學家馬斯洛（Maslow）和羅傑斯（Rogers）皆認為創意是發揮潛力的方法，藉以達到自我實現的目標，因此他們認為創意的動機是自我實現，認為社會必須解除對個體的束縛，儘量給人自由舒適的環境，以使人體現自我實現的動機。
5. **學習說**：行為主義者認為人類是受環境中的刺激所控制，一切複雜的行為都是學習而來的，創造是一種複雜的行為，因此創造也是學習來的。

(三) 創意的來源

創意的來源可以從許多不同的角度來探討，例如：科技管理領域在討論技術或產品構想時，其創意的來源區分為市場面與技術面，分別稱為市場拉動或技術推動。若從觀察對象的角度來談創意的來源，以企業為單位的話，那就是內部來源與外部來源。

杜拉克從比較廣泛的角度，自 1985 年便提出創新的七個來源（Drucker, 1985），至今仍然受到大家的參考引用，這七個來源從自身面對的工作到更廣泛的產業、總體環境、一般人的認知與知識等，相當廣泛，以下說明之：

1. **意料之外的事件（The Unexpected）**：指的是意料之外的成功或失敗，例如：杜邦研究聚合物，一位研究助理讓爐子燒了整個週末，被發現鍋裡東西凝結成纖維，10 年的研究後，發現尼龍的做法。
2. **不一致的狀況（The Incongruity）**：事實與理想（應然）或與假想之間的差距，包含不一致的經濟效益（績效指標）、消費者需求的認知、業務流程等。例如：白內障手術在切斷韌帶的時候，可能使病患流血，進而使眼睛受到傷害，因這手術流程的不協調而發明可以立即分解韌帶的酵素。
3. **程序的需要（Process Need）**：基於工作的需要，而需要有完成該工作的流程，而有程序的創新，進而建立流程。例如：攝影過程需要厚重且容易破碎之玻璃，笨重的照相機，使得柯達發展極輕的軟片代替重玻璃片，並因此而發明較輕的照相機。

圖 3-6　照相機的設計日趨輕便
（圖片來源：Ferdiblog）

4. **產業及市場結構（Industry and Market Structures）**：指的是產業技術趨勢改變、營業額快速成長、截然不同的科技彼此整合（例如：電腦與電話科技）、市場趨勢及交易方式快速地變動

5. **人口統計**：人口統計變數包含出生率、死亡率、教育水準、勞動人口結構、人們遷徙與停留等均可做爲創新來源之用，例如：美國的梅爾維爾（Melville）零售店接受了戰後嬰兒潮這個事實，六十年代早期（嬰兒潮剛好到達青少年階段），爲這批青少年創造新穎而與眾不同之商店。

6. **認知的改變（Changes in Perception）**：指的是人們對於生活、社會、政治、經濟、文化、宗教、價值觀等等看法的改變。例如：人們對於健康與舒適的過度關切，創造出新的醫療保健雜誌市場。人們的進食由溫飽而講究美食，創造出新的美食烹飪節目、美食烹飪手冊市場。

7. **新知識（New Knowledge）**：新知識或知識的整合。例如：由於眞空管、二位元理論、打孔卡片（新的邏輯）、程式設計、回饋概念等知識，發明了電腦；又例如 1880 年中期，汽油引擎知識，以及氣體力學知識，聚合在一起，而發明了飛機。

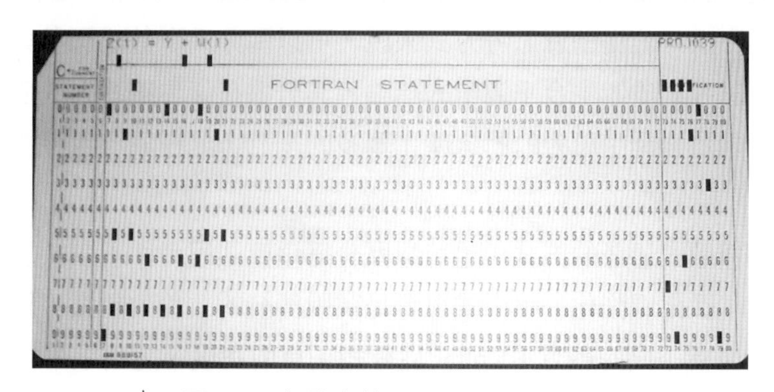

圖 3-7　打孔卡片（圖片來源：Wikiwand）

(四) 創意的流程

創意是否可以學習、是否可以區分爲明確的階段一直受到質疑，此處仍認爲至少應有一些原則可供遵循。就創意的流程而言，華勒斯（Wallas, 1926）建立了創意歷程的四階段模式：

1. **準備階段**：準備階段是初步的分析來定義並提出問題，這需要分析的能力和問題相關的知識。問題區分問題的發現、問題的形成及其架構，在準備期之後，一旦對問題處理的分析能力到達極限時，會有一個沮喪挫折階段，而沮喪挫折則可能引發醞釀期。

2. **醞釀階段**：醞釀階段並沒有針對問題的、有意識的工作，創作者此時可以專注於其他的主題，或是放鬆休息，而不理會要解決的問題。但是大腦在潛意識中仍繼續工作，不斷形成各式聯結。醞釀指的是當一個問題因解決能力不足，而被擱置一旁的階段，醞釀有可能是活化記憶，也可能是毫無助益的想法。
3. **豁然開朗階段**：當值得注意的想法到了意識中後，接著就是這個階段了。豁然開朗可以被定義成「靈光一閃」，一種突然地靈感乍現。
4. **驗證階段**：創意一經形成，需要評估、再定義，以便發展及確認創意的概念。

心理學家 Csiksentmihalyi 將創造歷程歸納爲準備、潛伏、見解、評估、精緻化等五個步驟（杜明城譯，民 88），準備、潛伏、見解三個階段與華勒斯的前三個階段相仿，針對驗證階段，Csiksentmihalyi 更加以強化，強調創意的價值判斷、新穎性等特質，更強調創意的執行與精緻化，認爲精緻化或許是花費時間最多、最難的工作階段，這也就是愛迪生說創造力是 1% 的靈感加上 99% 的努力的意思。

(五) 創意思考的方法

能刺激創造力的方法有許多種，例如奧斯朋（Osborn, 1965）的「腦力激盪法」，是激發眾人創意的方法。若從創意思考方式來說，可以區分爲聚斂式思考與擴散式思考方法，前者聚焦於思考對象產生合乎邏輯的結論，其著重在產生獨特的或慣例上能接受的最好成果；後者則是強調由思考的對象產生眾多的創意，此種思考也可能會發生轉移作用，獲得更意外的結果。

類似聚斂與擴散式思考的方式，也可以區分爲垂直式思考與水平式思考，垂直式思考是原有對象的精緻化或強化，水平式思考是跳脫傳統的改善、精良等思考方向，從不同的角度來提出全新不同的創意，Kolter 從行銷創意的角度，認爲水平行銷的定義是透過新用途、新情況或在產品上做適度的改變，以創新的產品類別，進而重新建構市場，水平思考的技巧包含取代、調整、結合、強化、去除、重排等（陳琇玲譯，民 94）。

其他還有許多適用之方法，這裡僅舉一些例子供參考：

1. **聯想**：聯想是進行關聯式的思考以取得創意，例如：時間聯想、空間聯想、因果聯想、對立聯想、分解聯想、組合聯想、字彙聯想等。
2. **逆向思考**：逆向思考是從相反的方向進行思考以取得創意，例如：顛倒順序方式、相反的功能、顛倒的位置、顛倒的順序方向、相反的動作等。
3. **問題解決**：探討問題界定、方案提出與評估的問題解決領域，也提供許多創意的方法，有助於問題的識別與解決方案的提出。

三 提升創造力的方式

依據心理學家的研究，創造力並無具體的步驟可供遵循，但提升創造力有一些原則可供參考，茲列舉如下（杜明城譯，民 88）：

1. **塑造創造性的環境**：包含塑造工作或生活的地利之便、塑造賦予靈感的環境、營造創造的環境、活動模式化等。
2. **增加創造性人物**：決定創造性人物的一項核心特質，在於具有對立的人格傾向，一方面有相當強的好奇心與開放態度，而另一方面則又有幾乎忘我的耐性。此外，應該對於某些領域有密切的投入，發展所需的技能，具備知識與經驗，才能有足夠的膽識來改變現狀。
3. **專業領域的支持或支援之善用**：社會環境中可望帶來創造性貢獻的七種要素，包括：訓練、期許、資源、讚許、希望、機會與獎賞等，均可以善加利用。專業領域上也可能提供有利於創造力的條件，包含資訊的管道、知識的架構、學習等。
4. **增進個人創造力**：個人需培養專注力，以便有充足的注意力來處理新穎事物。個人也需要獲得創造性能源，包含好奇與興趣、培養觀察日常生活的習慣。
5. **內在特質**：有些人格特質較容易造就個人創造力，要成人放棄人格頗為困難，但並非不可能。改變人格意思就是學習新的注意模式，看不同的事物，也用不同的方式來看。學習思考新的思想，對我們所體驗到的有新的感受。
6. **運用創造性能源**：包含發現問題、擴散式思考、選擇一項特別的領域等。

產品經理手冊

產品經理了解創意發想是要激發團隊創意並與外部創意單位溝通。

3-3 設計概論

一 設計的定義與特色

設計是「與產品、環境、資訊及企業識別的連結，透過主要設計元素（表現、品質、耐久性、外觀及成本的創新應用，設計是一項尋求消費者滿意度及公司利潤的最佳化過程」（游萬來、宋同正譯，民 87，pp. 6），此定義強調設計能夠將消費者的需求與公司所創造的產品或服務相連結，同時也強調創造的產品或服務能夠表達對於品質的承諾、美學特質以及生產製造的效率，因此設計是一種複雜的跨領域活動。

美國工業設計師協會針對產品設計的定義是「產品設計乃是一種創造及發展產品或系統觀念、規範標準之行業；藉以改善外觀、功能，以增加該產品或系統之價值，使生產者及使用者均蒙其利」（曾坤明、曾逸展，民 97），此定義也強調設計者之設計品與使用者之結合，以及美學與功能之價值。

Verganti 強調設計是爲了執行激進式的意義創新，因而定義設計是：「爲事物賦予意義（呂奕欣譯，民 100）。」此定義強調設計的創新以及意義的創造。

再依據國際工業設計社團協會（International Council of Societies of Industrial Design, ICSID）認爲工業設計是一項創意活動，其目標在於決定工業生產之產品的形式特質，這些形式特質不僅僅是外表特徵，更重要的是結構與功能的關係，而從生產者與使用者的觀點來看，這種關係能將一個系統轉化成連貫一致的整體。ICSID 將服務、運作流程與系統也納入設計的範疇，而對設計做如下的定義：「設計是創意活動，目標在於建立物品、運作流程、服務及其系統在整個產品生命週期的多面向特質（呂奕欣譯，民 100）。」此種定義強調創意以及產品運作的整合性。

Daniel H. Pink 在其知名著作「未來在等待的人才」中特別引用海斯凱特（John Heskett）的詮釋：「回歸其精髓，設計就是人類改造環境，使其呈現不同於自然風貌，以符合人類需求、賦予生命意義之活動。」也引用建築師克萊兒．蓋勤罕（Clair Ghallagher）說：「設計是跨學科的工作，我們在教育學生如何全面思考。」（查修傑譯，民 95，pp. 87）這兩種說法均強調，設計的價值不僅僅是存在於設計者與市場之間，其影響力往往能夠觸及人類的生活環境，同時也受到人類社會文化的影響。

依據上述定義，設計應該具有以下之特質：

(一) 創造性思維

設計需要具有創造性的思維，方能洞察問題，找出設計方案。從理論與實務的角度來說，設計的上游可能是藝術，設計和藝術有些共同的地方，是在表達大眾的理想和渴望。從設計的流程來說，設計包含創意的行爲，設計過程中，不論是概念性的構想、具體的功能、生產的方法，都需要創造力。上一節已經討論有關創造力的議題。

(二) 形式與功能的結合

設計不僅僅是要表達美感，也要兼顧使用者的使用性，因此產品的功能（或機能）也是重要的考量因素。從形式的角度來說，著重於形狀與造型的表達，設計是一種賦予形狀的造型行爲和結果（曾坤明、曾逸展，民 97），設計的重要功能之一是尋求設計品的美觀與視覺效果，因此設計需要有效地表達形狀與造型。就某些觀點來說，形式可能具有象徵的意義，包含美觀、認同、社會地位、風格等意義，由使用者主觀解釋，而且是產品競爭的要素之一，也因而符號學成爲設計者重要的設計方法之一。消費大眾看設計，看的不是顯現的功能，而是看它傳達的價值觀。大眾的審美觀點，往往要從消費品中去尋找。

從功能的角度來說，設計與藝術的不同點之一是設計著重於使用性，也就是產品的基本或附加功能是相當重要的要求，例如：手機的通訊功能、汽車的運輸功能、花瓶的插花功能等均爲重要的因素。到底形式與功能何者較爲重要，這可能與設計的產品類型有關，沒有一個定論，但在設計過程中，應考量兩者的平衡比率。

圖 3-8　手機的主要功能為通訊（圖片來源：Link Mobility）

(三) 溝通與問題解決

前述設計的形式與美觀的效果，某種程度是爲了達成使用者的象徵性需求，也就是爲了滿足人們對於生活中意義的尋求與解釋，因此設計具有設計者與使用者溝通的效果，不管是功能或是象徵意義，都是兩者溝通的過程。依據溝通理論，溝通可能是傳播功能與意義的過程，也可能是雙方進行意義的建構或創造。

其次，從實用面的角度，設計與一般的產品或服務一樣，都是要提出滿足顧客需求或解決顧客問題的方案，要能夠提出此種方案，需要克服創意、技術、生產等議題，因而是一個問題解決的過程。設計的目的往往是爲了解決人們的某些問題或是滿足人們的某些需求。在諸多有關設計的定義中，均強調設計需要達到使用者滿意的結果，也就是解決使用者的問題或提供相關的效益。

(四) 跨領域的活動

設計能將消費者的需求與公司創造產品及服務的目標結合在一起，而這些產品及服務能適切的表現出來，能表達出對品質的承諾，具有絕對的美學特質，並且能有效率地被生產製造，明顯地，它是一種具有某些複雜性的跨領域活動（游萬來、宋同正譯，民87，pp. 6）。從設計者來說，設計即多種專業的族群，設計應該與行銷、研發、生產，甚至藝術等領域結合方能成功，是多種專業的整合。

(五) 社會文化之展現

設計的產品或其他系統往往反映該時代的趨勢與特性，例如：工業革命機器的出現，許多的設計便與工業革命時代的生活有關；如今資訊時代，設計也與資訊生活有關。又例如某個時代或某個國家、民族相當重視宗教，設計的內容也會顯示出宗教的特性。總而言之，設計離不開生活、離不開社會文化，設計的產出，往往是社會文化的展現。從設計的觀點來看產品發展，除了功能之外，包含外觀造型與美學，同時傳達一些符碼，讓消費者有更豐富的意義上的解釋，這些符碼及意義的解釋均與使用者所接觸到的歷史脈絡與文化背景有關。

圖 3-9　工業革命（圖片來源：CamCard）

二 設計的內容與分類

(一) 設計的內容

基於上述對於設計定義與特色的描述，我們可以初步討論設計的內涵。首先從過程或是知識技能的角度來說，產品設計的三大要素包含（曾坤明、曾逸展，民 97）：

1. **美學因素**：從形狀、色彩或質感等構成，造成設計品具有美感的效果，美感的效果會令人欣賞，進而產生愉悅的效果，或是內心的激盪。
2. **技術因素**：主要是運用技術或工程上的設計，以達成設計品所需具備的功能，例如：手機的通訊功能、汽車的運輸功能等。
3. **人因因素**：人因因素往往從使用者的操作特質來考量，也可以稱為介面設計，例如：手機的操作是否方便，汽車的駕駛、維修是否方便等。

其次，從設計的目的來說，產品設計的目的可能只是表達美感，也可能需要提供功能，甚至與使用者進行溝通或是說服使用者，設計的目的包含表達層次、溝通層次、說服層次，分別說明如下（楊裕富，民 87，pp. 187-190）：

1. **表達層次**：設計表達就是將設計者的情緒、想法、意見等藉由語言、文字、圖表、照片、表情、聲調等媒材外顯出來。表達層次需要考量媒材的特性、形式和法則、視覺化等議題，講究材料適當、色質適當。表達層次亦需要考量整體性，媒材層次講究的是整體造型，以及所產生的美感。
2. **溝通層次**：溝通就是將設計者的情緒、想法、意見等藉由語言、文字、圖片等媒材傳達給特定的對象或與特定對象共同塑造意義。溝通需要考量設計的語意，語意是透過符號或是語意產生辨認與涵義的效果，講究辨認適當、含意深遠、有意思、有吸引力。溝通基本上是雙向的，溝通層次需要考量文化脈絡與心理反應，也需要有說故事的技巧以及符號傳播的能力，以便將設計的意義結合情境，以故事的方式表達出來，透過情緒與情境打動個人心靈深處。
3. **說服層次**：說服是在溝通的功能之外，強調直接或間接改變或調整特定對象的情緒、想法或意見。說服基本上是單向的，說服層次需要考量主題（意念）溝通方法、說服的技巧、社會規範、文化背景與意識形態。

(二) 設計的分類

設計包含藝術、工藝與科學等領域，一般對於設計的分類可能包含平面設計（例如：字型、編排、包裝）、流行設計（例如：織品）、產品設計（例如：傢俱、陶瓷、工業設計）、環境設計（例如：展示、室內設計）、工程設計（例如：機械、電機、結構）等。

就管理的一般要求而言，Peter Gorb 定義出四個主要領域（游萬來、宋同正譯，民 87，pp. 27-28）：

1. **產品設計**：包含了產品的構思、風格樣式、人因工程、結構、功能及製造的經濟性。產品設計包含工業設計與工程設計兩個重要專長，透過將概念轉爲具有差異化與競爭力的產品，而於市場上銷售。

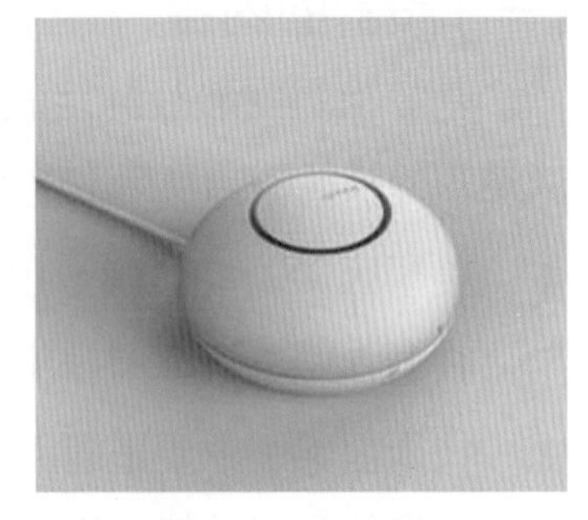

圖 3-10　產品設計
（圖片來源：Pinterest）

2. **環境設計**：包含了建築、室內及景觀設計，它和服務業有特殊的關連，例如：零售業，其建築風格、室內擺設、週遭景觀等，均影響消費者消費意願，而成爲該行業競爭要素之一。

3. **資訊設計**：包含各種關於溝通形式設計的專門項目。公司必須用許多不同的方式和許多不同的人做溝通，包含廣告、包裝、產品識別與說明等，也包含公司內部文件，例如：名片、信封、年報等，所有這些溝通都需要設計。

圖 3-11　資訊設計（圖片來源：Pinterest）

4. **企業識別設計**：企業識別設計源自資訊設計，也整合了產品、環境及資訊的設計。它不只是標誌或信頭的設計，企業識別的目標在於傳遞企業合宜且一致的形象，識別能表達其功能、特質及目標。

圖 3-12　企業識別設計
（圖片來源：Apple）

三 設計的美學策略

(一) 設計的重要性

從前面的討論可以得知，設計的重要性表現在微觀的設計品美感與功能，也表現在整個社會的文化與美學素養，因此設計的重要性也越來越顯著。我們也從微觀到巨觀來討論設計的重要性。

就商品本身而言，設計的重要性表現在設計品的品質，而就銷售的角度而言，其成本效益是重要的考量。從商品成本分析來說，雖然在產品的總成本中，設計可能只是個次要的因素，但設計過程據稱可決定 85% 的總成本，因爲設計師指定所用的材料、零件的配置及相關的製造過程（游萬來、宋同正譯，民 87，pp. 65）。

從效益的角度來說，著重其設計的內涵與表達的結果。設計的內容是從產品的外觀、外觀與功能結合、產品整體風格到生產產品的過程或組織，設計的領域不斷擴充。首先，設計的角色是負責產品的外觀與造型的美化；其次，設計的內涵強調與產品功能的結合；最後，設計開始與組織的流程相連結，設計不但需要符合產品的功能與象徵性的需求，而且需要與企業的策略及使命相連結。

更進一步來說，設計也隨著產品的影響力的延伸，而影響到社會，例如：消費者的品味與環境的美學。設計既反映也同時尋求促進社會的改變價值，好的設計需要對於人的深入了解與眞正的關懷。

基於產品的欣賞、選購，以及過程中自我的反思，設計對於人的素質提升也有重要的影響，具設計感的產品越來越普遍，好的設計讓人的品味判斷能力提升，若能以客製化或以 DIY 的方式提供，品味能力提升的效果更佳。

(二) 設計的美學策略

設計的重要性表現在微觀的設計品與巨觀的社會環境，設計的美學策略也可能來自個別設計者、設計公司、企業、政府的文化部門等，此處僅針對企業加以討論。

就企業而言，設計的重要性表現在設計提升企業的競爭力，甚至良好的設計還有辦法使企業轉虧爲盈。以增加銷售額來說，我們採用吳翰中與吳琍璇的「美學 CEO：用設計思考，用美學管理」一書中所舉的兩個代表性的例子來說明。一爲工業設計史上用設計獲利的代表作品是洛伊（Raymond Loewy）在 1934 年替希爾斯百貨（Sears Roebuck）重新設計的 Coldspot 冰箱，其銷售量由原本 6.5 萬臺上升爲 27.5 萬臺，成爲設計史上的經典；第二個例子是 Swatch 與全世界的設計師與藝術家合作，進行手錶之設計，其中一款由法國設計師 KiKi Picasso 設計的 Swatch Art 手錶，限量 140 支，目前收藏價格超過新臺幣 120 萬以上（吳翰中、吳琍璇，民 99）。

因爲設計具有競爭上的重要性，企業有需要擬定其美學策略。首先，從企業營運策略來說，以美感創新做爲企業營運的核心元素，已經有相當多的例子，分別列舉如下：

1. 蘋果公司的 iPod，對消費者而言，是一種美感價值的主張，而不僅僅是爲了聽音樂，iPod 不是音樂的容器，而是美感品味的載體（劉維公，民 96，pp. 156-157）。
2. 知名的設計公司 IDEO 採取「以人爲中心的設計思維」作爲核心方法，IDEO 不只是幫顧客設計，而是將整套方法傳授給顧客（吳翰中、吳琍璇，民 99）。

圖 3-13 設計公司 IDEO（圖片來源：Flickr）

3. 瑞典傢俱品牌 IKEA，能夠透過一系列整合的企業活動，實現販賣平價居家生活風格的企業策略，設計是其中重要的環節（吳翰中、吳琍璇，民 99）。
4. 星巴克爲了將設計納入企業，執行長舒茲請出星巴克美人魚商標的創造者赫克勒，爲星巴克設計一些足以代表各產地咖啡特性的圖案，根據各咖啡產地的珍禽異獸、文化特性和各種咖啡獨有的情境，設計出十幾款精美貼紙，可直接貼在包裝袋上，既美觀又有噱頭，比方說，他以稀有的蘇門答臘老虎來代表濃嗆的蘇門答臘咖啡；色彩豔麗的鸚鵡象徵新幾內亞咖啡（韓懷宗譯，民 87，pp. 233）。

圖 3-14 星巴克蘇門答臘咖啡
（圖片來源：星巴克）

圖 3-15 星巴克新幾內亞咖啡
（圖片來源：星巴克）

5. 瑞士名錶 Swatch 創辦人爲海耶克，以瑞士（SWISS）加上手錶（WATCH）爲其名，Swatch 巧妙地結合瑞士的鐘錶技術與義大利的美學，把 150 個零件簡化爲 51 個零件，組裝一只錶只需花費 67 秒，降低許多成本；美學方面，將 Swatch 打造成獨特而具有情感的產品（Emotional Product），認爲手錶不只是時間的功能或是個人的風格而已，而是在於傳達「我是誰」及「希望如何被解讀」的訊息。因此 Swatch 是大膽設計的產品、是技術上的破壞式創新（吳翰中、吳琍璇，民 99）。

圖 3-16　Swatch（圖片來源：Swatch）

其次，從行銷策略的角度來說，有許多的企業都認爲設計已經成爲市場區隔或是差異化的重要元素，Daniel H. Pink 在「未來在等待的人才」就舉了幾個例子。第一是新力公司，新力公司認爲：「新力的高層假設所有競爭產品都有相同的技術、價位、效能以及特色。」換句話說，設計是唯一能在市場上區隔產品的東西；其次是 BMW，BMW 做的是「展現車主對品質要求的移動藝術品。」已經將汽車視爲藝術品來經營，也在市場上有良好的表現；第三是福特汽車，福特汽車的副總裁認爲：「過去，強大的八汽門引擎是賣點，現在，和諧與均衡才是賣點。」（查修傑譯，民 95，pp. 95）

設計的美學策略是要定義設計產出的產品能夠傳達哪些美學價值，而這些美學價值又能夠爲企業獲取相當的利潤，或是提升其競爭優勢。設計的美學策略在於設定美學爲其產品或經營的重要核心項目，投入相當的資源，將美學納入其中，以達成競爭優勢的目標。

產品新趨勢

吉列，曾是稱霸全球的刮鬍刀

市佔曾高達七成的老牌刮鬍刀吉列，曾是稱霸全球的刮鬍刀之王。

一九九八年，吉列歷經五年研發、花費七．五億美元，推出全球第一支三刀片式刮鬍刀「鋒速 3」（Mach3）。吉列為這產品申請將近五十項專利，投入三億美元電視廣告預算，上市後半年內成為北美和歐洲最暢銷刮鬍刀。

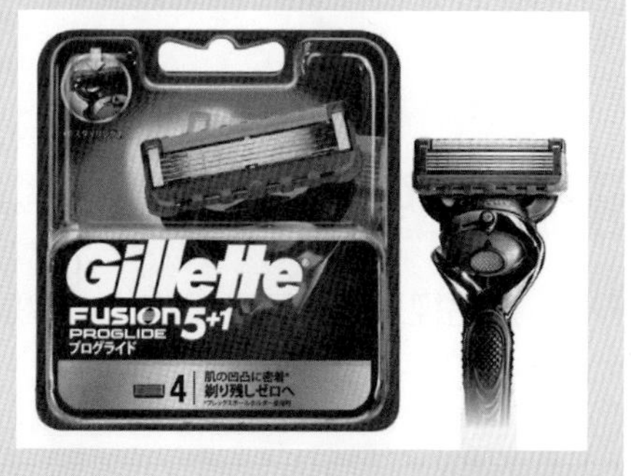

圖 3-17　吉列 Fusion5 鋒隱刮鬍刀
（圖片來源：吉列台灣官網）

二〇〇六年，吉列推出全球第一支五刀片式刮鬍刀「鋒隱」（Fusion），二〇〇八年鋒隱營收突破十億美元，成長速度超越寶僑其他所有產品，二〇一〇年鋒隱成為全球最暢銷刮鬍刀產品。

但是自此之後，市場風向開始轉變，吉列的市佔率也因此開始走下坡。對於年輕世代來說，蓄鬍才能真正展現男性魅力，包括好萊塢明星班・艾佛列克、喬治・克魯尼、基努・李維，NBA 球星哈登（James Harden）、詹姆斯（LeBron James）等人，都成了蓄鬍型男代表。甚至是吉列產品的代言人也開始蓄鬍，例如足球金童貝克漢、網球天王費德勒，原本的代言合約並沒有明文禁止蓄鬍，吉列只能默許。

既然蓄鬍是大勢所趨，吉列為何不拋開傳統包袱，乘勢而上？

如果從這些蓄鬍的消費者立場來思考，他們必定需要花時間修剪和保養，為何不針對位於金字塔頂端的蓄鬍男性，開發符合他們需求的工具？

二〇二〇年，吉列以創辦人名字命名，推出全新系列 King C. Gillette，包含鬍鬚油、鬍鬚膏、清潔露、刮鬍凝膠、頸部刮鬍刀、鬍鬚修剪器、雙刃安全刮鬍刀等產品，滿足持續成長的鬍鬚保養與造型需求。

自二〇年上市至今，儘管遭受新冠疫情衝擊，King C. Gillette 系列的銷售額仍達兩億美元。根據公司內部統計，歐洲市場的鬍鬚護理產品營業額當中，有三分之一來自 King C. Gillette 系列產品。

資料來源：吳凱琳（2022-05-30）。年輕人都沒聽過？吉列如何擦亮品牌。天下雜誌，749 期。2022-05-30。

評論

從吉列的個案中，得知刮鬍刀及相關產品從研發到上市銷售，需要用到科技管理（例如投資研發鋒速 3、鋒隱，改變產品組合等）、創意思考（由消費者角度思考市場需求）及設計（各系列產品發展與設計）的相關知識。

產品經理手冊

產品經理了解設計概論的內容是要讓自己能夠審視產品的外觀、形象、包裝、廣告設計等內容。

本章摘要

1. 技術策略主要的議題包含技術的取得、應用，取得與應用，均牽涉到技術移轉與技術評選的議題，執行技術策略需要有良好的技術能力，這些議題與商品化過程中的產品平臺有密切關係。
2. 技術的取得方式主要有自行研發或是外購兩種形式；技術應用是將手中握有之技術應用於產品或是直接銷售，技術應用的方式主要也包含自行生產或是授權兩個方向；技術移轉是一個過程，使技術內容透過某些管道，能從創造者傳播到技術接收者。
3. 技術選擇是選擇公司所欲開發或取得之技術項目或技術項目之組合，技術選擇是相當重要的技術策略，因爲選擇了技術代表需要投入資源進行技術研發。技術選擇之前先需要了解技術機會，包含可能被選擇的技術的類別、特性等，以便與組織的需求相結合。
4. 技術能力包含研發能力、技術吸收能力、技術轉化能力、技術擴散能力等，若以技術爲主的能力組合，而成爲獨特且不易被模仿者稱爲以技術爲主的核心專長。
5. 創意是一種創作作品的能力，而這作品則必須是全新的，且同時能適合它本身所存在的情境。
6. 創意透過創意的流程而得到創意的產出，影響創意的因素包含情境因素、創意的動機、創意的來源、創意的方法。
7. 創意的動機是個人表達創意意願或行爲時，其內在的驅動力。主要的創意動機學說包含佛洛伊德的昇華說、克來恩（Klein）的償還說、阿德勒（Adler）的過度補償說、馬斯洛（Maslow）和羅傑斯（Rogers）的自我實現說、行爲主義的學習說等。
8. 創意的來源可以是市場面與技術面的來源、內部來源與外部來源。杜拉克提出創新的七個來源包含意料之外的事件、不一致的狀況、程序的需要、產業及市場結構、人口統計、認知的改變、新知識等。
9. 華勒斯（Wallas, 1926）建立了創意歷程的四階段模式，包含心智層面的準備階段、潛伏期的醞釀階段、豁然開朗或頓悟階段、檢驗經過構思的想法的驗證階段。
10. 設計應該具有創造性思維、形式與功能的結合、解決問題的過程、跨領域的活動、社會文化之展現等特質。
11. 從設計的觀點來看產品發展，更重視的是外觀造型與美學，同時傳達一些符碼，讓消費者有更豐富的意義上的解釋，因此，更重視設計商品本身以及使用者所接觸到的歷史脈絡與文化背景。

本章摘要

12.從設計的流程來說，設計包含創意的行為，設計過程中，不論是概念性的構想、具體的功能、生產的方法，都需要創造力。就產品設計而言，從設計的對象來說，是從產品的外觀、外觀與功能結合、產品整體風格、到生產產品的過程或組織，設計的領域不斷擴充。

13.設計思考乃是依據設計的趨勢來討論設計在產品發展過程中的角色。設計的角色從產品的外觀與造型的美化，並強調與產品功能的結合，再與組織的流程、策略及使命相連結，設計也隨著產品的影響力的延伸，而影響到社會，改造環境，符合人類的需求，賦予生命意義。

14.創意設計的功用從表達層次進入溝通層次，最後達到說服層次。創意設計的層次包含媒材層次、美感形式層次、語意層次、說故事層次。

15.從過程或是知識技能的角度來說，產品設計包含美學因素、技術因素、人因因素等三大要素。從設計的目的來說，產品設計的目的包含表達層次、溝通層次、說服層次。

16.因為設計具有競爭上的重要性，企業有需要擬定其美學策略，包含營運策略與行銷策略方面的考量。設計的美學策略是要定義設計產出的產品能夠傳達哪些美學的價值，而這些美學的價值又能夠為企業獲取相當的利潤，或是提升其競爭優勢。設計的美學策略在於設定美學為其產品或經營的重要核心項目，投入相當的資源，將美學納入其中，以達成競爭優勢的目標。

本章習題

一、選擇題

(　　) 1. 設計技術、製程技術、測試技術、可靠度技術、行銷技術等技術元件是按照何種原則來分類？ (A) 技術方案 (B) 技術創新流程 (C) 產品功能模組 (D) 以上皆非。

(　　) 2. 下列何者不是技術策略主要的議題？ (A) 技術選擇 (B) 技術應用 (C) 技術發展 (D) 以上皆非。

(　　) 3. 決定公司所欲開發或取得之技術項目或技術項目之組合稱之為 (A) 技術選擇 (B) 技術應用 (C) 技術發展 (D) 以上皆非。

(　　) 4. 人們辨識及定義問題的能力有所不同，是屬於影響創意的哪一種因素？ (A) 認知因素 (B) 意圖性因素 (C) 情緒因素 (D) 以上皆非。

(　　) 5. 初步的分析來定義並提出問題，這是創意流程的哪一個階段？ (A) 準備階段 (B) 醞釀階段 (C) 豁然開朗階段 (D) 驗證階段。

(　　) 6. 聚焦於思考對象產生合乎邏輯的結論是屬於哪一種創意思考方式？ (A) 聚斂式思考 (B) 擴散式思考 (C) 水平式思考 (D) 以上皆非。

(　　) 7. 設計與行銷、研發、生產甚至藝術等領域結合，是屬於設計的哪一種特質？ (A) 社會文化之展現 (B) 跨領域之特質 (C) 溝通與問題解決 (D) 以上皆非。

(　　) 8. 運用技術或工程上的設計，以達成設計品所需具備的功能是屬於產品設計的哪一個要素？ (A) 美學 (B) 技術 (C) 人因 (D) 以上皆是。

(　　) 9. 將設計者的情緒、想法、意見等藉由語言、文字、圖表、照片、表情、聲調等媒材外顯出來，是屬於設計的哪一個層次？ (A) 表達 (B) 溝通 (C) 說服 (D) 以上皆是。

(　　) 10. 廣告、包裝是屬於哪一類的設計？ (A) 產品 (B) 環境 (C) 資訊 (D) 以上皆非。

本章習題

二、問答題

1. 技術具有哪些特性？
2. 技術策略的主要議題有哪些？
3. 影響創意的因素有哪些？
4. 華勒斯創意歷程的四階段模式爲何？
5. 設計具有哪些特質？
6. 產品設計的三大要素爲何？
7. 設計的目的包含哪三個層次？

三、實作題

延續第二章徵才廣告第一間公司的資料，請說明知識技能領域中有關科技管理、創意發想、設計概論的相關內容。

徵才廣告	職位名稱	徵才公司	職責	應徵條件	知識技能領域		
					科技管理	創意發想	設計概論
1.				1A			
				1B			
				1C			
				……			

參考文獻

1. 吳翰中、吳琍璇（民 99），《美學 CEO：用設計思考，用美學管理》，初版，臺北縣新店市：謬思出版，遠足文化發行。
2. 呂奕欣譯（民 100），《設計力創新》，臺北市：馬可孛羅文化出版，家庭傳媒城邦分公司發行。
3. 杜明城譯（民 88），《創造力》，（原作者：契克森米哈賴 Csiksentmihalyi），初版，臺北市：時報出版社。
4. 姜禮輝整譯（民 94），《科技管理》，二版，臺北市：麥格羅希爾。
5. 查修傑譯（民 95），《未來在等待的人才》，初版，臺北市：大塊文化。
6. 徐啓銘譯（民 87），《策略性科技管理》，初版，臺北市：麥格羅希爾。
7. 郭有橘（民 90），《創造心理學》，三版，臺北市：正中。
8. 陳琇玲譯（民 94），〈引爆產品競爭力的水平行銷〉，《商周》。
9. 曾坤明、曾逸展（民 97），《產品設計：歷史與挑戰》，一版，臺北市：五南。
10. 游萬來、宋同正譯（民 87），《設計進程——成功管理設計的指引》，一版，臺北市：六合出版社。
11. 楊裕富（民 87），《設計的文化基礎——設計．符號．溝通》，初版，臺北市：亞太圖書。
12. 劉維公（民 96），《風格競爭力》，一版，臺北市：天下雜誌。
13. 蔣國英譯（民 96），《創意心理學：探索創意的運作機制，掌握影響創造力的因素》，初版，臺北市：遠流。
14. 賴聲川（民 95），《賴聲川的創意學》，臺北市：天下雜誌。
15. 韓懷宗譯（民 87），《Starbucks 咖啡王國傳奇》，初版，臺北市：聯經。
16. Cohen, W.M., Levinthal, D.A.,（1990）. "Absorptive Capability: A New Perspective on Learning and Innovation," Administrative Science Quarterly, **35:1**, pp. 128-152.
17. Crawford, R.P.,（1954）. The Techniques of Creative Thinking, New York: Hawthorn Books.
18. Drucker, P.F.,（1985）. "The Discipline of Innovation," Harvard Business Review, May-Jun, pp. 67-72.

參考文獻

19. Garud, R., & Nayyar, P.R.,（1994）. “Transformation Capability: Continual Structuring by Inter-Temperal Technology Transfer,” Strategic Management Journal, **15:5**, pp. 365-385.
20. Guilford, J. P.,（1950）. “Creativity,” American Psychologist, 5, pp. 444-454.
21. Maslow, A, H.,（1968）. Toward a Psychology of being, 2nd ed., New York, NY: Van Nostrand Reinbold Company.
22. Osborn, A. F.,（1965）. L’imagination Constructive, Paris, Dunod, 2nd ed.
23. Rogers, C.R.,（1961）. On Becoming a Person, Cambridge, Mass: The Riverside Press.
24. Torrance,E.P.,（1973）. “Non-test Indicators of Creative Talent among Disadvantaged Children,” The Gifted Child Quarterly, 17, pp. 3-9.
25. Wallas, G.,（1926）. The Art of Thought, New York, Harcourt, Brace.
26. Wertheimer, M.,（1945）, Productive Thinking, New York, Harper Collins.

04

使命與策略

學習目標

本章內容為企業使命與策略的內容，以便引導出更具體的戰術及專案，其中特別將產品策略提出來討論，以強化產品的重要性及本書之主題，各節內容如下表。

節次	節名	主要內容
4-1	企業使命	說明企業的經營理念、事業範圍及使命的傳達方式。
4-2	企業策略	說明企業策略規劃的流程以及企業策略的內容。
4-3	產品願景與產品策略	說明產品策略在企業策略中扮演的角色，以及產品策略的架構。

引導案例

蘋果的企業使命與策略

印度朝聖之行讓賈伯斯留下了畢生難忘的印象，他第一次看到無數窮苦人民在城市裡、在田間辛勤工作，那些在田間勞動的人使用的還是幾千年前的原始農具。賈伯斯第一次真切地感受到，一種好用的工具將會為人們生活帶來多大的幫助。他覺得，自己可以為這個世界做些什麼，腦海裡正有一個夢想慢慢浮現：「我要改變世界」，也就是運用電腦工具改變世界。

1997 年重新出任蘋果臨時 CEO 的第一個月裡，拿出一套立竿見影的戰略決策「四格策略」。大筆一揮，他在白板上畫出兩個座標軸，成了四個大格子。一軸線上寫著「桌上型電腦」（Desktop）和「可攜式電腦」（Portable），另一個軸線上寫著「一般消費者」（Consumer）和「專業人士」（Professional）。整理過混亂不堪的蘋果產品線後，賈伯斯毫不費力地在四個格子裡填上了四種產品PowerMacintosh G3、PowerBook G3、iMac、iBook。賈伯斯信心十足地對董事會和管理層說：「在未來幾年裡，蘋果絕大多數資源都將投入到這四種主打產品中，凡是不符合這四格策略的軟、硬體專案，將統統被砍掉。」（資料來源：王詠剛、周虹，民 100，pp. 126）

圖 4-1　賈伯斯（圖片來源：Ara.cat）

上述個案包含蘋果公司及其領導人的事業經營理念、企業策略、產品策略等不同層次的問題，而彼此之間又有相連結，本章逐一探討這些議題。

4-1 企業使命

使命是企業存在的目的和理由，也就是對企業的經營範圍、市場目標的概括描述，表達企業使命的方法是運用使命宣言（Mission Statement）的方式，使命宣言可能從產品的貢獻、對經濟或是對社會的貢獻等方向著手。不管是企業的定義、產品或社會的貢獻等，企業使命都會與產品策略或是商品化有關係。

企業使命表達企業存在的理由，而且強調該存在的理由需要對社會有遠大的貢獻。爲了要讓使命能夠達成，有三個條件需要加以考量，如表 4-1 所示：第一個是事業定義，表示事業經營的範圍或是企業的策略定位，包含事業所產出的產品或服務能夠滿足哪些市場需求，或是爲哪些顧客創造何種價值（可稱爲價值主張），事業定義是落實使命的條件；第二個條件是遵循的價值原則，也就是事業經營或是員工做事的方式，這與企業文化與價值觀有關係；第三是使命的傳達方式， 說明使命如何與員工及利害關係人進行溝通，以產生共識，有一種領導的方式稱爲願景領導， 是一種良好的溝通方式，將使命中所列述的遠大目標，以明確的影像來表示，使得大家有遵循的方向；另一種使命的傳達方式是考量企業識別，也就是如何讓員工對企業有認同感，外界人士對公司有良好的形象。這三個條件若能滿足，將有助於企業使命的達成。

表 4-1　使命達成的三大條件

條件	內容
事業定義	1. 事業經營範圍或策略定位 2. 產品服務 3. 市場需求或顧客價值
企業文化與價值觀	1. 企業文化 2. 工具價值觀 3. 目的價值觀
使命的傳達方式	1. 願景領導 2. 企業識別

一　事業定義

事業定義指的是定義事業的範圍，事業的範圍主要指的是企業的營運內容（產品與服務）能夠與市場或顧客相匹配。依據 Abell（1980），事業定義是定義我們的事業爲何，事業定義的架構包含滿足哪些人（顧客群體或目標市場）？滿足什麼需要（顧客需要）？如何滿足顧客需要（產品服務的特色或獨特競爭力）？因此事業範圍就是其營運內容或策略定位。

圖 4-2　星巴克──消費者體驗

（圖片來源：Pinterest）

目標市場方面，事業定義也需要定義顧客，例如：佳能將顧客界定爲最終使用者而非企業用戶，其產品、銷售、配銷策略也隨之調整；西南航空將市場區隔爲短程顧客，也因而調整飛航模式、價格策略。目標市場不同其需求不同，經營的內涵也就不同，例如：事業定義是「製造汽車」與「製造交通工具」會大大影響產品與服務的範圍，許多企業都因爲因應環境的改變而改變其事業定義，例如：7-ELEVEn 就由銷售日常用品改爲銷售便利；全錄由影印業改爲資料處理業。而星巴克不將自己的事業定義爲咖啡連鎖事業，而定義爲消費者體驗事業；蘋果電腦更將自己的事業定義爲娛樂事業而非電腦事業。在這樣的定義中，便利的事業及消費者體驗事業偏向於策略定位，娛樂業則兼重目標市場與策略定位（娛樂）。

事業定義所定義的營運內容可能由所提供的產品或服務定義之，或是由所提供的顧客利益或價值定義之，也可能由企業本身的核心能力或核心競爭力定義之。事業定義明顯影響企業的策略，例如前述的 7-ELEVEn 的事業定義原來是由銷售「日用品」改變爲銷售「便利」，兩種不同的事業定義對於 7-ELEVEn 的企業策略與產品策略均有不同，例如產品線策略，銷售「便利」的產品線顯然擴充了許多，包含快遞、代收費用、沖洗照片等。又例如 IBM 事業定義原來是由「銷售電腦」改變爲「提供解案」，此時 IBM 的服務與解決問題方面便需要加強，而非僅有技術的提升。

二 價值觀

價值觀是深信不疑的信念，價值觀解釋事物對某人爲何重要，也判斷是非善惡，一般而言，追求成就、和平、合作、公平和民主，是較受肯定的價值觀。

價值觀是企業文化的重要組成之一，文化是組織中共同的價值觀、信念或基本假設，它代表了企業員工「處事的原則」。企業文化的特質可能表現在創新與冒險的程度、要求精細（注重細節）的程度、注重結果的程度、重視員工感受的程度、強調團隊的程度、要求員工積極的程度、強調穩定（非成長）的程度等七個構面（李青芬、李雅婷、趙慕芬譯，民 91）。

公司的價值觀是陳述經理人和員工要採取什麼樣的行爲，他們想要怎麼做生意，以及他們想要建立什麼樣的組織，一般是價值觀爲奠定組織文化的基石，舉凡價值觀，常規、標準等皆控制員工如何去達成公司的使命與目標（黃營杉，楊景傳譯，民 93）。例如：

優秀的員工是提升競爭力的要素，則善待員工是該公司的重要價值觀，善待員工的作法包含依照員工績效給予待遇、讓員工有發揮能力與工作保障的信心、員工應該受到公平對待、員工遇到不合理時有申訴管道等。

主導企業行為的價值觀包含：企業成員要如何對待彼此、企業如何對待顧客與供應商、企業會遵守哪些規範。一般企業的價值觀包含信賴、尊重、友善、誠信、謹慎、勇氣、效率、創新、活力、品質、高科技、國際性、現代感、專業、重承諾等。

一般而言，價值觀區分為目的價值觀（Terminal Values）和工具價值觀（Instrumental Values）（Rokeach, 1975），目的價值觀是個人想達到的最終狀態或一生最想達到的目標，工具價值觀則是個人偏愛的行為表現方式或是為了要達到目的價值觀的手段。就企業組織的價值觀而言，目的價值觀是組織希望達成的目標，例如：卓越、穩定性、收益、品質等，因此企業使命中所列出的遠大目標、存在意義、經營理念等均與目的價值觀有關係。目標價值觀可能構成核心價值觀，核心價值觀是指企業的價值觀中恆久不變的部分，公司可能不惜代價要維護這個價值，例如惠普公司的核心價值觀是「尊重人性」，該公司如何善待員工其方法可能有數種，也可能有所改變，但是「尊重人性」的原則永遠不變。

圖 4-3　美國奇異公司
（圖片來源：GoGo News）

奇異公司（General Electric）的核心價值是以技術創新改善生活品質，技術創新是工具價值觀，提高生活品質則是目的價值觀；美商默沙東藥廠（MSD）的核心價值在於維持以及改善人類的生活，也與奇異公司具有相似的目的價值觀。企業的核心價值應該不是個別利益取向（例如以營業利潤為第一目標），而是為人類、社會的進步謀福利。

工具價值觀是組織希望其成員遵守的一種行為模式，例如：勤奮工作、尊重傳統、誠實、勇於冒險，以及維持高道德標準等，其中倫理價值觀（道德價值觀）是形成企業文化的眾多價值觀中，重要的一種。

價值觀與企業所推出的產品服務有關，價值觀通常不是直接關係到產品的功能，而是對於使用者或是社會環境有所影響。例如誠信的價值觀，對於產品的開發以及與顧客的互動均有影響，這樣的企業會將誠實的信念看得比產品的銷售還重要。又例如具有社會公民價值觀的企業，也會將產品對地球環境的影響看得比較重要，即使是影響到產品的開發或是銷售，也會有所堅持。又例如具有廉潔價值觀的企業，其員工不會因為銷售產品而做出有違廉潔的事情。

例如：感動是 7-ELEVEn 最大的價值觀，而且認爲眞誠是創造感動的充分必要條件，因此 7-ELEVEn 所提供的產品或服務，都需要去滿足感動這個要素，也就是說，在決定產品或服務策略時，能不能讓客戶感動是一個重要的考量要素。再以迪士尼爲例，迪士尼的核心價值觀是安全（禮貌第二、接續爲戲劇、高效能），因此對於遊樂設施的安全性、遊客體驗過程的安全性會特別注意，也就影響迪士尼對於設備、遊樂產品設計、遊客服務的資源投入，有舊式安全的價值觀影響其策略與產品策略。嬌生公司的核心價值觀是顧客利益，因此該公司要求經理人做任何決策時，都得優先考量病患的利益。

圖 4-4　迪士尼重視遊樂設施之安全性
（圖片來源：Tumblr）

三　使命的傳達

(一) 願景領導

使命要落實，除了要有事業範圍的定義以及相關的策略加以落實之外，也需要採用適當的領導方式，以便將遠大但是相對抽象的概念（使命描述）有效地溝通給組織成員，甚至是顧客或其他利害關係者。

有關領導的理論相當多，例如：特質理論、行爲理論、權變理論等，近年來也提出魅力領導（Charismatic Leadership），強調領袖的魅力，能夠提供願景和使命感，灌輸自尊心，獲取尊敬與信任（李青芬、李雅婷、趙慕芬譯，民 91）。願景式的領導（Visionary Leadership）便是其中一種重要的方式。願景式領導是一種領導者的才能，它可以爲組織或組織中的單位建立一個現實的、可信的以及吸引人的未來美景，該願景以現在爲根基，也積極改善現狀（李青芬、李雅婷、趙慕芬譯，民 91）。

所謂願景是指企業對達成未來某種長程目標的信念。願景是長程的目標，因此制定願景時需要有遠見，並配合環境的趨勢，願景是企業全員的信念，因此願景是簡短的描述，而且深植於每一位員工的心中，具有強烈的共識，也就是說，願景是由領導階層帶領全員討論，背後具有強大的支持意願及充分資源而爲大家接受的目標。願景的重點不在於字面上簡短的描述，而是在於背後支持此項描述的後盾。

願景的要素包含遠大的目標、明確的價值觀、未來的影像（子玉譯，民 93）。目標最重要的是表現企業本身的意義與終極目標。價值觀的定義已經於前面敘述，明確的價值觀是願景的要件之一。遠大的目標與明確的價值觀可解釋爲核心價值觀或目的價值觀。願景的第三要素是未來的影像，願景的主要特色是運用影像化的方式來引導與分享企業的價值觀或存在的意義，也就是說，遠大的目標應該加以視覺化，繪出未來的影像，明確刻畫出想像中未來會發生的事。這個影像存在於每個成員的腦海中，可以激勵、引導努力的方向。

針對願景的要素舉一些例子說明，例如：鐵達尼號的願景是成爲有史以來最大、最豪華、最勇猛的蒸氣船，「有史以來最大、最豪華、最勇猛」的敘述是遠大的目標。鐵達尼號製作團隊的價值觀表現在冒險、征服（海洋或大自然）的雄心壯志之上；當鐵達尼號在規劃的階段，成員腦海中浮現了龐然大物在海上雄壯威武的樣子，那便是未來的影像。有了這些目標、價值觀、影像，便能夠潛移默化地引導團隊逐漸完成鐵達尼號。

又例如微軟的願景是將資訊掌握在手掌之間，AT&T 的願景是完成全球電話服務網。當微軟想像到未來全球人們無論到哪裡，資訊就到哪裡的畫面時，對微軟產生很大的動力，AT&T 也是同樣的道理，其影像是遍佈全球的通訊網。願景與使命的不同點主要在於使命是永久不變的，願景雖然也是長期，但可以調整，另外，目標與價值觀是兩者共同的要素，而願景強調運用未來的影像來激發努力的方向與動力。

圖 4-5　微軟公司（圖片來源：Microsoft）

(二) 企業識別

企業的使命是企業存在的理由與意義，企業識別指的是企業機構如何表現與區隔自己，也就是企業本身希望如何自我表達的形式，他能幫助人們尋找、認識一家公司（王桂拓，民 94）。企業識別包含企業對內的認同與對外的形象。對內的認同指的是管理者與員工對於企業使命、策略、活動與流程、產品與服務、規章與制度等認同的程度，表現在成員對組織的向心力與忠誠度；對外的形象指的是企業希望它的相關對象，當他們想起這個企業時，所產生的想法或感受（Dowling, 2001；王桂拓，民 94）。

企業識別一般可分爲理念識別（MI）、行爲識別（BI）、視覺識別（VI）（林磐聳，民 83）：

1. **理念識別（MI）**：包含經營信條、精神標語、企業性格、使命與願景等，理念識別表達企業使命中的價值觀或是遠大的目標。

2. **行爲識別（BI）**：是企業動態的表達方式，動態的表達行爲包含對內與對外兩部分，對內行爲包含生產與研究發展、教育訓練、工作環境、管理制度等；對外行爲包含市場調查、促銷活動、公共關係、公益活動等行銷與公關行爲。

3. **視覺識別（VI）**：視覺識別是以視覺的方式來表達企業識別系統，區分爲兩個階段，包含基本要素之定義和視覺設計之應用。基本要素包含企業名稱、品牌標誌、品牌標準字體、標準色彩、象徵圖案、宣傳標語口號；應用要素包含事務用品、辦公用具、招牌旗幟、建築外觀、衣著制服、交通工具、產品與包裝、廣告與傳播、展示與陳列。

確立企業識別指的是要能夠確認企業存在的意義與價值，也就是說要將企業使命能夠適當地表達出來，以便能將企業的目標及策略行動做一個整體性的描述及引導。可以透過調查分析的方式來了解，比較企業內部與企業外部相關人士對於企業的看法，例如：企業的信賴度、專業性等形象。企業的理念指的是用言詞表達企業經營的動機、存在意義和理由（黃克煒譯，民 96）。

企業形象的建立方式是依據企業使命的企業承諾、價值觀的象徵以及企業識別來定義形象目標，形象目標類似企業或產品的定位，以將企業形象加以定位，形象目標可能是領導品牌的形象、保守或開放的形象、國際化的形象、專業 / 品質與效率的形象、深受信賴的形象、親切服務的形象等。

圖 4-6　產品包裝設計
（圖片來源：DocPlayer）

形象目標影響品牌組合策略，進而影響產品的設計。企業形象與識別的設計是一種概念具體化的動作，可以透過符碼來針對企業客體進行具體化的轉換。區隔企業形象的符碼包含四大構面，即美學符碼、文化符碼、價值符碼、承諾符碼（王桂拓，民 94，pp. 39）。企業客體也可以用 4P 來表示，即企業空間（Properties），如企業總部、辦公室、零售店面等；產品（Products）或服務，指產品或服務的功能或特色；外觀表現（Presentations），如產品包裝、標示牌、員工服務、背景音樂、賣場氣味等；傳播用品（Publications），如廣告、型錄、簡介等（王桂拓，民 94，pp. 61；郭建中譯，民 88，pp. 75）。有關識別設計的議題將於後續章節中介紹。

總而言之，企業使命對於產品的影響歸納如下：

1. **遠大的目標**：影響產品或服務發展的方向，對社會的貢獻。

2. **事業定義**：考量需要發展哪些產品或服務，主要的影響層面在於目標市場、差異化與定位。

3. **價值觀**：價值觀是做事情的方法或態度，包含對於企業長遠目標和產品服務提供的方法和態度。

4. **組織文化**：影響產品或服務發展的創新性（冒險或保守）以及發展的效率。
5. **企業識別**：表達企業形象與定位，引導產品設計、品牌規劃以及行銷傳播。

產品經理手冊

我們常聽說產品經理要有願景，願景是未來遠大且動人目標的影像化，包含企業的願景，就是使命的表達，也包含產品層次的願景，表達了公司未來的產品或產品組合在市面上的表現。

4-2 企業策略

策略包含與公司生存發展相關的目標和達成這些目標的方案。公司目標和衡量公司商業績效的項目有關，如投資報酬率、利潤、成本等；公司策略和一般商業活動有關，如新市場、新產品等。探討策略最常見的是探討策略的程序與內涵。策略程序說明策略規劃的流程，例如：SWOT 分析、五力分析等。策略的內涵說明策略規劃的對象或內涵，例如：營運範圍、核心資源、事業網絡，或是說明策略的類型，也就是策略規劃的具體方案，例如：垂直整合、水平整合、多角化等。策略的內涵從策略層次的觀點可分爲總體策略與事業單位策略。

一 策略規劃流程

企業競爭的模式可以用組織與環境的互動來表示，企業所面對的環境可能提供機會，也可能造成威脅。機會與威脅是組織對環境的趨勢、事件或課題所做的解釋，環境的趨勢、事件或課題可能包含顧客需求的改變、競爭者的威脅、新市場或新技術的機會。

策略規劃的基本架構是：偵測環境議題或趨勢、解釋該議題與趨勢、提出因應的方案，策略就是因應環境的方案，如圖 4-7 所示。

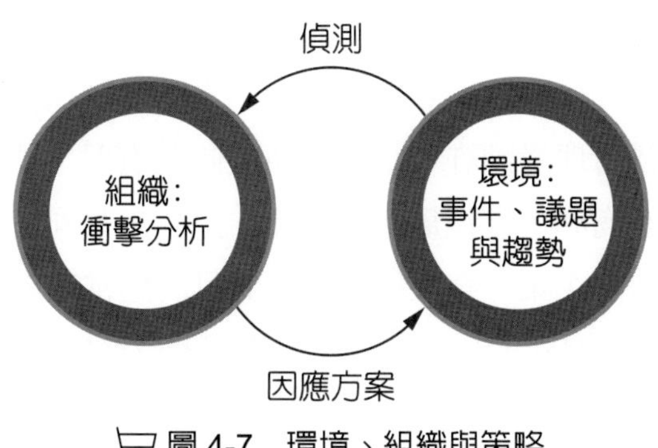

圖 4-7　環境、組織與策略

(一) 環境

環境有總體環境與產業環境之分，總體環境指的是社會、科技、經濟、生態、政治等環境，是指對企業的經營具有間接影響環境的因素，因此總體環境也稱爲間接環境。總體環境的因素，對於擬定產品策略均可能產生影響。

社會環境是有關社會文化、次文化、生活習慣等議題。科技環境指的是相關科學進展與技術的發展趨勢，了解科技環境目的在於進行環境監測與分析，以了解技術環境變化速率、議題、趨勢。

經濟環境指的是該市場的所得與消費狀況，所得與消費情況也影響人們對於企業所提供的產品、服務的消費能力與水準之要求。經濟環境也包含區域經濟，經貿活動往往影響產業的策略。

生態是從環境保護的觀點來探討市場環境，基本上，對生態環境的重視，意味著企業所提供的產品、服務要符合生態之要求，而產出的廢棄物則要降到最低，生態環境的重視當然影響科技產品的研發，尤其是採用合乎環保或綠色規範的產品。

例如 2015 年聯合國宣布了「2030 永續發展目標」（Sustainable Development Goals, SDGs），SDGs 包含 17 項核心目標，其中又涵蓋了 169 項細項目標、230 項指標，指引全球共同努力、邁向永續。而 ESG 指的是環境保護（E，Environment）、社會責任（S，Social）以及公司治理（G，Governance），ESG 是一種新型態評估企業的數據與指標，ESG 代表的是企業社會責任，許多企業或投資人會將 ESG 評分，視爲評估一間企業是否能永續經營重要的指標及投資決策。這些生態環境趨勢都指引企業在產品開發、製造及供應鏈管理需要符合的規範。

政治環境代表一個地區的安定性及穩定性，安全性指的是某種程度的投資安全環境，穩定性則指政策、法律等變動的頻率，不夠安定或穩定的環境，對於產業的投資與發展亦有所影響。

總體環境之外，便是產業環境，產業環境對於企業的經營具有直接與立即影響環境的因素，因此產業環境也稱爲直接環境。產業環境指的是供應商、競爭者、顧客、合作夥伴等。

供應商指的是原物料的供應者，企業與供應商之間的關係，也由交易關係逐漸轉爲合作關係，近年來供應鏈管理受到許多重視，便是此種道理，基本上與供應商維持良好關係便是一種資產，供應商亦可被視爲合作夥伴，尤其是共同研發的夥伴。競爭者乃是與本身相互爭奪市場大餅的企業，企業競爭分析的目的通常在於了解競爭者的產品服務及其策略，一者做爲學習的標杆，一者做爲超越競爭者策略擬定之依據。

合作夥伴包含研發生產的合作者、通路商、行銷廣告代理人、資訊系統外包商等，這些夥伴與本身的關係越密切，則能夠合作來滿足顧客需求的能力也越大。顧客是企業的焦點，所有上述的環境及本身的能力因素，目的皆在於創造顧客、滿足顧客的需求，因此對顧客而言，首先是開發能夠滿足顧客需求，甚至超越顧客需求的商品或服務，其次，顧客不僅僅是消費的一方，顧客也已經成爲企業資源的一部分，透過顧客，可能取得其改善方案或是新產品開發的構想。其他與企業直接相關的環境因素包含股東、公會、社區、利益團體等。

衡量環境的主要變數包含資源豐裕度（Munificence）與不確定性（Uncertainty）。資源豐裕度指的是環境中可以支援組織的程度，亦即衡量組織可以從這個環境中所獲得的資源。如果環境的資源豐裕度較高，組織可以從環境中獲取較多的資源，因而產生較多元或較爲深度的策略，以便提升競爭力或達成組織的目標。當然，組織與夥伴之間獲得合作策略的機會也較多。這些資源包含資金、技術、人力資源、市場等。

不確定性指的是環境變化的速度或是環境中個體數目多寡、異質程度與複雜行爲的程度，組織面對這個不確定性是否能夠有效地偵測及衡量。造成環境不確定性的原因包含科技的進步、廠商的競爭行爲或是一些突發事件。不確定性可能造成機會或威脅。組織降低不確定性的方法包含透過合作以降低或分攤風險，包含與現有夥伴或另覓新夥伴進行策略聯盟；也包含提升本身的策略彈性來降低風險或提升因應的能力，例如建立核心競爭力、不斷地創新等。環境的內涵一般以事件、議題或趨勢來表示。

(二) 組織

組織需要適應甚至操控環境，其方法一般是運用組織的策略方案來進行。一些常見的組織的方案可能包含降低價格或提供優惠、差異化的產品或服務、E 化（導入資訊技術提升效能與效率）、開拓新的市場空間等，其中重要的方案是提供具有競爭力產品的方式。組織針對環境的事件、議題或趨勢進行衝擊分析，以便擬定可以因應的策略方案，而這過程組織需要具備有相當的資源與能力。

1. 衝擊分析

組織適應環境過程中，需要對環境的課題、趨勢或事件加以解釋，並採取因應策略，因應策略需要加以評估，一般評估組織的方式包含優勢與劣勢、組織能力，甚至所建立的核心能力。

在企業追求目標和因應競爭的過程中，資源上相對於競爭者較爲有利的條件，稱爲優勢（Strength），相對而言較不利的條件，則稱爲劣勢（Weakness）。所謂的資源可能包含品牌形象、技術、生產、財務、市場、團隊等，均可能有相對的優勢或劣勢。

2. 組織能力

組織具有資源（Resource），資源是指在企業的內部，而企業對其有相當大的掌控能力。廣義的資源是指除了狹義的資源外，還包括能耐。狹義的資源主要是指企業所具有可加以運用的物資或人力。能耐（Capabilities）是指將狹義的資源轉換成對企業顧客價值的能力。

組織執行策略方案需要具備有相當的資源和能力，相關資源的有效運用是企業的一個關鍵性因素。主要的資源包含技術資源、財務資源，人力資源另外敘述之。資源管理的目的在於掌握技術（包含人、設備、儀器、智權、Know-How 等）、財務等相關資源，以便有效掌握、發展與運用技術，達成競爭力的目標。

資源區分爲資產與能力，資產是靜態的資源，諸如人力、機器、設備、資金、品牌、商譽等，資產又可區分爲有形資產與無形資產，人力、機器、設備、資金等屬於有形資產；品牌、商譽、智權等則爲無形資產。能力代表資產的組合與運作機制，能夠發揮加值作用者，例如：生產能力是將物流轉換爲產品的能力，這需要人力、生產線設備、生產流程等資產組合而成；研發能力則是將構想轉換爲技術或產品原型的能力；技術能力便是一組相關技術資產的組合，能夠將構想轉換爲技術或產品原型之能力，或是能有效採用外部技術進行技術移轉之能力。

若各項技術能力與其他的能力結合，便形成企業的核心專長或核心競爭力，核心專長是企業用以對其顧客增加價值的知識、技能和技術，這將決定企業整體的競爭力。

核心專長的條件爲（Prahalad & Hamel, 1990）：

(1) 能夠提供進入不同類型市場的方法。

(2) 能爲顧客創造可以被認同的產品和服務（價值）。

(3) 不容易被競爭者複製或模仿。

依據 Hamel 和 Prahalad（1994）的主張，企業可以依據生產與行銷等價值鏈的運作過程，將核心專長區分爲下列三項：

1. 市場接近能力（**Market-Accsee Capability**）：指的是所有能夠拉近公司與顧客之間距離的能力，包含品牌開發、行銷、售後服務、技術支援等能力。

2. 產品整合能力（**Product-Integration Capability**）：指的是企業從產品供應到客戶之間，所有價值活動的整合，例如：產品設計、生產製造、流程整合、供應鏈管理等能力。

3. 功能運作能力（**Functionality Capability**）：指的是所有能夠提供產品或服務獨特功能，或爲顧客創造獨特價值的能力。

二 策略的內涵

所謂策略指的是適當地分配資源以達成與組織的發展與成長相關的目標，因此在資源分配的前提之下，策略應該重在達成目標的途徑。在此定義之下，策略的重要構面包含目標、策略方案與資源分配。

(一) 目標

目標是企業擬達到的標準，目標具有階層性，一般而言，企業在競爭的前提之下，對於經營績效均有設定目標，最高層次的績效目標區分爲經濟績效與社會績效。其次，對於各種策略也會定義不同的目標，例如：差異化策略，會定義差異化產品或服務的績效指標，或是預期市場銷售或佔有率的目標。

好的目標必須具備有以下的條件（Richards, 1986）：

1. 精確可衡量，提供經理人判斷績效的標準。這包含目標的明確性與可衡量，明確性是具體的，例如：要比 2011 年的銷售金額多 10%，市場佔有率在 2012 年要達到 20%，利潤成長率要比 2011 年增加 10% 等。目標設定必須可以衡量，未來才能進行成效評估。爲了要評估績效，須要將公司整體目標劃分給不同的策略事業單位或部門，部門則能將單位的目標再細分指派給部門內的小組或個人，以便評估其成效。例如：某公司將下一個會計年度的目標，設定爲要在市場上增加 5% 的成長率，這 5% 是可以衡量的，並且允許每一位經理去評估他的單位。
2. 爲解決重要議題而存在，使焦點集中於少數幾個目標。
3. 必須具有挑戰性又可達成，以提升組織運作誘因又有激勵效果。目標設定應該使員工願意努力去完成，讓員工覺得達成目標會有成就感。
4. 必須明確指出目標達成的期間。

(二) 策略方案

策略方案也就是達成目標的途徑。如果目標是要達成經濟績效，則策略方案可能是開發新產品或開發新市場；如果目標是社會績效，則其策略方案可能是社會責任方案，或是建立公司形象。

(三) 資源分配

資源分配是依據策略目標，投入整體資源以及各個行動方案之資源，資源包含資金、知識、人力、設備等。

策略擬定的工具主要包含 SWOT 分析、環境掃描、情境預測等，策略經由環境與事件之搜集與分析，依據本身的能力或是優、劣勢加以解釋，以便提出能夠有效因應環境變化的策略方案。

三 策略類型

策略的類型一般依據組織層次區分為公司策略（或總體策略）、事業單位策略與功能層級策略，此處針對前兩者作扼要說明。

(一) 總體策略

總體策略（Corporate Strategy）層次是指企業同時在多個市場及產業裡運作，公司所採取獲得競爭優勢的行動，例如:購併或聯盟。常見的總體策略包含整合策略、委外策略、多角化策略、高科技策略、全球策略等。討論總體策略時，需要了解這些策略與產品策略之間的關係，如表 4-2 所示。

表 4-2　總體策略與產品策略的關係

總體策略	與產品策略的關係
整合策略	原物料控管、產品品質、服務提供
委外策略	專注核心產品
多角化策略	產品組合策略
高科技策略	產品平臺、產品差異化策略
全球策略	產品在地化與標準化設計、市場定位

1.　整合策略

整合策略區分為水平整合策略與垂直整合策略。水平整合指公司集中於單一市場，並透過收購或合併產業內的競爭者的過程（黃營杉、楊景傳譯，民 93），水平整合的目的主要是透過規模經濟與範疇經濟來取得競爭優勢，例如：因為規模經濟的效率而降低成本結構，同時也可以因為差異化或是提供整體解決方案而提升競爭力，當然水平整合對於產業的競爭態勢，以及供應鏈的議價也都有所幫助。

從產品策略的角度來說，水平整合對於產品組合以及產品差異化的影響最為顯著，以產品組合來說，可以利用產品組套（Product Bundling）的方式來提供給顧客方便的選擇，也就是支付一次的價格可以獲得所需的一組產品，此種方式也屬於產品差異化的一種形式。另一種方式是提供整體的解決方案，指的是站在顧客需求的角度和解決顧客問題的角度提供完整的產品與服務，而非以本身所銷售的產品為限。由於上述的差異化策略均可能牽涉到數種產品或服務的提供，水平整合策略具有此類之優勢。

進入新產業、擴張價值鏈與強化經營能力，公司能夠增加其產品差異化和降低產品結構，因此進入新產業對其核心產品有附加價值，此稱爲垂直整合（Vertical Integration）。垂直整合就是一家公司將其運作向後推到生產公司產品原料的產業，或是向前擴展到使用或銷售該公司產品的產業（黃營杉、楊景傳譯，民 93），向後垂直整合可以更接近上游原物料供應，以便掌控原物料來源、品質與交期，向前垂直整合可以更接近配銷端或消費者，以便掌握市場與通路。從產品策略的角度來說，垂直整合主要對於產品品質的影響最爲顯著，例如：對於原物料的品質管控、對於配銷服務的專業性等。

2. 委外策略

策略性委外（Strategic Outsourcing）指的是將公司內部的某些價值活動分離出去，交由更專業的專業單位來進行（黃營杉、楊景傳譯，民 93）。一般而言，許多公司均將非核心的價值活動予以委外，而且越來越普遍。從產品策略的角度來說，策略性委外對於產品品質與差異化均有影響，其原因是委外公司通常具有較高的專業性，同時，本身亦可因爲部分價值活動的委外，而更專注於本身的核心活動，提升差異化能力與競爭效果。

3. 多角化策略

多角化策略是企業朝不同領域的多角化發展，多角化（Diversification）是指在核心事業外增加新事業活動的過程。企業採取多角化擴張之原因包含追求企業成長、規模經濟、範疇經濟、分散風險。從產品策略的角度來說，多角化策略主要影響產品組合的提供，因爲跨領域產品的提供，而能夠佔領更廣大的市場，或是在該市場中提供更完整的產品線。

4. 高科技策略

高科技策略指的是運用科技做爲主要競爭要素，一般而言，高科技策略面臨較爲快速變化的環境、技術進步，以及產品生命週期較短，因此需持續投入研發與創新，以便獲得競爭優勢，因此其研發投入佔營業額比率、研發人員和工程師佔員工的比率均相對較高。技術策略指的是運用技術以獲得競爭力的方案，技術策略的目標仍是以競爭力爲主，將資源投入於技術的取得、研發與運用，以生產具有高科技或具優勢的產品或服務。

技術策略的主要項目，包含技術定位、技術選擇、技術取得與應用以及技術的保護等。技術定位是公司在產業中的技術定位，例如：依據環境分析，將公司定位爲技術的領先者或追隨者；技術選擇是決定企業主要發展的某組合或某項技術，選擇的準則是與競爭、技術能力以及產品的發展方向等有關係，選擇某技術作爲一系列產品開發的共同技術可稱之爲產品平臺策略；技術的取得包含經由外購或自行研發而得；技術的應用包含自行生產、技術授權等；技術的保護則運用專利、營業秘密等方式爲之。

與技術較為相關的產品策略是產品平臺策略。產品平臺策略（Product Platform Strategy）：產品平臺（Product Platform）指的是一系列產品導入時所具有的共通性元件（例如技術元件），產品平臺策略（Product Platform Strategy）指的是定義最終產品結構、能力、差異化的過程（McGrath, 2000, pp. 53）。技術策略影響產品平臺技術的選擇，也影響差異化策略。

5. 全球策略

事業進行全球性的擴張是公司增加獲利能力的方法，藉由在其他國家製造產品或提供服務，可以具有降低成本與差異化的效果，甚至在市場方面，可以快速增加銷售量。全球策略依據成本縮減的壓力以及當地回應的能力，可以區分為國際策略（International Strategy）、多國策略（Multidomestic Strategy）、全球策略（Global Strategy）與跨國策略（Transnational Strategy），如圖4-8所示（黃營杉、楊景傳譯，民93）：

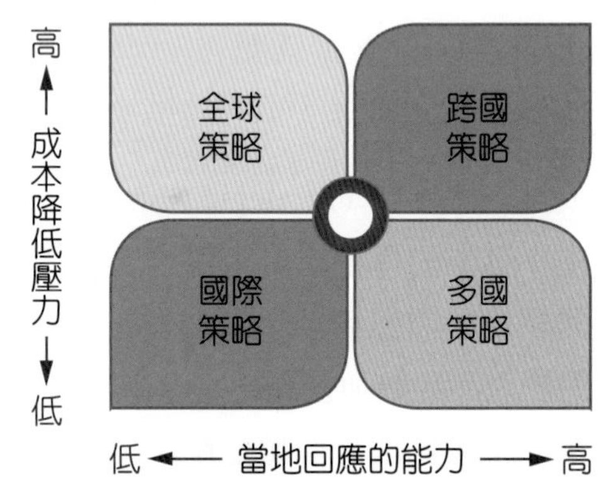

圖 4-8　全球策略的四種基本策略選擇

（資料來源：黃營杉、楊景傳譯，民 93）

(1) 國際策略：國際策略主要是將本身具有價值與競爭力的產品或服務移至國外市場，而當地的競爭者並不具備此種產品或服務。運用此種策略者傾向將研發部門集中在母國，而將製造與銷售移至國外。例如：IKEA 採取較低價格的策略來追求傢俱的風格，但仍以標準化為主，是追求國際策略。

(2) 多國策略：多國策略強調回應當地的能力，因此可以在生意往來國家廣泛提供客製化的產品，也會因為當地市場特性擬定適當的行銷策略。

(3) 全球策略：全球策略的經營模式，主要是建構全球規模的低成本策略基礎之上，因此會將生產、行銷、研發活動都集中在少數地區。全球策略者針對產品與服務均不提供客製化，以免提高成本，而以標準化產品的規模經濟獲取成本優勢。

(4) 跨國策略：跨國策略同時強調降低成本與回應當地的能力，此種策略執行上相當困難。

全球化策略對於產品的影響至少包含產品與市場兩方面，產品方面應該考量產品的本土化（在地化）或是全球性的標準化，或是兩者的折衷。在目標市場方面，也需考量本土市場、區域市場、鄰近市場或是全球市場。

進入國際市場除了市場特性不同之外，也需考量產品發展本身，也就是提供不同的產品，其思考方式主要包含標準化與在地化兩個構面，據以擬定不同的產品與市場方案。其主要考量的因素包含：

1. **認證**：需要考量國際市場對於產品化的相關服務及認證上的要求。
2. **標準**：許多國家或地區對於產品的品質、規格、公司制度等均設定有其標準，這些標準可能是強迫性的，由國家或政府以法規加以規定；也可能是自願的，產業依據市場需求或競爭因素而訂定標準。
3. **文化與語言**：包含使用者與使用情境特性、人口統計變數等。
4. 保護與法規等。

(二) 事業單位策略

事業單位策略（Business Unit Strategy）層次是指企業如何在某一產品線或產業中進行事業運作；面對產業內的競爭，如何制定經營策略以獲取競爭優勢的內涵。事業單位策略說明公司在產業中可以取得競爭優勢的方式，其主要目標便是提升本身的競爭優勢，包含低成本、差異化、焦點市場、改變競爭領域等。各項策略與產品的相關性如表 4-3 所示。

表 4-3　事業單位策略與產品策略的關係

事業單位策略	與產品策略的關係
成本領導策略	較廣泛的目標市場或一般顧客
差異化策略	新產品研發
集中化策略	特定目標市場

1. 成本領導策略

成本領導策略主要是希望透過較低的單位成本來生產產品，以價格的優勢來超越競爭者。所謂價格的優勢是指以較低的售價來吸引顧客，因爲本身具有低成本的優勢，因此即使單位利潤較低，仍可透過銷售量來提供營業額與利潤。通常低成本與差異化策略是相互衝突的，因爲差異化意味著要投入相當的成本進行產品的研發。就市場區隔的角度來說，成本領導者通常著重於一般市場或僅做有限度的市場區隔，目標鎖定於一般顧客。

2. 差異化策略

差異化策略的目的是藉由提供獨特的（Distinct）產品或服務給某一目標市場的顧客，據以提升競爭力。因爲產品或服務具有獨特性，因此可以設定較高的價格讓顧客所接受。

差異化的主要來源爲品質、創新與顧客回應（黃營杉、楊景傳譯，民 93）：

(1) 品質：指的是提供較佳性能（規格屬性）或是可靠度等的產品與服務，而產生獨特的效果。

(2) 創新：指的是產品或服務的新穎性，創新通常意味著技術的先進，許多的顧客或消費者對於創新的產品或服務有很高的興趣。

(3) 顧客回應：指的是以顧客爲焦點，對於顧客的需求予以正面積極的回應，包含回應的時間與內容。回應時間指的是能夠快速地回應顧客，這需要生產或供應鏈的整合；回應的內容指的是產品與服務內容，包含滿足顧客情感需求的產品設計、售後服務的提供、提供客製化產品與服務等。

產品差異化策略（Product Differentiation Strategy）指的是區隔本身產品與競爭者產品具有不同價值的過程（ McGrath, 2000, pp. 157），產品差異化策略亦屬於競爭策略的一環。

3. 集中化策略

集中化策略係指滿足特定市場區隔或利基的需要，可能是地理區域、顧客型態或產品線等。集中化策略需要進行差異化，因此有較高的成本，也因爲要深入滿足小眾市場的需求，因而較爲專業與創新，能更快發展出新產品或服務。

(三) 企業形象策略

企業形象策略是依據企業識別系統的三大要素，擬定出企業的形象目標與基本要素。由於企業形象策略牽涉到視覺化的表達，因此也與美學及設計的資源投入有關。

美學策略指的是該組織的複雜構成因素，提供感知經驗與美學滿意度的各項識別要素，進行策略性的規劃與執行（郭建中譯，民 88，pp. 37）。設計策略是一種策略性的企劃，指的是評估設計因素與資源，決定設計的目標與方向，發展設計主題和指針，以及執行設計策略之方案（陳文印，民 86，pp. 42）。

美學與設計策略均指企業爲達成其策略上的目標，所需投入於美學或是設計方面的資源。這些資源的投入主要運用於企業識別系統的設計，以達成企業識別與認同的目標；也運用於品牌設計與推廣，以達成行銷、品牌與形象的目標；也運用於產品外觀造型的設計，以達成產品差異化競爭的目標；或是運用於感性與美學行銷方案之設計，例如包裝、廣告、展示設計，以提升產品銷售或是企業形象的目標。企業形象策略與產品策略的關係如表 4-4 所示：

表 4-4　企業形象策略與產品策略的關係

企業形象策略	與產品策略的關係
企業形象策略	1. 企業識別系統 2. 品牌設計與推廣 3. 外觀造型的設計 4. 感性與美學行銷方案之設計

產品經理手冊

由於企業的主要產出是產品（或服務）企業所擬定的策略，也多會考量到產品，或將產品視為策略的一部份，產品經理需要釐清其間的關係。

4-3 產品願景與產品策略

企業策略在總體策略與事業單位策略之下，就是功能層級的策略，包含生產與作業策略、行銷策略、人力資源策略、研發策略、財務策略等。產品策略可以視爲功能層級的策略，而與行銷策略與研發策略較有關係，行銷策略與產品較有關係的是定位與產品組合（Product Mix），研發策略與產品較有關係的是技術（產品平臺）與新產品發展（New Product Development, NPD）。

企業由使命領導，進入公司策略與事業單位的競爭策略，在這些策略的選項中，有相當重要的成分都與產品有關，例如：多角化策略需要針對新事業開發新產品；國際化策略需要考量計畫的產品是要當地化還是標準化；差異化策略則是需要考量產品或服務的差異性。

與產品有關的策略便是產品策略，在擬定產品策略之前也會審視產品願景（Product Vision），產品願景是產品的長期目標，通常是指未來 2 到 10 年，也代表產品部門打算如何達成公司的使命（洪慧芳譯，2019）。產品願景並不是規格，而是有說服力的敘述，可能透過文句敘述、腳本、圖像或意象的方式來呈現，其目的是爲了激勵團隊並吸引利害關係人（如合作夥伴、投資者或潛在顧客）來幫忙實現這個願景。

產品策略應該包含運用哪些產品來攻打哪些市場、如何攻打市場以及如何成長以維持市場。以產品面來說，產品策略需要定義出市場的產品組合，組合決策也需要考量推出該產品組合的技術能力（包含產品平臺）；以市場面來說，產品策略需要定義產品在目標市場中的定位，定位決策包含了目標市場的選擇以及定位的差異化基礎；以成長面來說，產品策略需要定義產品的成長策略、新產品開發的方法等內容。產品策略的架構如圖 4-9 所示。

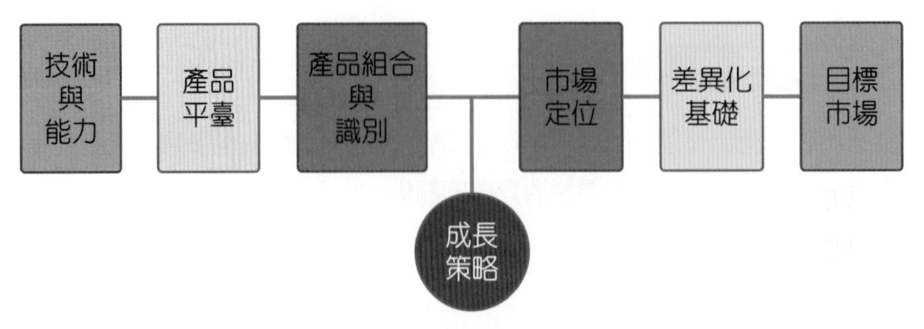

圖 4-9　產品策略的架構

產品新趨勢

雄獅的企業策略與產品策略

圖 4-10　雄獅旅遊
(圖片來源：雄獅旅遊 Lion Travel Facebook)

2020 年 3 月 19 日全面禁止旅行團出團起，入境人次重挫 93.88%，出境人次出現負成長，旅遊業龍頭雄獅集團每月的營銷費用高達 30 億元。為此，雄獅採取好幾個措施，首先是產品創新，像是餐飲服務、雲端廚房、「雄獅嚴選」。雄獅於 2020 年 10 月，在臺北內湖開設首家「Gonna Express」，看準疫後，消費者重視健康的飲食趨勢，主打輕食、沙拉等少油、蔬菜飲食。目標五年內開設 30 家店，預估近 2,000 名員工投入餐飲業、50 位員工加入外帶外送。2020 年初，斥資千萬在內湖總部打造中央廚房，提高半成品準備量，簡化門市工作。同時，成立電商平臺雄獅嚴選，販賣各式料理食材、居家生活、手作文創等商品，經營具有旅遊風格的電商平臺，更在 2021 年 6 月成立雲端廚房，回應高速成長的外送需求。

二是服務創新，與 Klook、豐趣科技結盟，設立旅遊服務數位化平臺「NEXT」，幫助旅遊服務商家數位化，節省電子票券結帳的核銷成本。Klook 和雄獅結合各自供應商的產品，重新包裝成獨家商品，再由豐趣科技技術串接 2 家形成，顧客只要掃一個 QR Code 就能通行，現階段已有逾 400 家供應商導入。

三是體驗創新，雄獅縮編全臺 85 家門市至 50 家，整併旅遊產品的銷售、諮詢、餐飲、伴手禮等服務，轉型為複合店型。不僅如此，雄獅也正評估元宇宙的虛擬體驗，思考如何經營另類的旅遊服務與產品。

此外，雄獅海外旅遊本業也往國內發展，以高端客群而言，2019 年 7 月推出的「Signature 雄獅璽品」，聚焦五星級體驗，像是鳴日號東海岸，台鐵鳴日號委託雄獅經營，整合五星級酒店、商務頭等艙、車服員等服務，打造頂級觀光列車之旅。對於中低端客群，由地方創生概念出發，強調在地深度旅遊，強化旅創經濟，例如與澎湖在地大學合作，推出潛水教學、遊艇服務。

從商業模式來看，雄獅原有的一條龍商模並未改變，而是有了全新定義。「在地一條龍」由委託經營爭取台鐵、地方政府等長期收益來源；「虛實一條龍」則是線上旅遊、雲端廚房到元宇宙等跨業體驗。由此，雄獅不再是勞力密集產業，朝向生活與科技美學轉型。

資料來源：歐素華（2022-02）。先快速開發新事業，拚生存；後深化旅遊體驗，拚成長。經理人。2022-02。

評論

策略可以形塑商業模式，雄獅的「虛實一條龍」商業模式是由線上旅遊、雲端廚房、跨業體驗等策略所形塑，而其產品策略包含商家數位化服務、整併旅遊產品、虛擬體驗、五星級體驗，以及在地旅遊等新產品與服務，和企業策略相輔相成。

產品經理手冊

產品策略是產品經理所關注的重要領域之一（其餘領域為產品發展與產品生命週期管理），產品策略主要是以產品與市場的匹配為核心，本節的架構有助於擬定產品策略。

本章摘要

1. 使命是企業存在的目的和理由，也就是對企業的經營範圍、市場目標的概括描述，表達企業使命的方法是運用使命宣言（Mission Statement）的方式，使命宣言可能從產品的貢獻、對經濟或是對社會的貢獻等方向著手。使命能夠達成，有三個條件需要加以考量，第一個是事業定義，第二個條件是價值觀，第三是使命的傳達方式。
2. 策略的重要構面包含目標、策略方案與資源分配。不同策略會定義不同的目標，例如差異化策略，會定義差異化產品或服務的績效指標，或是預期市場銷售或佔有率的目標；策略方案是達成目標的途徑；資源分配是依據策略目標，投入整體資源以及各個行動方案的資源。
3. 探討策略最常見的是探討策略的程序與內涵。策略程序說明策略規劃的流程，例如：SWOT分析、五力分析等。策略的內涵說明策略規劃的對象或內涵，從策略層次的觀點可分為總體策略與事業單位策略。常見的總體策略包含整合策略、委外策略、多角化策略、高科技策略、全球策略等；事業單位策略說明公司在產業中可以取得競爭優勢的方式，其主要目標便是提升本身的競爭優勢，包含低成本、差異化、焦點市場、改變競爭領域等。
4. 企業形象策略是依據企業識別系統的三大要素，擬定出企業的形象目標與基本要素，由於企業形象策略牽涉到視覺化的表達，因此也與美學及設計的資源投入有關。
5. 產品願景代表產品部門打算如何達成公司的使命，產品願景並不是規格，而是有說服力的敘述，可能透過文句敘述、腳本、圖像或意象的方式來呈現，其目的是為了激勵團隊並吸引利害關係人（如合作夥伴、投資者或潛在顧客）來幫忙實現這個願景。
6. 產品策略應該包含運用哪些產品來攻打哪些市場、如何攻打市場以及如何成長以維持市場。以產品面來說，產品策略需要定義出市場的產品組合，組合決策也需要考量推出該產品組合的技術能力（包含產品平臺）；以市場面來說，產品策略需要定義產品在目標市場中的定位，定位決策包含了目標市場的選擇以及定位的差異化基礎；以成長面來說，產品策略需要定義產品的成長策略、新產品開發的方法等內容。

本章習題

一、選擇題

(　　) 1. 全錄由影印業改為資料處理業是下列哪一項目的改變？ (A) 事業定義 (B) 願景 (C) 價值觀 (D) 以上皆非。

(　　) 2. 組織希望達成的目標，例如：卓越、穩定性、收益、品質等是屬於 (A) 目的價值觀 (B) 工具價值觀 (C) 倫理價值觀 (D) 以上皆非。

(　　) 3. 一般而言企業的精神標語屬於哪一種企業識別的方式？ (A) 理念識別 (B) 行為識別 (C) 視覺識別 (D) 以上皆非。

(　　) 4. SWOT 分析、五力分析主要在下列哪一個策略議題中使用 (A) 策略內容 (B) 策略程序 (C) 策略創新 (D) 以上皆非。

(　　) 5. 依據 Hamel 和 Prahalad（1994）的主張，產品設計與生產製造是屬於哪一種核心專長？ (A) 市場接近能力 (B) 產品整合能力 (C) 功能運作能力 (D) 以上皆非。

(　　) 6. 透過收購或合併產業內的競爭者的過程稱之為 (A) 垂直整合 (B) 水平整合 (C) 委外 (D) 以上皆非。

(　　) 7. 不訴求降低成本壓力，強調回應當地的能力，在生意往來國家廣泛提供客製化的產品與依據當地市場特性行銷策略，這是屬於哪一種全球策略？ (A) 國際策略 (B) 多國策略 (C) 全球策略 (D) 跨國策略。

(　　) 8. 若企業專注核心產品，通常會採取哪一種策略？ (A) 整合 (B) 多角化 (C) 委外 (D) 全球策略。

(　　) 9. 企業專注於滿足特定市場區隔或利基的需要，是採取哪一種策略？ (A) 差異化 (B) 成本領導 (C) 集中化 (D) 以上皆非。

(　　) 10. 產品策略主要的內容是 (A) 運用哪些產品來攻打哪些市場 (B) 如何攻打市場 (C) 如何成長以維持市場 (D) 以上皆是。

本章習題

二、問答題

1. 何謂使命？使命達成有哪三個條件？
2. 何謂願景式領導？
3. 企業識別可分爲哪幾項？
4. 企業使命對於產品的影響有哪些？
5. 總體策略有哪些？與產品策略的關係爲何？
6. 事業單位策略有哪些？與產品策略的關係爲何？
7. 何謂企業形象策略？與產品策略的關係爲何？
8. 請扼要說明產品策略的架構。

三、實作題

請以某企業的某項策略爲例，說明其中與產品有關的部分，包含產品組合與識別、市場定位、目標市場等。

項目	內容
企業名稱	
企業策略	
產品組合	
產品識別	
市場定位	
目標市場	

參考文獻

1. 子玉譯（民 93），《願景的力量》，（原作者：K. Blanchard & J. Stoner），初版，臺北市：藍鯨出版。
2. 李青芬、李雅婷、趙慕芬譯（民 91），《組織行爲學》，（原作者：S. P. Robbins），第二版修訂（原書第九版），臺北市：華泰。
3. 洪慧芳譯（2019），《矽谷最夯 · 產品專案管理全書：專案管理大師教你用可實踐的流程打造人人喜愛的產品》（原作者：馬提 · 凱根 Marty Cagan，Inspired: How to Create Tech Products Customers Love），初版，臺北市：城邦商業周刊。
4. 林磐聳（民 83），《企業識別系統》，三版，臺北市：藝風堂。
5. 黃營杉、楊景傳譯（民 93），《策略管理》，（原作者：C.W.L. Hill & G.R. Jones），六版，臺北市：華泰。
6. 王桂拓（民 94），《企業品牌、識別、形象：符號思維與設計方法》，初版，新北市：全華圖書股份有限公司。
7. 黃克煒譯（民 96），《設計品牌》，臺中市：晨星出版社。
8. 郭建中譯（民 88），《大市場美學》，一版，臺北縣三重市：新雨。
9. 陳文印（民 86），《設計解讀：工業設計專業知能之探索》，初版，臺北市：亞太圖書。
10. 王詠剛、周虹（民 100），《世界跟著他的想像走：賈伯斯傳奇》，臺北市：天下文化。
11. Abell, D.F.,（1980）. *Defining the Business: The Starting Point of Strategic Planning*, Englewood Cliffs, Prentice-Hall.
12. Dowling, G.,（2001）, *Creating Corporate Reputations:Identity, Image and Performance*, UK: Oxford University Press.
13. Hamel, G.,& Prahalad, C. K.,（1994）. *Competing for the Future*, NY: Triumph Publishing Co.
14. McGrath, M. E.（2000）, Product Strategy for High Technology Compane, 2nd ed., NY: McGraw-Hill.
15. Prahalad, C. K., & Hamel, G.,（1990）. "*The Core Competence of the Corporation: Strategy, Seeking and Securing Competitive Advantage*" Harvard Business Review, 68:3, pp. 79-91.

參考文獻

16. Richards,M.D.,（1986）. *Setting Strategic Goals and Objectives*, St. Paul, Minn.: West.
17. Rokeach, M.（1975）, Beliefs, Attitudes and Values: A Theory of Organization and Change, Jossey-Bass .

05

產品組合與識別

學習目標

本章延續前一章產品策略架構，內容為產品組合及產品識別的概念，前者是具體的產品線及產品項組合，後者是從品牌意象的角度來看產品組合，以取得與企業形象的一致性，各節內容如下表。

節次	節名	主要內容
5-1	產品平臺策略	說明產品平臺的內容及重要性，以及產品平臺策略的擬定方式。
5-2	產品組合管理	說明產品組合管理的方式以及擬定產品組合的步驟。
5-3	產品識別與品牌管理	說明品牌、商標、包裝等設計原則，以及與企業形象之間的關係。

引導案例

3M 的產品組合

3M 是一家以創新聞名的公司，該公司的產品也涵蓋多個領域，例如：荳痘貼是 3M 臺灣醫療保健產品事業群的產品，他們將這項原本在臺灣一年營業額只有五十萬的人工皮商品，開發成為一年營收超過千萬元以上的明星商品。博視燈是臺灣第一個運用 3M 技術專利、本土創新研發的消費性商品，也是 3M 全球第一支燈具產品，具有防止燙傷、自動斷電等功能，安全又有效。

3M 針對傳統磨砂紙有粉塵飛揚、砂紙磨擦車體造成的高溫的缺點，經過改良，開發出水磨砂紙，配合水或油一起使用，可以減少灰塵並能減輕車輛烤漆的毀損。在汽車業應用領域，3M 也將思高膠帶加以改良，發明了黏著力強，又不會留下殘膠，也不會破壞烤漆表面的遮蔽膠帶，創造出思高膠帶系列產品。（資料來源：彭芃萱著，民 99，pp. 56）

依據 3M 臺灣分公司的網站資料，荳痘（隱形）貼屬於醫療保健肌膚護理系列產品，該系列產品主要為荳痘隱形貼，也包含吸油紙膜及抗痘凝霜等產品，主要運用生物科技的技術；博視燈產品屬於電器產品之照明產品系列，主要運用了專利濾光技術，這兩個產品線都屬於消費性產品。砂紙主要應用在汽車產業的專業汽車保養產品；膠帶屬於生產製造業的黏接與組裝，這兩個產品運用了研磨材料及接著劑等材料技術，都是屬於企業客戶產品。（資料來源：3M 臺灣網站，https://www.3m.com.tw/3M/zh_TW/company-tw/，2023-05-15）

圖 5-1　3M 隱形荳痘貼
（圖片來源：3M 官網）

產品策略是企業達成競爭目標，所進行的產品組合相關的活動，也就是選擇目標市場，並找出此目標市場中所需之產品或產品組合，決定如何發展這些產品的相關決策活動。主要的產品策略包含產品平臺策略、產品組合策略、產品差異化策略。此處我們可以把材料技術視為產品平臺，發展出數種產品，而抗痘系列及文具辦公用品可視為產品組合。

5-1 產品平臺策略

一 產品平臺的定義與結構

從技術與產品的關聯性來說，生產某一項產品可能需要數種技術，例如：電腦產品需要軟體技術、硬體技術、半導體技術等；當然某一項技術也可以用於生產數種產品，例如作業系統的軟體技術，可能用於桌上型電腦、筆記型電腦、平板電腦或是其他資訊與通訊產品。企業因應市場的需求，需要生產數種產品，某些產品可能用到一組的核心技術，易言之，某種特定的核心技術可以支援一系列產品的研發，這就是產品平臺（Product Platform）的一種形式。

產品平臺指的是一系列產品導入時所具有的共通性元件（例如技術元件）。產品平臺具有共同性及延伸效果，例如 Toyota 的美國 US Camry 平臺，至少開發了五種不同的美製汽車；Intel 的微處理器平臺，也開發出許多不同特色或速度加倍的產品（例如 MMX）等（黃延聰譯，2016）。

又例如 Sony 隨身聽的捲帶機構爲該公司延伸出多個隨身聽產品，早期的 Sony 爲隨身聽開發了四種平臺，衍生上百種的隨身聽產品上市；蘋果公司的麥金塔電腦則以其作業系統作爲平臺產品；拍立得相機的瞬間顯像底片作爲其平臺產品；全錄公司的數位影印機平臺則爲 Lakes 專案（事務機市場、數位處理的影印機），開發出數種不同的產品（張書文譯，2012）；機械業中的關鍵技術馬達，也成爲電動工具的產品平臺，通用的馬達可以開發出不同的電動工具產品；亞馬遜書店產品平臺的技術元件包含訂購流程技術（One-Click）、豐富的產品與顧客資訊應用技術、服務技術等。

圖 5-2 Sony 隨身聽（圖片來源：Sony）

圖 5-3 拍立得相機（圖片來源：Currys）

由產品平臺所研發出來的主要產品稱爲平臺產品，一般而言，平臺產品就是該公司所研發出的新世代產品，其目的在於規劃一系列的衍生產品。產品平臺具有其重要性，例如：BMW 堅持爲每個車種開發個別的平臺，BMW 認爲分享共同平臺會降低汽車的吸引力（黃延聰譯，2016）。

技術是產品平臺的重要元件，尤其是針對高科技公司的產品，但是產品平臺的共通性元件不僅僅包含技術，也可能是設計或是其他特質，產品平臺的結構如圖 5-4 所示。

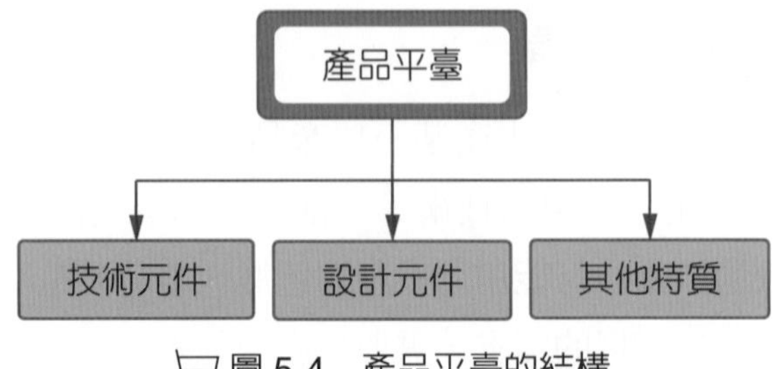

圖 5-4　產品平臺的結構

(一) 技術

技術可能包含多種形式，也包含材料、零組件、原料等。材料是產品平臺的技術之一，平臺產品若選擇較好的材料，可以讓產品發揮特色，例如：自行車運用鎢鋼材料，可達到堅固的效果；運動器材如網球拍運用碳纖維，可以增加彈性與操控性等。在零組件方面，汽車業就有許多共通的零組件加以分享，構成汽車產品的平臺，例如豐田汽車的 US Camry 平臺，開發了數種美製的豐田汽車。在原料方面，P&G 的化工類產品，就以原料成分為基礎，開發許多產品。

圖 5-5　豐田汽車 US Camry
（圖片來源：自由時報）

(二) 設計

設計包含各種設計形式或是品牌，均可能成為產品平臺。例如：航空業的波音公司，建立了飛機的平臺，使得載客、載貨、長程、短程的飛機設計，擁有共同的基礎，降低許多成本。又例如 Chrysler 的產品平臺稱為「座艙前移的設計」，不但開發出 Chrysler Concorde 這型成功的汽車，也引導其他車型的開發（黃延聰譯，2016）。

圖 5-6　波音 747 客機
（圖片來源：Wikiwand）

(三)其他特質

其他特質指的是能使產品平臺具有競爭優勢的特質或子系統，例如：出版業中，其平臺可能是作者，在封面顯示出作者名字是平臺的一種形式。品牌也可視爲平臺，所有運用這個品牌的產品都應符合該品牌的特質。服務業也有其平臺，例如一個健康照顧服務的平臺，讓業者推出自我保險、團體保險、額外險等多種衍生的保險產品（黃延聰譯，2016）。

二 產品平臺的特質

產品平臺的特質主要可以從差異化、平臺組合與動態性三方面來說明。

(一)產品平臺的差異化

產品架構中的功能單元或是功能單元之間的關係可能牽涉到技術層面，技術層面需要依據產品平臺的策略，也就是產品架構依據產品平臺的技術及限制，並延伸不同之設計，也就是可以衍生出一系列產品的產品設計，例如HP的DeskJet印表機，可以因爲家庭、學生、SOHO族之客群不同而有不同的產品，從差異化的觀點，印表機可以是三種完全不同的產品，也可能只是更換少數幾個零組件。產品平臺區分爲技術與零組件，此處強調零組件的共通部分。

圖 5-7　HP DeskJet 印表機
（圖片來源：HP Official Store）

平臺技術元件中最爲關鍵的技術是用來區隔產品或展現出產品差異化的特色。例如：蘋果電腦麥金塔產品平臺的關鍵技術爲「友善的介面」技術，能夠具有容易使用、圖形化的使用者介面，是麥金塔產品的重要特色，也是其競爭優勢之處。麥金塔產品平臺的其他技術包含中央處理器技術、電子電路設計技術等，均爲非關鍵技術，是支援性質的技術。麥金塔產品平臺的關鍵技術使得該產品具有獨特之優勢，但也有其限制，最大的限制就是與其他電腦系統不相容。蘋果電腦在選擇該項關鍵技術時，就必須做此評估。又例如個人電腦或工作站的關鍵技術是作業系統，而不是電腦硬體技術，因爲個人電腦的競爭優勢在於作業系統的能力。

圖 5-8　麥金塔電腦使用介面
（圖片來源：Wikipedia）

(二) 產品平臺的平臺組合

公司可能有數個產品平臺，通常單一的產品平臺無法滿足市場需求，例如蘋果電腦的電腦產品有將近 25 個平臺。以 Apple III、Macintosh 爲例，Apple III 其共通的技術是爲處理機技術、作業系統技術等，這延伸出一系列產品之開發。AT&T 有數個服務平臺，例如：遠距通訊平臺、無線通訊平臺等無線通訊技術。迪斯耐有媒體網路、影音娛樂、主題公園、消費產品等事業群，各事業群均有其產品平臺，例如：媒體網路事業群有廣播、有線網路等平臺；影音娛樂事業群有戲院、家庭娛樂、音樂等平臺。

圖 5-9　Apple III
（圖片來源：Wikipedia）

平臺技術或是產品平臺之間必須做明確的區分，才能在市場區隔以及產品研發上能夠有效管理，有效地爲公司帶來競爭優勢。

(三) 產品平臺的動態性

產品平臺以及其相關的產品發展均爲動態的，也就是隨著時間改變而改變，一般都採用產品生命週期或技術生命週期的方式加以管理。例如：蘋果電腦的產品平臺主要包含 APPLE II、APPLE III、Mac II、Server 等，這些平臺均隨著時間而逐漸建立且調整，例如：APPLE II 約介於 1975 年至 1988 年之間，APPLE III 約介於 1980 年至 1985 年之間，Server 則於 1995 年之後。Intel 的產品平臺包含 8088/8086、80286、80386、80486、Pentium、Pentium Pro、Pentium II 等。

企業在管理產品平臺時，應該注意各平臺的生命週期以及各平臺之間的關係。產品平臺的組成如圖 5-10 所示。

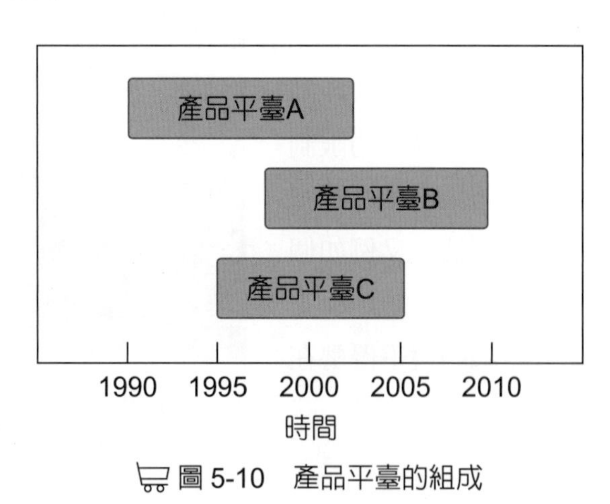

圖 5-10　產品平臺的組成

三 產品平臺策略與技術生命週期

在產品組合策略中，有一些專案是個別產品，有一些則是產品平臺。產品平臺策略（Product Platform Strategy）指的是定義最終產品結構、能力、差異化的過程（McGrath, 2000, pp. 53）。產品平臺策略可以激發產生一系列的衍生產品，並修正發展中的新產品組合。產品平臺策略中決定要採用哪種關鍵技術作為平臺元件是重要的議題。

依據前述產品平臺的特質，產品平臺策略可以引導新產品開發的項目及時間，而且與未來產品的差異化有關。引導新產品快速且一致性地發展、建立較長期的產品策略，對於生產的成本有降低之效果，例如：生產技術、材料成本、供應鏈成本等，也可以建立各平臺之間的相互關係，如取代時機等。

(一) 產品平臺的技術選擇

技術策略的擬定需要考量技術變革的方向或趨勢，了解技術變革的過程其主要目的是為了規劃，例如技術預測，乃是推測出技術未來發展的趨勢，或推測是否可能有新技術的產生。得知技術未來趨勢，便可以進行技術策略之規劃，以便有效地因應環境改變或擬定競爭方案。技術趨勢可以用技術生命週期來分析，技術生命週期指的是技術發展過程中，從技術構想一直到技術成熟，甚至被取代，所經歷的階段。技術生命週期可分為萌芽期、成長期、成熟期、衰退期等四階段，各階段內容及競爭狀況說明如下：

1. **萌芽期**：對於任一新技術的開始出現，皆可稱之為萌芽期，在此一時期，有關此一技術的可能運用範圍已被概估，但對於如何應用在產業上則相當模糊。競爭條件在創新，技術是否具競爭力仍未知，在科技應用起步階段，最佳競爭策略是培育一新科技產品應用。

2. **成長期**：在成長期，技術在實際上應用情形已較萌芽期來得清晰，相關的不確定性亦較為減少，對於不具實用價值的部分會予以捨棄，不再鑽研，產業界隨著研究發展的持續投入，將使此技術由成長期推進到成熟期。此階段技術逐漸增進，產品設計標準化已經成形，競爭條件在平衡技術與市場策略。技術是否具競爭力需繼續觀察，若有價值應該視該技術為關鍵技術。

3. **成熟期**：在此一時期，技術進步的速度趨緩，相關的觀念已被大眾所熟知並學習，雖然仍會有些新的發展，但大多是漸進式的。此階段技術已經普及，競爭障礙低，企業應該視該技術為基本技術，因為技術無法為公司帶來強大競爭優勢。成熟階段主要競爭狀況是透過產品價格與品質方面的優越。

4. **衰退期**：在此一階段，有關技術上或工程上的改進幾乎都已完成，其進步相當小，且容易預測。若在產業界，則這種技術最容易被模仿。現有技術製造出來的產品不再受消費者重視時，消費者寧可去購買其他更新的技術品。

(二) 產品平臺的生命週期

產品生命週期中，不論是產品的開發或是製造、測試的過程，均受到技術的影響，甚至產品行銷、推廣，也都受到廣義的技術影響，產品生命週期不同階段，所考慮的技術重點也不一樣，例如產品與製程創新，其內容與技術發展之關係如下（Khalil, 2000）：

1. **技術萌芽期**：此階段技術剛剛萌芽，技術的內容與指標相當混亂，但也可能產生許多新產品創新。
2. **新產品創新**：新產品創新速率到達頂點，具有優勢的設計，並訂定產業標準。
3. **製程創新**：產品技術穩定之後，可以透過製程創新來延長產品的生命週期。
4. **替代技術的出現**：當產品技術與製程技術成熟之後，考量技術限制以及技術進步之動力，開始有替代技術的出現，例如電力引擎取代柴油動力引擎。

技術生命週期曲線如圖 5-11 所示。

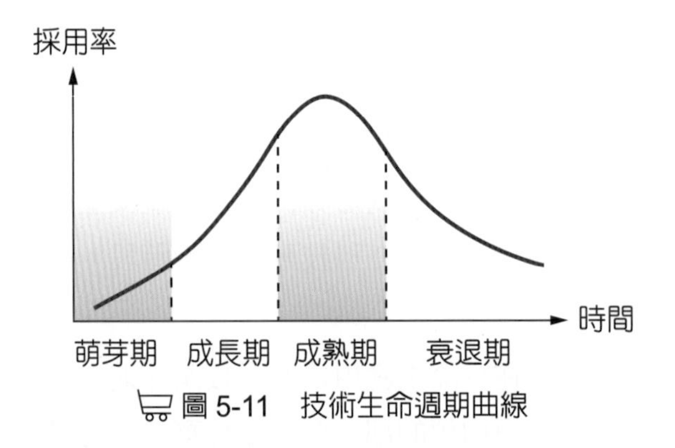

圖 5-11　技術生命週期曲線

產品平臺是動態的概念，探討產品平臺策略須先了解產品平臺的生命週期，產品平臺的生命週期是描述在各個產品平臺的生命週期階段，該產品平臺相關產品所貢獻的收益，如圖 5-12 所示（McGrath, 2000）。

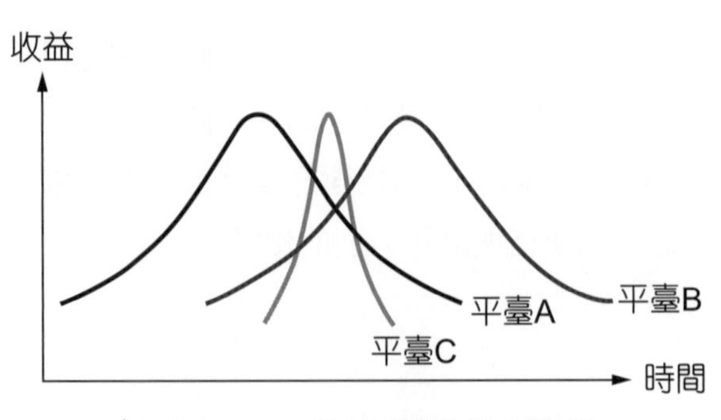

圖 5-12　產品平臺的生命週期

(三) 產品平臺的差異化策略

不同的產品平臺生命週期階段都有不同的平臺策略，產品平臺策略擬定的主要內容包含：

1. **產品平臺生命週期的界定**：也就是要了解產品平臺目前所處的生命週期的位置。其是採用收益分析的方式，也就是統計各時點或是比較各產品平臺的收益趨勢，以便推估生命週期的位置，藉以及早規劃新一代的產品平臺。
2. **規劃新一代的產品平臺**：規劃新一代的產品平臺是重要的，但是並不是每一種產品平臺的取代都是容易的。可能因爲產品特質、公司的市場定位、技術定位等不同而有不同的難度。例如：軟體產品因爲比較沒有庫存、設備等問題，因此較容易取代。
3. **延長產品平臺的壽命**：可以運用技術改良的方式延長主要產品的生命週期，此種方式的投資報酬有限，但是卻是較爲經濟的。
4. **分析產品平臺曲線下滑的原因**：造成產品平臺收益曲線下滑的原因包含產品平臺的競爭、新技術、市場需求的萎縮等，應及早規劃新一代的產品平臺。
5. **產品平臺的取代**：生命週期較短的產品平臺應該規律性的取代，例如上述 Intel 的 CPU，一代一代地持續發展新產品平臺。

產品差異化的特色是由產品平臺所決定的，並非由產品平臺上的個別產品所決定。產品平臺的差異化可以提供持續性的個別產品特色的主題。例如：麥金塔產品平臺的關鍵技術爲「友善的介面」技術，則該產品平臺的作業系統、硬體均依據此種方向而設計，未來所發展的系列產品均能發揮此種特色。產品平臺的差異化主要著重於產品的核心利益，而其差異化能力與公司的核心專長或核心技術有關係。

產品平臺的差異化，需要考量在各個時間點與競爭產品的差距或相對優勢，是一個動態的競爭過程，如圖 5-13 所示。

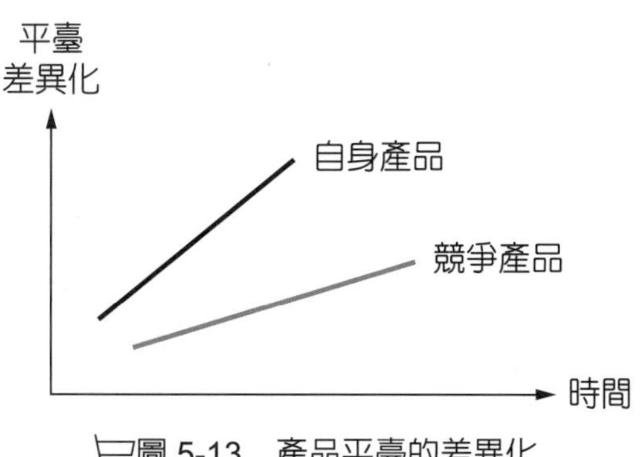

圖 5-13　產品平臺的差異化

更詳細的差異化策略請參考第六章，尤其是有關技術差異化的部分。

產品新趨勢

Gogoro 的能量共享平臺

Gogoro 帶給消費者最主要的長期價值並不是機車本身，而是地點便利、造型美觀、操作流暢的「智慧能量」服務共享平臺。Gogoro 對於大象生活的主要貢獻不在於設計出簡約具美感的電動機車，而是打造出城市可移動的能量共享平臺，這也是 Gogoro 的核心價值。

圖 5-14 Gogoro 打造智慧能量共享平臺
（圖片來源：Gogoro Taiwan Facebook）

截至目前為止，Gogoro 所建構的能源網路平臺 Power by Gogoro Network（PBGN）已經在全臺擁有 2,258 座 GoStation 電池交換站，這個數字和加油站的數字相當的接近，對於車主而言，只要身在六都，平均 3 分鐘、400 公尺就能進行換電，可以說是相當方便。目前 PBGN 已經獲得 YAMAHA、宏佳騰（Aeonmotor）、PGO、台鈴（SUZUKI Taiwan）等車廠的支持，因此就算你不是 Gogoro 的車主，也可以享受 PBGN 便利、流暢、平價的換電服務。

除了硬體之外，Gogoro 進一步重新設計 App 的人機互動介面，讓消費者更容易選擇在方便的空間與時間進行換電，過去螢幕只顯示 3 公里範圍換電站的實際狀況，為擴大車主的可選擇空間，Gogoro 刻意將有效電池範圍增加到 5 公里。原先 App 只有綠、黑 2 種標示，新版本則擁有 4 種圖示讓顧客得以更直觀的方式做出正確的判斷，黑色圓圈搭配閃電代表所有電池都在充電中；黑色圓圈搭配數字，代表滿電電池低於 10 顆；綠色數字代表有超過 10 顆以上的滿電電池；橢圓則代表有大量電池的 Super GoStation。新版 App 還可以從時間軸來觀看每個站點使用的尖 / 離峰分布狀況，藉此幫助車主選擇比較適合自己的時間段，這樣有助於換電站的負載平衡，避免可能產生的長時間等待。

資料來源：企業長存的具體策略》從基恩斯到 Gogoro 打造價值定位服務設計。能力雜誌。2022-06-27；永續生活新態度，從 Gogoro Rewards 點數獎勵計畫開始。財訊雙週刊。2022-12-08。

評論

Gogoro 的能量共享平臺可支持機車、電池、運動體驗程式 App 產品發展，同時也可分析此平臺的動態性、生命週期以及其與競爭者平臺的差異性。

產品經理手冊

產品平臺包含了技術元件與設計元素，企業可能有數個產品平臺，產品經理有需要整理產品與技術之間的對應，用一個矩陣來表示，就可以了解公司的技術與產品之間的關係。

5-2 產品組合管理

一 產品組合考量因素

產品組合管理主要的目的是列出過去與現在的產品內容，並決定未來產品組合，以達成公司的策略目標。在這個定義上，有兩個重要的關鍵詞，一個是組合的形態，一個是動態的過程。因此產品單元、產品創新程度、市場類型與創新程度以及時間軸，是產品組合管理的考量因素，亦即產品組合管理是爲了定義產品線在各個時間點的組合內容，包含產品項與產品平臺等，如圖 5-15 所示。

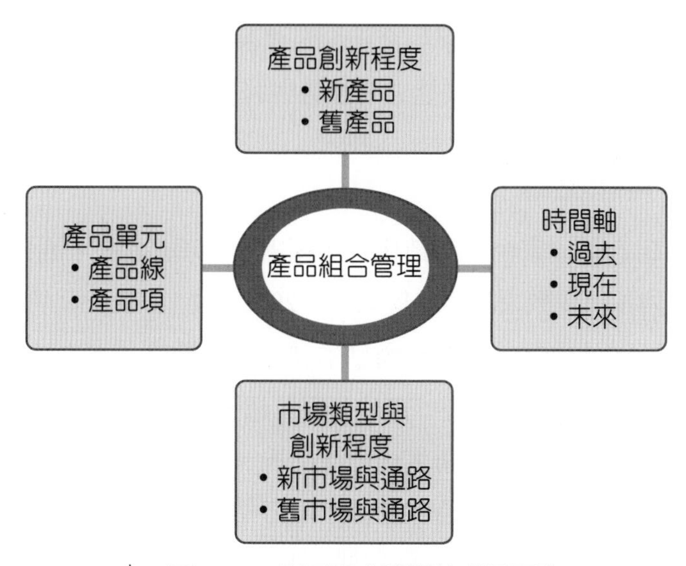

圖 5-15　產品組合管理的考量因素

由圖 5-15 可知，影響產品組合的因素可能包含：

1. **產品創新程度**：指的是產品組合中，新舊產品的比率以及新產品的創新程度。新產品的比率越高，代表公司較具有組織創新性，傾向以產品創新來提升公司的競爭優勢；新產品創新程度，指的是新產品是產品延伸方面的漸進式創新或突破性發展。

2. **市場類型與創新程度**：包含市場與通路的類型與創新程度。市場與通路的類型指的是目標市場的類型與區隔，例如：新產品依據工業、消費、政府等市場區隔所佔的比率；通路類型與創新程度指的是其舊有市場與通路、延伸的市場與通路，或是全新的市場與通路。

3. **產品單元**：產品單元指的是公司的產品線或產品線內的產品項目，而產品項目又包含核心產品、包裝、附件、服務等項目。產品組合可依據產品線來組合，例如：樹脂產業公司依據塗料與接著劑之產品線定義其比率等。

   產品組合管理包含各層次的產品組合議題，包含產品平臺、產品線、各產品線的產品項目等。產品平臺是強調共通的技術或設計，平臺產品的目的是用以延伸各種不同的產品項目；產品線是所提供的所有產品組合，產品線的劃分主要是依據目標市場的需求而定；產品項目指的是個別產品的功能與規格，產品線所提供的各個產品，不只是單一的產品，也包含附件、使用之選項、顧客購買方式、產品支援、服務、保證等。產品差異化著重於產品平臺、產品線或個別產品等不同層次的差異化設計。

4. **時間軸**：產品組合是一個動態的過程，隨著時間的改變而需做適當的調整，因此產品組合的時間軸包含過去、現今以及對未來的預測。各項策略的擬定均是動態的，也就是隨著技術生命週期、平臺生命週期、產品生命週期而不斷調整，這些生命週期階段又隨著環境趨勢以及企業能力（強勢與弱處）之變遷而推估，進而擬定策略。

二 產品組合與產品線

依前述，產品組合是一家企業所銷售各產品線與單項產品的搭配組合。產品組合內容的決定可以用下列各項變數來說明（曾光華，2012）：

1. **廣度（寬度）**：產品組合的寬度指的是不同產品線數目（產品線指的是一家公司所提供的一系列相關產品）。例如：寶鹼公司有超過兩百個品牌產品，分屬於洗髮精、清潔劑、牙膏、尿布、香皀、衛生棉等產品線。嬌生公司有嬌生藥物、嬌生保健食品、嬌生牙齒保健食品、嬌生急救產品、處方藥、醫療與診療儀器等產品線。又例如 Yum! 品牌的產品線包含各種餐廳類型，例如肯德基（炸雞）、必勝客（Pizza）等。

2. **長度**：產品組合的長度是指一條產品線的產品數目。例如：寶鹼消費者產品線類別中，洗髮精產品線包含飛柔、潘婷、沙宣等各項產品。

3. **深度**：產品組合的深度是指一種產品的規格數，也就是代表某種產品的多樣性。例如：寶鹼的 Crest 牙膏有綜效、防蛀牙、敏感牙齒、雙效潔白等功能。嬌生公司 Band-aid 品牌有許多種大小和形狀的創傷繃帶，包含適用手指繃帶、彈性的手肘繃帶、促進傷口痊癒的繃帶等。

4. 一致性：產品組合的一致性指的是產品在最終用途、生產條件、配銷通路等之一致性。例如：寶鹼產品通路一致性高、產品用途一致性低。嘉聯公司通路一致性高、生產條件一致性稍弱。

三 產品組合策略

產品組合策略乃是定義及維持產品線組合之過程，也就是要求產品組合與目標市場相匹配，其主要工作內容包含由共同平臺中找到應該提供之產品線，並將提供之產品線與目標市場相對應，以及安排產品線中產品發展之時程。其中與目標市場相對應的變數包含性能（Performance）或差異化特性、價位等，績效或差異化之特性包含功能、利益、特性、品質、包裝等，這些變數主要強調產品的特質，也就是滿足市場需求的深度。在市場方面，產品線應該涵蓋主要的目標市場。目標市場的涵蓋率（Coverage）也就是產品線的廣度。

產品線策略的主要目的便是要考量這目標市場的深度與廣度，也就是說，產品組合策略的主要目標是要滿足市場之需求。沒有產品線策略，企業只能被動因應市場，無法主動出擊，產品組合策略是相當重要的。

在深度與廣度的考量之下，常見的產品組合策略包含延伸產品線、重新定位、現有產品於新市場等。一般來說，企業推出完整產品線的主要目的包含業績成長、提升市場地位、企業資源的最佳利用，以及產品生命週期管理等。產品組合策略概念如圖 5-16 所示。

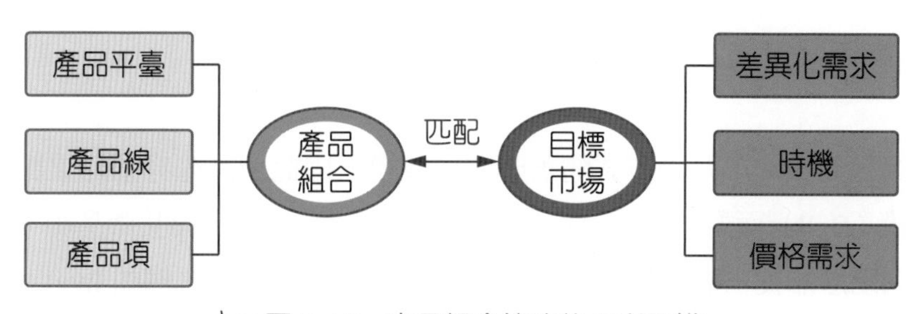

圖 5-16　產品組合策略的思考架構

產品組合策略制定時需要考量市場需求，包含需求類別、需求內容（程度）、需求量、時機、一致性與產品線延伸等。

(一) 需求類別

需求類別指的是市場類別，不同市場類別或市場區隔可能需要有不同的產品線加以對應，戴爾電腦依據目標市場的分析，將目標市場區分為家庭、專業、公司用等類別，進而定義其產品線，例如：

1. **Dimension Family** 產品線：供家庭電腦簡單與基本的應用。
2. **Dimension XPS Family** 產品線：供給個人專業繪圖使用。
3. **OptiPlex Family** 產品線：供企業使用的高檔產品。
4. **NetPlex Family** 產品線：供企業使用的中階產品。

(二) 需求的程度

產品線需求的程度指的是市場對於差異化或是價格需求的程度。產品線的產品變化度受限於產品平臺，產品平臺的差異化是重要的，例如：高績效、高價位或是低績效、低價位等。

產品線需求的程度也代表產品線對於顧客的價值，顧客價值可能只是核心產品的價值，也有可能是提供顧客的解決方案。

(三) 需求量

產品線的產品提供需要聚焦，避免用滿足所有需求的產品線，並造成市場混淆。例如：蘋果電腦的麥金塔產品平臺在 1993 年代，有許多重疊的產品家族。

日本松下、東芝等公司對於電視的產品策略，主要是以攻佔廣大市場爲主，因此必須具有足夠的產品線以及技術能力來生產種類齊全的商品。夏普、三菱則是針對較小範圍、特定的目標市場，希望滿足該目標市場的需求，例如：選臺方式改爲按鍵式、重視音質、重視影像等，此時須有足夠的技術能力，來進行產品的差異化，而其產品線廣度則較小。

(四) 時機

由於市場是動態的，區隔方式隨著時間而改變，因此產品線亦須隨之動態調整。例如：戴爾電腦（Dell）面對 IBM、Compaq 的競爭，因而重新定義其產品線。產品組合策略需要注意個別產品提供的時機，避免影響到現有產品的銷售，例如 Intel 486 產品線，首先推出 25MHz DX 產品，結果侵蝕一部份高績效市場的產品，這就是所謂的競食現象（Cannibalization），即本身開發的新產品，侵蝕了原有產品的市場，或是新產品取代了舊產品。產品競食策略（Cannibalization Strategy）指的是由新產品取代舊有產品的決策或規劃（McGrath, 2000, pp. 257）。

產品線的動態性如圖 5-17 所示。

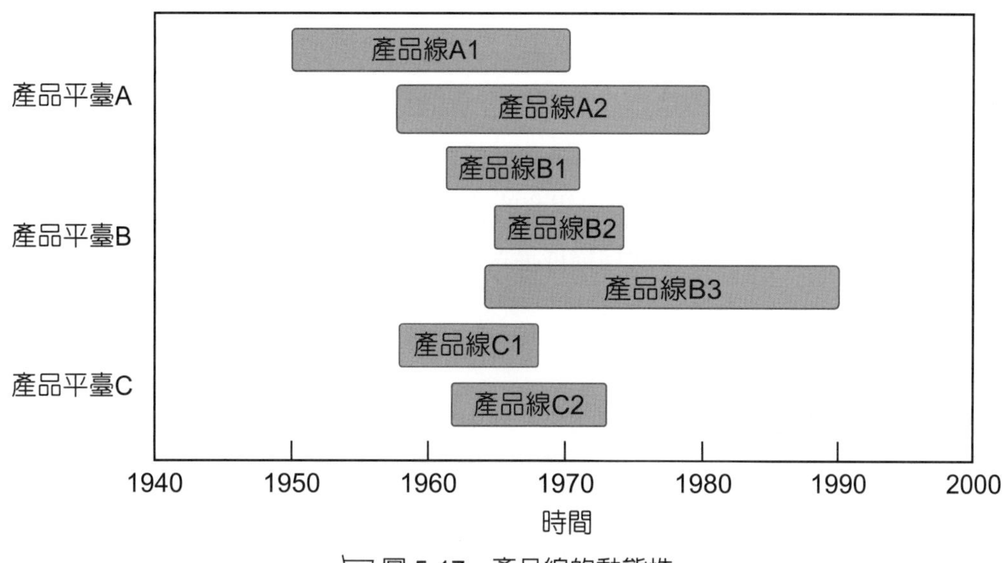

圖 5-17　產品線的動態性

(五) 一致性

產品線管理需要注意相類似生產線的協調問題。運用相同平臺來提供多個產品線是有風險的，因爲個別產品品牌及產品特性將會蓋過產品平臺。例如：HP 產品平臺使用 Image Ret 2400 Toner-Blending 技術提供眞實影像、管理軟體方案，提供兩個產品家族，8500 系列是高績效高價位市場，4500 系列是低績效低價位市場。

(六) 產品線延伸

產品線延伸的方式包含向上延伸、向下延伸、兩端延伸、產品線塡充等。產品線向上延伸乃是向更高階的產品方向延伸，以汽車產品線爲例，豐田汽車的 Lexus 車種、日產汽車的 Infiniti 車種均是向上延伸的例子。向下延伸是向較低階的產品方向延伸，以汽車產品線爲例，賓士 C-Class 是向下延伸的例子。兩端延伸則是產品線分別向高階與低階兩個方向延伸。產品線塡充則是依據目標市場需求，提出尚未滿足該需求之產品或是滿足特定族群需求之產品，例如：隨身聽產品線塡充 CD 隨身聽、迷你唱盤隨身聽、防水隨身聽、唱盤隨身聽；電視機產品線塡充汽車電視、攜帶電視等。

圖 5-18　賓士 C-Class
（圖片來源：U-CAR）

四 產品組合決策模式

產品組合決策主要的目標是產品投資組合價值的最大化、產品投資組合的平衡化，以及產品投資組合的策略配合度（Cooper, 2000）。我們由產品投資組合的考量因素來建立產品投資組合的決策模式，產品投資組合的決策模式主要考量的因素包含市場、技術、報酬、策略與時機，市場與技術面均構成產品投資的風險。產品投資組合的決策模式如圖 5-19 所示。

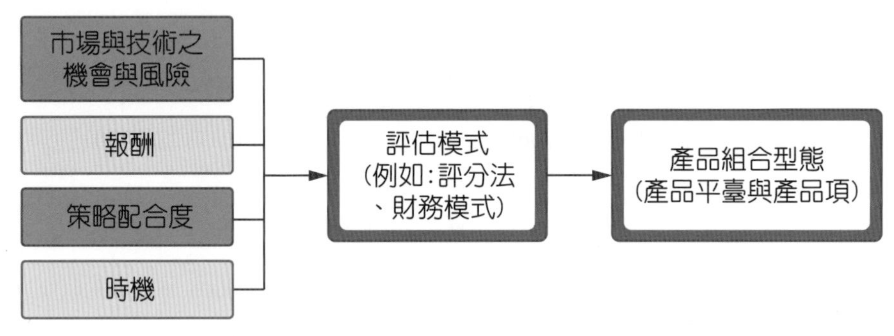

圖 5-19　產品投資組合的決策模式

針對圖 5-19 說明如下：

(一) 考量因素

產品組合決策考量的因素，包含市場與技術之機會與風險、技術、報酬、策略配合度、時機等。市場之機會指的是符合市場需求，市場需求指的是前述的需求類別、需求內容（程度）、需求量、時機、一致性與產品線延伸等六項考量因素；技術之機會與風險指的是技術的能力、難度與複雜度、新技術的使用等；報酬指的是財務方面的績效，或是產品的利益與競爭優勢，財務報酬通常是由各個時間點銷售量的預估，乘以價格而得到銷售金額，再扣減成本而得到利潤之預估；策略的配合度指的是評估產品與公司使命與願景、企業策略、品牌形象等之一致性；時機則是考量市場需求、產品生命週期、競爭者策略等因素所決定之上市時機。

(二) 決策模式之選擇

產品組合決策模式乃是將上述質性或是量化的因素納入決策模型中。例如：淨現值法乃是針對報酬這項因素，以數量化的財務模式進行決策。評分法（Scoring Model）乃是針對各項因素，給予適當的權重，比較各個方案選項，進行產品組合之選擇。

五 產品投資組合形式

產品投資組合形式有數種不同的分類，例如：以新產品或舊產品來區分，可以決定公司新舊產品的比率；若以產品創新程度區分，則新產品可以進一步以產品延伸、漸進式創新、突破性創新等分類；亦可以用不同的產品線來區分，例如：化妝用品與清潔用品產品線之比率；亦可以用不同的市場類別來區分，例如：政府市場、企業市場之比率。

產品投資組合形式最終以產品項或是產品平臺來表示，產品平臺與其相關系列產品線加上獨立的產品項構成企業的產品線，如圖 5-20 所示。

依據上述模式選擇各種組合之後，分配適當的資源，進行產品投資。

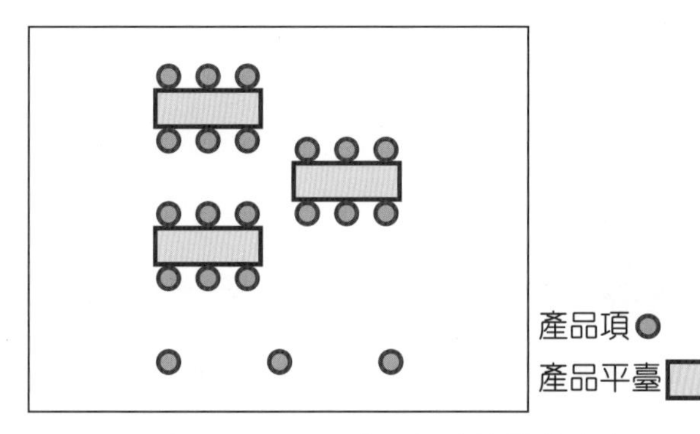

圖 5-20　產品組合決策的產出

產品新趨勢

91APP 的產品組合

91APP 是全臺灣幫最多零售業數位轉型的企業，他們幫客戶做 App 和官網，串連線上和門市會員資料做精準行銷，還可以直接替品牌代操線上生意。

明明產業裡還有國際管理顧問公司如 IBM，有老大哥精誠，為什麼服務最多品牌的人是 91APP ？提供比同業更完整的服務，是它最直接的勝出點。相較於其他同業，91APP 是臺灣唯一橫跨網路、App 開店工具，以及顧問和電商代營運服務的業者，解決了過去中大型零售業者，找不到一站式數位轉型方案的痛點。

圖 5-21　91APP
（圖片來源：91APP Facebook）

91APP 的四大產品線如下：

1. 數據 X 電商服務：數據顧問服務，電商和行銷代營運。
2. 虛實融合雲：門市幫手、OMO 套件。
3. 行銷雲：會員管理、會員經營報表、會員分群溝通等行銷模組。
4. 商務雲：購物官網、購物 App、購物車系統、訂單管理、金流服務與物流系統整合。

資料來源：全聯、寶雅都找它！數位開店軍火商 91APP 拼掛牌。商業周刊，1746 期。2021-04。

評論

91APP 具有一站式數位轉型服務的優勢，在此策略優勢之下，91APP 也明確定義出產品服務的範圍，也就是由四大產品線所構成的產品組合。

產品經理手冊

產品組合無疑是產品經理要關切的核心議題，包含了企業各類型的產品，隨著時間軸在市場上不斷地演變（上市、銷售、下市等）。

5-3 產品識別與品牌管理

產品識別需要依據企業識別系統來進行，也就是依據企業的形象目標，一般來說，企業識別可以展開為產品與品牌識別、其他識別兩大類，其他識別指的是建築、佈置、制服等，產品與品牌識別是本節的重點。

產品識別是產品組合的重要項目，產品識別除了表達產品的特性之外，也需要符合企業的形象與企業識別，也就是依據企業形象策略中的形象目標與基本要素，來定義及設計產品識別。產品識別主要是運用品牌、符號或是獨特的包裝，使產品能夠在市場中凸顯出來。

產品識別牽涉品牌識別與形象，影響組織成員的認同感以及外部對企業的識別，外界對產品與服務的信任。影響上述認同與識別的傳播方式，包含企業識別系統設計、廣告設計等。影響上述認同與識別的產品設計，主要是在於產品外觀造型設計。產品識別包含品牌名稱與標誌、註冊商標、包裝等方式（林正智、方世榮編譯，民 98）。

一 品牌

品牌是企業識別的依據之一，也是行銷的利器。品牌對企業而言，不但有助於新產品推出與市場開拓，而且有助於區隔與競爭，因而品牌往往是企業的資產，也就是品牌權益。品牌可以協助消費者辨識產品與服務，提高購買效率，並且產生良好形象和信任感。

分析品牌的構面包含屬性（Attributes）、功能（Functions）、利益（Benefits）、個性（Personality）等四大項，依據這四大項來分析品牌，可簡稱為 AFBP 分析（曾光華，2012，pp. 390）。產品屬性是指產品的規格或是物質上的特色，例如：汽車的顏色、引擎馬力等；產品功能指的是上述產品屬性能夠為使用者帶來的功用，例如：汽車的承載、運輸動力等；產品利益則是產品能夠帶給使用者較為整體的好處或是解決使用者的問題；個性則是指前述的屬性、功能、利益所表達出來對於消費者的印象，而以人的人格化來描述。

(一) 品牌類別

若以企業的角度來思考，需要針對不同的產品進行品牌的決策與規劃，產品組合的品牌至少可區分為個別品牌（Individual Brand）、家族品牌（Family Brand）、混合品牌（Hybrid Brand）（曾光華，2012）。品牌從歸屬權而言，可區分為製造商品牌與中間商品牌兩大類，而中間商品牌又稱之為自有品牌（Private Brand）（曾光華，2012）。品牌依據類型來區分，可分為無商標產品、製造商品牌（全國性品牌）、自有品牌、專屬品牌、家族品牌、個別品牌等六種（林正智、方世榮編譯，民 98）。

(二) 品牌識別

品牌識別是從消費者的觀點，能夠輕易區分某種品牌與其競爭品牌之間在特色上的差異，這種差異可能只是表層上的區別，也可能表現在消費者對於該品牌深層意義上的了解。

(三) 品牌聯想

品牌聯想（Brand Bonding）指的是消費者對於某種品牌的體驗或是意義的解釋，能夠進一步與消費者本身的生活方式、內心渴望或是生命態度等相連結的程度（曾光華，2012，pp. 391）。

(四) 品牌權益

品牌權益（Brand Equity）指的是從顧客的觀點，對於該品牌價值上的認知。品牌權益是一個令人尊敬、知名的品牌名稱，爲產品在市場中帶來的附加價值。品牌權益能提高顧客在制定購買決策時，認同企業產品或產品線的可能性；強烈的品牌認同，會影響顧客對產品品質的認知；建立品牌也能強化顧客忠誠度和重複購買（林正智、方世榮編譯，民 98），品牌忠誠度透過品牌認同、品牌偏好、品牌堅持等方式表示出來。

品牌權益包含品牌忠誠度、品牌知名度、知覺品質、品牌聯想、其他專屬品牌資產等（曾光華，2012，pp. 395）。建立品牌權益需考量到差異化、關聯性、評價、知識等四個特質（林正智、方世榮編譯，民 98）。

(五) 品牌名稱與標誌

品牌名稱是品牌的一部分，由字或字母組成，用以識別與區分其他競爭者的產品，品牌名稱應該容易發音、辨別與記憶，也應該表達產品形象的正確意涵，並符合目標市場的定義。品牌標誌指的是用以區別產品的符號或圖形設計（林正智、方世榮編譯，民 98）。

圖 5-22　adidas 品牌標誌
（圖片來源：adidas）

(六) 品牌策略

品牌策略是有關品牌建立、品牌延伸、品牌組合等相關的決策，品牌建立是決定是否自創品牌；品牌延伸是如何運用現有的品牌；品牌組合則是決定企業本身、相關產品或服務，甚至相關事件活動，所有可能的品牌。一般而言，企業會由企業識別以及產品組合的考量，來決定品牌組合，例如王品集團，其餐飲店就採用陶板屋、西堤等品牌。而品牌或是品牌組合決定之後，重要的工作就是要持續地強化該品牌，也就是相關產品與服務的特質要與品牌意象相符合，相關的行銷傳播活動也要與品牌意象相符合，因此，品牌策略可做爲品牌行銷、品牌保護（註冊商標）、產品設計與包裝設計之依據。品牌組合的角色如圖 5-23 所示。

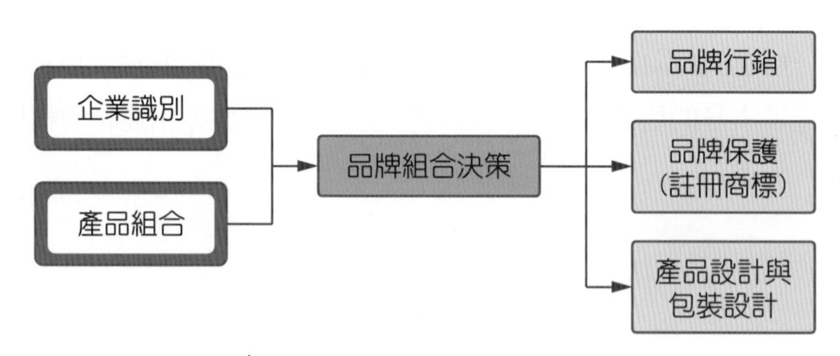

圖 5-23　品牌組合的角色

二 商標

註冊商標是企業申請法律保護的品牌。企業的產品和包裝均受到註冊商標的保護，產品的相關特性包含形狀、設計、字體等，也都在保護範圍之內。註冊商標也需要妥善的設計，用以幫助品牌建立整體印象的視覺效果，稱爲識別標識（Trade Dress）。識別標識需考量顏色、大小、包裝與商標的形狀，例如：麥當勞的黃色 M 形圖案就是識別標識的一部份（林正智、方世榮編譯，民 98）。

圖 5-24　麥當勞的識別標識
（圖片來源：McDonald's）

三 包裝與標籤

包裝除了防止損壞以及節省成本的功能之外，也具有輔助行銷產品的效果（林正智、方世榮編譯，民 98）。首先，包裝可以表達企業的理念，提升形象並增加顧客購買意願，例如：包裝強調使用環保的材質，符合環保的意識。其次，包裝也具有識別的效果，透過包裝設計，以顏色、形狀、大小、材質、文字與圖形來識別產品，甚至標籤的設計，均能夠在眾多產品陳列的賣架上，凸顯自己。第三，包裝可以提升購買的便利性，例如：協助使用的包裝、重複使用的包裝等。

標籤包括產品的品牌名稱或標誌、製造商或配銷商的名稱和地址、產品的成分與容量，以及使用建議，例如：通用產品代碼（UPC）是印在包裝上的數字條碼、RFID 也是標籤（林正智、方世榮編譯，民 98）。

產品新趨勢

龍骨王依據環境變化調整產品組合與行銷方式

蔓延全球超過一年的疫情，讓遠距健康照護出現迫切需求，根據 CB Insights 全球健康醫療早期投資統計，去年全年，全球健康醫療投資金額成長逾四〇%，創五年同期新高。

龍骨王卻在三年前面臨成長瓶頸。一方面，全臺醫療院所能採購的產品數量畢竟有限，天花板就在眼前，他們得想辦法把觸角伸向海外；另一方面，他們嘗試將產品直接賣給有復健需求的患者，改打消費市場，但當時遠距復健習慣尚未培養起來，患者並不買單。

圖 5-25　龍骨王抓準疫情間遠距復健趨勢
（圖片來源：freepik）

一場疫情，卻替他們打開嘗試多年想長出的第二隻腳：海外及消費端的遠距復健市場。

過去一年多，疫情這個黑天鵝讓醫院人流在疫情高峰時減少至少三成；同時，在疫情相對嚴重的國家地區，也有醫院將資源轉向防疫重症，使復健等相較不急迫的科別人手不足。

大環境改變，讓遠距復健從可有可無，變成有明確需求，也讓過去想都不敢想的國外客戶，主動找上門，包含很難打入的日本市場，如今不只日本和香港已有訂單，也有一家美國醫院復健科正洽談導入。

除了從天而降的機運，他們也主動出擊，抓準遠距復健從醫院走向居家的趨勢，過去一年，將軟體課程從約十套增加到近兩百套。早從三年前，龍骨王就陸續和三間醫院合作蒐集上千位病人的影像復健數據，從病人的關節活動度、身體擺動度等指標，判斷病人復健狀況。目前該公司正和國內前三大私立醫院合作，準備將居家遠距復健服務輸出海外，一次三個月的療程，預計可收約新臺幣兩萬元的訂閱費，是一般遠距居家健身商品的數十倍以上。

要抓住大環境變化帶來的商機，絕不是單靠幸運，因為機會是留給已經準備好，且能根據變動快速調整因應的人。

資料來源：張庭瑜（2021-04-15）。學 Netflix 打造情境 遠距復健王攻進日港、你家。商業周刊，1744 期。2021-04-15，取自：商業周刊知識庫。

評論

因為疫情影響及市場消費行為（遠距復健習慣）因素，龍骨王的策略重點擺在居家遠距復健，在此策略之下，軟體課程變成重要的產品，並採用訂閱制的行銷方式。

產品經理手冊

品牌管理包含企業品牌以及產品品牌，產品經理若能好好運用品牌，可以提升內部認同與外部識別的效果。

本章摘要

1. 產品平臺指的是一系列產品導入時所具有的共通性元件，產品平臺的共通性元件不包含技術、設計或是其他特質。技術可能包含多種形式，也包含材料、零組件、原料等；設計包含各種設計形式或是品牌；其他特質指的是能使產品平臺具有競爭優勢的其他特質或子系統。

2. 產品平臺具有三大特質，首先，產品平臺與差異化有關；其次，就企業而言，產品平臺也是一種組合，公司可能有數個產品平臺，通常單一的產品平臺無法滿足市場需求；第三，產品平臺以及其相關的產品發展均為動態的，也就是隨著時間改變而改變，一般都採用產品生命週期或技術生命週期的方式加以管理。

3. 產品組合管理指的是企業列出所有新產品，以及隨時間而修正這些產品項目與方案的過程。產品組合管理主要的目的是列出過去與現在的產品內容，並決定未來產品組合，以達成公司的策略目標。產品單元、產品新穎程度、市場新穎程度以及時間軸是產品組合管理的考量因素。

4. 產品組合是一家企業所銷售各產品線與單項產品的搭配組合。產品組合策略乃是定義及維持產品線組合之過程，也就是要求產品組合與目標市場相匹配，其主要工作內容包含由共同平臺中找到應該提供之產品線，並將提供之產品線與目標市場相對應，以及安排產品線中產品發展之時程。

5. 產品組合決策主要的目標是產品投資組合價值的最大化、產品投資組合的平衡化，以及產品投資組合的策略配合度。產品投資組合的決策模式主要考量的因素包含市場、技術、報酬、策略與時機；產品組合決策模式乃是將上述質性或是量化的因素納入決策模型中，例如：淨現值法、評分法（Scoring Model）等；產品投資組合形式最終以產品項或是產品平臺來表示，產品平臺與其相關系列產品線加上獨立的產品項構成企業的產品線。

6. 產品識別包含品牌名稱與標誌、註冊商標、包裝等方式。企業會由企業識別以及產品組合的考量，來決定品牌組合，而品牌或是品牌組合決定之後，需要持續地強化該品牌，而品牌策略可做為品牌行銷、品牌保護（註冊商標）、產品設計與包裝設計之依據；註冊商標是企業申請法律保護的品牌，企業的產品和包裝均受到註冊商標的保護，產品的相關特性包含形狀、設計、字體等，也都在保護範圍之內；包裝除了防止損壞以及節省成本的功能之外，可以表達企業的理念、提升形象並增加顧客購買意願，包裝也具有識別的效果，更可以提升購買的便利性。

本章習題

一、選擇題

( ) 1. 由產品平臺所研發出來的主要產品稱爲 (A) 平臺產品 (B) 核心產品 (C) 擴增產品 (D) 以上皆是。

( ) 2. 技術的可能運用範圍已被概估，但對於如何應用在產業上則相當模糊，這是屬於技術生命週期的哪一個階段？ (A) 萌芽期 (B) 成長期 (C) 成熟期 (D) 衰退期。

( ) 3. 投資報酬有限，但是卻是較爲經濟的產品平臺策略是 (A) 產品平臺生命週期的界定 (B) 規劃新一代的產品平臺 (C) 延長產品平臺的壽命 (D) 產品平臺的取代。

( ) 4. 能夠表達個別產品的功能與規格的產品單元是 (A) 產品組合 (B) 產品項 (C) 產品附件 (D) 以上皆非。

( ) 5. 能夠表達公司不同產品線數目的產品組合變數是 (A) 寬度 (B) 長度 (C) 深度 (D) 一致性。

( ) 6. 豐田汽車的 Lexus 車種是屬於哪一種產品線延伸？ (A) 向上延伸 (B) 向下延伸 (C) 產品線填充 (D) 以上皆非。

( ) 7. 產品能夠帶給使用者的好處或是解決使用者的問題，指的是品牌分析的哪一個構面？ (A) 個性 (B) 利益 (C) 功能 (D) 屬性。

( ) 8. 消費者對於某種品牌的體驗或是意義的解釋，指的是品牌的哪一種特質？ (A) 品牌類別 (B) 品牌識別 (C) 品牌聯想 (D) 以上皆非。

( ) 9. 下列何者是品牌權益的指標？ (A) 品牌忠誠度 (B) 品牌知名度 (C) 知覺品質 (D) 以上皆是。

( ) 10.透過包裝設計來識別產品，是產品包裝的哪一種功能？ (A) 防止產品損壞 (B) 節省成本 (C) 輔助行銷 (D) 以上皆非。

本章習題

二、問答題

1. 產品平臺的定義爲何？產品平臺可能有哪些元件？
2. 產品平臺具有哪些特色？
3. 產品平臺策略擬定的主要內容爲何？
4. 影響產品組合管理的因素有哪些？
5. 產品組合內容的決定需考量哪幾項變數？
6. 產品組合策略制定時需要考量哪幾個因素？
7. 請說明產品投資組合的決策模式。

三、實作題

請就你所熟悉的任何一家小吃店，描述其產品組合。

小吃店名稱	產品線（例如簡餐）	產品項	產品特色

參考文獻

1. 林正智、方世榮編譯（民 98），《行銷管理》，初版，臺北市：新加坡商勝智學習（Kurtz, D.L., Boone, E.B.,（2009）. Principles of Marketing, 12th ed）。
2. 張書文譯（2012），《產品設計與開發》，（原作者：Ulrich, K.T., Eppinger, S.D.），四版，臺北市：麥格羅希爾。
3. 曾光華（2012），《行銷管理：理論解析與實務應用》，五版，新北市：前程文化。
4. 黃延聰譯（2016），《新產品管理》，三版，臺北市：麥格羅希爾。
5. 彭芃萱著（民 99），《你不知道的 3M：透視永遠能把創意變黃金的企業傳奇》，初版，臺北市：商周出版，城邦文化發行。
6. McGrath, M.E.（2000）. Product Strategy for High Technology Companies, 2nd ed., New York: McGraw-Hill.
7. Khalil, T.M. （2000）, *Management of Technology: the Key to Competiveness and Wealth Creation.*

06

產品定位策略

學習目標

本章內容為產品策略中的價格及定位策略，在說明這兩個策略之前先介紹產品的概念及差異化的方式，各節內容如下表。

節次	節名	主要內容
6-1	產品概念	說明如何運用屬性、解案、利益的角度來描述產品。
6-2	差異化	說明產品差異化的可能性，包含定位與屬性差異化以及加值流程的差異化。
6-3	定位策略	說明新產品應用市場區隔、目標市場選擇、定位的步驟進行產品定位。

引導案例

Wii 的產品定位

任天堂的遊戲機 Wii 結合了概念與技術的創新，重新界定遊戲機的意義。Wii 並非鎖定年輕玩家，讓他們被動地沉浸在虛擬世界中，而是一種主動的娛樂，甚至是種訓練，讓真實世界各年齡層的民眾參與其中。另一方面，任天堂能夠順利開發此項產品，得歸功於運用了突破性技術：微機電系統（MEMS）加速度感測計。運用這項技術，遊戲機便可感應控制器的速度與方向，使得主動遊戲的概念定位得以實現。

更進一步的設計是 Wii Fit 遊戲機，使用者就可以玩各種訓練平衡感的遊戲（例如搖呼拉圈或溜滑板）與運動（例如瑜珈姿勢）。如此一來，又更進一步轉變了 Wii 的意義，將之前傳統的遊戲機，變成健身或物理治療的工具，且更有看到家庭、同事、親友共同分享，Wii 也成了社交的方式。（資料來源：呂奕欣譯，民 100，pp. 106）

圖 6-1　Wii Fit 遊戲機——瑜珈
（圖片來源：Superprof）

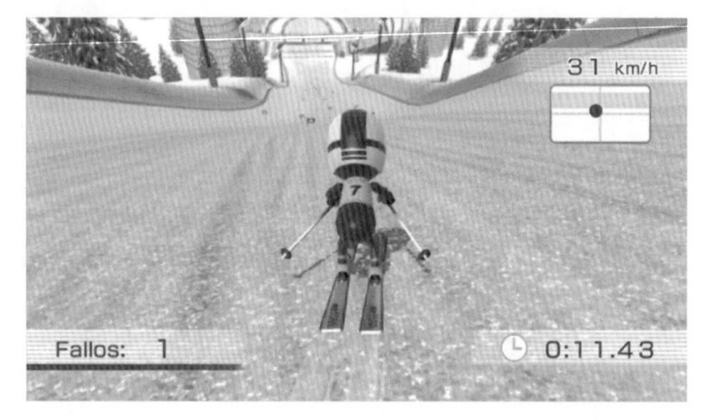

圖 6-2　Wii Fit 遊戲機——滑雪遊戲畫面
（圖片來源：YouTube）

Wii 的定位在於主動式的遊戲，配合適當的價位，其產品概念充分支援此定位，包含健身、主控性、社交等效益，其技術又支援這些效益，例如：微機電系統技術可以控制的速度與方向，使得產品能夠達到主控性的效果。

6-1 產品概念

產品概念具有一連串的定義，定位是較高層次、較抽象的概念，也可能是核心概念或核心利益；屬性則是較具體的概念，功能及規格則是更具體，進一步就到了產品的實體。

概念可能是由初始的構想（Idea）所衍生的，構想指的是存在於人腦中對於知識、知識應用、知識與產品、知識與實務問題等之間的關聯性想法。構想經過評估之後，成爲可行的產品方案或決定發展的產品方案，便稱爲產品概念。

產品概念（Product Concept）指的是從消費者的角度，運用文字或圖片等媒體，來描述產品特性與利益（曾光華，民 95，pp. 340）。產品概念可能是形式、技術、利益之組合。產品概念中的利益指的是對消費者的效用大小，包含滿足其需求、對消費者的重要性認知或意義等，最重要的利益稱爲核心利益，完整的利益描述（依據定位）稱爲價值主張，利益代表能夠滿足顧客需求的抽象化結果，在產品開發初始的機會提案，通常由利益來思考顧客效益。

形式的產品概念包含功能與風格，技術則是產品發展所需的技術能力，技術與形式代表可以滿足顧客需求之解案。運用技術與形式來滿足顧客利益，其間的連結是規格，規格指標通常由屬性加上特定的規格值來表達。從產品屬性也可以定義產品概念，一般而言，產品概念是這三類屬性的組合。其中利益是滿足顧客需求或提供顧客價值的表達，形式與技術是產品爲滿足利益所提供的解案，產品概念如圖 6-3 所示。

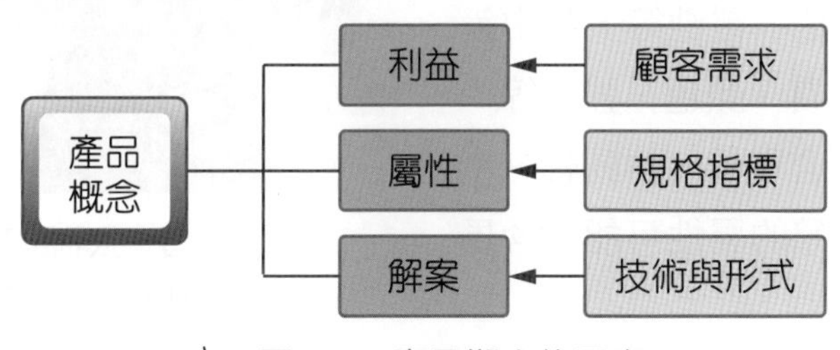

圖 6-3　產品概念的元素

一　屬性

屬性類別可以用外型、特徵、效益等來分類，而解析爲更具體的屬性。例如：廚房用具抽油煙機這項產品，其外觀屬性包含堅固、風格化等，其效益屬性則包含速度、靜音等。不管是構想或是產品概念都可以用屬性（Attributes）來加以說明，本節先介紹屬性的定義與分類，以助於後續產品構想或概念之提案。

圖 6-4　時尚感與舒適度是服裝的屬性
（圖片來源：ZARA）

首先，屬性有階層性之分，例如服裝的屬性有吸引力之設計、流行、風格等屬性，可綜合成爲更時尚感的概念之屬性；服裝的屬性亦包含穿著舒適、吸汗、實用性等，可綜合成爲更舒適度的概念之屬性，時尚感與舒適度可能成爲服裝的關鍵屬性或是核心屬性，是構成核心利益之要素。

又例如個人電腦，具有速度、精確度、可靠度、硬體之支援、周邊之連結等屬性，其中速度、精確度、可靠度等屬性構成效能之屬性，而硬體之支援、周邊之連結等屬性則構成彈性之屬性。

圖 6-5　個人電腦具有速度、精準度等屬性
（圖片來源：Samsung）

對於咖啡而言，其口味、濃度、香味等是較爲抽象的屬性，純天然、人工香味等則是香味的更具體屬性。莎莎醬的屬性包含辣度、顏色、濃稠度等。

其次，屬性類別也可以用產品的構面來表示和分解，該構面可能是產品的功能模組或子系統。例如手電筒的構面包含鏡片、彈簧、開關、燈泡、電池等，其中鏡片的屬性可能包含材質、顏色、強度等；又例如汽車的構面包含引擎、傳動軸、車身、機電等，其中引擎的屬性可能包含馬力、排氣量等。

圖 6-6　衣物的功能屬性為保暖
（圖片來源：Pinterest）

第三，產品的屬性依使用特性可區分爲功能屬性與風格屬性兩大類。功能屬性是實用方面的考量，風格屬性則是意義上的考量。功能屬性描述產品實用上的特質，例如衣服的保暖；汽車的省油、操控性、安全；電視機的清晰影像、最佳音效；咖啡的口味等。風格屬性描述產品的意象或

圖 6-7　復古電視機是風格屬性之概念
（圖片來源：Sporx）

特質，例如衣服的樣式、質感；汽車的舒適、豪華、穩重、速度感、堅固；電視機的輕薄短小、復古、時髦等。風格（Style）是一種與眾不同的特質或形式，或是一種表現的方式。（郭建中譯，民 88，pp. 99）。

功能屬性與風格屬性加以整合之後，可以萃取出重要的屬性或概念，稱之爲決定性屬性，可能成爲產品的核心利益。功能屬性與風格屬性亦需要具體化，而成爲產品功能及造型規格，再轉化爲技術規格，據以進行設計之工作。將功能屬性與風格屬性加以適當組合與分類，成爲模組，並進行模組設計。

核心利益與各功能屬性以及風格屬性能夠有效轉化爲產品規格，需要依據產品差異化策略之方向以及產品平臺的技術之支援。

最後 Parry 的策略行銷管理則將屬性區分爲內部屬性（Intrinsic Attributes）與外部屬性（Extrinsic Attributes）（林宜萱譯，民 91，pp. 101）。內部屬性指的是產品的實體組成成份，例如：由產品製造的過程來區分爲「原料」、「製造」、「形式」等內部屬性，一般可將內部屬性區分爲零件成分、規格、形狀外觀物理特性。外部屬性定義爲「不需要使用產品便可進行評估」的屬性，而且不是產品實體的組成要素，包含品牌（產品的名稱、品牌、公司名稱、公司的標誌）、包裝、附加產品價值、價格等屬性，也包含保固期、產品升級、運送、裝設、訓練、替換、維修等屬性。

二 解案

解案代表一種未來即將完成的設計，能夠滿足顧客的需求。解案包含技術與形式，組合而成的功能與風格的解案類型。功能解案例如汽車、電視等技術的設計。風格解案可以用主題、品牌等加以說明。主題是一種識別的內涵、意義與它所反映出來的意象（郭建中譯，民 88，pp. 141）。例如 Nissan Infiniti 汽車具有「高雅」的主題；Lexus 汽車具有「傑出」的主題。

品牌個性指的是與某種既定品牌有關的各種人類特徵，也就是說，能夠以人口統計變數、生活型態、人格特質來對品牌進行敘述（郭建中譯，民 88，pp. 150）。

圖 6-8 Nissan Infiniti 象徵「高雅」
（圖片來源：UDN.com）

圖 6-9 Lexus 象徵「傑出」
（圖片來源：Lexus）

風格的要素包含視覺、聽覺、觸覺、味覺、嗅覺等（郭建中譯，民 88，pp. 101）。視覺要素包含色彩、外型（尺寸、角度、比例、對稱）、字體等；聽覺包含音量、音調、韻律；觸覺包含材料與質感（郭建中譯，民 88，pp. 99）。風格的四種層面（郭建中譯，民 88，pp. 129）：複雜性，最低要求對應於華麗主義；代表性，寫實主義對抽象主義；認知的活動，動態的對應靜態的；效力，大而強烈對應小而柔和的。

三 利益

在行銷上，Parry 提出了方法目的鏈，用以解釋產品屬性、利益與價值之間的關係。「方法」可以說是「產品屬性」（Product Attributes）以及這些屬性所造成的「結果」（Consequences），這結果包括了正面及負面結果。「產品屬性」就是產品的特性，「結果」指的是個人在擁有、使用或消費這項產品時所經歷到與個人相關的經驗。正面的結果視爲產品的利益（Benefits）（林宜萱譯，民 91，pp. 10）。例如：添加氟化物的牙膏，氟化物是牙膏的「產品屬性」，預防蛀牙則是「利益」，而母親因而可以注重小孩健康而善盡做母親的職責，這好媽媽就是價值（林宜萱譯，民 91，pp. 10）。

利益區分爲功能性、經驗性、財務性、心理社會等類別，「功能性利益」（Functional Benefit）指的是該產品能夠讓消費者獲得別處無法獲得，或優於由他處獲得的利益；「經驗性利益」（Experiential Benefit）則是指消費者在「消費」該產品時所經歷的實體心理上的反應；「財務性利益」（Financial Benefit）是指讓消費者獲得功能性或經驗性的利益時，將必要的支出降到最低，或是降低未來的支出。「心理社會利益」（Psychosocial Benefit）則是消費者對自己的看法以及他們在其他人眼中的形象（林宜萱譯，民 91，pp. 13）。

由圖 6-3 可以更進一步說明產品概念與具體設計結果之關係。以實體產品爲例，產品概念（包含核心利益或是屬性等）主要是從使用者的角度來描述產品，可視爲產品的功能規格，但是工程師或設計師在考量產品設計時，其考量的因素是將功能規格轉換爲功能模組，再將功能模組以技術指標的方式表示，稱之爲技術規格。技術規格的達成是由一系列的零組件及其組合關係而組成，零組件及關係的組合構成產品的架構。最後，再將零組件的組合順序加以設計，稱之爲製程設計。

產品經理手冊

產品概念是產品未具體設計之前對產品的描述，產品經理需要了解產品概念的明述方式，以便與工程師、製造部門溝通，甚至與市場或潛在顧客溝通。

6-2 差異化

從競爭策略的角度來說，主要策略選項包含差異化策略、低成本策略、集中化策略。本節主要探討產品差異化策略。

從縱向的角度，也就是產品抽象化的程度來說，差異化策略的對象主要包含定位（概念化）差異化、產品差異化、屬性差異化，定位差異化包含產品性能的差異化與形象差異化，屬性差異化則是更具體的或是更細節的差異化；若從橫向來說，也就是產品的加值流程，包括技術差異化、製造差異化、產品差異化、通路差異化、銷售差異化，銷售差異化也包含人員的差異化（例如：訓練有素的人員優異的服務），差異化的來源如圖 6-10 所示。

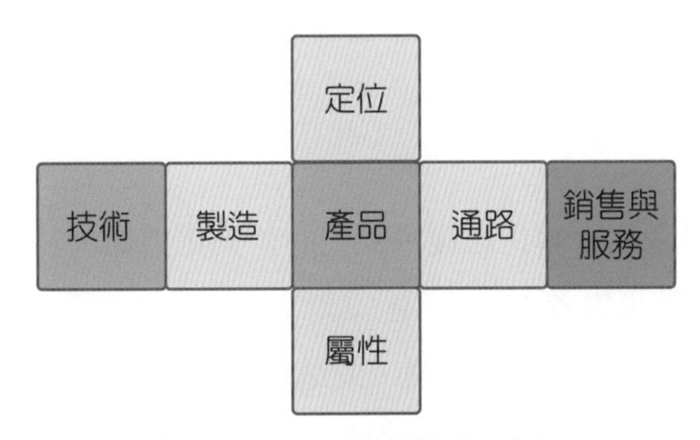

圖 6-10　差異化的來源

圖 6-10 產品差異化的主要來源可能構成產品的差異化策略；價格與低成本領導策略有關；銷售通路、銷售方式則與上市策略有關。差異化與定位及市場區隔有關係，也就是說，市場區隔之後決定目標市場，而目標市場的定位可以依據差異化與價格兩大構面進行定位。價格策略、定位、上市策略等將於後續章節中介紹。

一　屬性與定位差異化的機會

(一) 定位（概念化）差異化

定位差異化說明產品最抽象的概念，也就是產品的概念定位，或是產品的核心價值。例如莊臣公司（S.C. Johnson & Son）就將自己定位成「專司消費性家庭照護產品、世傳五代永續經營的家族企業」，魏格曼食品連鎖超市推廣健康的生活型態，還有星巴克「第三個喝咖啡的地方」，以及蘋果的「富創意的想像力」等概念，也都是概念化定位的

圖 6-11　星巴克的定位為「第三個喝咖啡的地方」
（圖片來源：shutterstock）

例子（顏和正譯，民 100）。這些都是將企業的定位加以鎖定，此概念定位應該呼應企業使命中的核心價值觀與遠大的目標。

企業也可以將自己定位為某些領域專業化，例如英特爾，專注於微處理器領域，台積電（Taiwan Semiconductor Manufacturing Company，TSMC）專注於半導體的晶圓代工廠，任天堂（Nintendo）專注於遊戲機，專業領域的定位也是重要的差異化策略之一（彭玲林譯，民 100）。

圖 6-12　英特爾公司
（圖片來源：intel）

最後，定位的差異化也與形象有關，基於形象定位，給予顧客印象差異化的感覺，這也就是產品意象的差異化。

(二) 產品差異化

產品差異化指的是產品實體化之後實際上的差異化指標，就產品或服務本身而言，其差異化可以從以下幾點來思考：

1. **功能及品質**：在產品的功能方面加強，或是提升品質。例如：手機產品加上了照相、上網等功能，或在品質、耐用度方面提升。依據 Tai & Chew 的觀點，性能領導地位是重要的差異化策略之一，而且性能差異化的重要性因產業不同而有不同，例如製酒業，品質差異化相對重要，半導體產業性能差異化則相對重要。而且，這種差異化的重要性也須隨時間調整，例如當越來越多裝置變得行動化時，半導體業的英特爾就不再用速度為唯一的性能衡量方式，轉向能源節約，新的性能衡量方法可能就是能源效率，也將形成更長的電池壽命（彭玲林譯，民 100）。
2. **產品意象**：產品的造型、風格、文化元素等納入，逐漸成為產品競爭的要素。例如蘋果公司的 iPod、iPhone、iPad 等產品，均有許多符合使用者風格的美學設計，甚至加入了公司「娛樂」的文化元素。產品意象著重於與消費者生活型態或風格之匹配，訴求消費者的情感，並且重視消費者對產品意義的解釋。

圖 6-13　蘋果手機 iPhone
（圖片來源：Apple）

3. **客製化**：客製化是量身訂做的意思。產品或服務能夠依據顧客不同的需求加以變化，能夠提升顧客的價值。例如：戴爾（Dell）電腦的接單生產便具有客製化的效果。

4. **套餐**：所謂套餐指的是整體解案（Total Solution），主要是以解決顧客的問題或滿足其需求爲原則。例如：IBM 以解決公司 e 化問題來替代銷售電腦，IBM 所提供的是企業有關 e 化的問題，而非僅銷售電腦給企業。

圖 6-14　法律諮詢服務
（圖片來源：Pinterest）

服務業也有整體解案的概念，例如：律師的法律服務，從客戶一生需求的角度來提供法律諮詢，包含遺囑、信託、家庭事務的整合服務。又例如房屋仲介業，不僅僅提供交易仲介，也包含居家與修繕的整體支援。

5. **參與或體驗**：參與是指顧客能夠參與產品的創意、設計、製造、銷售等過程，參與能讓顧客具有自主及掌控的感覺。體驗是塑造讓顧客可以有感官、情感、思考等經驗感受的機會，體驗也讓顧客有掌控的效果，在體驗過程中，顧客是主角，產品及服務或體驗環境是爲顧客而設計的。

(三) 屬性的差異化

屬性差異化指的是僅針對產品的某些屬性進行差異化，也許是較爲改良式的差異化，例如汽車，我們會認爲賓士汽車具有聲望的特性、富豪汽車具有安全的特性、豐田汽車具有可靠的屬性，如果汽車業將這些屬性列爲核心價值觀，而成爲最關鍵的利益，這就屬於概念定位的部分。屬性的差異化就偏向更加細節的描述，例如：安全可能需要有防止衝撞、煞車系統之功能等更進一步的屬性，因此屬性差異化就相對較爲細部之考量。

屬性有屬於較感性的層面，例如：哈雷機車依舊全身充滿了「叛逆」，叛逆可稱爲哈雷機車的概念定位，而針對外觀、形象、聲音、標誌、配件等屬性，均可以差異化，以符合叛逆之定位（彭玲林譯，民 100）。

圖 6-15　「叛逆」是哈雷機車的概念定位
（圖片來源：臺灣哈雷）

二 產品加值流程的差異化機會

其次，從產品發展過程中來談差異化的可能性，以下分別說明之。

(一) 平臺差異化

差異化策略是動態的過程（Vector），也就是說，差異化的內容需要隨時保持改變或加強，以便與競爭者產品保持一定的差距（請參考第五章圖 5-13）。例如：SAP 的 ERP 系統，1970 至 1990 年代，強化不同功能，分別推出 R/1、R/2、R/3 等版本，而在這段期間保持領先，與競爭者維持一定的差異化之差距。

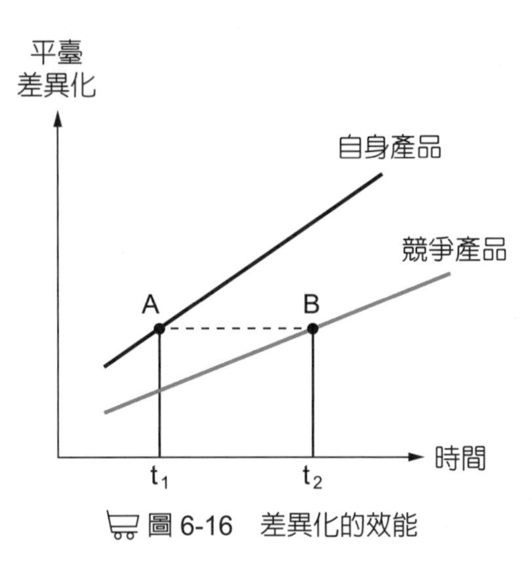

圖 6-16　差異化的效能

差異化的效能包含兩個方向，一為長度、一為斜率，如圖 6-16 所示。長度指的是差異化的競爭力能夠維持的時間有多長；圖 6-16 中，從 A 至 B 的時間（t_2 - t_1）代表自身公司在 A 點差異化程度可領先的時間；斜率指的是差異化程度隨時間而改變的速率，速率越高很有可能與競爭產品的差異化差距就越大；圖 6-16 中，自身產品差異化直線的斜率較競爭產品為高。

差異化相對價值隨著市場生命週期而有不同，例如：個人電腦產品的「易於使用」的差異化價值，蘋果電腦麥金塔較之 DOS 與微軟視窗而言是較有競爭力的，但是在市場的萌芽期，因為需求不明確，因此雙方的差距並不大，到了成熟期，競爭轉為價格與服務，「易於使用」的差異化價值也不突出，只有在成長期，麥金塔的差異化優勢才較為明顯。

(二) 技術差異化

運用技術的領先優勢來製造先進或是高性能的產品也是重要的差異化策略。除了平臺的考量之外，Tai & Chew 認為技術的領導地位與成為新世代這兩項重要的差異化策略，均與技術的差異化有關（彭玲林譯，民 100）。例如：英特爾的微處理器技術、夏普（Sharp）的 LCD 電視機技術，甚至新力的迷你音響技術，在某些時段均為重要的領先技術，也創造出性能優異或是新時代的產品，穩坐差異化的優勢。

圖 6-17　夏普 LCD 電視機

（圖片來源：Sharp）

(三)製造差異化

包含製造與設計。在製造方面，強調產品製造方式或是產品製造地點均可能造成差異化的優勢（彭玲林譯，民 100），例如：烹調食物採用慢火燉煮，加入某些特殊的醬料，或是時間長短與爐火大小控制等，Pizza 強調其餅皮與佐料的製作等，均可以塑造成製造的差異化。

在產品製造地點方面，某些地區原本就有製造某些產品的歷史優勢，例如：法國的香水、德國的啤酒等。

在設計方面，強調產品的設計意味著除了功能之外，也強調美感與象徵的意義，在電腦產業，蘋果公司卻是將科技與藝術結合成最好的公司，韓國的三星（Samsung）公司，也相當強調產品的設計，設計的差異化也變成重要的競爭優勢之一。

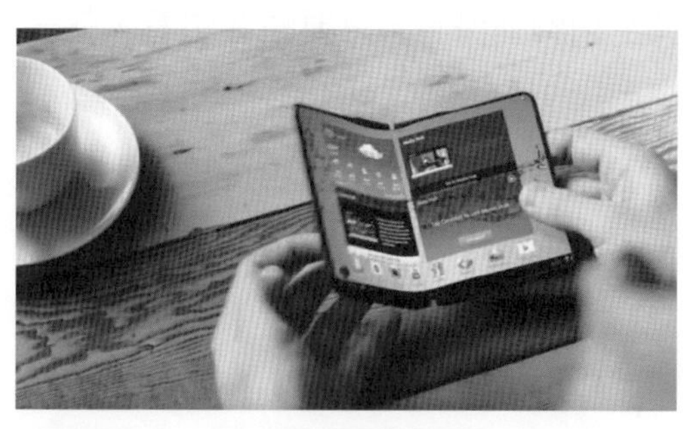

圖 6-18　三星強調產品設計，發展可彎曲式手機螢幕
（圖片來源：自由時報）

(四)通路差異化

掌握特殊的通路或是運用不同的通路設計均可以造成通路差異化的效果。

(五)銷售與服務差異化

注重銷售的領導地位，其次是生命週期不同，其銷售差異化重點亦有所不同，銷售領導地位包含三種（彭玲林譯，民 100），一是市場領導地位，只要本身產品在某個市場之內具有領導地位，便可宣稱市場領導地位，例如固特異（Goodyear）可以聲稱自己在美國市場的領導地位。

二是領域領導地位，只要本身產品在某個領域具有領導地位，便具有差異化的銷售效果，例如甲骨文（Oracle）可以聲稱是第一的資料庫軟體品牌、SAP 是企業資源規劃（ERP）軟體的銷售領導者、Siebel 是客戶關係管理（CRM）軟體的領導者。

三是時間領導地位：指的是在某一段時間是銷售的領導者，例如：豐田 Corolla 一直是最暢銷的汽車，豐田仍可在這些市場聲稱銷售領導地位，說「Corolla，有史以來銷售第一的汽車」。

圖 6-19　豐田 Corolla 汽車
（圖片來源：TOYOTA）

服務的便利、速度、可靠等也都是差異化的機會，例如：百視達（Blockbuster）針對家庭娛樂顧客加以研究，發現有相當比例的顧客到錄影帶店租片，卻空手而歸，找不到他們想看的電影。行銷人員與技術部門合作，建立一套預測模型，估計消費者的需求。計畫包括幾項變數、如消費者人口分佈和過去租片習慣等，百視達利用這個計畫，每次新錄影帶發行時，便計算每一家分店的租片需求，分配精確的存帶數量。最後，百視達甚至拍胸脯保證，只要顧客想看，就一定租得到。這也是相當不錯的競爭優勢（陸劍豪譯，民 91）。

銷售與服務差異化也可以因爲銷售人員或是客服人員的專業、服務特質、態度等，產生出差異化的效果。

三 差異化管理

前面提出各種可能的差異化來源，企業可以選擇適當的差異化因子做爲差異化策略的依據，差異化因子是否適當需要加以評估，評估差異化因子的衡量標準包含（彭玲林譯，民 100）：

1. **關聯性**：明確知道自己的目標顧客是誰，並確認對方最在乎的產品是什麼。差異點是否與顧客有關，我們建議多注意與最佳顧客有關的事宜。
2. **嚮往性**：差異化因子必須讓人嚮往，且要爲本身品牌設下清楚的定位。例如：賓士汽車選擇了聲望作爲定位差異化，聲望這樣的因子令人嚮往；BMW 選擇性能作爲定位差異化，也令人嚮往；富豪汽車（Volvo）選擇安全作爲定位差異化，也令人嚮往。
3. **可防衛性**：差異化因子必須不容易被對手搶奪或模仿，而且容易防衛與維持。

差異化會隨著時間的改變而改變，企業必須隨時監測外部環境、顧客與競爭者的變化，隨時加以調整。一種常見的做法是隨著產品生命週期不同，採取不同的差異化策略。差異化的重點隨著市場的生命週期不同而有所不同：

1. **導入期**：顧客與競爭者均未能夠了解差異化的重點爲何，因此如何了解顧客的需求，以便提供顧客可以接受的差異化項目是重要的。例如：個人電腦導入初期，有許多不同的作業系統、中央處理器、印表機、附加的應用程式等，均尚未建立標準，造成市場相當混亂。

2. **成長期**：產品差異化已經逐漸明確，產品品質也為人知曉，顧客需求也較明確，但是所提出的差異化也就比較容易被模仿。
3. **成熟期**：成熟期階段的差異化已經比較不明顯，尤其是規格、功能方面，可能朝向價格、服務的差異化來著手。例如：個人電腦到成熟期幾乎是相同的作業系統、中央處理器，也就進入了價格戰與服務戰。成熟的市場當中，消費者逐漸將電腦視為大宗商品，較不在乎客製化。
4. **衰退期**：到了衰退期，其實差異化已經不是重要的競爭策略了，差異化的項目也是價格、服務、品牌等。

我們可以參考上述差異化的來源及其管理方式，依據策略擬定的步驟，擬定產品差異化的策略，其步驟包含：

1. **定義新產品的目標**：包含新產品佔公司營業額比率之目標，以及新產品數目、成功機率、新產品報酬比率之績效目標。這些目標需要與公司的企業目標一致或相符合。
2. **定義目標市場**：依據目標市場行銷及定位方式，定義新產品的各個目標市場，並設定各目標市場的優先順序。作法包含機會分析與篩選，機會的構面包含市場、產品功能（顧客需求）、產品線、技術等。
3. **差異化策略提案**：產品差異化策略提案的方法包含很多，第一是進行產品成熟度分析，指出每項產品在其生命週期中的位置；其次是進行競爭廠商（對手）分析，包含營運資料收集、判斷與結論，營運內容包含市場組合、產品機能等；最後進行市場研究以了解市場需求，包含定量與定性兩部分。
4. **資源分配**：分配各市場區隔之經費總額，以及研發、設計、人力、設備等經費。
5. **達成途徑之定義**：決定如何進入各目標市場，包含進入時機（領先、追隨）、產品策略（差異化、成本）等。

產品經理手冊

差異化是產品的競爭要素，產品經理需要了解差異化的可能思考方向，以便刺激創意，滿足市場機會，提升競爭優勢。

6-3 定位策略

企業需要進行定位策略，定位的流程通常依據市場區隔（Segamentation）、選擇目標市場（Targeting）、定位（Positioning）等步驟進行，稱爲 STP 流程。同時，定位策略與定價有密切關係，本節先敘述新產品定價策略，再敘述 STP 流程。

一 新產品定價策略

定價是決定商品價格（Price）的過程，定價策略（Pricing Strategy）對於產品的銷售產生一定程度的影響。首先，定價策略通常與差異化策略相結合，做爲定位策略的依據，再根據該定位來估計市場規模或是市場佔有率。

其次，定價策略於不同的市場或產品週期，也應有不同的價格水準，通常價格會隨著生命週期的演進而逐漸下降，例如：在產品導入期，因爲成本較高或是具有先佔的優勢，使得產品的價位較高，到了成長期與成熟期，價格逐漸下降。

第三，低價格策略是一種可以攻佔市場佔有率或進行市場滲透的方法，當價格隨著生命週期進展而下降時，其市場的銷售量便逐漸提升，但是到了市場飽和時，降低價格也無法提升銷售量。針對新產品，其定價策略也有特別的考量，新產品的定價策略可區分爲攻擊性（Offensive Pricing Strategies）與防禦性（Defensive Pricing Strategies）的定價策略（McGrath, 2000, pp. 196）。

(一) 攻擊性的定價策略

攻擊性的定價策略指的是企業運用價格作爲主要的競爭武器，例如價格領導策略，企業運用低價格以便吸引顧客的購買，尤其是產品成熟期最爲有效，因爲差異化的程度與高價競爭者的差異較小，卻擁有較低的價格，而產生了優勢。攻擊性的定價策略主要包含滲透定價（Penetration Pricing）與經驗曲線定價（Experience-Curve Pricing）。

滲透定價就是運用遠比產品價値還要低的價格來攻佔市場，也就是在產品上市時，便設定低價格，其目的是攻佔市場，提升市場佔有率，其主要的目的並不是增加目前的銷售量，而是提升市場佔有率。滲透定價策略也就是使用比競爭者還低的定價策略，其理論基礎是以低價格進入市場，有助於市場的接受度。

滲透定價的延伸包含每日低價定價法（EDLP）及「高價——低價」策略。每日低價定價法是一種持續性的低價策略，而非短期的減價策略，例如：去零頭折扣券、折扣與特價商品。「高價——低價」策略指的是訂下可獲利的穩定性價格，以補償經常性的特價商品與促銷活動，易與其他賣方做區隔，但是競爭者也很容易反擊，或許會製造出品質有問題的形象（林正智、方世榮編譯，民98）。

經驗曲線定價（Experience-Curve Pricing）乃是以低於成本的方式定價，依據逐漸降低的成本曲線，正常的定價應該是每個時點均在成本曲線之上。經驗曲線定價則是預估該成本曲線，在某個時點以低於成本的方式定價，以吸引購買量，並打擊競爭者，當成本逐漸低於該經驗曲線定價時，則又有利潤可圖，此時已經攻佔了某些市場了，經驗曲線定價能夠成功的條件是對於成本曲線的正確預估。

針對高科技的產品，也可以將價格訂在與產品績效相對的位置，也就是依據產品的品質與績效來定義適當的價格，而不是老是訂定最低的價格。促銷折扣、套裝定價也是攻擊性的定價策略方式之一。

(二) 防禦性的定價策略

防禦性的定價策略主要是運用價格來輔助差異化策略的定價方式，例如：依據能夠維持最高競爭價格的水準來調整售價，當競爭者調低價格時，企業亦隨之調整價格，但仍維持其最高價格的水準。對高科技產業而言，此爲相當普遍的防禦性定價策略。其次，可運用價格作爲市場區隔的變數，例如：針對高度差異化的產品訂定高價格以獲得利潤，甚至針對有配銷通路優勢的產品訂定高價格以獲得利潤，此時須明確說明產品的差異化，稱爲溢價。

常見的防禦性的定價策略包含吸脂定價（Skim Pricing）、價值基礎定價（Value-Based Pricing）、競爭定價策略等。

吸脂定價是針對小部份市場願意付出多少價格的方式定價，產品一推出，基於新產品新穎、特色等競爭優勢，並訂出高價格，以便賺取高額利潤。此種方式需要針對消費者對於新產品創新的偏好程度來決定，有部分消費者偏好採用新產品，有些消費者則較爲保守，此種方式常由高檔產品與服務的企業採用，使用時機在特殊產品或服務剛上市、而且較少競爭的情況。

價值基礎定價是依據本身所提供的產品或服務的價值來訂定價格，其目的都是爲了使得利潤最大化。

競爭定價策略是用迎合市場的方式來定價，不強調以價格做爲競爭武器，而以類似競爭品的一般價格做爲產品或服務的定價。

產品新趨勢

金利食安科技的市場區隔定價

在好市多上架四年，每年熱銷超過三百萬瓶的果茶飲料，竟然是出自一群做了四十年製造業的食品門外漢之手。這一家公司是金利食安科技，二〇一八年，為好市多獨家開發出芭樂檸檬綠茶。二〇二〇年起，開始在統一超、全聯上架，連續三年每年營收成長超過二五%，今年營收預計七億元。

圖 6-20　金利食安科技運用關鍵字思維抓住客戶需求

（圖片來源：好市多官網）

金利食安認為，先聽市場、先想合作夥伴要的，再下去研發，是一個重要的方向，他們甚至用關鍵字思維，去抓住客戶需求與市場風向。

好的技術只是敲門磚，賣得動的關鍵在「去聽通路跟客戶的聲音，發想『對方要的產品』。」金利食安直接找上通路採購，尋求他們的建議，例如現在消費趨勢是什麼？通路希望賣怎樣的產品？「我知道我在滿足什麼樣的缺口，採購（人員）也了解我在做的東西，他就想賣這個，當然願意上架。」金利食安總經理殷豪說。

採購人員發現，顧客喜歡買韓國柚子茶回家沖泡飲料，在家調飲蔚為風潮，因而建議，「能不能把純果汁往手搖飲方向發展？」於是，它的研發團隊以冷壓果汁、手搖飲、穩定供應等關鍵字發想，找出臺灣人的共同記憶，婚宴、聚會時愛喝的芭樂汁，加入檸檬汁增加層次感，再混合綠茶，降低甜度，「芭樂是一年四季都有，檸檬可以先榨汁保存，能做到常態供應。」而好市多會員制，又為關鍵字概念加分。會員制讓消費者期待買到獨家品項，試吃活動能透過味蕾召喚出群體記憶，於是成就這款芭樂檸檬綠茶熱銷飲品。

與通路建立緊密合作，得先聽懂對方語言，把概念轉化成實際的產品設計提案，才有機會跟採購談價格。

資料來源：游羽棠（2022-11-10）。果汁貴一倍，消費者卻埋單！外行人抓關鍵字創好市多爆品。商業周刊，1826 期。2022-11-10，取自：商業周刊知識庫。

評論

以市場為重、理解通路語言、用關鍵字組合出爆品，這讓產品具有差異化，符合顧客需求，因此採用價格區隔的方式定價，屬於新產品防禦性定價的一種。

二 STP 流程

STP 流程扼要整理如表 6-1 所示，以下詳述其內容。

表 6-1 STP 流程

流程	內容	重要變數
1. 市場區隔	依據購買者對產品或行銷組合的不同需求，將市場劃分成幾個可加以確認的區隔，並描述各市場區隔的輪廓。	消費者特徵、消費者反應、利益區隔、行為區隔
2. 選擇目標市場	選擇一個或多個所要進入的市場區隔。	市場吸引力、潛能、獲利性、成本、策略配適度
3. 定位策略	建立在市場上重要且獨特的利益，並與目標客戶溝通，亦即在消費者腦海中，為某個品牌建立有別於競爭者的形象。	產品與服務屬性（差異化）、競爭者、使用者、應用領域、關聯者

(一) 市場區隔

定義目標市場的首要步驟是進行市場區隔，市場區隔乃是依據購買者對產品或行銷組合的不同需求，將市場劃分成幾個可加以確認的區隔，並描述各市場區隔的輪廓。

區隔市場使用需求變數，例如：消費者特徵、慾望、利益等市場加以區分，其次再描述市場區隔定義使用變數，幫助廠商了解消費者需要什麼服務。主要的區隔變數說明如下：

1. **消費者特徵（Consumer Characteristics）**：使用地理、人口統計及心理特徵等區隔變數，觀察區隔顧客是否有不同需求或對某產品有不同的反應。
2. **消費者反應（Consumer Response）**：消費者所尋求的利益、使用時機或品牌，在地理、人口統計及心理統計等變數組合是否存在差異。主要的區隔變數是地理性、人口統計、心理及行爲的區隔化。
3. **利益區隔**：利益區隔是基於消費者在購買與消費產品時，所尋求的利益（想要實現的需要）來區隔市場。牙膏是要防蛀、潔白或使口氣清新，就是根據不同顧客所追求的利益而來的。

圖 6-21 牙膏的存在是為追求口腔的衛生與健康之利益
（圖片來源：Suara.com）

4. **行爲區隔**：行爲區隔包含時機、使用率等。時機是指顧客的特定事件，例如：搭乘飛機的時機可能是商務或度假，航空公司可以專門爲度假的乘客提供服務；使用率指的是使用頻率或使用程度，例如：市場可被區隔爲偶爾、一般和經常使用者。

圖 6-22　航空公司為商務與度假之旅客提供服務（圖片來源：Pinterest）

市場區隔是否有效需要加以評估，市場區隔的評估標準主要包含（謝德高編譯，民93，pp. 161）：

1. **可衡量性（Measurability）**：能夠辨認區塊內的消費者，並衡量該市場區塊的規模與購買力等。可衡量性也包含可以於該區隔中得到有一市場大小、性質與行爲的資訊。
2. **足量性（Substantiality）**：足量性是指市場大小，也就是市場區隔的規模、銷售潛力足以支持廠商生存發展。
3. **可接近性（Accessibility）**：能否透過媒體、地點或管道，接觸消費者，以便和其溝通，促使交易發生。市場難以接近的原因包含潛在購買者過於分散或遙遠、潛在購買者刻意隱藏身份或拒絕回應、法令或社會規範的阻撓等。
4. **可實踐性（Actionability）**：該市場能夠發展有效的策略來影響潛在消費者，受廠商的能力與資源影響。
5. **一致性**：區隔內的成員在行爲或與行爲有關的特徵上相似的程度。

(二) 選擇目標市場

選擇目標市場就是選擇一個或多個所要進入的市場區隔。選擇目標市場主要的考量因素包含市場吸引力、潛能、獲利性、成本、策略配適度等。

選擇目標市場之後，便需要考量進入市場的方法，進入目標市場常見的策略包含（林正智、方世榮編譯，民98）：

1. **集中行銷（利基市場）**：決定進入某個利基市場。例如：鞋業的行銷針對足球選手市場、舞者市場或女性上班族市場，這三項均爲鞋業的利基市場。
2. **差異行銷**：針對目標市場進行差異化行銷。例如：針對運動需求、跳芭蕾舞需求、美麗需求而提供差異化的產品或服務。

圖 6-23　鞋業廠商藉著比賽期間行銷產品（圖片來源：Nike）

3. **產品專業化**：針對專業的市場提供產品與服務。例如：棉被業者針對飯店、醫院提供棉被產品。

4. **市場專業化**：指的是提供多個產品給單一市場，以充分滿足市場需求。例如：3C 產品的週邊產品、維修服務、網路建置等產品與服務，均提供給 3C 市場。

5. **無差異行銷**：指的是企業忽略區隔行銷，只針對市場提供單一的行銷組合（單一產品對整體市場）。無差異行銷的重點是忽略消費者的相異需求而重視其共同的需求，早期可口可樂提供相同包裝、相同口味的產品，這就是無差異行銷的例子。

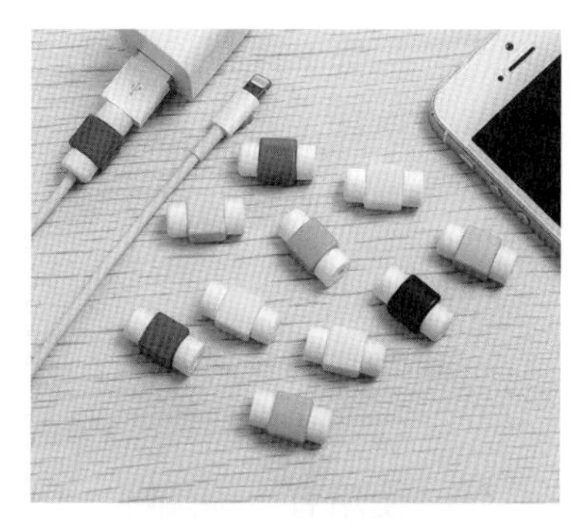

圖 6-24 3C 週邊產品——傳輸線保護套

（圖片來源：Feebee）

除了上述目標市場策略之外，目標市場依據其對象與規模，可以進行更精細的分類，例如：個人化行銷是將個人視爲目標市場，而提供個人化差異性之產品與服務；大量客製化，則是針對多個群體，提供客製化的產品或服務。

(三) 定位策略

1. 定位的變數

定位指的是建立在市場上重要且獨特的利益，並與目標客戶溝通，亦即在消費者腦海中，爲某個品牌建立有別於競爭者的形象（曾光華，民 95，pp. 282）。市場定位須確認定位概念提供具吸引力產品或服務滿足消費者，強化公司整體形象。

定位的依據是來自使命與形象目標，此時企業的事業定義或是使命目標就是公司的定位。產品的定位乃是針對該產品的特性而進行定位，但仍需要注意與公司定位的一致性。

定位策略主要依據差異化屬性加以擬定，包含產品本身的價格、價值，以及產品的應用、使用者特性等。本書將定位的變數區分爲產品與服務屬性（差異化）、競爭者、使用者、應用領域、關聯者五項，如圖 6-25 所示。

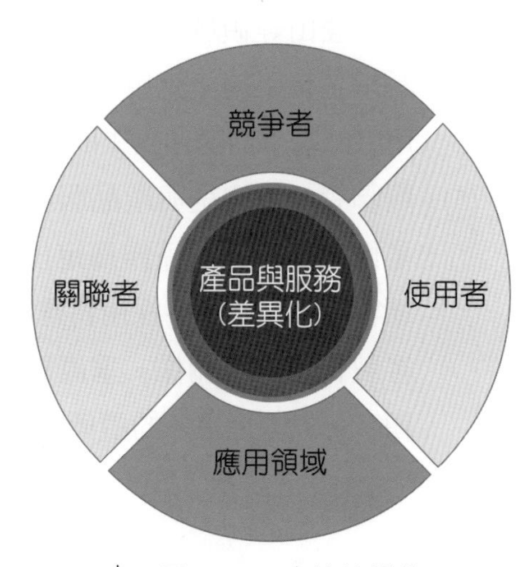

圖 6-25 定位的變數

圖 6-25 的說明如下：

(1) 產品的差異化：除了圖 6-10 的差異化來源之外，一般行銷書籍經常採用屬性（Attributes）、功能（Functions）、利益（Benefits）、個性（Personalities）的定位方式，稱爲AFBP。屬性（Attributes）有的較爲具體（如：材料、體積、顏色、價格），有的較爲無形（如：美感、保證、服務速度），屬性常和功能結合定位。

例如：戴爾電腦具有客製化或是接單生產的特色；咖啡可由口味純正與浪漫氣氛兩個角度來定位；汽車可以由價格、性能或整體服務來加以定位；利益（Benefits）主要用來傳達產品可以解決什麼問題或帶來什麼功用，包含實用功能、感受及意義；個性（Personalities）適合較昂貴、涉入程度較高或可以用來彰顯個人品味或地位的產品。

(2) 使用者：強調哪一類型的人最適合或最應該使用某個品牌，使用者定位和品牌個性定位有極大的關聯性，例如：玫瑰卡最適合認眞生活與工作的女性。使用者定位可以直接和市場區隔相關聯，例如：針對婦女市場、金字塔頂端市場等。

圖 6-26　台新玫瑰卡搶攻女性消費市場（圖片來源：台新銀行）

(3) 競爭者：以競爭者作爲定位的方式，常以暗示或明示的比較性廣告爲手段。

(4) 應用領域：以產品或服務應用的領域作爲定位的基礎，例如：運動用品應用於一般運動或是專業的球類、登山等領域，醫藥訴求治療肝炎或過敏等，其訴求各有不同。應用領域的定位概念也可能是由使用者的需求而延伸出來的。

(5) 關聯者：指的是與產品服務提供相關的聯盟夥伴或是供應鏈夥伴關係作爲定位的基礎，例如：企業與顧客或與合作夥伴採用特殊的關係，包含共同創造、客製化、長程關係、垂直整合等，而這些關係對於顧客可以創造更多的價值。

圖 6-27　衝浪板應用於運動領域
（圖片來源：Decathlon）

依據上述分析，定位在策略上的考量主要是從差異化變數與價格（價位）兩個構面來考量，也可以由兩個差異化變數來定位，例如：提供便利與品質，或是多個差異化變數來定位，例如:汽車的定位包含尊貴、性能、安全等。差異化與價格定位如圖6-28所示。

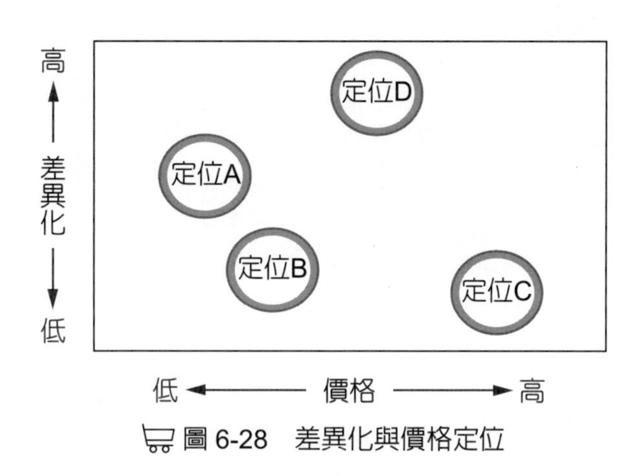

圖 6-28　差異化與價格定位

2.　定位的判斷標準

從策略的一致性來說，定位需要符合企業的形象目標、目標市場的需求以及競爭者的考量，一般來說，定位是否適當的判斷標準如下：

(1) 競爭差異性：差異性越大越能吸引目標市場的注意。例如：銀行以「良好的服務態度」爲定位，須要考量其服務態度的獨特性或是與競爭者的差異性，也就是顯著優於競爭者。

(2) 市場接受度：是否被目標市場認可，或認爲有必要或重要的，或是顧客有能力購買該差異化產品或服務。

(3) 本身條件的配合：本身在技術、產品製造或取得、行銷能力、經營管理等方面的配合。

威名百貨（Wal-Mart）將本身定位爲低價超市的領導品牌，提供親切服務，照顧小鄉鎮居民、大力鼓吹美國價値，而且消費者可以在同一家超市購買到所有的產品（陸劍豪譯，民91，Ch3）。此種定位訴求產品銷售與服務的便利性，對於此種定位，能夠提供足夠的差異性，市場接受度也足夠，而威名百貨本身透過供應商關係、完整的資訊系統平臺等條件配合，說明該定位的適切性。

圖 6-29 威名百貨（Wal-Mart）（圖片來源：Time Magazine）

3. 定位的傳播

定位完成之後，必須要將此定位傳達給目標市場的消費者。一般行銷組合的擬定，包含產品、價格、通路、促銷等，必須依據此定位策略。對於產品組合而言，定位影響品牌決策與產品規格，品牌包含形象的考量、品牌標誌的設計等，產品規格則包含產品的性能、品質、造型意象與工業設計、包裝、保證與服務等；對於價格而言，產品的價格本身就是定位的重要變數；對於通路而言，定位影響通路的服務水準，也就影響通路夥伴的選擇、教育訓練、通路的促銷活動等。

在推廣方面，包含廣告訴求、促銷及公關訊息、銷售人員的素質等均與定位有關。例如：咖啡若由浪漫氣氛來定位，則咖啡產品與服務、場地布置與氣氛、促銷的文案等均須符合浪漫氣氛的定位。又例如賓士汽車以豪華來定位，則賓士汽車的產品設計、價格、通路、促銷方式等均須符合豪華的氣派。

產品經理手冊

定位是由價格與差異化（或其他定位變數）兩個軸向所構成，產品經理運用這兩個軸向可以明顯表示本公司或某產品在市場上的地位。

本章摘要

1. 產品概念（Product Concept）指的是從消費者的角度，運用文字或圖片等媒體，來描述產品特性與利益、產品概念可能是解案（形式、技術）、利益、規格指標之組合。
2. 考量差異化策略的來源，首先由產品抽象化的程度，其來源主要包含定位（概念化）差異化、產品差異化、屬性差異化；若從產品發展的橫向過程來說，包含技術差異化、製造差異化、產品差異化、通路差異化、銷售差異化，差異化是定位的基礎。
3. 擬定產品差異化策略的步驟包含定義新產品的目標、定義目標市場、差異化策略提案、資源分配、達成途徑之定義等。
4. 新產品的定價策略可區分爲攻擊性（Offensive Pricing Strategies）與防禦性（Defensive Pricing Strategies）的定價策略。攻擊性的定價策略指的是企業運用價格作爲主要的競爭武器，攻擊性的定價策略主要包含滲透定價（Penetration Pricing）與經驗曲線定價（Experience-Curve Pricing）；防禦性的定價策略主要是運用價格來輔助差異化策略的定價方式，常見的防禦性的定價策略包含吸脂定價（Skim Pricing）、價値基礎定價（Value-Based Pricing）、競爭定價策略等。
5. 定位的流程通常依據市場區隔（Segamentation）、選擇目標市場（Targeting）、定位（Positioning）等步驟進行，稱爲 STP 流程。
6. 定位策略主要依據差異化屬性加以擬定，包含產品本身的價格、價值，以及產品的應用、使用者特性等。定位的變數包含產品與服務屬性（差異化）、競爭者、使用者、應用領域、關聯者五項。
7. 從策略的一致性來說，定位需要符合企業的形象目標、目標市場的需求，以及競爭者的考量，定位是否適當的判斷標準包含競爭差異性、市場接受度、本身條件的配合等。

本章習題

一、選擇題

(　　) 1. 對產品完整的利益描述稱爲　(A) 核心利益　(B) 價值主張　(C) 產品特性　(D) 以上皆非。

(　　) 2. 下列有關產品屬性的描述何者有誤？　(A) 汽車的省油、操控性是功能屬性　(B) 衣服的樣式、質感是功能屬性　(C) 汽車的舒適、豪華是風格屬性　(D) 以上皆非。

(　　) 3. 材質與質感是屬於哪一種風格的要素？　(A) 視覺　(B) 聽覺　(C) 觸覺　(D) 以上皆非。

(　　) 4. 烹調食物採用慢火燉煮，加入某些特殊的醬料，是屬於哪一種加值流程的差異化？　(A) 平臺差異化　(B) 技術差異化　(C) 製造差異化　(D) 以上皆非。

(　　) 5. 差異化因子必須不容易被對手搶奪或模仿，這是哪一種評估差異化的因子？(A) 關聯性　(B) 嚮往性　(C) 可防衛性　(D) 以上皆非。

(　　) 6. 差異化成爲最不重要的競爭策略，這是生命週期哪一個階段的差異化策略？(A) 導入期　(B) 成長期　(C) 成熟期　(D) 衰退期。

(　　) 7. 下列何者不是屬於攻擊性的定價策略？　(A) 滲透定價　(B) 經驗曲線定價　(C) 吸脂定價　(D) 以上皆非。

(　　) 8. 依據牙膏是要防蛀、潔白或使口氣清新而進行市場區隔，這使用哪一種區隔變數？　(A) 消費者特徵　(B) 消費者反應　(C) 消費者利益　(D) 以上皆非。

(　　) 9. 能否透過媒體、地點或管道，接觸消費者，以便和其溝通，促使交易發生，這是哪一種區隔變數的評估標準？　(A) 可衡量性　(B) 足量性　(C) 可接近性　(D) 以上皆非。

(　　) 10. 早期可口可樂針對市場提供相同包裝、相同口味的產品，這是屬於哪一種進入市場的策略？　(A) 集中行銷　(B) 差異行銷　(C) 產品專業化　(D) 無差異行銷。

二、問答題

1. 產品概念的元素爲何？

2. 差異化可能的來源有哪些？

3. 擬定產品差異化策略的步驟爲何？

4. 新產品的定價策略可區分爲哪兩種？請分別舉例說明。

5. 進入目標市場常見的策略有哪些？

6. 定位的變數可區分爲哪五項？

三、實作題

請就你所熟悉的任何一家小吃店，描述其產品定位策略。

<table>
<tr><th>小吃店名稱</th><th>產品線（例如簡餐）</th><th>產品項</th><th>目標市場</th><th>價格</th><th>定位屬性
（例如美味）</th></tr>
<tr><td rowspan="9"></td><td rowspan="3"></td><td></td><td rowspan="9"></td><td></td><td></td></tr>
<tr><td></td><td></td><td></td></tr>
<tr><td></td><td></td><td></td></tr>
<tr><td rowspan="3"></td><td></td><td></td><td></td></tr>
<tr><td></td><td></td><td></td></tr>
<tr><td></td><td></td><td></td></tr>
<tr><td rowspan="3"></td><td></td><td></td><td></td></tr>
<tr><td></td><td></td><td></td></tr>
<tr><td></td><td></td><td></td></tr>
</table>

參考文獻

1. 呂奕欣譯（民 100），《設計力創新》，（原作者：羅伯托．維甘提），初版，臺北市：馬可孛羅文化出版，家庭傳媒城邦分公司發行。
2. 林正智、方世榮編譯（民 98），《行銷管理》，初版，臺北市：新加坡商勝智學習。
3. 林宜萱譯（民 91），《策略行銷管理：發揮產品優勢、打入利基市場的高效策略》，（原作者：馬克 ． 培利 Mark E. Parry，Strategic Marketing Management），初版，臺北市：麥格羅希爾。
4. 陸劍豪譯（民 91），《情緒行銷》，初版，臺北市：商周出版，城邦文化發行。
5. 曾光華（民 95），《行銷管理：理論解析與實務應用》，二版。新北市三重區：前程文化。
6. 彭玲林譯（民 100），《再貴也能賣到缺貨的秘密》，（原作者：傑基．戴 Jacky Tai、威爾遜．邱 Wilson Chew），初版，臺北市：商周，城邦文化出版，城邦文化發行。
7. 郭建中譯（民 88），《大市場美學》，一版，臺北縣三重市：新雨。
8. 謝德高編譯（民 93），《定位與定價：科特勒談 21 世紀的行銷挑戰》，（原作者：菲利普 ． 科特勒原著），一版，新北市中和區：百善書房出版，旭昇圖書發行。
9. 顏和正譯（民 100），《行銷 3.0：與消費者心靈共鳴》，一版，臺北市：天下雜誌。
10. McGrath, M. E.（2000）, Product Strategy for High Technology Compane, 2nd ed., NY: McGraw-Hill.

07

產品發展策略

學習目標

本章內容為成長策略的類別以及以產品為中心的成長策略，包含產品與市場創新以及新產品策略規劃的流程，各節內容如下表。

節次	節名	主要內容
7-1	成長策略	說明成長策略的方式以及新產品在成長策略中扮演的角色。
7-2	產品與市場創新	說明產品創新與市場創新的可能方法，以支援公司的成長策略。
7-3	產品發展策略	說明新產品發展策略的定義及其策略規劃的流程。

引導案例

Cree 藍光 LED 燈泡

美國 LED 大廠科瑞公司（Cree）在 1987 年創立，1993 年掛牌上市，此時原任職於惠普科技（HP）的史沃博達（Charles Chuck Swoboda）進入該公司擔任產品經理，由於表現優異，四年晉升營運長，再兩年榮任總裁。史沃博達相當重視創新，使得快速企業雜誌將該公司評選為「2015 最創新的公司」之一，主要的理由是：「快速且機靈巧智地成為領先的消費性 LED 品牌。」

CREE

圖 7-1　科瑞公司（Cree）
（圖片來源：Wikipedia）

在史沃博達的領導之下，科瑞公司在技術上的主要創新是藍光 LED，而且在 1989 年開發出世界第一顆商用藍光 LED。此時，該公司仍以製造銷售 LED 晶片及其他零組件為主，主要經營工業市場。2008 年北京奧運主場館「鳥巢」的照明設備就是採用該公司的產品。

圖 7-2　藍光 LED 燈泡
（圖片來源：Flickr）

由於 LED 燈泡造價較高，一般消費者不太願意購買，但是史沃博達經過市場評估之後，認為有相當豐厚的潛力，加上打入消費市場可以打響品牌知名度，因此決定對消費者推出 LED 燈泡。這個市場的拓展需要一連串的策略佈局來配合，包含垂直整合、秘密研發、開拓通路等。垂直整合是透過購併，整合 LED 晶片、零組件及終端照明解決方案業務，以便進入商用市場並取得較低成本的技術與製造平臺；秘密研發指的就是建立祕密的研發基地，以保護本身的策略方案及技術；通路開拓則在經費限制之下，採用的方法是與零售廠商合作，包含居家飾品與建材連鎖商店，都是相當大的零售廠商。

在這些成長策略之下，科瑞公司果然顯著提高品牌知名度，並與奇異公司、飛利浦等百年大廠競爭，而且該公司堅持永遠保持創業精神。（資料來源：編輯部，科瑞公司執行長史沃博達：燈泡市場的創新小巨人，EMBA 雜誌，2016-02）

以產品為中心的成長策略包含了產品與市場兩大部分，產品指的是改良舊產品或開發新產品，以提升銷售之績效；市場指的是提升舊有市場的佔有率或是攻佔新市場，均可達成成長的目的。個案公司在產品及市場方面均充分展示其創新的潛力。

7-1 成長策略

成長策略說明公司用以逐漸成長或快速成長的策略方案，例如運用購併、創業投資、創新等方式爲之（McGrath, 2000, pp. 275），也包含國際化、多角化以及整合策略，分別說明如下：

1. **購併策略**：透過併購是企業擴充的方式之一，包含產品或市場，均有可能提升。
2. **國際化策略**：討論產品擴充時也需要考量到國際市場，運用經銷、設廠或是研發等方式進入國際市場，也是擴充的策略選項之一。
3. **多角化經營與創業投資**：創業（Entrepreneurship）是創業者開創事業的過程與活動，創業者需要負責創業團隊的組織以及經營，並承擔風險。創新事業可能是創立高科技或是龐大的事業，以便創造龐大的財富，也可能包含中小型企業的創立或是公司內部提升價值的創新活動。以創投或創新而言，其策略方案可能涵蓋新市場或新產品兩大構面，而其中運用新產品以達成公司成長目標亦爲重要的方法之一，也就是新產品創新策略。
4. **整合策略**：企業進行垂直整合、水平整合，或是建立虛擬價值鏈，以達成成長的目的。

若針對產品來討論成長策略，產品包含新產品發展或是產品差異化，運用新產品發展作爲成長策略的手段也可稱之爲產品成長策略（Product Growth Strategy）。從漸進式創新的角度來說，產品差異化策略亦屬於成長策略的一環，可以透過產品差異化的過程，提高市場銷售量，達到成長的目標。主要的產品成長策略包含產品平臺策略、產品線策略，產品成長策略影響市場策略的市場區隔與定位策略。

成長策略可以運用產品的開發與市場的成長來擴充，產品的領域有聚焦與廣泛之分，產品亦有新舊產品之分，或是差異化程度之分；市場則有新市場與舊市場之分。就策略擬定的角度而言，產品與市場兩個方向應該要加以適當地調準，產品部份主要是以技術爲衡量標準，推出越新的產品需運用越新的技術，產品的新穎性成爲重要的指標；市場也是以新市場、相關市場、原有市場爲擴充對象。常用的擴充策略爲 Ansoff 矩陣圖（Ansoff and Edward, 1990），如圖 7-3 所示。

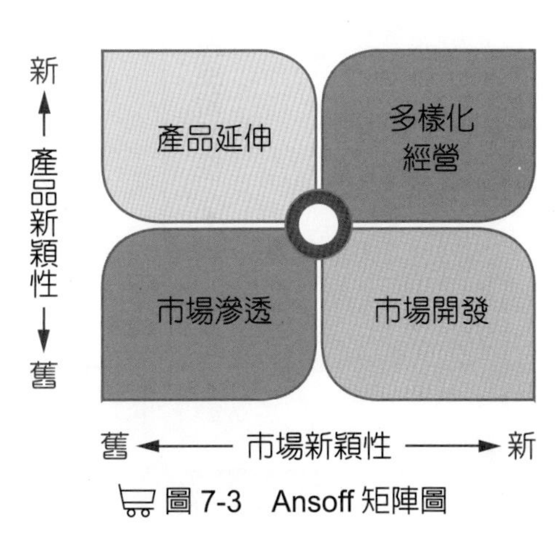

圖 7-3 Ansoff 矩陣圖

圖 7-3 的 Ansoff 矩陣說明如下（Ansoff and Edward, 1990）：

1. 市場滲透（**Market Penetration**）：指的是以現有的產品面對現有的顧客，主要的策略做法是運用促銷或提升服務品質等方式來提升產品的市場佔有率。市場滲透也可以採用產品差異化戰略來加強客戶的忠誠度。
2. 市場開發（**Market Development**）：指的是運用現有產品於新市場，也就是需要進行新市場開拓，在不同的市場上找到具有該需求的顧客。例如：摩托羅拉在 1940 年代，針對汽車收音機的產品由 AM 擴充為 FM，FM 技術也讓摩托羅拉的事業擴充至手提式收音機以及軍警使用之收音機，此種技術也成為未來手機的發展。
3. 產品延伸（**Product Development**）：指的是針對現有市場提供新產品，此時需要進行新產品研發，並且需要強化現有顧客的關係，以便提升新產品的接受度。
4. 多樣化經營（**Diversification**）：指的是提供新產品給新市場，此時牽涉到產品創新與市場開拓，因此具有較高的風險，但也可能有較高的成長效果。成功的多樣化經營企業多半能在銷售、通路或產品技術等方面取得某種綜效（Synergy）。例如 3M 公司依據其黏著技術的核心專長，已經發展超過一萬個產品，包含不同類型的磁帶、醫藥、醫療設備、醫療儀器等。

從動態的角度來說，擴充策略指的是先分析目前的狀況，是在矩陣中的哪一個位置，再依據策略分析來決定擴充的方向，是著重於新產品方向或是新市場的方向，該策略需要考量企業本身的產品發展能力與市場開拓及行銷能力，擬定擴充策略時，需要調準市場與產品這兩個構面，如圖 7-4 所示。

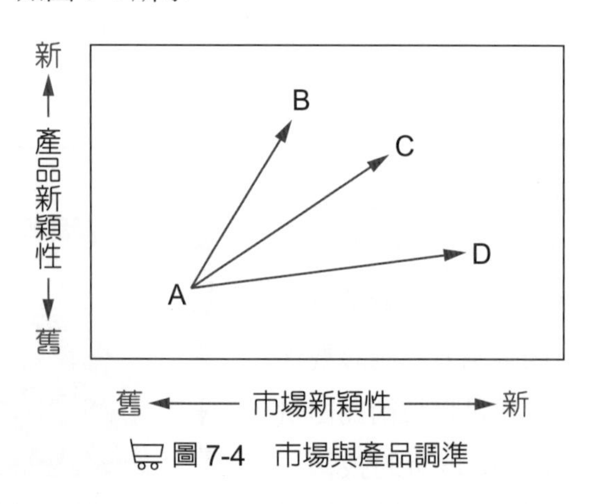

圖 7-4　市場與產品調準

產品經理手冊

成長是企業發展的重要議題，有許多的成長策略是透過產品與市場的擴充而得，產品經理需要了解可能的成長策略以及其中產品所扮演的角色。

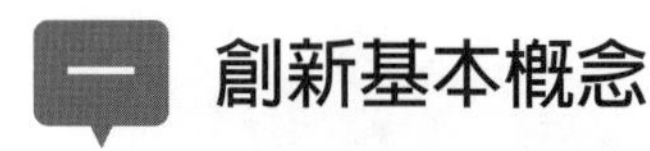

7-2 產品與市場創新

一 創新基本概念

由於外在環境變化快速，企業競爭激烈（例如：技術的快速進步、資訊技術造成許多產業結構的改變等），能夠建立並維持競爭優勢是企業（甚至產業、國家）能夠生存發展的必要條件。而對於產品與服務的創新、企業流程與價值鏈的創新，至整個產業遊戲規則改變的創新等，均是建立並維持競爭優勢的前提。這些創新活動是企業適應或操縱環境變化的方法，建立良好的創新系統需要善用目前已經具有的創新理論知識與實務，包含創新的來源、創意性的提案、創新的實現等，再配合管理領域的策略規劃、組織設計、專案管理等知識技能。

任何與以往不同或是與眾不同的改變皆稱之爲創新，在一般觀念上創新可包括下列事項：

1. 結合兩種（或以上）現有事情，以較創新之方式產生。
2. 將新的理念由觀念轉化成實際之活動。
3. 新設備的發明與執行。
4. 相對於既有形式而言，新的東西或事情。

但所謂的「創新」，並不僅限於新科技的創新，其他如經營模式、產品、行銷、服務或者整個供應鏈等，不同角度出發之考量較新穎活動或改革，皆可涵蓋在內。以創新的型態而言，經濟學家熊彼得提出新產品、新服務、新方法或生產、開創新市場、新的供應來源、新的組織方法等六種不同的創新型態（Schumpeter, 1934）。也就是說，創新的對象包含技術、方法流程、產品、服務、產業或經營模式的創新。分別說明如下：

1. **技術創新**：指的是企業在專業領域方面技術上的開發或採用。
2. **流程創新**：指的是企業 R&D、生產、服務或其他流程的改良或開創，如管理方面的 BPR、TQM 等。
3. **新產品或服務**：指的是企業在產品或服務方面的創新，以提供全新或差異化的結果給顧客。
4. **經營模式創新**：指的是企業採用新的經營方法，或開拓新的經營模式。

創新策略的定義就是爲達成競爭目標或擺脫競爭，投入適當的資源以便進行不同規模的創新，或是不同型態創新的決策或規劃活動。

圖 7-5　蒸汽機引擎
（圖片來源：科技論壇）

創新的規模指的是創新的幅度，規模越大可能於大幅度的創新或是全新的技術出現，規模較小者，指的是漸進式的創新，創新規模可區分為（Khalil, 2000）：

1. **跳躍式創新（Radical Innovation）**：可以開創新功能（Functionality）的技術創新，例如：蒸汽機引擎技術。跳躍式創新則以發明為基礎，全新知識領域、創造新產業。
2. **漸進式創新（Incremental Innovation）**：未開創新功能（Functionality），但可以改善現有技術之績效、特性、安全、品質，或降低成本的技術創新，例如：蒸汽機引擎技術中的調節器。漸進式創新屬於逐漸的改良。

二　產品創新

商品化的重要途徑乃是透過產品的推出而展現，技術生命週期代表技術的成熟度，不同的技術成熟度對於產品也有不同的影響。就產品本身而言，是由市場需求所衍生的產品概念為開端，再運用技術加以設計與開發，經過生產與銷售過程進入市場，最後被新產品或替代產品所取代。產品生命週期一般區分為概念設計與原型、產品發售、產品成長、成熟期、替代產品、產品淘汰等六個階段（Khalil, 2000），產品生命週期的各階段內容說明如下：

1. **概念設計與原型**：於概念設計與原型階段，產品尚未符合市場需求，因此幾乎沒有市場交易量。
2. **產品發售**：技術應用於產品發展，已經進入試產試銷之階段，此時已經有少數的交易量，曲線形狀或斜率取決於市場對產品之反應。
3. **產品成長**：產品已經進入市場銷售之階段，此時的交易量會因為市場對產品之接受度提升而逐漸成長，曲線形狀或斜率取決於市場對產品之知道與接受度。
4. **成熟期**：基於市場的逐漸飽和，此時產品銷售量的提升逐漸減緩，曲線形狀取決於市場對產品之普及與飽和。
5. **替代產品**：由於市場飽和以及新產品之威脅，產品的交易量逐漸減少。

6. **產品淘汰**：當產品幾乎被其他產品取代時，市場交易量快速減少，產品面臨淘汰，該項產品可能被淘汰、回收或置於博物館。

產品生命週期曲線如圖 7-6 所示。

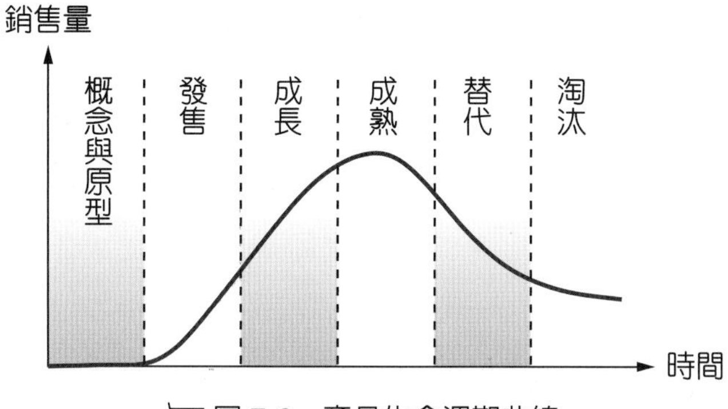

圖 7-6　產品生命週期曲線

新產品也是創新的主軸之一，只要是相對較新的產品均可以稱之爲新產品，所謂相對較新指的是企業本身相對於過去的產品、企業相對於其他競爭者的產品，甚至相對於全世界目前的產品。依據 Cooper 的定義，新產品包含（巫宗融譯，民 89）：

1. **新問世的產品**：是創造出整個新市場的發明，例如：多年前 Sony 的隨身聽產品 HP 的雷射印表機，在當時都是新問世的產品。
2. **公司全新的產品**：雖然在市場上不是全新的產品，但對該公司而言，卻是全新的產品領域或開拓新的產品線，例如：Canon 的雷射印表機，市場上已存在雷射印表機產品，但對 Canon 而言卻是新的產品。
3. **現有產品線的新增產品**：指的是產品線的延伸。例如汽車推出更高檔次汽車的向上延伸，HP 推出 LaserJet7P 的家用電腦平價雷射印表機等。
4. **對現有產品的改良**：將現有的產品做得更出色。例如：P&G 的棕欖香皂與 Tide 洗衣粉均經過相當多次的改良。
5. **重新定位的產品**：重新定位，使之擁有新用途或應用方式的產品。例如：阿斯匹靈被重新定位爲維護心臟心跳的藥物等。

圖 7-7　Canon 雷射印表機
（圖片來源：Canon）

圖 7-8　Tide 洗衣粉
（圖片來源：Tide）

6. **降低成本的產品**：以較低價格提供給顧客相同效果的新產品。例如：改善製程、使用新零件等。

從企業適應環境的角度來說，創新或是產品創新的壓力主要都來自技術、市場的需求或是競爭的壓力，Cooper 歸納高階經理人認爲產品創新的動力來源（動機）共有四項（巫宗融譯，民 89）：

1. 科技的發展。
2. 消費者需求的改變。
3. 產品生命週期愈來愈短。
4. 全球競爭越來越激烈。

產品新趨勢

英國勞斯萊斯的產品創新

英國勞斯萊斯（Rolls-Royce）是全球前三大商用噴射引擎公司，在全世界生產超過 13,000 臺飛機引擎，並廣泛應用於商用飛機。

圖 7-9　勞斯萊斯啓動智慧引擎服務
（圖片來源：Pexels）

勞斯萊斯早在 1962 年就率先業界提出一個構想：以飛行時數收費的方式，由原先的「販賣引擎」轉換為「販賣飛行時數」的商業模式，包含租賃費用與維修管理服務都以飛行時數計算。透過與微軟的 Azure 合作建構分析平臺，提供數據分析服務、物聯網管理平臺、即時操作建議，以節約燃料、預測維修需求、減少高成本的停機檢測和延誤時間，實現效能最大化，並提供更好的服務。勞斯萊斯並進一步啓動智慧引擎服務，讓引擎能學習「彼此」的經驗，使駕駛能根據各種狀況作出更好飛行的決定。

資料來源：詹文男等合著（民 109），《數位轉型力：最完整的企業數位化策略 X50 間成功企業案例解析》，初版，臺北市：商周出版，家庭傳媒城邦分公司發行。

評論

英國勞斯萊斯在「販賣飛行時數」的商業模式之下，需要建構分析平臺，才能有效提供相關服務，這就是產品（或服務）創新。

三 市場創新

市場創新有許多方法，本節介紹藍海策略、水平行銷、破壞式創新等三種方式。

(一) 藍海策略

藍海策略（黃秀媛譯，民 94）是由金偉燦（W. Chan Kim）與莫伯尼（Renee Mauborgne）提出，藍海策略的主要訴求是擺脫競爭，開創無人競爭的新市場空間，這必須要有新的策略定義或是新的產品與服務。爲了達到這個目的，藍海策略提出的分析工具稱爲策略草圖，針對事業本身的競爭屬性，加以評估，開創出不同於原有競爭者的競爭屬性組合，達成開創新市場空間的目的。

藍海策略提出四項行動架構（黃秀媛譯，民 94）：

1. **銷去**：本行視爲理所當然的因素，有哪些應予消除？例如：澳洲紅酒黃尾袋鼠便消去年份、術語、高規格行銷等屬性。
2. **降低**：有哪些因素應該減少到遠低於本行標準？例如：黃尾袋鼠降低深奧品酒、傳承、種類。
3. **提升**：有哪些因素應該提升到遠超乎本行標準？例如：黃尾袋鼠提升售價（針對平價葡萄酒）。
4. **創造**：有哪些本行從未提供的因素應該創造出來？例如：黃尾袋鼠創造順口、容易選擇、趣味和冒險。這些創造的要素來自於機會的尋找。

圖 7-10 澳洲酒類品牌——黃尾袋鼠
（圖片來源：JD.com）

上述的行動架構需要有一些分析基礎，藍海策略亦提出擴展市場邊界的六大途徑（黃秀媛譯，民 94）：

1. 跨足另類產業。
2. 探討策略群組。
3. 破解顧客鏈。
4. 互補產品與服務。
5. 理性追求與感性追求。
6. 看見未來趨勢。

(二) 水平行銷的創新策略

行銷領域學者柯特勒（Philip Kolter）與費南多（Fernando Trias De Bes）提出水平行銷的創新策略（陳琇玲譯，民94），主張透過新用途、新情況或在產品上做適度的改變，以創新的產品類別，進而重新建構市場。其主要的步驟如下：

1. **決定層級、分析要素**：依據柯特勒的講法，所謂的層級包含市場層級、產品層級、行銷組合層級。市場層級是依據某產品，分析該產品的市場組成要素，包含需求、效用、目標、時間、地點、情況、經驗等；產品層級是依據某產品，分析該產品的產品組成要素，包含有形產品/服務、包裝、品牌、屬性、用途或購買；行銷組合層級則是依據某產品，分析該產品的其他行銷組合要素，包含定價、經銷、廣告、傳播、通路等。
2. **選出重點**：選出一項我們想要產生水平位移的重點。重點可以是要解決的問題、要達成的目標，或者只是一個簡單的物體。重點即爲固定樁，是重點組成必要元素，一旦移動，就會遠離現有本質或影響現有功能。
3. **進行水平位移**：爲產生缺口而引發水平位移。水平位移則是在邏輯思考順序中的一項干擾。這構想可能合理，也可能不合理，但卻能引發刺激（水平位移相當於常用在創意中的「刺激」概念）。唯有採跳躍性的思維，缺口才能產生。產生缺口的唯一方法就是暫時打斷邏輯思考，產生了非邏輯性的措辭，其方法有：取代、調整、結合、強化、去除、重新排序。
4. **建立關聯性**：想辦法與缺口建立連結。由購買流程分析，獲得有利或有效用之事項，進而對該提案做更具體的描述。

柯特勒認爲，落實水平行銷創新的三大系統包含構想市場、資金市場、人才市場。

(三) 破壞式創新

創新領域的著名學者克里斯汀生（Clayton M. Christensen）提出破壞性創新的策略（李芳齡、李田樹譯，民92），破壞性的創新策略的主要訴求，是利用低階或必備的技術以及相對較低的價格，來攻佔廣大的市場，此種策略可能破壞原有市場的創新者。克里斯汀生認爲維持性的創新有其限制，而且創新需要有好的理論來引導；其次，再說明如果要打敗最強的競爭者，破壞性創新是一個可能的選擇（也許可以花80%於主要業務，20%於破壞性創新），破壞性創新包含新市場的破壞性創新、低階市場的破壞性創新兩項。

克里斯汀生的創新策略說明如下：

1. **維持性創新**：係指生產性能好的產品，可以以更高價格銷售給既有顧客。在此競局中，贏家通常是市場領導者。

2. **破壞性創新**：指的並不是生產更好的產品，提供給既有市場的顧客。而是做出更簡單、更便利、更便宜的產品，提供給新的顧客層，或是要求不那麼高的顧客群。

3. **新市場的破壞性創新**：係指積極爭取尚未消費的新顧客，例如：佳能推出的桌上型影印機。

4. **低階市場的破壞性創新**：是利用低成本攻擊既有價值網絡的低階市場，例如：量販店及折扣零售商店的出現。

產品新趨勢

雄獅旅遊找出藍海市場

當國內旅行社多數都進入「冬眠」般的低量能運作，疫情前擁有三千六百多名員工的雄獅旅遊，堪稱積極度之冠。他們選擇了一條路：發展高質感、高單價國旅。

這段時間，雄獅董事長王文傑帶一級主管利用週末時間，踏遍全臺灣踩點，至今已跑了超過四十五趟，最終找出「鐵道旅遊」這項缺口，成為催生鳴日號的契機。

圖 7-11　雄獅旅遊開啓鐵道國旅服務
（圖片來源：雄獅旅遊官網）

鳴日號的團費約在三萬五到七萬元間，每個月平均運行五班列車，開賣至今仍一位難求。雄獅旅遊董事總經理黃信川更透露，它每年至少可為雄獅額外創造六億元營收！這個名列國旅金字塔頂端的商品有幾個特色：

第一、不賣交通，賣尊榮服務。過去，火車向來只被視為運輸工具，鳴日號卻反其道而行，在南港、板橋、臺中都打造出宛如機場 VIP Lounge 的空間，供客人報到和休憩，且行李全程有人搬運。

第二、由過去帶頂級海外團的資深領隊負責。這群人不僅更有經驗、更細緻，還能激發他們持續學習。

第三、細節、策展力為王！例如氣味，鳴日號不僅有自己專屬的香氛，每節車廂更搭配兩個芳香系統，引發客人好評。又例如，鐵道沿路有不少無人車站，可以進一步規劃音樂會等用途，讓客人每次造訪都有新鮮感。

資料來源：蔡茹涵、韓化宇（2022-07-21）。讓危機成為新能力老師　漢來布局無人旅館、雄獅推 7 萬鐵道國旅。商業周刊，1810 期。2022-07-21，取自：商業周刊知識庫。

評論

雄獅旅遊找出「鐵道旅遊」這個市場，這是全新而無旅遊業者涉及的市場，故稱之為藍海，找出藍海市場是企業擺脫競爭，以及企業擴張的方法之一。

四 創新擴散

創新產品之市場銷售量或市場佔有率隨著時間而逐漸提升，此即爲產品創新之擴散。創新擴散乃是創新透過某些通路管道傳播給社會系統中的成員。一般而言，創新擴散的軌跡可以用座標圖表示之，其 X 軸時間、Y 軸採用的百分比，如圖 7-12 所示。

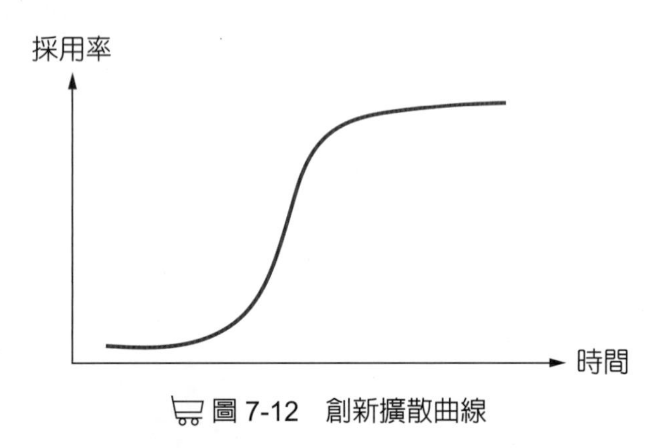

圖 7-12　創新擴散曲線

創新擴散的速率受到許多因素的影響，Rogers 認爲影響創新擴散的因素包含創新本身、傳播與通路、採用者特性與社會系統四大項（Rogers, 2003），以下分別討論之。

(一) 創新本身

創新有許多種形式，本書強調產品或服務的創新，產品或服務本身的創新程度是影響產品或服務被採用的重要因素（Rogers, 2003），創新程度的考量因素包含：

1. **相對利益**：產品或服務提供更佳的解決方案，或經濟的、社會的、方便性、滿意度等，相對利益越高，擴散速度越快。
2. **相容性**：產品或服務與使用者需求或是原有使用過程相容的程度。創新與目前的價值、過去經驗及潛在採用者的需求相容，則擴散速度越快。
3. **複雜度**：產品或服務創新在使用上的複雜度與困難度。越不容易被了解、被使用，該創新的複雜度越高，擴散速度越慢。
4. **可試驗性**：是否採用試行的方式引進新產品或服務。可以被試驗的創新，擴散速度越快。
5. **可觀察性**：產品或服務創新是否容易被潛在使用者察覺。產品或服務創新的成果對他人而言是可看得見的話，可以促成大家的討論，擴散速度越快。

(二) 溝通管道

產品或服務是否爲社會大眾或組織採用者所採用，受到傳播通路的影響，大眾或組織具有某些特性會加速創新擴散的速率，例如成員的同質性（Homophily），如在信仰、教育、社會地位、專業知識等，成員的同質性越高，創新擴散越快，因爲其認知越一致、溝通越有效率。

其次，傳播媒體也影響創新擴散的速率，例如：大眾傳播媒體效率不錯，有助於創新的擴散，人際（面對面）溝通效能不錯，也有助於說服使用者採用新產品或服務。

(三) 時間

採用者的一些特性會影響採用創新所需的決策時間，進而影響產品或服務創新擴散的速率，主要包含下列數項（Rogers, 2003）：

1. **創新採用決策能力**：創新採用決策包含知識（Knowledge）、說服力（Persuasion）、決策（Decision）、導入（Implementation）、確認（Confirmation）等決策過程，該決策過程之能力影響技術採用決策之品質與所需耗費的時間。
2. **創新採用者的特性**：創新採用者對於產品或服務創新的認知，可能是偏好創新的創新者（Innovators）、早期採用者（Early Adopters）、早期採用大眾（Early Majority）、晚期採用大眾（Late Majority）以及不採用者（Laggards），五種不同的採用者採用創新的時間有所不同。
3. **創新採用決策方式**：決策者是獨立的個人、集體的決策或權威的（其他人無法影響創新採用），均會影響創新擴散的程度。

(四) 社會系統特性

目標市場中的社會系統因素，會影響創新擴散的速率，例如：社會文化較爲保守，擴散速率可能越慢，社會系統因素包含（Rogers, 2003）：

1. **社會系統結構**：正式的社會結構、非正式的社會結構均會影響溝通效率，進而影響創新擴散速率。
2. **社會系統規範**：社會系統（包含國家、宗教團體、組織或地方單位）規範可能造成抗拒心態、行爲，而成爲創新擴散之障礙。
3. **意見領袖（Change Agents）**：社會系統中存在有意見領袖與變革代理人（Change Agents），如有公信力的個人或組織，致力於推廣該創新，則有助於創新之擴散。
4. **創新的效應**：創新對整個社會系統的效應是有益的或有害的、直接的或間接的、意料中或意外的，均會影響創新擴散速率。

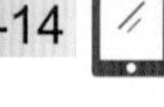

產品經理手冊

產品與市場的擴充依賴產品與市場的創新，產品與市場創新的方法有助於產品經理擬定相關的產品策略。

7-3 產品發展策略

一 新產品策略的重要性

產品策略的內容除了定位策略、進入市場策略，以及運用產品市場創新作爲成長策略之外，另一個重要的策略是產品發展策略，產品發展策略強調新產品組合的決定，以及新產品發展的過程與方法。新產品策略對公司而言是重要的，Cooper 和 Kleinschmiclt（1995）認爲企業在新產品上要有良好的表現，其條件有三：

1. 具備完善的新產品策略。
2. 具備適當且充裕的資源，並做適當的分配。
3. 擁有一套有效的新產品開發及上市流程。

其中前兩者均與產品策略有關。

其次，Cooper 認爲新產品成功的關鍵要素包含（巫宗融譯，民 89）：

1. 高階主管對產品開發必須做長期承諾。
2. 訂定符合公司整體目標及策略的新產品願景、目標及策略。
3. 制定一套有系統、高品質的新產品開發流程。
4. 確保資源充裕。
5. 鼓勵創新。

Cooper 等人的看法都是新產品策略用以引導新產品開發，有明顯的策略引導，才知道產品開發的重點方向、資源投入的重點，以及績效評定的依據。

二 新產品策略的定義與內容

策略規劃是投入資源達成目標的活動，新產品策略是依據目標而擬定的策略方案，該策略方案可以從產品內容、市場、產品發展、商品化等角度來說明，需要明確定出技術、產品、市場三大要素的內容，以引導新產品發展及上市之方向，如表 7-1 所示。

表 7-1　新產品策略的內容

策略方向	主要內容
產品內容之決定	產品組合、產品平臺
市場	進入市場的策略（如利基市場）、市場的定位（如領導者、追隨者）
產品發展方法	自行研發、合資、委託研發、購買專利權、購併、購買產銷許可權
商品化策略	構想、概念、技術、產品、市場銷售

首先是有關產品內容的策略，也就是包含產品線廣度及範圍的產品組合策略，以及技術爲基準的產品平臺策略，產品組合與產品平臺爲產品策略主要的產出內容：

1. **產品組合**：新產品組合指的是有關產品的選擇，也就是決定哪些種類產品需要開發，以及如何確保這些種類產品能夠達到公司目標的規劃過程（張建成譯，民 87，pp. 135）。新產品策略方案主要來自技術、產品與市場，以產品爲核心，公司應該決定有哪些產品組合，方能滿足目標市場的需求，從市場角度而言，新產品策略應該決定目標市場，以及在該目標市場之定位，以與產品方案或產品組合方案相連結。
2. **產品平臺**：從技術而言，主要是支援成功開發產品之所需。產品策略擬定主要的重點是提出具有競爭力的產品組合，欲提出該產品組合需要有技術的支援，因而需要討論產品的平臺策略；欲提出有競爭力的產品需要了解目標市場，以及本身在目標市場上的定位。

其次，是有關如何進入市場的策略，例如：針對目標市場，可能進入利基市場、低價競爭或提供附加價值；也可能設定市場中的定位，例如：爲市場創新領導者或迅速模仿之追隨者等，其採用之策略包含領先策略、回應策略、傳統策略、依賴策略。領先策略的目標在於取得技術和市場上的領導地位；回應策略的目標在於針對領先的競爭者做回應；傳統策略僅限於小規模的產品變更，以利於降低成本、便利生產，或提升產品的可靠度；依賴策略是依賴母公司或是消費者的壓力而進行產品創新者（張建成譯，民 87，pp. 122）。

第三，是有關產品發展或技術發展的策略。常見的產品開發方法包含：

1. **自行研發**：仰賴本身研發人力資源及技術資源，需要強大的技術能力與財務支援。
2. **合資**：合資是股權的聯盟，也就是企業體共同出資成立事業，或是對現有企業增資，而握有相當的股權，主要優點是分攤企業成本，降低研發風險。
3. **委託研發**：企業向外部研究單位或學術單位訂定契約，藉以協助研發某項新產品。

4. **購買專利權**：企業去購買其他企業所擁有技術之使用權利。當企業內部資源不足，需快速擁有技術時，使用技術授權方式取得技術。授權內容：專利權、商標、製造、行銷或技術上的經驗等，技術包含產品製程及管理技術。
5. **購併**：購併新產品公司。
6. **購買產銷許可權**：企業以價金買斷的方式來取得新產品產銷許可。

產品新趨勢

超群集團養雞技術的技術移轉

臺灣民眾對雞肉情有獨鍾，一年可食用約 2.3 億隻雞隻，近年來在健康、瘦身等風潮帶動下，根據農委會統計 2018 年的一項調查顯示，國人平均肉品消費，家禽肉已全面超越豬肉成為全臺最大宗肉類消費。

圖 7-13　超群集團創新養雞技術
（圖片來源：Pexels）

全聯超市的生鮮冷藏櫃上，貼著「綠野農莊」標籤的雞肉盤整齊擺放，不管是去骨雞腿排、棒腿、二節翅……應有盡有。綠野農莊為國內第一家政府核准設立家禽電動屠宰場之超秦企業的雞肉品牌，超秦集團希望超秦結合智慧科技的分切方式，再搭配不同的料理方式，能帶動一套國內完整的雞肉飲食文化。這個理念，促使超秦研發創新的腳步不停歇，讓產品多元且豐富，包括：運動健身所需的高蛋白雞胸肉、餐桌上的鹽麴雞腿排，再到世大運外國選手最喜愛的鹽酥雞，讓民眾一日三餐幾乎都離不開「QiN」。

近年來，超秦企業陸續取得食品工業發展研究所技術移轉「禽肉食材無磷酸鹽添加質地調整技術」，推出綠野農莊鮮嫩雞胸等產品擄獲銀髮族的心佔率；超秦肉品就是嫩雞 - 鮮嫩雞胸（200g）、超秦肉品就是嫩雞 - 經典原味（90g）等 8 支產品，更秉持少添加原則，透過技術創新獲得中華穀類食品工業技術研究所「雙潔淨標章」驗證。

掌握龐大「商雞」讓超秦企業成為全聯超市、麥當勞等主要白肉雞供應商，年分切產量達 27,000 公噸，為國內知名肉雞品牌。

資料來源：黃泓嘉（2022-09-05）。數據畜養＋ AI 電宰 年輕人搶當「雞師」。能力雜誌，799 期。2022-09-05。

評論

超群集團的產品策略著重於綠野農莊鮮嫩雞胸等產品，而由食品工業發展研究所提供的技術移轉，則是其重要的產品發展策略之一。

第四，是商品化策略。商品化指的是商品的提供者，從構想直到商品開發製造完成，並銷售於市場上的過程。簡而言之，進行商品化決策的單位爲企業，當然商品化過程中牽涉到該企業的內部相關部門，也牽涉到外部的合作夥伴，例如：供應商、研發合作夥伴、設計公司、行銷公司等。

商品化是由商品的構想或概念轉換成爲具體的產品或服務的過程，構想或概念可能來自於創意、市場需求或技術的延伸，具體的產品或服務則是能夠在市場上銷售並滿足顧客需求的具體表現。

例如：星巴克咖啡有員工提出將咖啡與冰品結合的概念，透過不斷的研發與嘗試，而得出法布奇諾（Frappuccino）這項產品，獲得市場的喜愛；又例如本田汽車公司將「高個子」的概念，設計小型車卻有相當大空間感的城市（City）汽車，也獲得不錯的迴響。由構想到商品，至少包含構想形成、概念的評估、商品的設計、測試、試作、生產、市場開拓、銷售等過程，相當複雜，其中也包含創意、經濟評估、技術、工程、設計、生產、行銷等專業領域的合作。

圖 7-14　星巴克法布奇諾（Frappuccino）咖啡（圖片來源：美聯社）

圖 7-15　本田城市（City）汽車（圖片來源：Honda）

由前述商品化過程有跨領域及複雜的特性，生產者要成功地上市一項產品，是相當不容易的事情，商品化的困難點可能出現在於時間的不確定性、產品內容的不確定性以及商品化能力的不確定性，這可以從商品的定義、商品發展的過程、跨領域的分工來說明：

1. **對於商品的定義——概念抽象**：商品的定義是依據需求定義出商品的概念，需求可能來自顧客、市場或是技術的延伸，商品的概念是商品的核心屬性或是核心利益，而以文字、圖形或是原型表示之。

由環境或是市場需求來定義商品具有其困難度，環境的不確定性與複雜度，消費者需求也是多變化的，甚至是隱藏的，因此了解消費者的需求或是開創消費者的需求是不容易的，再將需求轉換爲產品的定義，也牽涉到消費者認知與生產者認知之間的差異，例如：顧客的需求是清爽好喝的飲料，此時需要將清爽好喝這個概念轉爲具體的規格，方能研發生產，因此將複雜多變的需求轉爲商品概念有其困難度。

2. **對於商品的發展——不確定性**：在了解需求與定義產品之後，需要透過創意的構想、設計與發展，其過程也具有困難度。以科技產品爲例，商品化往往包含技術創新，蘊涵科學及專業知識、複雜性等特性，其發展過程投入的資源龐大、成果所需時間長、成果高度不確定性（成功的機率）。即使是傳統的商品或是設計的商品，也需要進行市場的評估、設計或發展的成本預估、未來市場通路的尋找，以及對於產品的接受度等，均有許多的不確定性。

3. **跨領域的分工——溝通協調**：從專業的角度來說，商品化過程牽涉到各個部門的專業，包含行銷、生產、財務等單位，一般而言，以商品化過程或是新產品發展過程而言，主要討論的專業包含行銷部門與工程（技術）部門。近年來，產品的象徵意義、外觀造型與美學價值越來越受到重視，因此設計部門亦爲重要，設計公司不但設計出許多具有競爭力的產品，同時設計公司或設計部門經常與技術部門進行研發或產品發展方面的合作。

三 產品策略規劃流程

產品策略規劃是公司新產品發展的指導原則，需要界定新產品開發的方向、目標、策略、方法等，並進行資源分配。依據上述的整理，產品策略規劃主要的步驟包含目標設定、產品方案擬定、產品方案評估、資源分配等，以下分別說明之。

(一) 訂定新產品目標

規劃的首要工作是依據問題背景提出目標，使得所投注之人力、物力有明確目標或目的，新產品開發目標是重要的工作，用以指引新產品開發努力的方向，以及新產品績效評估的依據。新產品策略的定義是分配適當的資源來達成有關新產品的目標，新產品目標乃是期望透過新產品在未來某個時點所欲達成的結果，例如：新產品將占公營收或利潤的百分之幾。這些目標代表達成該公司新產品在策略上應該扮演的角色，新產品開發目標主要是明確指出公司因爲新產品而想要達到的具體目標，包含利潤、競爭、成長、技術等。包含：達成銷售額度、達成利潤額度等，這些是從產出面來衡量新產品的經濟目標。也有些企業爲重視新產品研發，設定「銷售額中有若干百分比將來自新產品」，至於獲利力或研發經費報酬率也都可能是新產品目標。

新產品開發目標可能包含戰略性與戰術性的目標，戰略性的目標主要是讓企業能夠定義出企業於市場中的長期地位；戰術性的目標則是較爲短期的，目的在於維持目前市場的地位，並爲企業帶來及時而穩定的定位（周文賢、林嘉力，民 90）。

(二) 提出策略方案（產品機會）

所謂產品機會是對產品的概略功能或利益，以及目標市場之使用者與使用方式之簡明描述。產品機會可能包含新產品平臺或是新產品，新產品平臺可能可以衍生數個產品專案，而本身也可視爲一個專案，例如：手機、攝影機、數位相機等屬於不同的產品平臺。產品機會一經提出，可能有數十個或數百個機會，此時需要依據市場、產品功能、技術，或是部門分工等原則，將這些產品機會整理成專案的形式，再針對這些專案機會進行機會描述，以利後續的產品評選活動。因此提出產品策略方案或是機會分析，主要包含創意發想、構想產生及產品機會描述等三項大步驟，如表 7-2 所示。

表 7-2　提出產品策略方案的步驟

步驟	內容大要
創意發想	定義創意蒐集目標、依據創意來源蒐集、創意的運用與管理
構想產生	運用產品構想產生的方法：產業分析、產品分析、市場機會分析
產品機會描述	描述構想之使用者、使用時機及主要功能

首先，在創意發想方面，產品機會分析的創意來源有許多方法，欲產生有創意的構想，主要考量的議題包含構想的來源與創意的思考方法。構想的來源可能來自消費者、企業內部、競爭者、合作夥伴，或是研究機構等；創意的思考方法可能包含腦力激盪、水平思考、聯想等方法。

產品的創意發想是流程的開始，較爲愼重的公司可能會建立產品創意發想系統，該系統重要的工作包含定義創意蒐集的目標、蒐集的來源，以及創意的運用與管理等。

定義創意蒐集的目標就是確認新產品發想的方向，該方向應該是以產品策略中所定義的目標市場、差異化程度以及價格定位爲參考依據。

蒐集的來源就是找出創意來源，新產品創意的可能來源包含：

1. **總體環境**：人口統計、社會、政治、經濟、科技、生態等總體環境的相關議題、事件或趨勢，均可能是創意的來源。
2. **產業鏈**：與企業直接相關的產業成員或供應鏈成員，包含競爭者或通路之成員，如經銷商、供應商等，均可能成爲創意的來源。

3. **顧客**：一般的行銷研究或是顧客研究均可能是創意的來源，例如：透過問卷調查、焦點團體、社群等方式獲知。尤其關係行銷時代的來臨，顧客的角色逐漸由被動轉爲主動、由參與轉爲共同創造，顧客的創意來源應該更受到重視。

4. **專業單位**：專業單位主要包含學術單位、專業社群、專家或提供知識的單位，例如：創投公司、銀行、創新事業單位、大學的創新育成中心等，是有關創業或投資的產業；智慧財產單位或商標單位是有關發明的產業；廣告代理商、行銷研究公司、工業設計產業、實驗室、政府、網際網路等，均是有關創新的產業。以上有關創投、發明、創新等都是創意可能來源的專業單位。

5. **內部**：企業內部與產品發展相關之員工（例如研發部門），甚至其他部門的員工也都可能提供創意，若從創意的來源來說，公司的策略思考、內部文件、專業知識、過去經驗等均爲創意來源。

新產品創意來源如圖 7-16 所示。

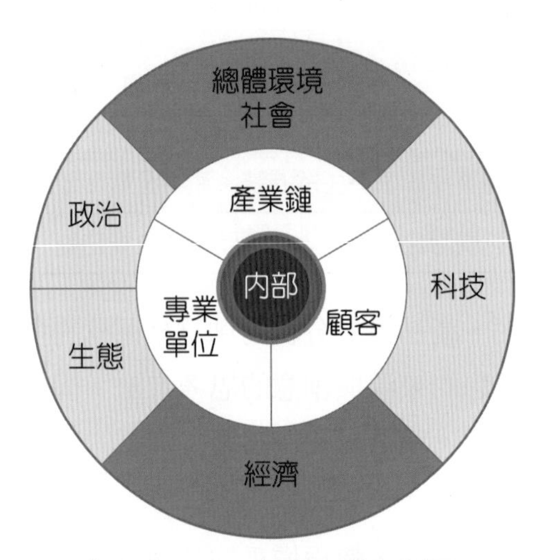

圖 7-16　新產品創意來源

創意的運用與管理主要是建立創意蒐集及管理系統，並由資訊部門支援。爲了獲取有效的創意來源，企業應該建立創意的系統。

其次，構想產生（Idea Generation）指的是產生有創意性的產品屬性或概念，該產品屬性或概念是從企業的角度來做粗略的描述，最後必須轉爲消費者角度的具體描述。需注意的是，在概念設計或具體設計的階段，設計者需要提出滿足設計規格的方案，這也需要相當多的創意，此處創意的方法與技巧，屆時仍可使用。

由產業分析、產品分析以及市場機會分析等方式，得出產品提案，在所提出的產品方案中，經過篩選的程序，決定公司一系列產品的開發，是爲產品方案之組合，也就是產品組合，是數種類型或數個產品線產品的組合。構想產生或產品提案的方法說明如下：

1. 產業分析

產品機會的來源主要來自市場拉動或是技術推動，透過產業分析，有可能得到產品的提案。產業分析可以透過基本指標分析、策略群組、價值鏈分析、核心能耐分析等方式進行，亦可由生命週期分析來了解產業動態。

策略群組是依據產業中各個廠商的策略分析，以得出本身的策略定位，作爲產品策略的依據。例如：汽車業依據市場定位策略面向形成之群組包含高檔車、國民車等，也可能因爲形象定位區分爲安全、性能、豪華等群組。

價值鏈觀點是產業之間依據加值的方式分工，由價值鏈分析，可以得知價值鏈中較爲脆弱的地方有可能就是產品的機會。

技術或核心能耐的觀點，各項技術能力或與其他的能力組合，便形成企業的核心能力或核心競爭力，核心競爭力是企業用以對其顧客增加價值的知識、技能和技術，這將決定企業整體的競爭力。由本身的技術或核心能耐，便可以思考擴充其應用領域而衍生出新產品機會。

產品生命週期分析，由產品生命週期得知產品即將成長、成熟、衰退或淘汰，由此趨勢可以思考可能替代的新產品。

依據前面章節的策略描述，我們可以得知企業可以採用發展新產品或服務的方式作爲因應環境變化的策略。新產品也是創新的一種，上一節我們介紹了創新的基本理念，本節依據創新的流程來說明新產品發展的策略。與產品較爲相關之產業分析包含產業基本結構、策略群組分析、價值鏈分析、產業生命週期分析等。

經由產業分析所做的機會分析，得出產品領域的提案。

2. 產品分析

經由產品本身的分析，包含產品成熟度分析、競爭產品分析、市場需求分析、技術分析等機會分析，可得出產品提案，其中包含了核心利益的描述。

3. 市場機會分析

從市場需求或是市場機會的角度來進行分析提出產品構想，構想提出的方法之一是利用缺口法，也就是將關鍵屬性以矩陣圖表示之（爲說明方便，假設該類產品只有兩個關鍵屬性），該矩陣將競爭產品的屬性標於圖中，空白之處即爲創意的可能來源，如圖 7-17 所示。

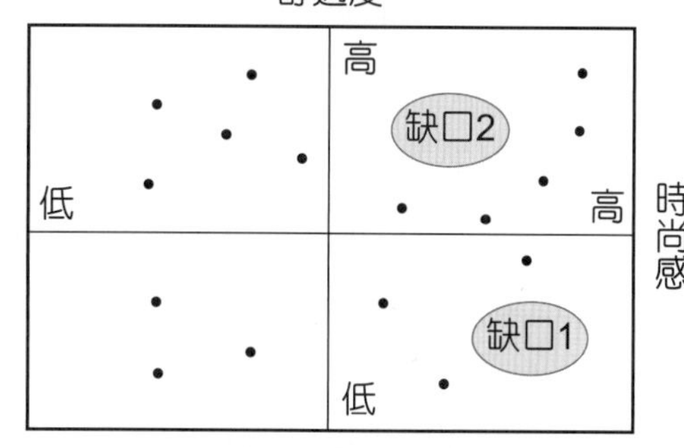

註:每個點代表一個品牌

圖 7-17　構想缺口分析

最後，產品機會的敘述是將前述所得的構想加以整理，主要內容包含使用者對象、使用時機以及主要的功能。例如全錄公司經過機會分析之後，得到以下的機會描述（張書文譯，2012）：

1. 創造一個文件配送系統，此系統位於每一個辦公室人員的辦公桌網路列印裝置，並可自動地傳送郵件與其他文件。
2. 創造一個文件傳送軟體，它可經由員工的電腦以數位的方式來傳送，並儲存大部分的組織內部文件。

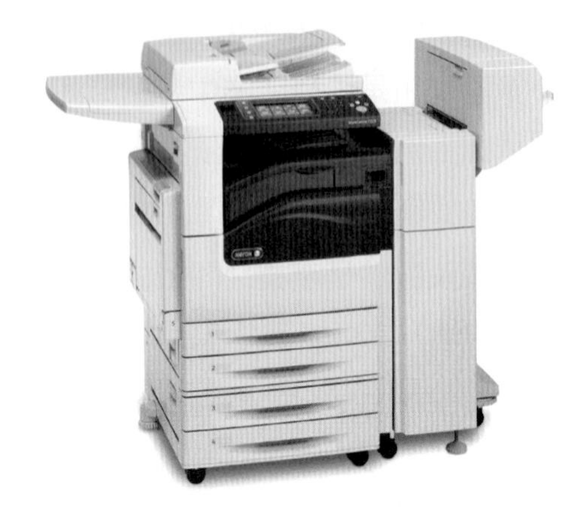

圖 7-18 全錄複合式影印機
（圖片來源：Adrastea）

這個機會描述成了後來全錄的 Lakes 專案：爲辦公室市場開發一個黑白、數位、網路的文件中心平臺，並包括掃描、儲存、傳眞、配送及列印的能力。

(三) 產品評選

依據所提出的產品機會，需要進行評估，經評選出之產品或產品平臺，均分別構成專案。評估的準則包含競爭策略、市場區隔、技術軌跡、產品平臺（張書文譯，2012）。依據這些準則，需要排定各專案的優先順序。

新產品評選方法可採用產品投資組合法，此方法考量整個方案群，例如：採用線性規劃、整數規劃、動態規劃等數量方法，也可以採用投資組合總值極大化（e.g. 生產力指數、預期商業價值）、投資方案適度平衡性（e.g. 投資組合地圖、泡泡圖）等，其缺點是離實務有距離。

所提出的產品方案，篩選的準則包含：

1. **策略配合度**：新產品方案是否合乎企業策略的方向，例如：願景、策略目標等。
2. **市場吸引力**：新產品方案是否與目標市場相一致，例如：市場的規模、成長性及潛在商機等。進行初步的調查市場，觀察產品是否有市場，以及市場的規模與接受度。運用的方式包含初級資料蒐集與次級資料蒐集。初級資料蒐集如調查、觀察、座談會等；次級資料蒐集包含網路查詢、報章雜誌、期刊、商業資料庫、市場研究報告等。
3. **技術上的可行性**：初步判斷該產品方案是否具有研發發展及製造的能力。評估在技術上所需的時間、成本以及可能的風險。可以利用科技文獻調查、評估公司的技術能力、檢視競爭產品的技術、諮詢外部專家學者等。

4. 環境變數：其他的環境變數也需要評估，包含環保問題、法律因素、政府政策等。

產品機會經過篩選之後，可以將選擇的新產品以及新產品平臺納入企業的產品組合中，如圖 7-19 所示。

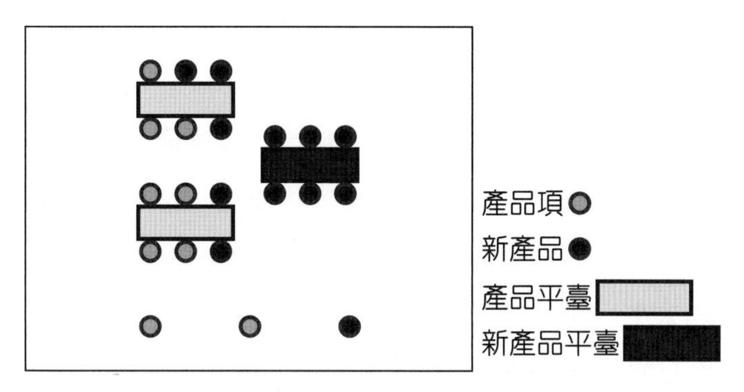

圖 7-19　新產品決策與新產品組合

圖 7-19 爲企業整體的產品地圖，黑色部分爲本期產品策略所擬定出來的新產品及產品平臺。

(四) 資源分配

與產品相關的資源主要包含人與設備，人指的是包含研發、行銷、管理、設計等各領域的專業人員，人力資源一般以人──月來表示。設備則包含製作原型的設備、研發設備、測試儀器、製造設備等。

產品機會（專案機會）提出時，也應該依據產品發展階段或是設計流程，初步估計大略時程與成本。時程訂定時需要考量上市時機、技術成熟度、市場成熟度、競爭者狀況等因素，來擬定適當的時程。成本方面，也需要估算各階段所需的成本，包含概念發展、初步設計、細部設計、測試等階段，其成本之組成可能包含人力成本、儀器設備成本等。因此產品評選階段所決定的產品或產品平臺，其所需資源也大致底定。

此階段的資源分配是全公司整體性的策略資源分配，因此除了各個專案的優先順序，作爲資源分配的依據之外，也需要考量各種專案之平衡以及與公司策略的配合，例如：考量創新產品與改良產品、工業市場產品與消費市場產品之比例等，或針對市場 A 及 B 分別投注多少產品研發經費，或對科技 X 及 Y 各編列多少預算等。

四 產品定義（描述）

產品組合提出之後，需要對產品組合中每一個專案進行專案的任務描述，這種描述可稱之為產品定義，產品定義描述產品開發之前之市場機會導向之規格。Cooper 認為在產品發展之前做出產品定義是非常重要的，產品定義並非只局限於產品規格等技術面的定義，應該包含目標市場的界定、產品概念及利益、定位策略（包含如何定價）、產品的特色 / 屬性 / 必要條件，以及產品發展的優先順序（巫宗融譯，民 89）。

目標市場已經於行銷策略中擬出，產品概念及利益乃是依據產品定位（例如利益定位），找出顧客價值。產品對顧客所提供之主要利益，稱為核心利益，也就是其條件必須優於競爭者，做為未來行銷或廣告之主要訴求或賣點。核心利益是對顧客而言最主要的價值，而將顧客核心價值與非核心價值進行完整的顧客價值描述，稱之為價值主張。

以 NISSAN 為例，NISSAN 針對汽車產品，創造其附加價值，從汽車的移動工具、移動過程到移動目的。移動工具指的是汽車的傳統價值，注重其研發、製造與品質；移動過程是滿足汽車移動之需求，包含衛星導航、道路指引、路況報導等；移動目的指的是滿足開車的所有目的所產生的需求，包含食衣住行育樂的需求，例如提供景點情報、生活資訊、代訂服務等。為了滿足這種需求，NISSAN 建置了 TOBE 系統，提供各種服務。

圖 7-20　NISSAN 的 TOBE 系統
（圖片來源：自由時報）

依據上述，產品定義主要是描述市場需求與產品發展可行性之機會，包含：

1. **產品概念**：產品定位、核心利益、屬性、初步規格等。
2. **市場狀態**：目標市場、銷售與獲利、財務可行性、競爭等。

產品新趨勢

Bebop 與 Double V 的冰淇淋產品發展

炙熱夏日來臨，冰淇淋一直都是讓人又愛又恨的食物，吃進去的每一口，都蘊含脂肪、熱量和碳水化合物等。近年來，歐美不少生產商嘗試研發健康且低負擔的品項。一般冰淇淋由牛奶、奶油及糖等原料組成，現在以椰子、豌豆、燕麥、杏仁等原料的植物基冰淇淋成為趨勢，或加入高蛋白，呼應運動者的需求。

圖 7-21　Double V 三綠俠冰淇淋
（圖片來源：Double V Facebook）

去年在臺南開幕的 Bebop，是秉持健康初衷而生的冰淇淋新創品牌。來自料理、食品、生產、行銷等各領域的好友們，因同樣熱愛冰淇淋齊聚一堂，如同爵士樂團需要集結各路好手般，便以爵士樂演奏的 Bebop 為名創立。他們不甘於只做普通冰淇淋，想玩出新的突破與嘗試，有鑒於奶油是冰淇淋的致胖元兇，花了二個月時間，終於找到可用來取代奶油的食材——臺灣米及薏仁。Bebop 近期與同樣走健康路線的 TAMED FOX XINYI 餐廳合作，推出全新口味檸檬藍莓酥派冰淇淋，之後也會推出不含牛乳及奶油的百香果伯爵等冰淇淋。

此外，Double V 則以燕麥奶打底，把冰品變健康。將冰淇淋從消暑涼品轉變為休閒甜點，六年來推出共五百四十種口味，宛如冰淇淋的口味實驗室。並與來自瑞典的 OATLY 合作，推出雷夢 OATLY 冰淇淋，以檸檬雪酪搭配燕麥奶 Gelato 組合，吃起來清爽滑順，帶檸檬酸香；另外還與瑪黑餐酒聯名，以 P&T 柏林選茶為特色，研發三款夏日限定冰品。這些冰淇淋實驗室，以冰為載體，持續探索風味的無限可能。

資料來源：林秀娟（2022-07-07）。用米、薏仁取代奶油　無「腹」擔的綠色冰淇淋問世。商業周刊，1808 期。2022-07-07，取自：商業周刊知識庫。

評論

Bebop 及 Double V 都為了符合健康養生趨勢，改變食材，創新產品，這是重要的產品策略。在產品研發過程中，兩者都與其他業者合作，採取策略聯盟的產品發展策略。

產品經理手冊

產品發展策略著重於產品創新，其策略的內容包含新產品組合、市場定位、新產品發展方法以及商品化，產品經理須了解這些內容及其策略規劃流程。

本章摘要

1. 成長策略說明公司用以逐漸成長或快速成長的策略方案，包含購併、國際化、多角化與創業投資、整合策略等。若針對產品來討論成長策略，產品包含新產品發展或是產品差異化，運用新產品發展作爲成長策略的手段也可稱之爲產品成長策略（Product Growth Strategy）。
2. 產品與市場兩個方向來討論產品成長策略，可用 Ansoff 矩陣說明，依產品與市場的創新程度區分爲市場滲透（Market Penetration）、市場開發（Market Development）、產品延伸（Product Development）、多樣化經營（Diversification）等四種策略。
3. 創新的對象包含技術、方法流程、產品、服務、產業或經營模式的創新。產品創新透過產品生命週期的過程，一般區分爲概念設計與原型、產品發售、產品成長、成熟期、替代產品、產品淘汰等六個階段。
4. 依據 Cooper 的定義，新產品包含新問世的產品、公司全新的產品、現有產品線的新增產品、對現有產品的改良、重新定位的產品、降低成本的產品等。
5. 市場創新有許多方法，藍海策略的主要訴求是擺脫競爭，開創無人競爭的新市場空間，這必須要有新的策略定義或是新的產品與服務；水平行銷主張透過新用途、新情況或在產品上做適度的改變，以創新的產品類別，進而重新建構市場；破壞式創新指做出更簡單、更便利、更便宜的產品，提供給新的顧客層，或是要求不那麼高的顧客群。
6. 創新產品之市場銷售量或市場佔有率隨著時間而逐漸提升，此即爲產品創新之擴散。創新擴散乃是創新透過某些通路管道傳播給社會系統中的成員。創新擴散的速率受到許多因素的影響，Rogers 認爲影響創新擴散的因素包含創新本身、傳播與通路、採用者特性與社會系統四大項。
7. 新產品策略是依據目標而擬定的策略方案，也就是要明確定出技術、產品、市場三大要素的內容，以引導新產品發展及上市之方向，在內容上包含產品線廣度及範圍的產品組合策略，以及技術爲基準的產品平臺策略，產品組合與產品平臺爲產品策略主要的產出內容。
8. 如何進入市場的策略、設定市場中的定位、產品發展或技術發展的策略、商品化之規劃，也都是與產品相關之策略。
9. 產品策略規劃是公司新產品發展的指導原則，需要界定新產品開發的方向、目標、策略、方法等，並進行資源分配。產品策略規劃主要的步驟包含目標設定、產品方案擬定、產品方案評估、資源分配等。

本章摘要

10. 由產業分析、市場機會分析等方式，得出產品提案。產業分析可以透過基本指標分析、策略群組、價值鏈分析、核心能耐分析等方式進行，亦可由生命週期分析來了解產業動態；產品分析包含產品成熟度分析、競爭產品分析、市場需求分析、技術分析等機會分析，得出產品提案，其中包含了核心利益的描述；市場機會分析從市場需求或是市場機會的角度來進行分析，提出產品構想。

11. 新產品評選方法可採用產品投資組合法（例如：採用線性規劃、整數規劃、動態規劃等數量方法）、投資組合總值極大化（e.g. 生產力指數、預期商業價值）、投資方案適度平衡性（e.g. 投資組合地圖、泡泡圖）等數量方法或其他質性方法，所提出的產品方案，評估的準則主要包含策略配合度、市場吸引力、技術上的可行性、環境變數等。

本章習題

一、選擇題

(　　) 1. 建立虛擬價值鏈是屬於哪一種成長策略？　(A) 購併策略　(B) 多角化策略　(C) 整合策略　(D) 以上皆是。

(　　) 2. 依據 Ansoff 矩陣圖，提供新產品給新市場是屬於哪一種策略？　(A) 市場滲透　(B) 市場開發　(C) 產品延伸　(D) 多樣化經營。

(　　) 3. 下列何者是著名學者克里斯汀生（Clayton M Christensen）所主張的創新策略？　(A) 藍海策略　(B) 水平行銷　(C) 破壞式創新　(D) 以上皆非。

(　　) 4. 產品或服務創新在使用上的複雜度與困難度，這是哪一種創新屬性？　(A) 相對利益　(B) 相容性　(C) 複雜度　(D) 可試驗性。

(　　) 5. 下列何者不是加速創新擴散速率的溝通管道特性？　(A) 成員同質性高　(B) 傳播媒體效率高　(C) 創新採用決策能力高　(D) 以上皆是。

(　　) 6. 下列何者不是產品策略主要的產出內容？　(A) 產品平臺　(B) 產品組合　(C) 產品概念　(D) 以上皆是。

(　　) 7. 企業向外部研究單位或學術單位訂定契約，藉以協助研發某項新產品，這是屬於哪一種產品開發方法？　(A) 自行研發　(B) 合資　(C) 委託研發　(D) 購買專利權。

(　　) 8. 通路成員是屬於哪一種新產品創意的可能來源？　(A) 總體環境　(B) 產業鏈　(C) 專業單位　(D) 以上皆非。

(　　) 9. 對產品組合中每一個專案進行專案的任務描述稱爲？　(A) 產品定義　(B) 產品規格　(C) 產品屬性　(D) 以上皆非。

(　　) 10. 下列何者不是產品定義的內容？　(A) 產品概念　(B) 市場狀態　(C) 細部規格　(D) 以上皆非。

二、問答題

1. 擴充策略中的 Ansoff 矩陣有哪四種擴充方式？
2. 依據 Cooper 的定義，新產品包含哪幾項？
3. 常見的市場創新的方法有哪些？
4. Rogers 認為影響創新擴散的因素包含哪四項？
5. 常見的產品開發方法有哪些？
6. 產品策略規劃主要的步驟為何？

三、實作題

請任選一個產品項，假設回到該產品發展之前，描述其可能的產品創新程度（例如公司全新產品，或現有產品線的新增產品等）、市場進入策略、市場定位、產品研發方法。

公司名稱		
產品名稱		
產品創新程度	勾選： □新問世的產品 □公司全新的產品 □現有產品線的新增產品 □對現有產品的改良 □重新定位的產品 □降低成本的產品	說明：
市場進入策略	□大衆市場 □利基市場 □其他	說明：
市場定位	□領導者 □追隨者	說明：
產品研發方法	□自行研發 □合資 □委託研發 □購買專利權 □購併 □購買產銷許可權	說明：

參考文獻

1. 巫宗融譯（民 89），《新產品完全開發手冊——如何在新產品戰爭中勝出》，初版，臺北市：遠流。
2. 周文賢、林嘉力（民 90），《新產品開發與管理》，初版，臺北市：華泰。
3. 李芳齡、李田樹譯（民 92），〈創新者的解答〉，《天下雜誌》。
4. 陳琇玲譯（民 94），〈引爆產品競爭力的水平行銷〉，《商周》。
5. 黃秀媛譯（民 94），《藍海策略：開創無人競爭的全新市場》，天下文化。
6. 張書文譯（2012），《產品設計與開發》，（原作者：Ulrich, K.T., Eppinger, S.D.），四版，臺北市：麥格羅希爾。
7. 張建成譯（民 87），《產品設計與開發》，臺北市：六合出版社。
8. 詹文男等合著（民 109），《數位轉型力：最完整的企業數位化策略 X50 間成功企業案例解析》，初版，臺北市：商周出版，家庭傳媒城邦分公司發行。
9. Ansoff, H. I.,& Edward, J.M., （1990）, *Implanting strategic management*, New York:Prentice Hall.
10. Cooper, R.G.,& Kleinschmiclt, E.J., （1995）, "*Benchmarking Firms' New Product Performance and Practices*", Engineering Management Review, **23:3**, Fall, pp. 112-120.
11. Khalil, T.M. （2000）, *Management of Technology: the Key to Competiveness and Wealth Creation.*
12. McGrath, M. E.（2000）, Product Strategy for High Technology Compane, 2nd ed., NY: McGraw-Hill.
13. Rogers, E.M., （2003）, *Diffusion of Innovation*, 5th ed., The Free Press.
14. Rokeach, M, （1975）, *The Nature of Human Value*, New York: Free Press.
15. Schumpeter, J.A. （1934）, The Theory of Economic Development：An Inquiry into Profits, Capital, Credit, and the Business Cycle, Harvard Economic Studies 46.

08

概念發展

學習目標

本章內容為新產品發展的前半段內容，也就是產品概念部份，包含概念設計、概念測試與商業評估，各節內容如下表。

節次	節名	主要內容
8-1	概念設計	說明概念設計的步驟以及概念方案篩選的方法，也包含工業設計的概念設計。
8-2	概念測試	說明概念測試之定義與目的，以及概念測試的步驟。
8-3	商業評估	說明新產品概念設計及測試的結果，如何從商業的角度進行評估，以決定是否進入正式設計階段。

引導案例

UNIQLO 產品概念發展

二○○八年五月，UNIQLO 公司內搭背心加上內衣功能的新商品「Bra Top 系列」問世，短短一年就賣了三百萬件，成為熱門商品，Bra Top 系列產品的概念是「不用穿內衣就有像穿了內衣般的安全感」，此系列產品跳脫傳統框架，創新構想的產品。從消費市場的觀點，想要掙脫內衣束縛的女性還真不少，「Bra Top 系列」既不屬內衣市場也不是內搭背心市場，其本身就自成一格，是個全新的市場。UNIQLO 另外也推出發熱保暖「Heat Tech 系列」產品，在二○○八年秋冬賣出二千八百萬件。

圖 8-1 UNIQLO —— Bra Top 系列
（圖片來源：UNIQLO）

「Heat Tech 系列」吸收了體內散發出的水氣進而產生發熱效果，鎖住這些熱度，並且加入吸汗速乾、抗菌、延展性佳等多樣化機能，薄薄一件，穿上後也不顯臃腫。（資料來源：廖慧淑譯，民 99，pp. 16）

圖 8-2 UNIQLO —— Heat Tech 系列
（圖片來源：UNIQLO）

依據 UNIQLO 網站（https://www.uniqlo.com/tw/zh_TW/），此系列產品的「彈性網狀背帶」可以配合胸圍尺寸彈性伸縮，完美貼合胸型，並強化罩杯的支撐力。而其輕盈涼感衣 AIRism Bra Top，採用極細纖維製成，如綢緞般柔則膚觸，並能排出汗水，維持乾爽舒適。

吸收水氣、抗菌等是產品屬性，對於消費者而言有了保暖的效益，產品屬性與效益，加上技術及造型之設計，構成產品概念。本章主要是依據第七章所得出之產品組合方案，進行概念發展以及更進一步的商業評估，以便決定是否實質進入開發階段。

8-1 概念設計

依據第六章的描述，產品概念是從消費者的角度，描述產品的特性。產品定位是較高層次、較抽象的概念，屬於核心概念或核心利益；產品屬性則是較具體的概念，功能及規格更具體，進一步就到了產品的實體。概念可能是由初始的構想所衍生的，構想經過評估之後，成爲可行的產品方案或決定發展的產品方案，便稱爲產品概念，這是概念設計的過程。

概念設計主要是依據產品的利益或是功能與造型風格的需求，提出設計上的解決方案，也就是技術或是形式的解案，基於提出解決方案的需求，概念設計階段最需要創造力。概念設計也就是實現核心利益的方法過程。

概念設計的步驟首先是進行需求分析，了解使用者的需求，繼而設定初步的規格，再依據規格提出創意的解決方案，最後選出最適切的解決方案。以清潔馬桶的刷子爲例，其需求可能包含洗淨能力、清潔劑使用的方便性、容易更換等，依據這些需求，訂出初步規格，便開始進行產品概念的創意提案。馬桶刷的問題分解之後的子問題包含清潔劑、刷洗方式、刷洗後處理等，經過提出解決問題方案之組合，得出以下的產品概念（黃延聰譯，2016）：

1. 一種附有噴霧式的清潔劑罐子的刷子，只需替換罐子。
2. 一種附有清潔劑的拋棄式襯墊的刷子，可拋棄襯墊。
3. 一種附有清潔劑的拋棄式圓形海綿的刷子，可拋棄圓形海綿。

最後依據篩選準則選出最適當的概念，進行更進一步的評估以及概念測試，新產品的概念設計便大致完成。

依上述說明，概念設計過程中提出解決方案的過程包含確認需求、提出設計規格、決定產品的整體機能、重要次級機能和它們之間的關聯性（機能結構），接著提出解決方案，最後針對所提出的各個解決方案進行篩選，選擇適當的解決方案。概念設計可以用圖表或初略草圖、組立配置圖（Layout Drawing）、初步實體原型等方式表示設計的結果，概念設計需要達到某種詳細程度，以便概略提供成本、物理屬性、操作環境等資訊。本節敘述概念設計的步驟以及其中方案篩選的方法，同時也針對工業設計的概念設計加以說明，以下詳述之。

一 概念設計的步驟

概念設計是一個遞迴式的流程，主要的內容包含確認需求、定義目標規格、提出解決方案、方案之篩選等，如表 8-1 所示。

表 8-1　概念設計的流程

步驟	主要內容
1. 確認需求	1. 蒐集顧客需求的原始資料 2. 需求整理及分類 3. 需求排列優先順序
2. 定義目標規格	1. 需求整理成屬性指標 2. 列出指標值
3. 提出解決方案	1. 分解問題 2. 提出關鍵子問題 3. 列出解決方案 4. 組合解決方案
4. 方案之篩選	1. 列出概念篩選的準則（例如：操作性、功能性、耐久性等） 2. 依據準則採用適當篩選模式進行篩選

(一) 確認需求

在前一個階段的產品企劃（策略階段），針對產品組合中的各個新產品或產品專案，均需要作出任務描述，描述產品目的、目標、主要及次要目標市場、限制等。當產品開發專案確定之後，依據專案的任務描述，需要進一步確認顧客需求。

確認顧客需求首先應該蒐集顧客需求的原始資料，顧客資料蒐集需滿足深度與廣度的原則，深度指的是內容較為深入與詳細，這與訪談或觀察的時間約略呈正相關；廣度指的是資料蒐集對象是否有包含所有目標市場的客群。

以消費產品需求而言，蒐集顧客需求的來源可以來自購買商品的流程，包含注意（Attention）、產生興趣（Interest）、激發渴望（Desire）、購買行動（Action）四個階段，也就是所謂的 AIDA 流程；也可以從顧客資源生命週期（Customer Resource Life Cycle, CRLC）的角度，將企業產品視為顧客的資源，顧客從取得該資源、使用該資源、一直到廢棄該資源，便構成另一個顧客流程（Gonsalves, 1999）；也可以考量顧客旅程，顧客旅程（Customer Journey）指的是顧客在購買前、購買中及購買後，或是服務接觸前、中、後，各階段所採取的流程。

圖 8-3　手錶可象徵身分地位的需求

（圖片來源：ROLEX）

常見的資料蒐集的方法包含訪談、觀察、資料庫及電子媒體。訪談可能針對各代表性的顧客進行，或是針對較爲專業的小群顧客進行焦點團體（Focus Group）訪談。觀察指的是觀察使用者使用產品的過程，將其使用產品的動作給記錄下來，觀察可能是以旁觀者的角度進行觀察，也可能進行參與觀察。訪談或觀察的結果可以用錄音、筆記、錄影、照片、速寫等方式將原始資料記錄下來。資料庫可能記載交易及互動的過程，甚至電子媒體（例如社群媒體）都可能是蒐集資料的方法。

同理心地圖（Empathy Map）是一個幫助團隊深度了解顧客的工具。同理心地圖是由 Dave Gray 所創造，包含六大區塊，分別描述目標族群的各種感受：

1. 想法和感覺（Think & Feel）
2. 聽到了什麼（Hear）
3. 看到了什麼（See）
4. 說了什麼、做了什麼（Say & Do）
5. 痛苦（Pain）
6. 獲得（Gain）

2017 年同理心地圖做了一些修正，加上同理者（WHODO），並將想法和感覺（Think & Feel）列爲核心，也修正思考順序，變成七個步驟如下（Gray, 2017）：

1. 目標（**Goal**）：我們要同理何人（WHO are we empathizing with?）
2. 目標（**Goal**）：他們需要做些什麼（What do they need to DO?）
3. 看到了什麼（What do they SEE?）
4. 說了什麼（What do they SAY?）
5. 做了什麼（What do they DO?）
6. 聽到了什麼（What do they HEAR?）
7. 想法和感覺爲何？痛苦與獲得（What do they THINK and FEEL? PAINS &GAINS）

繪製同理心地圖的第一步是角色定義，第二步是定義場景，第三步則是針對每一個角色與場景，分別繪製一張同理心地圖，每張圖都包含上述的七個步驟，參與團隊中的每個成員，都依據七個步驟的問題盡可能回答，再加以討論及分類，此時可以用大張海報紙繪製地圖，並且用便利貼寫出每個答案以利歸類。

爲了定義角色，可採用人物誌（Persona）作爲工具，人物誌是一種描繪目標用戶的方法，經常有多種組合，方便規劃者用來分析並設定其針對不同用戶類型所開展的策略（維基百科：https://reurl.cc/AAW7xd）。

人物誌當中，可能描述角色的年紀、職業等基本敘述，也可能描述態度、使用物品、喜好、渴望與操作行爲等等具體描繪的事物（Matt Dickman, 2008）。若從劇本的角度來說，人物角色主要包含其生理特徵、人格特質、情感態度、社會背景。一張人物誌的人物名稱，多半都是虛構的，且名字簡短、可讀、容易記憶。

人物誌的運作方式，包含創造角色、分析該角色相關的資訊、建立角色模型，並爲該角色說故事。針對某項顧客互動方案，也可能要塑造數個角色。

其次，顧客需求的原始資料通常是以顧客的語言描述，需要加以整理及分類，例如：顧客描述可能是更快速、更省力、更易於操作、更安全、更美觀等，這類需求就要加以分類成爲功能的需求、操作介面的需求、造型設計的需求等。

顧客對於產品的需求，可以從對產品的使用上的需求，以及購買流程上的需求來分類。使用上的需求包含使用方面的需求考量，例如：需要有多少的性能指標、快速等，也包含對於使用地點、時間需求，或是對於使用上有無需要工具輔助的需求等，當然也可以詢問顧客對於使用類似產品或是未來使用產品時，可能的缺失以及改善建議。購買流程上的需求則包含顧客從發現需求、尋找產品、比較產品、購買、使用、售後服務、意見反應等過程中，有關產品的資訊、通路資訊、價格資訊等需求。

顧客需求也可以從產品功能屬性加以分類整理，例如：區分爲功能需求、品質需求、介面需求（人體工學）、美學需求等，前兩者以產品功能爲主，後兩者則牽涉到工業設計方面的需求，當然也可以包含象徵性的需求，例如：身分地位的需求、酷與炫的需求、情感上的需求等。

圖 8-4　符合人體工學的產品設計
（圖片來源：W1 Working）

就工業設計的角度而言，其需求包含人體工學的需求與美學的需求，人體工學的需求包含容易使用、容易維修、互動介面、安全性等議題；美學需求則包含美感、造型時尚、新奇、形象等需求（張書文譯，2012）。

顧客需求亦能從核心產品至延伸產品的延伸性加以考量，例如：提供基本的產品功能，還是提供整體解案，其需求就有不同；提供基本服務以及提供體驗也有區別。

最後，再針對顧客需求進行重要性或優先順序的排序，例如：各項顧客需求表達成爲重要、次重要、潛在重要等方式加以評比其重要性。

產品新趨勢

愛料理的顧客需求

臺灣最大的食譜網站 iCook 愛料理自 2021 年成立已經第十年，為了挖掘更多機會，他們展開多場訪談，了解消費者為什麼使用或離開愛料理。訪談發現，使用者用與不用的原因，與生活型態轉變有關。結婚、組成家庭的人會開始下廚，生完小孩減少煮飯次數。等小孩長大後，又回頭使用愛料理；還有出國留學、打工度假等因素。

圖 8-5　愛料理
（圖片來源：iCook 愛料理 Facebook）

他們建立第一個假設：既然用戶經歷生活模式改變，不能推出「花時間」的產品，像是觀看影片、複雜的料理食譜等，必須把自己定位在協助用戶「省時」，才能呼應消費者需求。

接著，根據站內搜尋關鍵字，觀察用戶在一組關鍵字前後，會搭配那些字、看了幾頁，發現使用者在搜尋時經常會附註不同情境，譬如「素食」年菜、「涼拌」雞胸肉、「簡易」家常菜。

因此，他們得出第二個假設：會員搜尋動機強烈，提供完整的關鍵字搜尋功能，可以提升會員成為付費會員的轉換率。

此外，數據顯示，有一定比例的用戶還是搜尋廣泛的關鍵字，像是早餐、午餐、家常菜，意味著這些人的困擾是：不知道要煮什麼。於是，愛料理推出一週食譜功能，還整理好超市採買清單，每餐不重複菜色，讓用戶不必傷腦筋想該吃什麼，呼應省時省力的定位。新功能在 2017 年 7 月上線，上線半年後 VIP 人數翻倍，月成長 12%。

資料來源：吳美欣（2022-03）。優化搜尋幫用戶省時省力，愛料理付費會員數成長 40%。經理人，208 期。2022-03。

評論

iCook 愛料理採用訪談方式挖掘顧客需求，根據訪談的資料與生活型態加以整理，得出更具體的需求。依據這樣的需求建立假設，再運用關鍵字搜尋的方式了解更詳細的需求，並驗證假設，作為後續提出新服務方案的參考。

(二) 定義目標規格

前面已經列出許多的顧客需求，這些需求內容加以整理之後（可用屬性表示），以衡量指標來表示，衡量指標加上相對應的值就成為規格。例如：「速度更快」這項顧客需求其衡量指標是鑽孔速度，其值可能是每秒可鑽 10 個孔，這便成一個規格項目，產品規格就是由一系列的規格項目所組成。

決定衡量指標是由顧客需求中去歸納，顧客需求的較抽象層次是說明產品設計應該符合之目標，例如：功能目標、造型目標等，再更詳細列出衡量指標。經常考量產品本身之衡量指標包含性能、操作使用、便利性、法規標準、尺寸、結構、設計等，產品規格就可包含功能、品質、介面（人體工學）、美學等規格。例如：汽車座椅設計時，其衡量指標可能是雙人座坐椅型式、可前後調整、安全帶配備、具備餐盤點心置物架、調整高度等。

圖 8-6　汽車座椅設計
（圖片來源：Top Speed）

其次，也可以從產品生命週期的角度來擬出設計規範，包含生產製造、組立裝配、配銷、安裝、操作、使用、維修、廢棄處理等。例如：汽車座椅設計時，在生產製造階段應製作原型、檢測零組件品質等；在使用階段需有避免聲音干擾、個人空間區隔的設計；在廢棄處理階段需有可拆卸座椅之設計、某些材料與零件的重複使用等（張建成譯，民 84）。

第三，可以從產品行銷的角度來定義規格，行銷規格包含目標市場、定位、核心利益、銷售與獲利、財務可行性、競爭等內容。

由顧客需求來定義規格值，主要的重點在於了解顧客需求的內容及各個需求內容的重要性排序。定義規格值除了顧客需求這項因素之外，也需要了解本身的技術能力、成本限制以及競爭產品的規格值。因此決定規格的過程需要製作技術模型以及成本模型，以便分析技術的可行性以及成本限制，例如用目標成本法來分析成本。

此處所訂出的規格可能只是暫時的規格或是目標規格，經過後續概念篩選之後，可能需要進一步修正，以成為正式規格，也就是說，規格的定義是一個遞迴的過程。規格的定義過程如圖 8-7 所示。

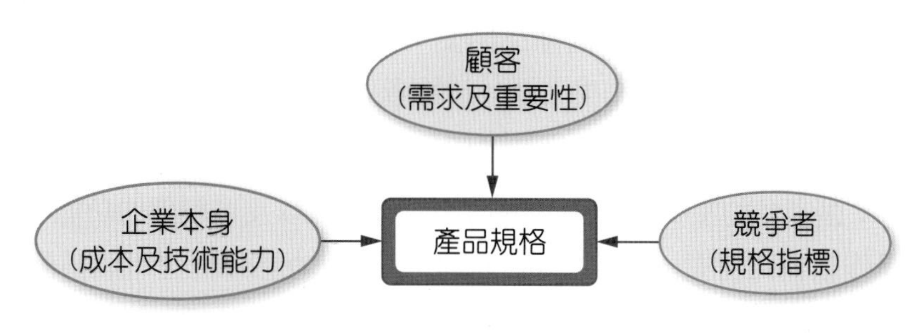

圖 8-7　規格的定義過程

(三) 提出解決方案

由顧客需求或是初步定義的產品規格，便需要提出解決方案，此時就是產品概念的解決方案，產品概念是針對顧客需求（對顧客產生利益）的技術及形式（設計）解案。概念產生的一般步驟包含分解問題、提出關鍵子問題、列出解決方案、組合解決方案、評估（篩選）解決方案等步驟（以下步驟及範例請參考：張書文譯，2012）。

1. 分解問題

就是將一個複雜的問題分爲數個子問題，例如：手持釘槍的輸入爲能量、釘子、啓動，輸出爲驅動的釘子，而手持釘槍的處理過程可分解爲儲存能量、儲存釘子、轉換能量、釘子上膛、釘槍擊發、平移能量等功能，這些功能就被視爲子問題。

子問題有許多的方法，常見的子問題分解的方法包含問題分析、使用流程分解、功能分解、屬性分析等方式：

(1) 問題分析：運用問題解決的模式來找出概念，也就是經由問題分析，以解決問題的方法作爲概念的解決方案。例如：行動電話的問題分析，其問題可能包含容易摔壞、電池續航力不足、無法看到對方的表情、害怕有輻射或電磁波之傷害，而如何解決這些問題就是可能的解案。例如煙霧偵測器，可能的問題包含不美觀、很難關閉、警報聲音刺耳等，而美觀設計、容易操作的開關、警報聲音的方式等就是可能的解案。

再以修正液產品爲例，使用上的問題包含刷子會乾掉、變形，導致修正液難以使用，依據這些問題，改善的建議包含擴大瓶口或是改良塗劑，若從外觀造型或樣式加以考量，一些屬性包含裝有白色液體筆、筆端的角度、筆端的彈簧承載方式、筆蓋的類型，甚至像膠帶一樣的修正液出口。

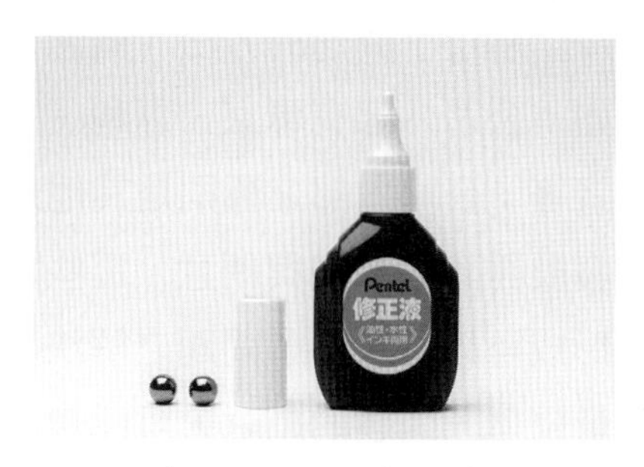

圖 8-8　修正液
（圖片來源：Pentel）

(2) 使用流程分解：觀察和分析探討產品與使用者之間的交互作用，也就是觀察使用者使用產品的過程，並使用其結果去產生新的產品概念。與使用流程分解類似的方法，是產品生命週期分析，也就是由消費者使用產品的過程進行分析。

(3) 功能分析：由產品的主要功能，分解爲次要功能，以及更細部的功能，進行功能的類比與操作原則之考量，以產生新的設計概念。功能分析也可以搭配價值分析和FMEA（失效模式與影響分析），作爲概念設計之後的分析，以便篩選較爲適當的概念解案。

(4) 屬性分析法：產品屬性有三種，特徵、功能及利益，利益又具有多樣性，包含使用情形、使用者、搭配何種產品使用、何處使用等，均可能有不同的利益屬性。通常特徵可以是尺寸、原料來源、服務、結構、美感、製造過程、績效、商標、零組件、材質、價格等。利益可以是使用情況、省時省力、感到樂趣、經濟等，利益包含直接與間接利益，直接利益如潔淨的牙齒，間接利益則是因爲潔淨的牙齒導致浪漫的氣氛。功能指的是產品如何運作，例如如何將墨水印在紙上。也可舉例：鞋子的皮質是特徵、適於行走是功能、穿起來舒適是利益。

2. 提出關鍵子問題

分解出子問題之後，先選擇少數幾個關鍵的子問題進行解決，由概念設計的目標，分別萃取出功能及外觀造型的特點。以馬鈴薯的削皮器爲例，其功能模組（功能特點）包含圓鑿端、旋轉介面、刀片、厚度控制器、把手等五項。設計人員認爲刀片和控制器是密不可分的，應整合爲一個模組，旋轉介面與把手整合爲一個模組，如此成爲三個主要的功能模組，把手、刀片和圓鑿端。

圖 8-9　馬鈴薯削皮器
（圖片來源：AliExpress）

3. 列出解決方案

解決子問題的方法（概念）有許多的來源，例如：公司外部有專家、專利、文獻、使用者、競爭者等；公司內部來源則是其他部門的構想以及產品發展團隊的知識與創意。這些創意經過整理之後，形成可以解決各子問題之解決方案，例如：儲存能量這個子問題的創意，可能包含高壓噴出瓦斯、氣體燃料、燃料電池、太陽能電池、人力等方式；又例如平移能量的解決方案可能是單次衝擊、多次衝擊、推動、邊扭邊推等方式。

圖 8-10　太陽能電池
（圖片來源：Geek.com）

4. 組合解決方案

組合的解決方案就是我們所稱的產品概念（設計概念），不同的組合就有不同的概念。組合解決方案可以採用概念樹分類、概念組合表等方法。例如步驟二提出的關鍵子問題，包含轉換能量、累積能量、平移能量等，由電池（轉換）、彈簧（累積）、多次衝擊（平移）等組合構成一個產品概念；由旋轉馬達（轉換）、彈簧（累積）、單次衝擊（平移）等組合構成另一個產品概念。每一個概念都可以先用概念草圖加以表示。

圖 8-11　旋轉馬達
（圖片來源：Prom.ua）

產品新趨勢

台灣櫻花產品的概念設計

台灣櫻花過去是靠熱水器、瓦斯爐、除油煙機三大核心產品的送油網、送安檢等服務力，才搶下臺灣廚具龍頭地位，但論製造技術的話語權，卻是握在臺灣第二大廚具品牌日本林內（Rinnai）手上，台灣櫻花只能從後苦追。台灣櫻花透過到府訪談，推出更貼近消費者需求的產品。例如，瓦斯爐火不容易點著的客訴，針對這個長年無解的困擾，激發它研發出幫瓦斯爐點火針加裝簡易防水蓋，就不需要再擦乾的設計，讓櫻花搶先推出「不怕點不著火」的瓦斯爐。又如，日商的瓦斯爐架都是針對小鍋爐設計，臺灣人愛用的大鍋爐會滑、擺不穩。它因此改造爐架設計，推出「不怕滑」瓦斯爐，就這樣一點一點搶走海外品牌客戶，再度拉開市占率差距。

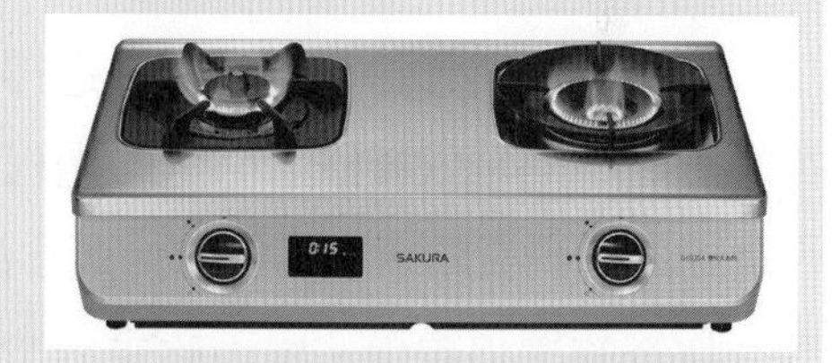

圖 8-12　台灣櫻花 G5920A 瓦斯爐
（圖片來源：台灣櫻花官網）

資料來源：林洧楨（2022-11-17）。台灣櫻花 3 路改革甩平價宿命　「聽媽媽的話」淨利翻倍。商業周刊，1827 期。2022-11-17，取自：商業周刊知識庫。

評論

櫻花推出「不怕點不著火」、「不怕滑」的瓦斯爐，「不怕點不著火」及「不怕滑」就是重要的產品概念，這些概念來自使用者需求分析，而這些概念具體化設計、製造之後，就會成為滿足使用者需求的瓦斯爐產品。

(四) 概念設計方案之篩選

概念篩選乃是依據一些篩選準則將明顯不合的產品概念予以排除，得到少數幾個概念，加以修正，並進一步詳細評估，以決定是否將該產品概念進行實際的發展。概念篩選是一個逐步改善的過程。

產品概念篩選的準則主要包含操作性、功能性、耐久性等，因爲產品種類不同，篩選準則也就依據產品不同而不同。概念篩選一般可用矩陣圖來表示，篩選時先列出矩陣圖，及受評選的概念以及篩選準則，接下來再進行實際的評估作業，也就是評定每一個概念在各準則的表現狀況，例如以五分表示最優，一分最弱；或是以＋ / －表示正面或負面的效果等。評估之後再進行概念排序，已初步了解各個概念的優先順序。

在篩選的過程中，可能發現概念本身或是篩選的準則有不周延之處，因此可以加以修正，例如某個概念加以修正或與其他概念合併等；又例如某個準則太過於籠統，可以更詳細定義區分爲數個子準則。

經過排序與修正之後，可以選擇少數幾個產品概念進行進一步的概念選擇。概念選擇的評估準則是依據概念篩選的過程中所修正的準則來進行，最後決定各個產品概念是否實際進行研發動作（需要先作概念測試）。

概念篩選過程中，經由修正篩選準則或是產品概念，可能修正產品的規格值，如圖 8-13 所示。

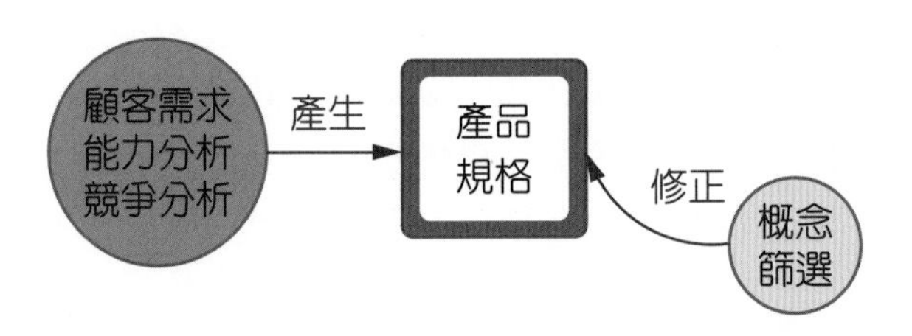

圖 8-13　概念篩選過程修正產品規格值

二　概念方案篩選的方法

篩選方案的類型主要包含利益評估法、財務或經濟模式、產品投資組合法（巫宗融譯，民 89）。其中利益評估法較適合應用於初步構想的篩選，財務或經濟模式較適合應用於概念性的商業評估，將於下一節介紹，產品投資組合法適於策略性的產品投資組合分析。當然這只是適用的原則，產品策略與發展各階段均可依據本身產品特性選用適當的方法，不受上述的限制，例如可運用利益評估法於商業評估流程中。

利益評估法包含檢核表、計分模式等評估模式，也包含相較法（Q-sort；AHP）、利益貢獻法（財務指數）。

1. 檢核表法

檢核表法是評估新產品方案最簡單的方法之一，其具體的做法是列出檢核事項或評估標準的清單，再依清單逐一檢視是否達成或滿足。

檢核表在使用上相當簡便，而且可以列出多重的準則，供各方案共同依這些題項（準則）進行評估，例如：準則可能是策略配合度、技術可行性、市場吸引力等，越到後期的方案評估，這些準則可能就越詳細，但都希望滿足「這些準則是評估的關鍵或重要因素」之原則。

檢核表法也有其缺點或限制，首先，所列出的準則可能相當武斷，能否滿足關鍵準則實在難以確保。其次，各個準則的權重無法表達，也就是假設各項評估準則的重要性是一致的，這可能與實際狀況不符。第三，判斷是否通過的標準也非常難定義，也就是說，在所有題項中，需有多少題符合才能過關，實在非常難以決定。

2. Q-sort

Q-sort 是利益評估的方法之一，是相當簡單而有效的方法。Q-sort 方法是將方案內容製成卡片，發給參加評選的人員，依據內容加以評論，再依據事先設定的評估準則進行評估。評選人員第一次評估的結果，以匿名方式公布於計分板上，再針對該結果進行非正式的討論，再進行第二回合匿名評估，通常經過三回合的討論，便能獲得相當不錯的共識。

Q-sort 方法的缺點如下（巫宗融譯，民 89）：

(1) 方案中的個別要素，諸如市場規模、科技成功機率等，無法用於方案之間的相互比較。

(2) 方案之間只能排定順序，但方案的水準則無法表示，也許排序第一的方案，其水準還是很低。

(3) 整個排序、討論過程不夠透明，有時過於主觀或政治氣息。

3. 二維矩陣

二維矩陣是關聯分析的一種，從兩構面來進行屬性分析，例如針對新保險產品而言，其二維可能指的是被保險的事件（火險、走失、死亡等）及被保險的對象（例如新生兒、富人、狗、貓等）（黃延聰譯，2016）。

4. 分析層級法

分析層級法（Analytic Hierarchy Approach）克服了 Q-sort 方法的一些限制，針對各個方案所列出的屬性或特質由專家進行兩兩配對之比較。

5. 利益貢獻模式

利益貢獻模式亦稱財務指數法，主要是以新產品對企業目標的貢獻來衡量方案的吸引力，該貢獻可能是財務方面的利益貢獻，最簡易的貢獻是以成本——利益來衡量，在方案早期財務資料尚不詳細時可使用，其公式如下（巫宗融譯，民 89）：

$$吸引力指數 = \frac{預期利益}{成本}$$

其中預期利益是產品可能產生的利潤乘以產品成功的機率，成本則是執行該產品方案之投入。其次，目標的貢獻也可以用生產力指數來表示，公式如下（巫宗融譯，民 89）：

$$生產力指數 = \frac{商業期望值（淨現值）* 科技成功機率}{研發經費}$$

三 工業設計的概念設計

(一) 工業設計師的角色與工業設計的目標

工業設計師主要負責與使用者相關的產品觀點及功能介面，所謂產品觀點就是感受這產品看起來如何？聽起來如何？感覺如何？聞起來如何？功能介面指的是考量產品將如何被使用（張書文譯，2012）。因此，工業設計關切的事情除了產品的運作方式之外，也重視產品的外觀造型，工業設計師的知識技能除了機械、工程、材料之外，也需要具有美學、藝術的專長。

工業設計師可以協助產品開發團隊達到以下五點目標（張書文譯，2012）：

1. **實用**：包含介面安全性、操作便利性、功能傳達等。
2. **外觀**：包含形狀、線條、顏色等將產品整合成令人滿意的整體。
3. **容易維修**：產品必須設計成能傳達產品應該如何維修。
4. **低成本**：外型特徵與工具、治具製作費用和生產成本有重大影響。
5. **溝通**：藉由看得見的產品屬性傳達整體設計的理念與任務。

(二)工業設計的概念設計流程

工業設計的概念設計流程，仍舊依據需求確認及尋求概念化解案等兩大步驟。首先，在需求確認階段，有關工業設計的需求包含（張書文譯，2012）：

1. **人體工學需求**：例如容易使用、容易維修、互動介面個數、互動介面新穎性、安全性等。
2. **美學需求**：視覺上的美感與差異化、產品形象與時尚等。

調查與確認顧客需求之後，再將需求予以概念化，進而設定規格，顧客在外觀、造型、人機介面的需求列出來之後，該需求可能是要滿足以下的利益：

1. **象徵價值**：產品象徵（Product Symbolism）指的是產品人性價值的描述，包含產品本質的事物（例如外觀堅固、耐用）以及對於使用者的價值，亦即蘊涵於產品外觀造型中的個人與社會價值（張建成譯，民 87，pp. 195）。
2. **造型的概念**：產品的造型應該表達哪些意念，例如美感、外觀之堅固、耐用、精緻等。
3. **產品功能的表達**：也就運用產品語意的方法，表達出產品的核心利益或功能。

其次，要滿足這些利益，需要構思相關的解決方案，也就是構思哪些意象能夠表達上述的顧客利益、外觀造型的概念，解決方案的思考方式包含（張建成譯，民 87，pp. 195）：

1. **生活型態看板**：收集消費者個人與社會價值的意象資訊，生活型態看板用以表達出理想中的消費者意象。微笑、歡喜、樂趣等好的意象常被表達，辛苦、乏味、壓力等則不受歡迎。
2. **心情看板**：表達產品所呈現出來的價值。例如：意象「壁爐中靜靜燃燒的材火」表達的是「愉快和休閒」、意象「百米賽衝刺鏡頭」表達的是「充滿活力」、意象「鄉村小路騎車踏青」表達的是「輕鬆和趣味」、意象「公司董事會議」表達的是「緊張和商業」、意象「澳洲無尾熊」表達的是「柔軟和舒適」、意象「蒸氣引擎」表達的是「堅固和耐用」的感覺；心情看板要表達這種感覺。

圖 8-14　百米賽跑表達充滿活力的意象
（圖片來源：Arab News）

3. **主題看板**：選擇出適合於該設計的心情看板，例如「冒險」顯示狂野、戶外；積極主動的心情，「趣味」顯示活潑生動和歡樂的氣氛。

風格屬性或構想的初步篩選，可以考慮與公司的策略或品牌形象之一致性。塑造產品風格考量的因素包含先期產品、公司或品牌意象、競爭產品的風格、造型風格的標準等四項（張建成譯，民 87，pp. 193）：

1. **先期產品**：保留產品原有的視覺意象。
2. **公司或品牌意象**：配合公司或品牌意象，加強顧客信心。
3. **競爭產品的風格**：與競爭產品風格比較，包含流行主題、生活型態價值觀等。
4. **造型風格標準**：考量各個市場的理想或標準意象。

外觀造型概念提出之後，也可以用草圖來加以表示。也就是依據概念設計中的相關屬性加以組合成爲單一設計，先繪製草圖，加以討論，再與工程設計配合，進行細部設計。

工業設計乃是將各種屬性加以組合之後，形成一個單一的設計，這個步驟稱爲設計合併。依據設計合併的結果繪製設計圖。設計的結果有兩種形式，第一種是將修正液置入鋼珠筆中，擠壓鋼珠筆時，於該處擠出平滑之修正液；第二種是修正帶。

(三) 工業設計的評估準則

工業設計具有其設計目標與流程，設計結果的品質可能包含理性的品質，也包含主觀的感受，標準化的工業設計之評估準則確有其難度，但仍有一些值得參考的評估準則（張書文譯，2012）：

1. **使用者介面的品質**：讓使用者容易了解該產品的使用方式、容易操作、提供使用者安全的使用。
2. **感性的訴求**：產品的設計能夠吸引人、令人感到興奮，或是令使用者有驕傲的感覺。
3. **保養及維修**：保養及維修的程序是否具體明確、容易執行。
4. **適當的資源使用**：材料的選擇有考量成本、品質、環保與生態等。
5. **產品差異**：該設計是否讓產品具有差異化、識別性等。

四　概念設計與產品規格

在概念設計的初期階段，產品規格先由需求確認時加以定義，進行概念選擇時，則是依據篩選的準則進行產品概念的篩選，這樣的過程是一個遞迴的過程，也就是說，產品概念會隨著篩選過程而逐步修正，同時篩選準則也會隨之調整。

產品概念可以說是溝通顧客需求與內部研發的重要介面，產品經理應將產品概念視為核心利益，對研發表達為需求規格，此階段對財務、製造的溝通，也都以產品概念為基礎。

8-2 概念測試

一 概念測試之定義與目的

概念測試（Concept Testing）也是針對產品概念進行評估的動作，只是評估者不是產品研發團隊，而是顧客或潛在顧客。易言之，概念測試是決定未來使用者是否對此產品概念有需求，也就是從顧客的角度來考量。

從技術的角度來說，概念測試指的是對測試對象展開各種設計案之文字說明、圖像或實體模型，並觀察和分析他們的反應（張建成譯，民 84）。從行銷的角度而言，概念測試是運用各種調查或是訪問的方法，測試目標市場對於產品概念的反應（曾光華，民 95，pp. 340），例如：了解產品利益是否符合其需求？對消費者產生哪些效益或在什麼時機解決什麼問題等。

概念測試亦可測試消費者對於價格的看法，甚至詢問消費者購買的意願。簡而言之，概念測試是將提案產品以概念或原型的方式呈現，測試顧客對產品的興趣、喜好及購買意願（並由此評估預期的銷售額及價格敏感性）。注意，至此產品並未眞正進入開發階段，仍只是以模型或概念的方式呈現，評估潛在顧客的反應。我們同時可依概念測試的結果預測價格敏感度，當然，在估算時還必須考慮其它因素。

概念測試主要的目的包含（張書文譯，2012）：

1. **概念選擇**：產品概念篩選階段，可能選出數個產品概念，此時應該更具體決定執行哪一個產品概念。
2. **概念修正**：依據概念測試的回饋資料，決定該產品概念應該如何修正，以便更符合顧客的需求。

3. **市場預估**：初步估計購買意願與銷售量，購買意願包含絕對會買、可能會買、不確定、可能不會買、絕對不會買；銷售量則是初步估計購買量、市場佔有率等。市場預估資料用以更具體地評估產品概念的商業可行性。
4. **執行開發決策**：決定概念發展階段之後，是否繼續投入資源，執行下一階段具體設計的工作。

因此概念測試的主要工作就包含測試與市場規模兩大工作，測試過程中需要了解使用者或顧客的偏好、價格容許範圍等。

概念測試的受測對象應該能正確反應出該產品的目標市場，如果產品符合數個目標市場的客群，選擇受測對象時也應該考慮周全。當然測試可能是昂貴的，因此必須在樣本代表性與成本之間做一個權衡。

概念測試需要考量產品之特性，例如：工業產品與消費產品，就消費產品而言，有些產品之領域較難進行概念測試，例如：藝術品、娛樂用品等均需要較高之體驗；產品技術性較高者，因爲技術較難爲消費者所理解或想像，因此也較難進行概念測試。如果較難進行概念測試，可將概念製作成較具體之原型，再進行測試，稱之爲原型概念測試（Prototype Concept Testing）。

二 概念測試步驟

概念測試時需要將產品概念與受測者做良好的溝通，因此除了準備以草圖、文字敘述或初步模型作爲溝通的內容之外，也設計問卷協助概念測試順利地進行。概念測試的問卷應該包含下列數項（且需要隨時注意與受測者之溝通）：

1. **篩選問題（Screener Question）**：篩選問題是用來確認受測者是否符合目標市場定義的題目（張書文譯，2012），例如若目標市場是大學生，則須詢問：您是否爲大學生？若否，則終止測試。
2. **產品興趣**：包含了解受測者對於產品功能、介面、使用方式等看法，但最好不要列出價格資訊，否則會影響受測者對於概念的選擇。
3. **購買意圖**：了解受測者對於該產品（未來產品）之購買意願，以便推估市場需求量。
4. **開放式題目**：由受測者自由告知其相關意見，例如該產品能夠改善之處等。

概念測試的步驟包含準備概念陳述、決定受測者、資料蒐集、資料分析等步驟，整理如表 8-2 所示。

表 8-2　概念測試的步驟

步驟	主要內容
1. 準備概念陳述	1. 將核心利益或主要概念以視覺化方式表達 2. 包含：文字、口頭描述、草圖、相片或精描圖、腳本、影片、模擬、互動式多媒體、實體外觀模型、模擬廣告（Mock Ads）、產品說明卡、概念繪圖、初步原型
2. 決定受測者	1. 相關單位或人員 2. 消費者 3. 原則上是小樣本
3. 資料蒐集	1. 運用直接訪談、焦點團體、即時回應調查等方法 2. 運用訪談、電話訪談、郵寄問卷、電子郵件、網際網路等媒體 3. 詢問概念的獨特性、解決問題之效益、偏愛程度、價格反應、購買意願等問題
4. 資料分析	1. 整理出受測者對於產品概念或核心利益的偏好 2. 表達產品的概念屬性、購買者、購買理由、如何購買等內涵 3. 進行銷售預測

(一) 準備概念陳述

產品概念表達的方式包含文字、口頭描述、草圖、相片或精描圖、腳本、影片、模擬、互動式多媒體、實體外觀模型等（張書文譯，2012）。也包含模擬廣告（Mock Ads）、產品說明卡、概念繪圖、初步原型等。也就是將核心利益或主要概念以視覺化方式表達。概念陳述中有些事項需要加以注意，例如：不要讓受測者有太商業化的感覺；陳述中有關競爭者或價格相關之資訊是否要充分提供，也需要斟酌。

圖 8-15　Nike 的模擬廣告（Mock Ads）

（圖片來源：Quinn Klaue）

(二)決定受測者

概念測試的對象並不限於消費者，整個產品發展或銷售過程中的相關單位或人員均有可能是受測者。概念測試針對測試對象，可能採用小樣本或大樣本，一般而言，越是在概念發展的初期，越是採用小樣本，所蒐集的資料也偏向定性資料。

(三)資料蒐集

針對受測者，資料蒐集方法包含直接訪談、焦點團體，或是結合上述二者的即時回應調查（Real Time Response Survey）。資料蒐集的方法（媒體）可以包含面對面的訪談、電話訪談、郵寄問卷、電子郵件、網際網路等方式。資料蒐集過程中需要注意受測者確實了解產品概念，再詢問受測者對於概念的獨特性、解決問題之效益、偏愛程度、價格反應、購買意願、所發現的問題等。測試過程中需要有效地將產品的概念與受測者進行溝通，讓受測者充分了解。

(四)資料分析

規劃概念測試時，可以依據媒體特性與產品概念表達方式，以矩陣圖的方式加以整理。依據概念測試之目的，資料分析主要是整理出受測者對於產品概念或核心利益的偏好，以便選擇適當的產品概念以及修正產品概念。

在概念測試的質性資料方面，應該能夠表達產品的概念屬性、購買者、購買理由、如何購買等內涵，以作為設計的依據。購買者指的就是目標市場的顧客；購買理由指的是產品的核心利益及其他相關屬性與特色；如何購買則是指購買時間、地點、情境等。

資料分析也需要進行銷售預測，對於新產品銷售額與利潤的預測可採用 ATAR 模式，即知曉（Awareness）、試用（Trial）、可獲得（Availability）、重購（Repeat）。由 ATAR 模式，銷售數量的估計是由總市場需求 * 知曉此產品的百分比 * 願意試用產品的百分比（假設可取得產品）* 試用者願意購買的百分比，而利潤則是銷售數量 *（價格－成本）（黃延聰譯，2016）。

另外一種模式是利用市場佔有率以及購買機率的公式來預估，Q 是預期銷售量、N 是某段時間內預估潛在顧客會購買的數量、A 是潛在顧客或購買的比率、P 是當顧客可取得且熟悉該產品時，顧客購買的機率，公式為 $Q = N*A*P$。其中 $P = Cd*Fd + Cp*Fp$，Fd 是概念測試中填答絕對會購買的比率，Fp 是概念測試中填答可能會購買的比率，Cd 和 Cp 分別是修正的常數，一般而言 $0.1 < Cd < 0.5$，$0 < Cp < 0.25$，更初略地說，Cd 和 Cp 分別是 0.4 和 0.2。

舉例來說，假設滑板車銷售量每年是 150,000 部（n = 150,000），假設公司透過單一經銷商銷售，該經銷商在這類產品的銷售比重為 25%（A = 0.25），概念測試的結果，填答絕對會購買的比率和填答可能會購買的比率分別為 0.3 和 0.2，則 P = 0.4*0.3 + 0.2*0.2 = 0.16；Q =150,000*0.25*0.16 = 6,000 部 / 年（張書文譯，2012）。

概念測試之後，也需要回頭檢視產品規格，若有需要再度修正產品規格則修訂之，否則產品規格已經定案，如圖 8-16 所示。已經定案的產品規格與核心利益、目標市場、市場定位等內容構成產品定義，請參考下一節。

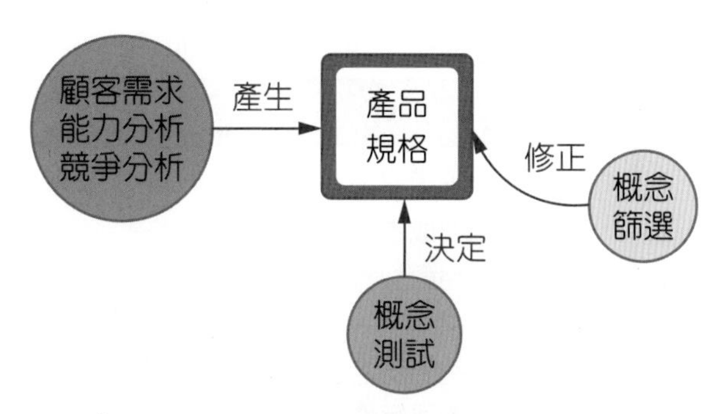

圖 8-16　概念測試決定產品規格值

產品經理手冊

概念測試是運用產品概念與顧客或是相關部門溝通產品的內涵，產品概念的表達方式有許多種，包含不同的媒體與不同的詳細程度，產品經理應該在清楚表達與表達成本之間做拿捏。

8-3 商業評估

一 商業評估的準則

商業評估是重要的，因爲此階段的工作重點是判定本產品是否有經濟利益，也就是進行可行性評估，此評估將決定是否投入大量的經費進行實際開發的動作。商業評估的準則包含市場評估、策略評估、技術評估、財務評估及其他因素評估等，如表 8-3 所示。

表 8-3　商業評估的準則

準則	主要內容
市場	1. 估算市場需求 2. 估算價格與成本 3. 得出銷售額與利潤
策略	評估產品與公司策略、產品策略、品牌形象的一致性
技術	1. 評估技術的可行性 2. 包含製造及零組件、原物料
財務	評估是否具有足夠的資金或籌措資金的管道
其他因素	例如法規、風險等

(一) 市場評估

概念測試主要目的是評估產品的利益、功能、造型、價格等是否滿足目標市場顧客之需求，而商業評估的主要目的是決定產品在商業上的可行性，包含成本效益等考量。依據市場評估，可以估算未來的銷售量，加上定價的考量，可以估算銷售金額，再加上定價，便可以預估利潤。

銷售額分析方面，前面已經介紹數種方法，也可以採取市場預測的方式，考量產品本身的功能與特色、市場需求、行銷方案、競爭者等因素，來預估銷售量。定價部分則依據定價策略，請參考第六章的內容。

成本分析主要考量研發、人力、材料、設備等因素，來估計發展該產品的成本。一般可區分爲變動成本與固定成本，「變動成本」（Variable Costs）是指那些變化程度、活動程度直接相關的成本；「固定成本」（Fixed Costs），相反地，則不會隨著活動程度的改變而變動。成本的另外分類方法爲直接材料、直接人工、製造費用、行銷和銷售成本、管理費用。

價格與成本的擬定有兩個方向，一種是先計算出產品的成本，再由成本的加成來定價；一種是由目標價格以及各通路（例如零售商、中盤商、大盤商）所要求的利潤來反推產品開發的成本，而要求成本必須符合在該條件之內。

市場評估也需要評估該產品未來在市場上是否具有競爭優勢。最後，則需要評估是否具有該產品明確可行的行銷方案，包含通路的運用、通路的吸引力等。

(二) 策略評估

在策略評估方面，應將產品屬性與公司相關策略做一個比對，包含公司策略、產品策略、品牌形象等。

(三) 技術評估

在技術方面，除了研發該產品的資源或技術能力評估之外，也需要評估製造程序、原料或零組件來源上的可行性。

細部技術分析仍著眼在方案技術上的可行性。顧客的需求及欲望經轉化成爲技術與經濟上可行的方案。方案小組列出技術上可能的解決方式，並討論可行性。此階段同時要評估技術上的風險，以及安全、衛生、法律、政府政策等事項。這項將轉化顧客需求與欲望的工作，通常包含一些初步的設計及實際上的技術活動（如在實驗室中實驗、設計模型，或發展出初步的工作模型或原型），但仍未進入產品的全面開發階段。

(四) 財務評估

商業評估主要表現在財務的可行性方面，是否具有足夠的資金或籌措資金的管道。財務評估除了成本之外，也可以由銷售預測來評估收入或現金流量。也包含銷售量、成本的估算等工作，以計算投資報酬率。爲了估計市場銷售量，也需要評估現有或潛在競爭者的競爭產品，觀察他們的產品、企業表現、策略與競爭基礎，並由此得知競爭對手的優勢 / 弱點、營運狀況，以及該如何與之競爭。

商業評估的方法主要區分爲銷售預測與財務分析（IRR、NPV）兩大方向，銷售預測用於預估市場的潛力，並將分析的結果作爲財務（或其他績效）分析的依據，已訂出開發決策。預測方法包含回歸分析、時間數列、Delphi 等。常見的預測技術包含回歸分析、時間數列、指數平滑法、情境預測、專家預測（如 Delphi 法）等，也可以用使用者的購買意圖來預測、產品創新擴散等方式預測之。

(五) 其他因素評估

在此討論產品量產的可能性、製造成本以及所需的設備。如果可能，應同時仔細評估法律、專利及政府法規，以降低風險，列出必要的活動計畫。其他因素則包含法律、衛生、安全環保等議題，也包含風險評估。產品開發風險除了外在環境的變化（例如需求、技術等改變）之外，也包含專案團隊的風險，包含人員能力與流動性的不確定性、研發設備與流程的不確定性、財務資金供應的不確定性等。

二 商業評估的方法

商業評估視爲投資決策，有許多的評估模式可以使用。財務評估乃是運用銷售預測的方式，預測銷售量，並與成本相比較，預測銷售金額或是獲利率，整理出來的財務指標包含淨現值（NPV）、內部報酬率（IRR）、回收期間等，並輔以敏感度分析，以及檢視可能的風險。

淨現值法（NPV）主要是將產品發展各階段所需投入的資金以及收益金額，均換算爲現值，收益的現值總額減去投入的現值總額即爲淨現值，通常我們期望一個方案的淨現值大於零，這可能是方案是否過關之基本要求。

財務評估亦具有動態性，不同階段所獲得的財務方面資訊完整度或是精確度不同。

進行商業評估也可以考量前述各項因素進行質性、量化或混合方式的評估，有屬性評估法、評分法（Scoring Model）或稱之爲加權平均法、分析層級程序法（Analysis Hierarchical Process, AHP）、決策樹、蒙地卡羅模擬。

決策樹也是常見的方法，其進行方式是結合淨現值法與各決策因素成功的機率，例如新產品發展決策時，所考慮的決策因素可能包含技術發展及商品化兩項，兩個因素各有其發生的機率。

計分模式是檢核表的延伸，一旦列出評估準則之後，必須決定各準則的重要性（權重），再依各方案的實際表現加以計分（例如 0-5 分或 0-10 分），然後再經由加權的方式加總，計算出方案的總分做爲決策之依據。計分模式是將所有受評估的準則與權重，以加權平均的方式加以整理，此種方法兼顧質性準則的主觀與量化數據的客觀性，是一個簡單有效的方法，依據上述之評估準則轉爲評分模型，如表 8-4 所示。

表 8-4 計分模式之例

構面	因素	分數	權重	加權分數
策略	產品策略配適度	○	○	○
	品牌形象配適度	○	○	○
市場	銷售量	○	○	○
	利潤	○	○	○
技術	開發技術	○	○	○
	製造技術	○	○	○
財務	成本	○	○	○
	風險	○	○	○
其他	法規	○	○	○
	環境	○	○	○

分析層級程序法，主要是依據概念測試的目標，將評估準則因素予以分解，再以兩兩比較的方式，徵求相關專家（受測者）對於各項因素的重要性加以評分，進而了解各項準則或子準則對於目標的貢獻度或重要性，做爲決定概念之依據。

商業評估的目標可能是要獲得最佳銷售量或利潤，其主要準則可能是策略面、技術面、市場面、商業面等，這些準則再細分爲次準則，例如：策略面是評估企業策略、品牌形象、產品策略等；技術面包含研發、製造、設備、技術服務等；市場面包含市場佔有率、銷售目標、利潤、通路配合等；商業面則可能包含風險、財務、環境影響、競爭等。將上述轉爲分析層級程序模型，如圖 8-17 所示。

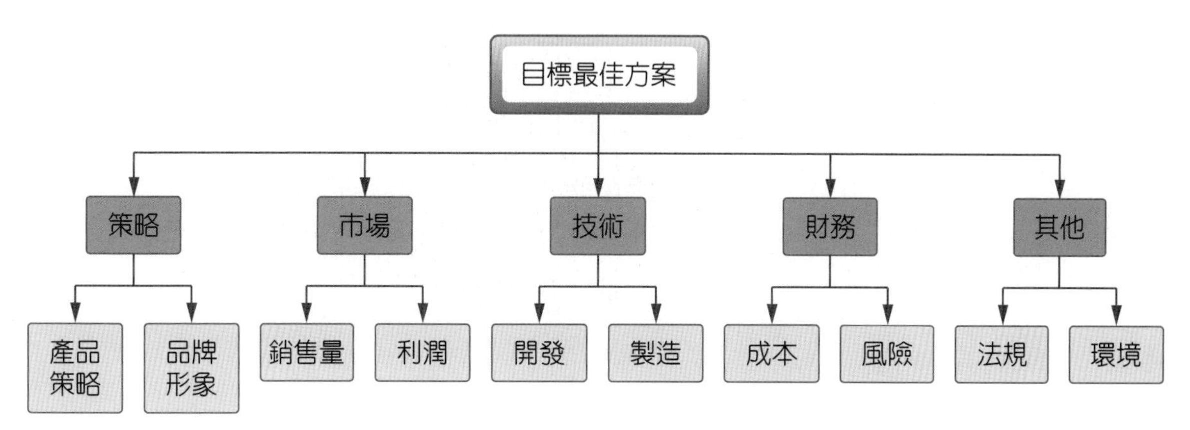

圖 8-17 分析層級程序模型

三 產品定義

產品定義指的是定義目標市場、定位、定價點、產品屬性利益功能、產品規格。也就是說，依據上述的概念定義，需要提出如何達成產品概念的具體方法，包含技術（規格）、行銷、生產，並針對未來商業營運的可行性進行評估，例如：策略適合度、財務可行性、市場可行性、製造可行性等。產品定義是從公司的角度來評估待開發的產品是否能夠實際進行開發生產。產品定義先依據產品發展的目標，次而定義核心利益，其產出結果包含機會規範與設計規範。

產品經理手冊

商業評估需要審慎，因為這是進入具體設計之前的關卡，而進入該階段，就需要投入大量的資源，產品經理需要特別關注這個重點。

本章摘要

1. 概念發展階段的主要工作包含概念設計、概念測試及商業評估等活動。
2. 概念設計主要是依據產品的利益或是功能與造型風格的需求，提出設計上的解決方案。概念設計的過程包含確認需求、定義目標規格、提出解決方案、概念設計方案之篩選等步驟，其中提出解決方案又區分為分解問題、提出關鍵子問題、列出解決方案、組合解決方案等步驟。工業設計的概念設計流程，仍舊依據需求確認及尋求概念化解案等兩大步驟。
3. 篩選方案的類型主要包含利益評估法、財務或經濟模式、產品投資組合法，其中利益評估法較適合應用於初步構想的篩選，財務或經濟模式較適合應用於概念性的商業評估。利益評估法包含檢核表、計分模式等評估模式，也包含相較法（Q-sort；AHP）、利益貢獻法（財務指數）。
4. 概念測試是將提案產品以概念或原型的方式呈現，測試顧客對產品的興趣、喜好及購買意願（並由此評估預期的銷售額及價格敏感性）。概念測試主要的目的包含、概念選擇、概念修正、市場預估、執行開發決策。概念測試時需要將產品概念與受測者做良好的溝通，因此除了準備以草圖、文字敘述或初步模型作為溝通的內容之外，也設計問卷協助概念測試順利地進行。
5. 概念測試的內容應該包含篩選問題、產品興趣、購買意圖、開放式題目，且需要隨時注意與受測者之溝通。概念測試的步驟包含準備概念陳述、決定受測者、資料蒐集、資料分析等。
6. 商業評估的工作重點是判定本產品是否有經濟利益，也就是進行可行性評估，此評估將決定是否投入大量的經費進行實際開發的動作。商業評估的準則包含市場評估、策略評估、技術評估、財務評估及其他因素評估等。
7. 商業評估視為投資決策，有許多的評估模式可以使用。財務評估乃是運用銷售預測的方式，預測銷售量，並與成本相比較，預測銷售金額或是獲利率，整理出來的財務指標包含淨現值（NPV）、內部報酬率（IRR）、回收期間等，並輔以敏感度分析，以及檢視可能的風險。
8. 產品定義指的是定義目標市場、定位、定價點、產品屬性利益功能、產品規格。也就是提出如何達成產品概念的具體方法，包含技術（規格）、行銷、生產，並針對未來商業營運的可行性進行評估，例如：策略適合度、財務可行性、市場可行性、製造可行性等。

本章習題

一、選擇題

(　　) 1. 下列何者不是概念設計的結果？ (A) 圖表或初略草圖 (B) 組立配置圖 (C) 初步實體原型 (D) 以上皆是。

(　　) 2. 焦點團體（Focus Group）訪談常用於概念設計的哪一個步驟？ (A) 確認需求 (B) 定義目標規格 (C) 提出解決方案 (D) 以上皆非。

(　　) 3. 觀察和分析探討產品和使用者之間的交互作用是屬於哪一種子問題分解的方法？ (A) 問題分析 (B) 使用流程分解 (C) 功能分解 (D) 屬性分析。

(　　) 4. 以新產品對企業財務的貢獻來衡量方案的吸引力，這是屬於哪一種概念方案篩選的方法？ (A) 檢核表 (B) 計分模式 (C) 相較法（Q-sort） (D) 利益貢獻法。

(　　) 5. 藉由看得見的產品屬性傳達整體設計的理念與任務是屬於工業設計的哪一項目標？ (A) 實用 (B) 外觀 (C) 成本 (D) 溝通。

(　　) 6. 下列何者不是工業設計的人體工學需求？ (A) 視覺美感 (B) 容易使用 (C) 容易維修 (D) 安全性。

(　　) 7. 讓使用者容易了解該產品的使用方式是屬於哪一種標準化工業設計的評估準則？ (A) 保養及維修 (B) 感性的訴求 (C) 使用者介面的品質 (D) 產品差異。

(　　) 8. 下列有關概念測試的敘述何者有誤？ (A) 由產品研發團隊進行評估 (B) 由顧客進行評估 (C) 由潛在顧客進行評估 (D) 以上皆非。

(　　) 9. 下列何者不是概念測試的產品概念表達方式？ (A) 口頭描述 (B) 草圖 (C) 腳本 (D) 詳細原型。

(　　) 10. 評估製造程序、原料或零組件來源上的可行性爲商業評估的哪一項準則？ (A) 市場評估 (B) 策略評估 (C) 技術評估 (D) 以上皆是。

本章習題

二、問答題

1. 概念設計的步驟爲何？
2. 概念設計的「提出解決方案」這個步驟可再細分爲哪幾個子步驟？
3. 常見的子問題分解的方法有哪些？
4. 概念測試主要的目的爲何？
5. 概念測試步驟爲何？
6. 商業評估的工作重點爲何？其評估準則爲何？

三、實作題

請任選一個產品項，假設回到該產品發展之前，描述其產品概念，討論該產品概念產生的過程，以及該產品概念的商業評估過程。

公司名稱		
產品名稱		
產品概念	內容：顧客利益、技術、形式（設計） 表達方式：文字、口頭描述、草圖、相片或精描圖、腳本、影片、模擬、互動式多媒體、實體外觀模型	說明：
產品概念的產生	1. 確認需求 2. 定義目標規格 3. 提出解決方案 4. 方案之篩選	說明：
可能的商業評估	市場 策略 技術 財務 其他因素	說明：

參考文獻

1. 巫宗融譯（民 89），《新產品完全開發手冊——如何在新產品戰爭中勝出》，初版，臺北市：遠流。
2. 張書文譯（2012），《產品設計與開發》，（原作者：Ulrich, K.T., Eppinger, S.D），四版，臺北市：麥格羅希爾。
3. 張建成譯（民 87），《產品設計與開發》，臺北市：六合出版社。
4. 張建成譯（民 84），《產品設計——設計基礎和方法論》，（原作者：Roozenburg, N.F.M. & Eekels, J），臺北市：六合出版社。
5. 曾光華（民 95），《行銷管理：理論解析與實務應用》，二版。新北市三重區：前程文化。
6. 黃延聰譯（2016），《新產品管理》，三版，臺北市：麥格羅希爾。
7. 廖慧淑譯（民 99），藤井隆二漫畫，《全世界都穿 UNIQLO》，（原作者：片山修），初版，新北市新店區：八方出版。
8. Gonsalves, G.C., et al.,（1999），“A Customer Resource Life Cycle Interpretation of the Impact of the World Wide Web on Competitiveness: Expectations and Achievements”, *International Journal of Electronic Commerce*, **4:1**, pp. 103-120.
9. Gray, D.（2017），“Updated Empathy Map Canvas”, retrieved from : https://medium.com/@davegray/updated-empathy-map-canvas-46df22df3c8a
10. Matt Dickman,（2008），“Developing personas for marketing strategy”, retrieved from:https://technomarketer.typepad.com/technomarketer/2008/04/developing-pers.html

09

產品設計與分析

學習目標

本章內容為新產品發展的後半段內容，也就是產品具體及細部設計，包含產品設計、分析模擬與識別設計，並進行市場測試，各節內容如下表。

節次	節名	主要內容
9-1	產品設計	說明產品具體設計、細部設計及穩健性設計的內容。
9-2	分析與模擬	說明產品設計過程中或完成之後相關的分析與模擬，包含原型製作、模擬及產品測試等。
9-3	識別設計	說明與新產品有關的識別設計，包含品牌設計、包裝設計及展示設計。
9-4	市場測試	說明市場測試的目的及方式，包含模擬試銷、控制試銷、標準試銷等。

引導案例

LEXUS 產品設計

豐田決定設計豪華車種，鎖定的消費族群是「布波族」或「BOBO 族」。豐田委託人類學家和心理學家研究，得知大部分美國人決定買車時，是基於五個核心考量：地位 / 名聲 / 形象；高品質（或更重要的，認知上的高品質）；再次銷售的價值 / 折讓價值；高性能（絕佳的高速舒適感、操控性和穩定度）；安全性。

圖 9-1　汽車品牌 LEXUS
（圖片來源：LEXUS）

LEXUS 開發團隊領導人內田及夥伴開始進行產品設計的工作，結果帶著完整的設計概念回到日本，包括詳細草圖，以及一個五分之一大小的黏土模型。開發團隊也指定七十二個設計師和造型師負責這項任務，由設計師勾勒構想，造型師黏土模型，技師校準車床和水平儀。最後，大約二十四個工程小組被指派接下計畫。他們總共有一千四百個工程師、兩千三百個技師，以及兩百二十個支援人員，比一九九〇年代初期，波音打造 777 巨無霸耗費的一半人力還多。早在一九八五年七月，這部車的原型就已完成。但此設計在其後數年一直更改，總共做了四百五十個原型，耗資上億美元。（資料來源：黃碧珍譯，民 94，pp. 81）

根據 LEXUS 臺灣網站（https://lexus.com.tw/brand-design-philosophy.aspx，2023-05-16）L-finesse 是 LEXUS 設計美學的核心概念，定義了每部 LEXUS 車款的獨特性，L-finesse 揉合了 Leading-Edge（先銳）與 Finesse（精妙）二詞，對於 LEXUS 而言，「設計」並非單純的外觀造型，而須融合並呈現「引領潮流的前瞻科技」與「美學」這兩種截然不同的概念；在性能方面，將車輛技術結合極致工藝，提供「追求完美，近乎苛求」的保證，在安全性方面，則是採用主動式安全防護系統，提供最佳安全保證。這些設計的成果，都來自需求分析與概念定義，需要投入相當大的心力。

圖 9-2　L-finesse
（圖片來源：LEXUS）

LEXUS 的五個核心考量是概念定位或核心利益，據以完成概念設計之後的工作，包含具體設計、細部設計及製作模型。LEXUS 的團隊相當嚴謹地執行著設計與分析的工作。

9-1 產品設計

產品設計包含具體設計、細部設計、穩健度設計等三部分，其主要內容如表 9-1 所示。

表 9-1 產品設計的內容

項目	定義	內容
具體設計	將產品概念轉為實體的產品，又稱為系統層級的設計	1. 材料規格 2. 裝配程序 3. 標準組件 4. 新型零組件 5. 製造和裝配測試
細部設計	將具體設計轉為更詳細的規格	更詳細的具體設計規格
穩健度設計	考量不理想的狀況下（例如：生產程序不穩定或操作環境有干擾）仍能達成預期產品功能的設計	1. 確認性能指標、控制因素、干擾因素 2. 進行實驗設計，擬定設計方案

一 具體設計

概念設計階段經由概念測試與商業評估了解市場的可行性，也因而進入具體設計的階段，具體設計所需投入的成本明顯比概念發展階段來得高。

具體設計是將產品概念轉爲實體的產品，又稱爲系統層級的設計。由概念發展開始，產品概念就可區分爲功能、造型、介面等概念，具體設計需要將這些概念予以整合，一般而言，設計階段包含工程設計與工業設計兩大部分，有些產品偏重功能的設計，例如工業市場的產品，有些則偏重工業設計，例如觀賞用的設計品或藝術品。但大部分的產品都包含工程與工業設計的成分，較有規模的公司也都將兩者區分爲不同部門，因此設計過程中雙方的溝通就變得很重要。

從工程設計的角度來說，牽涉到許多專業的技術，工程師往往需要依據產品設計的功能目標，去尋求技術性的解案。也就是連結技術與設計特性（Design Properties），設計特性就是整體產品的結構以及零組件的特性，諸如有外形、尺寸、材料、表面材質、公差、製造方法等特性。依據 Hubka 和 Eder 的講法，工程系統的各種屬性（特性）（Hubka and Eder, 1988，引自張建成譯，民 84）如下：

1. **設計屬性**：結構、外形、尺寸、材料、表面材質、公差、製造方法。
2. **內部屬性**：生產製造特性、強度、耐用性、防蝕能力。
3. **外部屬性**：相關機能屬性、操作、人體工學、美學、經濟、搬運、法律規範、生產製造、回收等。
4. **更外一層**：空間需求、使用年限、重量、維修、操作使用、表面材質、外觀、儲藏空間、轉運包裝、運送期限、規律規範與標準、品質、操作成本、價格、產生之廢料、重複使用、機能、可信賴度。

從工業設計的角度來說，具體設計是一種概念的視覺化的過程，也就是將概念做一個視覺化的表現，稱爲視覺表達（Visual Expression），視覺表達包含視覺元素與視覺關係的組合，視覺元素指的是線、面、量體、明暗、質感、色彩等，視覺關係指的是表達方式，包含連貫統一、平衡、張力、主宰支配等（官政能，民 84），這種表達稱爲視覺解答（Visual Solution）。

具體設計的主要內容是建立產品結構。設計的主要工作之一是定義產品結構（Product Architecture），產品結構指的是將顧客需求之概念轉爲產品設計的過程。產品結構（Product Architecture）是產品功能要素分配對應到實體區塊的結果（張書文譯，2012）。其實在概念設計及具體設計階段都需要考量到產品結構。產品結構可能在概念發展階段就開始浮現成形，也就是在概念階段的草圖、功能圖或初步原型製作過程中，就已經浮現產品結構。若開發的是全新的產品，產品結構往往是系統層級設計（具體設計）的最初焦點。

思考產品結構時，仍需要由產品的功能與實體兩者加以考量，功能指的是產品的操作與轉換，提供產品性能，表現產品績效，例如印表機，其功能要素包含儲存紙張、與電腦主機連線、執行列印等。功能要素在轉成技術或零組件之前，通常以圖示的方式表達。產品實體則是執行產品功能的實體零組件及配件。一般而言，產品由功能要素轉爲實體要素，實體要素通常會進一步被區分爲一些主要的實體區塊，稱爲組塊（Chunk）（張書文譯，2012），這些組塊就構成產品結構的要素。

圖 9-3　EPSON 印表機
（圖片來源：EPSON）

易言之，產品結構就是描述這些元素如何整合成爲設計單元，以及各單元之間的關係，也就是必須得出產品組件的安排方式，以便於將產品分解成可以單獨製造的單元組件，產品結構的組成如圖 9-4 所示。

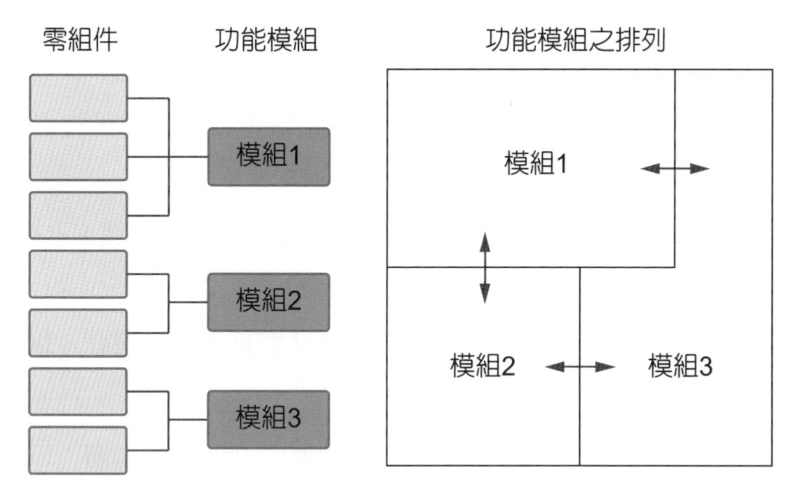

圖 9-4　產品結構圖

建立產品結構的步驟如下（張書文譯，2012）：

1. **製作產品的概略圖（Schematic）**：此圖以方塊圖表示，各方塊可能是功能要素，也可能是實體要素，方塊之間包含力或能量流、物流、資料流。產品結構的實體型態包含零組件的組成或是更大的次系統，例如：錄放影機的零組件包含底座、馬達、磁盤驅動裝置等，其次，系統包含光碟處理系統、錄影系統、放影系統等。這些單元也可以用功能方塊來表示。
2. **將概略圖中的要素加以群集**：將要素區分爲組塊，例如：將印表機概略圖中的儲存輸出資料與儲存空白紙張結合成爲紙張托盤這個組塊；將印表機墨水匣、墨水匣 X 軸定位、紙張 Y 軸定位、取紙等方塊結合成爲列印機構這個組塊。
3. **建立粗略的幾何配置**：也就是以二維、三維的方式建立幾何圖示，可以用手繪、電腦繪圖或是實體形式（例如運用泡棉製作）來呈現。
4. **確立基本與附帶的互動關係**：組塊之間的互動包含基本互動與附帶互動。基本互動代表概念圖中一個組塊與另一個組塊之間相互連結的線段，例如紙張托盤這個組塊與列印機構這個組塊之間的互動；附帶互動是因爲特定實體功能要素的執行，或因爲組塊的組合配置而出現，例如：紙張托盤致動器的震動，會妨害墨水匣在 X 軸位置（列印機構）的精度。

產品結構主要考量的特性是模組化的程度，模組化程度較低的是整合型結構，整合型結構其產品功能要素是由多個組塊來執行，也就是一個組塊執行多個功能要素，而各個組塊之間的關係無法清楚定義出來。

產品結構的模組化程度對於後續產品發展有相當重要的影響，包含（張書文譯，2012）：

1. **產品變更**：產品升級、附加裝置、改造、消耗、磨損、使用彈性、重複利用等變更，均與模組化有關。
2. **產品多樣化**：為了回應市場需求的多變化，產品需有多樣化設計，以得出不同產品類型，多樣化設計與模組化有關。
3. **零組件標準化**：零組件標準化可將零組件應用於不同的產品上面，可有效降低成本與提高品質。模組化有利於零組件標準化。
4. **產品性能**：產品性能（Product Performance）指的是產品準確地執行所預期之功能，例如：速度、效率、壽命、準確度等，整合型的模組較能使得性能最佳化。
5. **可製造性**：模組化程度影像製成的設計，例如：希望將零組件數目降至最低，其設計方式便需要加以考量。
6. **產品開發管理**：模組化程度影響專案團隊成員的分工與合作，例如：將各組塊的設計交由不同團隊進行，可以得到專業分工的效果，但需要更進一步溝通與整合。

建立產品結構之後，系統層級設計的初步階段已經完成（概念設計），接下來還需要：

1. **定義次系統**：概略圖只是呈現產品的主要要素，還有其他功能與實體要素並未呈現，例如：安全次系統、電源次系統、監控次系統、支撐次系統等。
2. **建立組塊的結構**：複雜的產品有些組塊本身就是非常複雜的系統，例如印表機的許多組塊，本身就包含數十個零件，因此需要建立組塊的結構。
3. **產生詳細的介面規格**：在各組塊之間的互動關係上，應該建立詳細的介面規格。

具體化設計定義零組件的組立安排、產品和零組件的幾何造型、尺寸大小和材料（造型設計），具體設計是修正和完成最佳造型設計、檢核錯誤和成本效益、準備其零組件和生產製造圖面。具體化設計是分析、綜合、模擬持續交替進行，是一個持續修正的概念（張建成譯，民 84）。具體設計的表達結果包含產品外觀圖、最佳組立配置圖、產品爆炸圖、功能模型（Working Model）或原型、工程圖、產品外觀尺寸圖等。

依據上述說明，具體設計主要的工作是提出產品架構的具體構想，包含：

1. **產品架構**：產品組件的安排方式，先萃取產品機能與外觀造型之特點，再進行排列組合。
2. **零件設計**：產品架構中需要有多少的零件，這些零件應如何設計。
3. **一般性的產品裝配**：零組件之間的裝配流程。
4. **各項材料**：產品架構中所需要的材料。
5. **製造程序**：將零組件、材料、裝配流程等整合爲製造程序。

具體設計之後要能夠依照設計規範的要求加以評估，通常使用功能模型（Working Model）或原型（Prototype）進行測試評估。

具體設計是依據概念定義的結果進行產品的初步佈局。產品設計是由產品的核心利益及屬性需求轉換爲功能規格，進行功能模組之設計，功能模組可能包含電子迴路、機構、外觀造型等。上述設計內涵可區分爲工程設計、工業設計、商業設計，工程設計又區分爲產品工程設計與製程設計，商業設計則於上市章節加以介紹。

二 細部設計

細部設計依據具體設計的結果來進行，細部設計的項目主要包含材料規格、裝配程序、標準組件、新型零組件，也包含製造和裝配測試。因此，製造性的考量是細部設計的重點之一，製造部門需要考量零件生產程序、設計出模具與治具，以及定義有關品質管理的相關事項，此時也要撰寫有關生產製造、組立裝配、測試、運輸搬運、操作使用和維修的說明，這些文件稱爲產品文件（Product Documents）。

產品文件包含製程設計、零組件設計等項目的產出結果。製程設計的結果通常以工程圖面（Engineering Drawing）表示，工程圖面需表達出各零組件尺寸、公差、材料等，包含裝配圖面（Assembly Drawing）以及裝配流程圖（Assembly Chart）表示。裝配圖面以立體圖表示各零件的尺寸以及零件之間的裝配關係；裝配流程圖則表達各零件之間的拆解關係。這些文件需要訂出材料與零組件的幾何形狀與材料選擇，有關產品及其組件的幾何造型、尺寸大小、公差、表面材質含材料都必須完全確立。各種零組件設計則須列出物料清單（Bill of Material, BOM），表達產品與所有零組件項目、規格、數量、製程階段之間的關係。

細部設計對於品質與成本均產生很大的影響，而且研發團隊需要與製造團隊有良好的溝通，因爲兩者的目標經常是有衝突的，依據 Ulrich 和 Eppinger 的說法，考量製造的設計應該包含下列事項（張書文譯，2012）：

1. **估計製造成本**：製造成本可能包含零組件、組裝及管理的成本，各有其影響因素，例如：零組件的標準化與客製化影響零組件成本；人工、治具、模具均影響組裝成本；物料搬運、品質保證、運輸等均影響管理成本。
2. **降低零組件成本**：爲降低零組件成本，可能的做法包含：重新設計零組件以減少加工步驟、考量零件製程的經濟規模、適當的零組件標準化等。
3. **降低組裝成本**：降低組裝成本的方法包含：零件整合、提高組裝容易度的設計、考慮由顧客自行組裝等。
4. **降低支援生產成本**：其主要的做法包含讓製造系統複雜性最小化（例如：新零件數量、供應商數量、工具數量、製成數量等）。
5. **考量此種設計決策對其他因素的影響**：也就是考量此種決策對於開發時間、成本、品質、外部因素等的影響。

透過上述的程序，逐步改善進行，則該設計較能有利於製造性，同時也影響產品品質、成本與時效。

三 穩健性設計

穩健性產品（Robust Product）指的是即使在不理想的狀況下，例如：生產程序不穩定或操作環境有干擾，仍能達成預期功能的產品（張書文譯，2012）。

進行穩健性設計首先需要確認性能指標、控制因素、干擾因素。例如：乘客使用安全帶這個產品，其性能指標包含背部角度、臀部滑動、臀部旋轉、膝蓋向前動作。控制因子包含安全帶的織布強度、摩擦力、固定器強度、鎖扣強度、後背護墊等。干擾因素包含座椅形狀、材質種類、撞擊程度、零件損耗、乘客體積等。確認這些因素之後，便開始進行實驗設計，擬定目標函數、決定實驗設計方法、測試干擾因素、資料分析等。

圖 9-5　汽車安全帶
（圖片來源：每日頭條）

產品經理手冊

產品設計是將概念轉為具體產品，也就是把需求轉為解案，設計是具體化的過程，也包含設計的品質（穩健性），產品經理在設計過程中應該與工程師保持溝通。

9-2 分析與模擬

分析與模擬是針對產品概念、具體設計、產品原型或產品進行評估與測試的動作。就具體設計與細部設計而言，其產出結果可能包含工程圖、生產製造圖面，甚至已經製作模型，本節針對這些產出進行分析、測試與討論，有些概念發展階段的產出，也可能包含在討論的範圍之內。在分析與模擬的內容之前，先討論原型製作。

一 原型製作

依據 Ulrich 和 Eppinger 的觀點（張書文譯，2012），原型的定義爲「沿著一個或多個興趣維度所建構的產品近似物」，因此只要是能夠展現研發團隊感興趣的產品之某一個觀點，就可視爲一個原型，建構原型就是開發一個近似產品的過程。換句話說，原型（Prototype）是一個功能初具、外觀尺寸合乎要求的初步產品，其主要目的是測試概念或產品。

原型包含比例模型（生產前原型）和原材料原程序模型（生產原型），原型的表達方式分爲結構表達與機能表達。此外，原型的分類可由兩個觀點來區分，一個是用實體（Physical）與分析（Analytical）的角度來區分，一個是用焦點與完整來區分（張書文譯，2012）。實體原型是近似產品的有形人造物，包含用於概念驗證的原型、確認功能的實驗原型、可感知的產品模型等。分析原型是無形的，通常以數學模式來表示，其主要目的是產品分析，而非實際建構，例如：電腦模擬、試算表、3D 幾何模型等。

圖 9-6　3D 幾何模型
（圖片來源：CG Trader）

原型也包含焦點原型（Focused Prototype）與完整原型（Comprehensive Prototype）兩類（張書文譯，2012）：

1. **焦點原型**：用以測試少數屬性或特徵之績效，焦點原型的目的是在產品開發過程中的探索與學習，包含功能、操作是否滿足顧客需求。例如：腳踏車的焦點原型運用泡沫材料或木材建立無法操作的腳踏車，用以測試其外觀與造型；或是製作可操作的原型，測試產品如何運作。
2. **完整原型**：完整原型主要是測試整個產品的元件組合，瞭解產品之績效，並做爲產品開發階段的里程碑，通過此階段之原型，將可進入生產階段。

製作原型的目的包含學習、溝通、整合及里程碑（張書文譯，2012）：

1. **學習**：原型可以讓人得知產品是否有效運作，以達到顧客的需求，此時原型是一種學習的工具。
2. **溝通**：原型可以讓研發團隊、管理者、供應商、顧客、投資者之間更容易溝通。
3. **整合**：原型用來確認零組件、子系統之間是否能夠有效運作。
4. **里程碑**：原型用來展示和證明該產品能達到預期的功能水準，而且提供明確的目標與進度，是爲里程碑的目的。

在製作的時機方面，因爲製作原型需耗費時間，因此須加以評估，只有需要時才做，尤其是實體的完整模型。在順序上可能先發展快速原型，然後依此發展出最終原型。依據前述原型製作的目的，此階段將包括一些實驗室測試、工程測試及公司內部產品測試。同時，行銷及製造活動也將展開。舉例而言，當技術活動進行時，亦同時進行市場分析與消費者調查，整個發展階段中，產品的成型應不斷地徵求來自顧客的意見。

產品原型製作開發完成時，可能須試產（量試），試產基本上是在生產線上小量生產，即試產、限量生產或初步生產，並測試生產流程、決定生產的成本及產出。

二 模擬

模擬乃是運用推理或是測試模型的方式來形成所設計產品行爲和屬性之意象，這些意象包含機能屬性的意象、人體工學、語意學、審美和商業方面的意象（張建成譯，民84），模擬必須在實際的產品生產和使用之前完成。

與原型製作相類比的是，模擬的模式也分成以下兩類（張建成譯，民 84）：

1. **實體模型**：是由具體的元素所構成的系統，例如：比例模型、圖案、各種測試對象（代表某一群體）。
2. **象徵模型**：是概念和符號的系統，包含圖表、網路圖、流程圖和數學模式（例如模擬產品的機械行爲）。

圖 9-7　比例模型——1/8 比例遊樂用火車
（圖片來源：Wikipedia）

圖 9-8　圖表是一種象徵模型（圖片來源：freepik）

此外，模擬的模式亦可分爲結構模型、圖像模型、類比模型、數學模型。常見的結構模型有流程圖、電路圖、定性分析圖、機能方塊圖，結構模型也稱爲定性模型。圖像模型包含相片、圖形、假人像、實物模型、比例模型、圓形等。類比模型是原始事物的屬性，由模型的另一個屬性來代表，例如熱傳導定律與歐姆定律（張建成譯，民 84）。

模擬的目的或訴求重點是多重的，以下針對技術模擬與造型模擬做說明。

(一) 產品的技術模擬

產品的技術模擬主要是回答下列兩個問題（張建成譯，民 84）：

1. 產品的績效是否符合所預期之成效？是否能夠實現技術機能？
2. 產品是否可以在所計畫的數量、可接受的品質與價格之下進行生產製造？

產品的技術模擬的工具包含產品功能分析、失效模式與效應分析（Failure Models and Effects Analysis, FMEA）、錯誤樹狀分析（Fault Tree Analysis, FTA）、測試實體模型、數學模型、有限元素模型、原型試作與量產、後勤和品質分析、價值分析（張建成譯，民 84）。

以產品功能分析與產品失效模式與效應分析爲例。產品功能分析乃是針對產品設計是否達成其功能加以評估，例如：消防衣具有防火功能，須評估其耐火材料是否具備該功能。產品失效模式與效應分析指的是產品在材料、零組件、零組件的交互作用，測試可能產生失敗的地方，並分析其原因、發生頻率，評估其影響程度。例如：馬鈴薯削皮器的旋轉把手，可能的失敗模式包含旋轉障礙、旋轉鞘破裂等。旋轉障礙的原因可能是射出成型有毛邊、公差太大等，其發生機率分別爲 8 與 3，其嚴重性均評估爲 4。

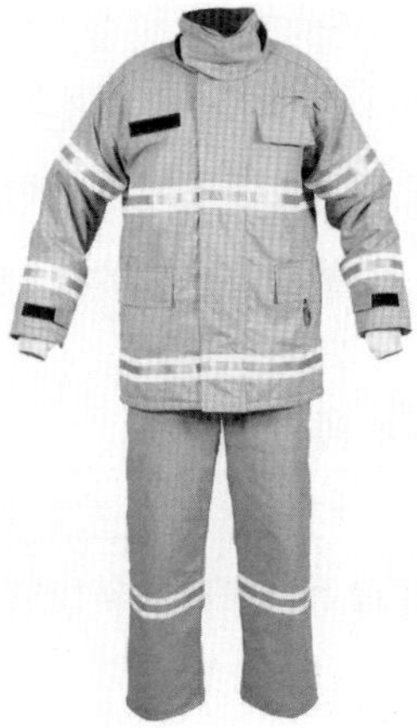

圖 9-9　消防衣
（圖片來源：IST Safety）

(二) 產品的造型模擬

產品的造型必須要能夠支援技術機能並考量人體工學，且包含產品語意機能和美學機能，產品語意機能告知客戶有關該產品的意義，以及產品的目的與如何使用，因而受到傳統、流行與文化因素之影響很大。無法以數學模型加以模擬，需要以面談或問卷調查的方式進行，也可用電腦模擬的方式爲之（張建成譯，民 84）。

(三) 其他模擬

其他的模擬包含人體工學的模擬、商業經濟模擬、社會和倫理道德模擬、環境影響之模擬（張建成譯，民 84）。

產品新趨勢

聚陽實業的原型與模擬

疫後的成衣品牌反應速度要變快，臺灣成衣代工巨頭聚陽實業提升反應速度和配合度的方法是「3D 遠距展示間」。過去從打樣給美國品牌挑選就要花一週，客戶若有修改又得重複上述再花一週，來回往往三、四次。因此，聚陽實業全面讓品牌客戶採用「線上看樣」的新模式。線上展售會視窗一打開有十幾個人的小照片都在上面。品牌方採購團隊會先看到三百六十度的 3D 樣品成衣模擬系統，其中只有兩到三個核心主管會拿到參考用的實體面料或布樣，聚陽的銷售業務團隊就像直播主一樣，對客戶逐季、逐款解說產品。

圖 9-10 聚陽實業企業願景
（圖片來源：聚陽實業 Makalot Facebook）

哪裡袖子想要加大、哪裡想要加個口袋或抽褶，只要幾分鐘就可以看到衣服線上修改後，在 3D 數位人臺的效果。幾個鐘頭的線上會議就搞定過去要溝通好幾週的工作。2020 年三月至今，聚陽的所有訂單都是用這個系統開發。

資料來源：成衣代工龍頭數位創新，救客戶也救了自己。天下雜誌，723 期。2021-05-19。

評論

打樣就是一種原型的形式，用來作為研發團隊、管理者、客戶之間的溝通，而聚陽採用「線上看樣」的新模式，可以讓產品發展的時間縮短，有利於掌握商機。

三 產品測試

產品測試階段主要是檢視產品方案的進度與吸引力，也就是測試並確認方案的「生存能力」，如產品本身、生產流程、顧客接受度以及方案的經濟價值（巫宗融譯，民89）。產品測試主要的工作是確認產品在實際狀況下的功能，並測量潛在顧客對產品的反應，以確定購買意願及市場接受度。

產品測試指的是具體設計或原型製作完成之後，工程師所做的模擬、驗證等工作，以及由使用者所進行的功能測試，也就是在正常操作的狀態之下來測試原型，藉以確認開發的產品是否符合使用者需求。工程師執行的通常是公司內部測試，也稱爲 α 測試，而 β 測試主要是外部測試，也就是由顧客進行測試。若針對 α 測試與 β 測試均有製作產品原型，則稱爲 α 原型與 β 原型，α 原型與 β 原型是產品發展過程中的重要里程碑之一。

總而言之，產品測試包含一連串的評估、模擬與驗證作業，也包含較爲概念性的產品概念與具體的產品原型，其主要目的是測試產品的市場可行性，產品使用測試有不同的程度或方法，也搜集了不同的資訊（黃延聰譯，2016）：

1. **使用前的感覺反應**：讓使用者對新產品的顏色、速度、操作等做立即性的知覺。
2. **初步使用的經驗**：讓使用者嘗試新產品是否可正常運作，包含容易使用、外觀的影響、產品缺點等。

圖 9-11　產品的操作——智慧手錶
（圖片來源：TecheNet）

圖 9-12　產品外觀——美術燈
（圖片來源：Lippmanns）

3. **α 測試**：功能測試（Function Testing）指的是針對產品原型（Prototype）進行產品利益或特性上的測試，功能測試主要是由企業進行測試，又稱 α 測試。
4. **β 測試**：針對產品原型（Prototype）進行產品利益或特性上的測試，也可能委託外界研究單位甚至少數消費者進行測試，又稱 Beta 測試。典型的 β 測試應該回答的問題包含：產品原型的使用性是否如預期？是否合乎規格？是否滿足顧客需求？有無遇到生產上的問題？成本確認了嗎？原物料是否已經下單訂購？

其次，產品測試也相當耗費成本，而且也有競爭性的考量（例如洩漏產品規格），產品測試需考量的因素包含：

1. **顧客需求條件**：如果顧客需求太過於複雜，不太容易以模擬的方式進行測試，就較需要採用產品測試。對於顧客需求、保證或滿意度若需要較具體的了解，就愈需要採用產品測試。
2. **競爭者**：使用測試會讓競爭者提前知道本公司新產品的資訊，影響上市時機的考量，也增加競爭者模仿的可能性。
3. **新產品成功機率的考量**：有無進行產品上市，對於新產品成功機率或是銷售額有所影響，若沒有進行使用測試，可能因爲產品問題太晚發現、太晚解決而影響銷售量；若進行產品測試則有競爭威脅、成本等考量。
4. **成本考量**：使用測試所需耗費的成本相對而言不算太高，因此成本這項因素的重要性也相對較低。

產品新趨勢

Bebop 的產品測試

炙熱夏日來臨，冰淇淋一直都是讓人又愛又恨的食物，吃進去的每一口，都蘊含脂肪、熱量和碳水化合物等。為扭轉冰淇淋是垃圾食物的原罪，近年來，歐美不少生產商嘗試研發健康且低負擔的品項。一般冰淇淋由牛奶、奶油及糖等原料組成，現在以椰子、豌豆、燕麥、杏仁等原料的植物基冰淇淋成為趨勢，或加入高蛋白，呼應運動者的需求。

圖 9-13　Bebop 植物基冰淇淋
（圖片來源：BEBOP Facebook）

去年在臺南開幕的 Bebop，是秉持健康初衷而生的冰淇淋新創品牌。他們不甘於只做普通冰淇淋，想玩出新的突破與嘗試，有鑒於奶油是冰淇淋的致胖元兇，花了二個月時間，終於找到可用來取代奶油的食材——臺灣米及薏仁。

他們反覆試驗，不斷拿捏食材放入比例，若米量太少，吃起來會像冰塊，太多則像米粿。創辦人林欣穎（Terry）解釋，因為米中澱粉經過加熱，會糊化產生黏性，可取代乳化劑和黏稠劑，讓口感綿密滑順，且結構塑形更穩定，並選用更貼近食物原型的食材做基底，像鮮乳、蛋、蔗糖與酪梨油等。

資料來源：林秀娟，用米、薏仁取代奶油　無「腹」擔的綠色冰淇淋問世，商業周刊，1808 期，2022-07-07，取自：商業周刊知識庫。

評論

Bebop 為了符合健康養生趨勢，用臺灣米及薏仁作為取代奶油的食材。在產品研發的過程中，需要不斷的測試，以拿捏食材放入的比例。

產品新趨勢

迪樂科技的產品測試

塑膠為人類帶來便利，但它帶來的禍害也逐漸顯現。迪樂科技集團利用植物纖維製成容器，可完全降解，而且能大量生產，可望成為取代塑膠的終極方案。

圖 9-14 迪樂植物纖維杯與杯蓋
（圖片來源：迪樂科技集團官網）

迪樂科技集團執行長羅旭華解釋這種杯蓋的獨特之處，由於是植物纖維製成，可以在自然環境下完全降解，在陸地，約 10 週就能自然分解為家庭堆肥；在海洋，則在 8 ～ 10 個月內，達到零廢棄物。植物纖維則可以分成 4 種，包括木漿、竹漿、甘蔗渣和草漿，而草漿則有秸稈、稻稈、麥稈和玉米莖，例如甘蔗渣是榨完糖之後的農業廢棄物，可以讓它物盡其用。各地的風土不同，作物也不同，例如廢棄的香蕉葉經過調配，也可以用來製作容器，善用當地資源。

迪樂的植物纖維杯蓋不但環保，還擁有全球首創的箍邊等多項專利，可以緊密扣合，防止飲品外溢。國際大廠為了對消費者負責，測試熱飲杯蓋時十分嚴苛，例如機器手臂推倒測試、從高處墜落測試、車內震動測試等，扣合度非常重要。另外它的硬挺度、表面光滑度也通過考驗，還能直接印刷、無氟，並經過烤箱和微波測試，歐洲食品容器廠商，已經數度向迪樂購買重要的專利。

資料來源：孫蓉萍（2023-02-01）。迪樂科技熱飲杯蓋獲國際連鎖餐飲業者認證！和塑膠說拜拜，植物纖維製品誕生。財訊雙週刊，677 期。2023-02-01。

評論

為了環保的考慮，迪樂科技集團利用植物纖維製成容器，可完全降解，可望取代塑膠。而在這個新產品研發的過程中，做了相當多項研究與各地測試，可見測試是產品發展流程中重要的一環。

使用測試（β 測試）需要決定測試者及分工，使用測試的進行步驟包含：

(一) 決定測試對象與方法

也就是測試的群體對象，包含首次生產該產品的實驗室人員、專家（例如：汽車的造型專家、葡萄酒的品酒專家）、員工、其他利害關係人（例如：顧客、非顧客、使用者、非使用者）。決定測試對象也需要考量受測的樣本大小，這與測試內容、準確度及成本有關。接觸測試對象的方法包含郵寄、人員接觸、電話、網路等，各有其優缺點與限制。傳統的焦點團體不適合使用測試。接觸使用者群體過程中，人員接觸需要考量個人接觸或群體接觸，也需要考量地點的問題，地點可能是使用產品之地點（家庭、辦公室、工廠等）或集中地點（購物中心、電影院等）。

圖 9-15　購物中心是產品測試的集中地點
（圖片來源：百世多麗購物中心）

(二) 準備測試資料

這需要決定是否該揭露公司的企業識別，可能是公開的、隱藏的，或是兼具兩者。也需要決定訊息上應該提供多少的解釋：可能只是嘗試看看，或是做較詳細的解釋。測試資料之準備也包含測試品的準備，亦即考量應該從什麼來源取得測試的產品，以及測試的產品形式。

(三) 測試的進行

測試依據測試計畫進行之，測試計畫進行需要決定測試的內容程度，可能是完全的體驗，或是控制某些條件。也需要決定測試進行的方式，包含單一測試、序列單一測試、成對比較等，決定測試應該持續多少時間。測試進行中應該記錄受測者的回應，例如：五或七點的語句評量尺度、與其他產品的比較、產品屬性的描述等。

(四) 資料分析

資料進行分析與解釋。

四 計畫修正

產品測試也應該著手籌劃細部的測試計畫、上市計畫與生產營運計畫，包括製造設備之需求，並做好最新的財務分析，確保方案不觸犯任何規章、法令與專利問題。

產品經理手冊

分析與模擬主要的目的，是測試剛設計出來的產品是否具有原先預定的功能，這有各種測試的方法，產品經理須隨時關注其過程。

9-3 識別設計

企業組織有其識別系統，包含形象的識別、品牌識別等。確立企業識別指的是要能夠確認企業存在的意義與價值，亦即要將企業使命能夠適當地表達出來，以便能將企業的目標及策略行動做一個整體性的描述及引導。可以透過調查分析的方式來了解，比較企業內部與企業外部相關人士對於企業的看法，例如：企業的信賴度、專業性等形象。

企業的理念指的是用言詞表達企業經營的動機、存在意義和理由（黃克煒譯，民96）。品牌理念就是將理念和願景加以結晶化成爲語言；品牌標示是將理念和願景加以結晶化成爲形式的品牌標示，例如先鋒的品牌標示和品牌陳述爲：Pioneer Sound.Vision. Soul（黃克煒譯，民 96）。就個別產品而言，也需要進行識別設計，產品的識別可能依循企業識別，也可能單獨設計。識別設計的需求來自於自我確認或外部調查，自我確認可採用員工、經營者的訪談、設計師諮詢等方式；外部調查可針對顧客、意見領袖等成員進行訪談。識別設計包含品牌設計、包裝設計。

一 品牌設計

品牌設計是依據企業識別、品牌定位或產品特性等進行品牌視覺化的設計，其主要內容包含命名、標誌設計、設計展開等。

(一) 命名

品牌命名構想來自企業識別，企業識別的構想來自領導者腦海中的使命、願景、理念、夢想、形象等意念，轉爲品牌要素時則需要設計者的語言、聲音、氣氛等要素加以配合，經過提出數個方案的命名之後，理性地加以評估，以及經營者感性的直覺來決定命名。

(二) 標誌設計

標誌設計的目標包含（黃克煒譯，民 96）：

1. **傳達策略的目標**：定義出傳達對象、傳達內涵、表達方式。也就是要針對傳達對象，說明希望能夠達成或強化什麼樣的形象，例如：未來的、動態的、新穎的、親切的、信賴的、人性化的等。
2. **設計目標**：定義出用怎樣的形式語言傳達。設計目標指的是確認標誌設計能夠充分傳達形象目標，例如：信賴性、創新性等。
3. **形象目標**：定義出要讓誰產生怎樣的形象。形象目標的思考方式可以從溫暖冷酷及輕巧穩重兩個構面加以思考，例如：高品質是結合冷酷及輕巧的特性，權威性是結合冷酷及穩重的特性，創新性是結合溫暖及穩重的特性，簡潔性則是是結合溫暖及輕巧的特性。

圖 9-16　冷酷結合穩重——智能手錶
（圖片來源：Amazon）

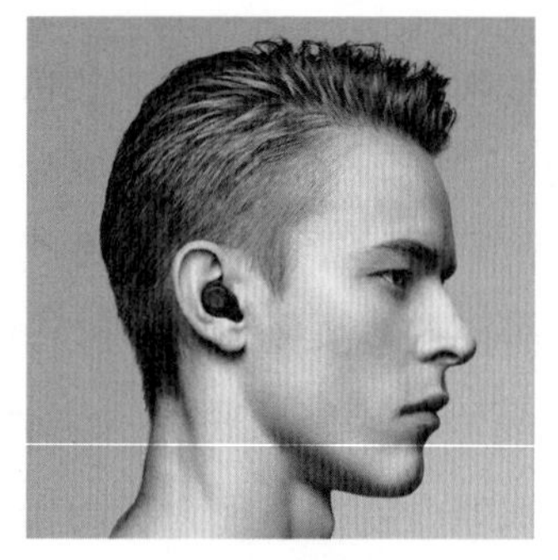

圖 9-17　溫暖結合輕巧——藍牙耳機
（圖片來源：Amazon）

標誌設計的步驟首先是提出設計方案，提出設計方案也需要許多的創意，來自設計者的靈感與平日的觀察，設計者需要具有品味與感性的品感度，創意提案之後要加以篩選，篩選的準則是依據形象目標與機能目標，例如：形象目標爲信賴性、創新性、自然與健康、高品質、專業技術、親近感等；機能目標包含獨特性（表達企業既有個性又獨特得形象）、傳達性（標誌設計能夠有效表達，讓人看得懂）、耐久性（看久了不會失去新鮮感）、話題性（引人注目）、展開性（容易展開）等。設計案的提出包含兩個層次，一個是主要的識別符號，例如：商標、品牌符號等；另一個層次則是展開的層次，也就是將主要的識別符號應用到商品、指標、宣傳品等之設計。兩個層次合爲一組，可能提出數個方案，進行篩選與評估。

圖 9-18　Roots 商標
（圖片來源：Roots）

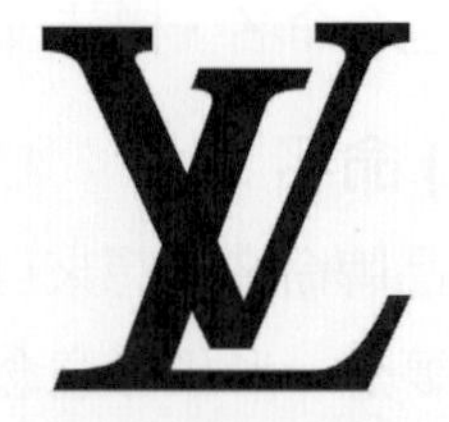

圖 9-19　LV 品牌符號
（圖片來源：LV）

其次，是將提案精緻化，決定某組的設計案之後，決定商標、品牌等設計案，需要加以精緻化，再度確認、修飾設計案（例如：造型與色彩，字型與字體，線條的粗細、角度、均衡等），以及解釋的文字等。再進行系統化的展開活動。

(三) 設計展開

設計展開時須先決定品牌要素，也就是將企業識別的形象目標轉為品牌要素，包含文字、公司或品牌名稱、品牌陳述，品牌要素區分為企業理念（哲學、使命）、語言（公司名稱、品牌名稱與企業陳述）、造型（品牌標誌與設計展開）（黃克煒譯，民96）。這些品牌要素需要將公司的形象及象徵意義表達出來。依據品牌標誌之設計，展開時需要考量的設計要素包含：

1. 企業象徵標誌與標語。
2. 色彩：標準色彩與輔助色彩。

圖 9-20　蘋果的企業標語：Think different
（圖片來源：Wikipedia）

圖 9-21　Nike 企業象徵標誌
（圖片來源：Nike）

3. 字體：標準字體、指定字體（例如：中文、英文、直式、橫式等）。
4. 品牌陳述與其他圖案等。

品牌設計的結果可以展開到公司的各類應用，標誌類如公司旗幟、職員證明牌、徽章等；文具用品如名片、信封、信紙、文具用品、文件；推廣資料如信封、信紙、型錄、海報、廣告、紙袋等；指標類如門牌、招牌、建築物指標等；同時，也包含制服、車輛等。

圖 9-22　Google 建築物指標
（圖片來源：Shutterstock）

圖 9-23　英國維珍航空制服
（圖片來源：Pinterest）

二 包裝設計

商業設計主要的內容是包裝設計。產品進行包裝主要的目的可能是爲了保護產品、方便攜帶、傳達資訊、保護智慧財產權，或是建立形象而推廣產品（曾光華，民 95，pp. 319）。

(一) 包裝的功能

從功能上來說，包裝的主要功能表現在產品與銷售兩部份。產品方面的功能包含容納、保護、運輸、儲存等功能，其主要的訴求點爲特質、型態、生產、設備、加工；銷售方面的功能主要包含配銷、傳播、展示、促銷等，其主要的訴求點爲行銷、廣告、競爭。

以消費品爲例，包裝之功能包含：

1. **保護**：保護產品不受到外在因素，如溫度、溼度、震動、微生物等影響，或是防止商品本身之變質或變化，而影響品質。
2. **便利**：使商品在生產、運輸、保管、裝卸、販賣、消費、使用過程中便於處理。
3. **識別**：使產品易於區別與辨識而造成印象上的差異，與品牌識別、企業形象、商品識別等相關聯。
4. **商業**：使商品具有廣告、促銷之效果。

圖 9-24　包裝設計——義大利麵
（圖片來源：Dieline）

圖 9-25　包裝設計——巧克力
（圖片來源：Dieline）

包裝的功能或目的針對不同的對象有不同的訴求重點，例如：對於製造者而言，考量的是材料、設備、製程、檢驗、儲存等；對於搬運業者而言，考量的是移動、裝載、保管、識別；對於倉儲保管業者而言，考量的是移動、堆積、驗收；對於代理商而言，考量的是移動、倉儲、識別；對於零售商而言，考量的是識別、搬運、倉儲、陳列、展示、行銷；消費者而言，考量的是識別、使用場所、使用方式、使用情況、保管、廢棄等。

(二) 包裝的分類

圖 9-26　牙膏之軟管為初級包裝
（圖片來源：DARLIE）

包裝具有不同方式之分類。從運送方式來分，可區分爲火車、汽車、貨櫃、空運、海運等方式，所設計的包裝也會有所不同。從包裝使用的材料別來說，可區分爲木質、紙質、塑膠、金屬等。從受包裝的商品類別與型態來說，可區分爲食品、藥品等；而又可以區分爲液體、氣體、固體、粉末等；包裝亦可依據產品別區分爲工業包裝與商業包裝，工業包裝主要是以運送及保護產品爲目的，商業包裝偏向促進銷售以及便利使用爲主要目的。

包裝亦可以從與產品接觸的程度區分爲產品包裝，包含內層包裝、外層包裝與運送包裝等（曾光華，2012，pp. 356），或者稱之爲初級包裝（Primary Package）、次級包裝（Secondary Package）與運輸包裝（Shipping Package）。

圖 9-27　牙膏之外紙盒為次級包裝
（圖片來源：DARLIE）

初級包裝指的是產品直接接觸的包裝，需考慮產品之材質與特性，例如：溫度、溼度、光、侵蝕毒性等，例如牙膏之軟管爲初級包裝。次級包裝的主要目的是保護初級包裝，例如：運用紙盒包裝，其次亦有促銷之功能；牙膏之外紙盒爲次級包裝。運輸包裝指的是外包裝，主要目的爲產品之裝運以及識別貨品，例如六打牙膏之瓦楞紙箱爲運輸包裝。

(三) 包裝設計的效益

產品包裝設計具有設計美學及行銷傳播之雙重效益，滿足包裝的機能就是其效益，鄧成連（民 76）認爲包裝機能包括容納性、攜帶性、分配性、保護性、容量性（測量）、傳達性、展示性、動機性、促銷性、具魅力性、表現內容物等，此處就商品包裝中較代表性的效益加以說明：

1. **傳達性**：包含識別性與象徵性，有好的識別性，可以吸引顧客的注意力或是購買衝動，甚至提供一些暗示；象徵性例如新潮、傳統、速度、高級、神秘等，可滿足個人感覺、情感需求或是社會需求。
2. **展示性**：消費者一般都是不喜歡產生選擇的疑惑，也不喜歡在短時間之內下決策，展示性的目的就是要表現出商品的重點與特徵，以吸引消費者的目光。

圖 9-28　包裝的識別性——品客
（圖片來源：Pringles）

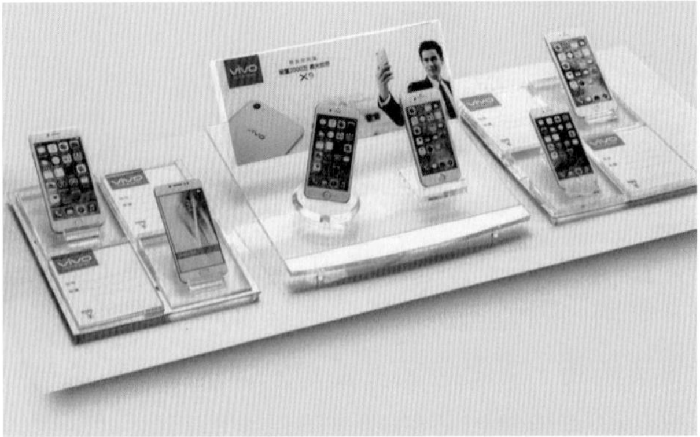

圖 9-29　包裝的展示性──智慧型手機（圖片來源：W88）

3. **魅力性**：包裝的設計能喚起消費者的情感訴求，具有吸引消費者及提升記憶的價值。一般而言，人類對於圖片的記憶優於文字，適當的圖文組合與視覺效果是提升記憶價值性的方法。
4. **功能性**：包裝具有保護、攜帶、容納、測量等功能。

圖 9-30　健達巧克力的包裝相當具有記憶性（圖片來源：Kinder）

三　展示設計

展示是將相關的目的與意圖，配合設計環境要素，組合成一個空間造型，達成傳達目標的一種手段。有關民俗、文化、教育等屬於非商業目的的展示，而廣告、促銷等是商業性的展示。展示的主要目的包含銷售、說服、展現、告知、娛樂、啓發等六項，而展示的性質也包含宣傳、銷售、教育文化、民俗表現、公共資訊、娛樂等（張輝明，民 83），與產品展示較有關係者爲宣傳及銷售性質的展示。

商品展示設計需要考量的因素包含（張輝明，民 83）：

1. **對象**：指的是展示的對象以及展示的目的。
2. **產品的類別與屬性**：商品的類別可能是耐久性產品或消耗性產品，商品屬性包含規格、造型、顏色、款式等。
3. **時機**：展示的時機包含推廣期、銷售期、拍賣期等，不同時期有不同的訴求重點，例如：推廣期需要明確展示商品的特性，銷售期則較重視造型與顏色變化。展示時間也是重要考量，展出時間長短影響佈置以及展出品製作的材料，當然也影響展出的經費與人力。

4. **場地**：展示的場地可能包含櫥窗、舞臺、桌面、吊架、壁面等，各有不同的效果、限制、與成本考量。展示場地的空間要素主要是配置與動線的考量。展示場地的選擇也需要考量地域、位置、規模、設備等。

圖 9-31　服飾展示櫥窗
（圖片來源：尚流）

5. **表現方式**：表現方式包含動態、靜態、對稱、對比等設計考量，也考量單方觀賞或雙方互動的方式。可以使用的道具包含人體模特兒、雕像等。表現的內容則有許多不同的設計，諸如表現生活型態、強調商品印象等。溝通的方式主要包含面對面解說、圖面說明、模型解釋等。

商品展示設計的流程也與一般的設計流程相似，應該先依據市場需求、配合產品的行銷活動來進行。

產品經理手冊

識別設計是將概念轉為具體形象，也是把想要表達或說服的意義，用美學的符號顯現出來，產品經理在設計過程中應該隨時審視設計意象與公司 CIS 的一致性。

9-4 市場測試

市場測試（Market Testing）是指產品正式上市之前，先針對一些代表性的目標市場或消費者，進行情境銷售，以便了解消費者對於新產品的反應，進一步預測銷售額與利潤，發現並改進新產品與行銷組合之優缺點等（曾光華，民 95，pp. 342；戴維儂譯，2006，pp. 184）。因此，市場測試主要目的在於測試新產品定價是否適當、所運用的廣告是否傳遞了適當的產品訊息，以及所選擇的配銷策略是否恰當（戴維儂譯，2006）。

例如廣告測試，我們會以故事看板、漫畫分鏡、圖像、（電視廣告的）連續照片等方式進行廣告測試，測試中要關注的兩個指標是「次日廣告記憶」（Day After Recall, DAR）與「說服效果」（Persuasion Score）指標。前者的測試方法是先給消費者看新產品廣告，看完之後隔天打電話詢問消費者能否正確描述廣告傳遞的訊息；後者的測試方法是將受訪者分爲 A、B 組，兩組都由專人說明產品的概念與好處，然後只讓其中一組看廣告，看廣告的那一組受訪者購買意願高出多少，就代表這個廣告的說服效果有多少（林英祥，2013，Ch2）。

圖 9-32　廣告看板
（圖片來源：MarComm News）

市場測試主要的方式包含模擬試銷、控制試銷、標準試銷等方式（曾光華，2012）：

1. **模擬試銷（Pseudo Testing）**：模擬試銷是運用實驗室情境的方式，設定模擬商店所進行之市場測試，例如：用假設語句詢問消費者是否願意購買。模擬試銷包含推測性銷售與模擬市場測試。
2. **控制試銷（Controlled Testing）**：控制試銷則是較小規模、與通路商議約銷售條件所進行之市場測試，包含非正式銷售、直接銷售、迷你行銷等。
3. **標準試銷（Full Testing）**：標準試銷是針對代表性的目標市場或消費者，依據所定義的通路以及適當的推廣活動進行市場測試。標準試銷區分爲試行銷（Test Marketing）與逐步上市，試行銷是在兩個或多個代表性城市進行市場測試，不是非常重要的市場測試方法。逐步上市乃是透過應用、影響、地理區域、貿易或銷售通路爲之。例如：統一超商的產品常常要做市場測試，適合都會區女性的產品，會先在臺北試賣，視結果再討論要不要擴大到全國上市。

市場測試之後，依據所蒐集的資訊加以分析，以便找出關鍵的問題點。包含：

1. **產品狀況**：是否符合原來產品的概念、是否滿足市場之需求、是否具有競爭之優勢，此項乃是測試產品組合中的產品規格是否適當。
2. **包裝**：是否具有容易儲存、使用、運送、便利性等包裝之功能，並提供消費者易於了解之資訊，此項乃是測試產品組合中的產品包裝是否適當。
3. **相關法規與標準**：是否符合政府及產業相關的法規、標準與許可證明。
4. **支援系統**：支援銷售之資訊系統、技術或服務體系、零件或備品之準備、後勤支援之流程、教育訓練系統等，此項乃是測試產品組合中的產品支援是否適當。
5. **行銷方案**：產品上市所需之行銷組合方案是否完成並有效運作，也就是行銷組合中，除了產品組合之外的價格、通路、促銷等方案是否適當。

產品經理手冊

市場測試主要並不是測試產品的功能（那是產品測試），而是了解市場反應，以及測試行銷方案是否有效，產品經理在這裡扮演更主導性的角色。

本章摘要

1. 產品設計主要區分爲具體設計與細部設計，產品設計也可區分爲工程設計與工業設計兩大部分。

2. 具體設計是將產品概念轉爲實體的產品，又稱爲系統層級的設計。具體設計的主要內容是建立產品結構（Product Architecture），也就是將顧客需求之概念轉爲產品設計的過程，或是將產品功能要素分配對應到實體區塊的結果。

3. 建立產品結構的步驟包含：製作產品的概略圖（Schematic）、將概略圖中的要素加以群集、建立粗略的幾何配置、確立基本與附帶的互動關係。產品結構主要考量的特性是模組化的程度，模組化程度較高的是模組型結構，模組化程度較低的是整合型結構。模組化程度對於後續產品發展的影響包含產品變更、產品多樣化、零組件標準化、產品性能、可製造性、產品開發管理等。

4. 細部設計依據具體設計的結果來進行，細部設計的項目主要包含材料規格、裝配程序、標準組件、新型零組件，也包含製造和裝配測試。製造性的考量是細部設計的重點之一，包含製程設計、零組件設計等項目的產出結果。製程設計的結果通常以工程圖面（Engineering Drawing）表示，零組件設計則須列出物料清單（Bill of Material, BOM），表達產品與所有零組件項目、規格、數量、製程階段之間的關係。

5. 建構原型就是開發一個近似產品的過程，原型是一個功能初具、外觀尺寸合乎要求的初步產品，其主要目的是測試概念或產品。

6. 原型包含比例模型（生產前原型）和原材料原程序模型（生產原型）；原型的表達方式分爲結構表達與機能表達，原型也包含實體原型與分析原型，或區分爲焦點原型與完整原型。製作原型的目的包含學習、溝通、整合及里程碑。

7. 模擬乃是運用推理或是測試模型的方式來形成所設計產品行爲和屬性之意象，這些意象包含機能屬性的意象、人體工學、語意學、審美和商業方面的意象，模擬必須在實際的產品生產和使用之前完成。

8. 產品的技術模擬主要是模擬產品的績效、製造性（數量、可接受的品質與價格），產品的技術模擬的工具包含產品功能分析、失效模式與效應分析（Failure Models and Effects Analysis, FMEA）、錯誤樹狀分析（Fault Tree Analysis, FTA）、測試實體模型、數學模型、有限元素模型、原型試作與量產、後勤和品質分析、價值分析。

本章摘要

9. 產品的造型必須要能夠支援技術機能而且考量人體工學，並包含產品語意機能和美學機能，產品語意機能告知客戶有關該產品的意義，以及產品的目的及如何使用。

10. 產品測試指的是具體設計或原型製作完成之後，工程師所做的模擬、驗證等工作。產品使用測試的目的及方法包含使用前的感覺反應、初步使用的經驗、α 測試（由企業進行之功能測試）、β 測試（可能委託外界研究單位甚至少數消費者進行測試）。

11. 品牌設計是依據企業識別、品牌定位或產品特性等，進行品牌視覺化的設計，其主要內容包含命名、標誌設計、設計展開等。

12. 產品進行包裝主要的目的可能是爲了保護產品、方便攜帶、傳達資訊、保護智慧財產權，或是建立形象而推廣產品。包裝設計與企業識別形象具有密切的關係。也因此包裝設計的技能需求包含行銷、美學與工程等領域之專業。

13. 展示是將相關的目的與意圖，配合設計環境要素，組合成一個空間造型，達成傳達目標的一種手段。有關民俗、文化、教育等屬於非商業目的的展示，而廣告、促銷等是商業性的展示。展示的主要目的包含銷售、說服、展現、告知、娛樂、啓發等六項。

14. 市場測試是指產品正式上市之前，先針對一些代表性的目標市場或消費者，進行情境銷售，以便了解新產品定價是否適當、所運用的廣告是否傳遞了適當的產品訊息，以及所選擇的配銷策略是否恰當等目的。市場測試主要的方式包含模擬試銷、控制試銷、標準試銷等。

本章習題

一、選擇題

( ) 1. 下列何者不是具體設計主要的內容？ (A) 產品架構 (B) 零件設計 (C) 材料規格 (D) 製造程序。

( ) 2. 即使在不理想的狀況下，例如生產程序不穩定或操作環境有干擾的影響之下，仍能達成預期功能的產品，此種設計稱為 (A) 工業設計 (B) 穩健性設計 (C) 具體設計 (D) 以上皆非。

( ) 3. 以數學模式進行電腦模擬主要是針對哪一種原型？ (A) 實體原型 (B) 分析原型 (C) 焦點原型 (D) 以上皆非。

( ) 4. 原型用來確認零組件、子系統之間是否能夠有效運作是屬於製作原型的哪一種目的？ (A) 學習 (B) 溝通 (C) 整合 (D) 里程碑。

( ) 5. 下列何者不是象徵模型的模擬模式？ (A) 比例模型 (B) 網路圖 (C) 流程圖 (D) 數學模式。

( ) 6. 產品測試中 α 測試指的是 (A) 公司內部測試 (B) 外部測試 (C) 顧客進行測試 (D) 以上皆非。

( ) 7. 重視新潮、高級、神秘等，可滿足個人情感需求是商品包裝設計的哪一項要素？ (A) 識別性 (B) 象徵性 (C) 展示性 (D) 記憶價值性。

( ) 8. 考量使用的道具包含人體模特兒、雕像等是展示設計的哪一項考量因素？ (A) 產品的類別與屬性 (B) 時機 (C) 場地 (D) 表現方式。

( ) 9. 下列何者不是市場測試主要目的？ (A) 測試新產品功能與品質 (B) 測試所運用的廣告是否傳遞了適當的產品訊息 (C) 測試所選擇的配銷策略是否恰當 (D) 以上皆是。

( ) 10.較小規模而且與通路商議約銷售條件所進行之測試是屬於哪一種市場測試？ (A) 模擬試銷 (B) 控制試銷 (C) 標準試銷 (D) 以上皆非。

本章習題

二、問答題

1. 何謂產品結構？建立產品結構的步驟爲何？
2. 何謂產品結構的模組化？產品結構的模組化程度對於後續產品發展有哪些影響？
3. 細部設計的項目有哪些？
4. 製作原型的目的爲何？
5. 模擬的模式分成哪兩類？
6. 產品使用測試可以搜集哪些資訊？
7. 識別設計包含哪三大項？
8. 市場測試主要目的爲何？市場測試主要的方式包含哪幾項？

三、實作題

請任選一個產品項（含包裝），評估其識別設計與包裝設計。

公司名稱			
產品名稱			
識別設計評估	照片	從企業象徵標誌與標語、色彩、字體、品牌陳述等設計元素評估是否滿足：傳達企業形象、產品特徵、產品形象等。	說明：
包裝設計評估	照片	評估該包裝設計是否滿足傳達性、展示性、魅力性、功能性	說明：

參考文獻

1. 巫宗融譯（民 89），《新產品完全開發手冊：如何在新產品競爭中勝出》，初版，臺北市：遠流。
2. 官政能（民 84），《產品物徑：設計創意之生成、發展與應用》，初版，臺北市：藝術家出版，藝術圖書總經銷。
3. 林英祥（2013），《從創新到暢銷：新產品上市成功的秘密》，一版，臺北市：遠見天下文化。
4. 張書文譯（2012），《產品設計與開發》，（原作者：Ulrich, K.T., Eppinger, S.D），四版，臺北市：麥格羅希爾。
5. 張建成譯（民 84），《產品設計——設計基礎和方法論》，（原作者：Roozenburg, N.F.M. & Eekels, J），臺北市：六合出版社。
6. 張輝明（民 83），《展示設計實務》，初版，臺北市：三采文化。
7. 曾光華（2012），《行銷管理：理論解析與實務應用》，五版。新北市三重區：前程文化。
8. 黃克煒譯（民 96），《設計品牌》，初版，臺中市：晨星。
9. 黃延聰譯（2016），《新產品管理》，三版，臺北市：麥格羅希爾。
10. 黃碧珍譯（民 94），《LEXUS 傳奇：車壇最令人驚艷的成功》，（原作者：卻斯特．道森），一版，臺北市：天下雜誌。
11. 鄧成連（民 76），《商品包裝設計》，新形象出版。
12. 戴維儂譯（2006），《產品經理的第一本書：完全剖析產品管理關鍵領域》，二刷，臺北市：麥格羅希爾。

10

產品上市

學習目標

本章內容為新產品上市的內容與要領，包含策略面的上市時機考量以及戰術面的上市流程，也包含上市後評估，各節內容如下表。

節次	節名	主要內容
10-1	上市決策	說明上市相關決策或管理活動，著重於策略層次，主要是考量上市時機。
10-2	上市計畫	說明上市的障礙以及上市計畫的架構，包含新產品發表及通路整備兩大項。
10-3	上市流程	說明上市計畫落實的具體步驟，包含新產品發表及通路整備的具體內容。
10-4	上市後評估	說明如何評估上市新產品的產品本身以及相關的行銷計畫是否適當，以便做適當的修正。

引導案例

星巴克產品上市策略

星巴克在西雅圖起家，也打算擴充市場，以芝加哥為首選地區，但當時他們驚覺，星巴克這個名號在西雅圖之外卻不甚響亮。因此星巴克對於進軍新市場就比較慎重，需要設計出全方位的造勢策略。該策略在 1992 年提出，主要內容包含旗艦店的設計、社區活動、文宣活動等。旗艦店的設計方面，主要的工作是了解民情與選擇旗艦店的店址，依據星巴克的說法：「我們的創意小組開始設計一些彰顯該城市特性的幽默圖案，比方說，為紐約市繪製一幅自由女神喝咖啡的圖，並將圖案印在馬克杯、襯衫和邀請卡上。」

圖 10-1　星巴克商標
（圖片來源：Wikipedia）

在社區活動方面，星巴克進入新市場會在當地舉辦一場盛大的社區活動，這是慣例，並將所得捐給該城市慈善機構，一方面向新市場表達善意，另一方面也可營造人氣。活動也經過縝密的規劃，邀請的來賓包含員工親友、股東、當地機構或個人，以下摘錄其具體活動：「我們請職員列出住在該城市的親朋好友名單，請他們擔任星巴克大使，恭請他們出席慈善活動和開幕大典。」

「我們邀請當地大股東、郵購客戶以及曾經受資助的慈善分支機構共襄盛舉。」

「開幕大典前夕，我們也為當地媒體記者、美食評論家、知名主廚和各大餐廳老闆，舉辦咖啡品啜大會，並歡迎他們帶家人前來同樂。」

「開幕大典結束幾週後，我們會舉辦優待活動，推出『咖啡護照』。」

在文宣活動方面，星巴克也請專家編印精美的咖啡常識小冊，供咖啡迷免費索取，內容包含《世界各產地咖啡風味篇》、《如何在家中泡出好咖啡》等。每月採用新聞信的方式出刊《咖啡漫談》，暢談有趣的咖啡文化和傳奇。也運用郵購目錄來和客戶直接溝通，設立免費專線，讓咖啡迷和星巴克咖啡專家討論問題。（資料來源：韓懷宗譯，民 87，pp. 202）

星巴克的上市策略是全方位的，從公關活動、社區活動、開幕大典、優待活動、訊息提供等，採用整合行銷傳播的概念。星巴克的例子是屬於展店的開幕，也相當重視品牌的經營，新產品上市也應該可以參考這樣的做法。

10-1 上市決策

產品發展之後的結果或原型經過生產過程，包含生產或營運計畫的執行、物流 / 運輸、品質管制等支援性計畫的執行，進入上市之階段。上市是新產品是否成功的重要指標，也是新產品能否有效銷售的關鍵，因此上市需要加以妥善規劃。

上市相關決策或管理活動也包含策略與戰術兩個層次。在策略層次方面，主要是考量上市時機，在戰術層次方面，則考量上市流程。本節討論策略層次的議題，上市流程則於下一節討論之。

決定上市時機需要考量的因素包含：

1. **滿足顧客需求的類別**：若欲刺激需求則須滿足使用者主要需求（Primary Demand）；若需刺激顧客轉移（由本公司舊產品或其他公司產品轉移至本項新產品）須滿足替代需求（Replacement Demand）；若是新產品或新市場須滿足選擇性需求（避開競爭的市場佔有率）。
2. **上市的持續性**：例如持續上市、達成銷售目標時才持續上市或是短期上市。
3. **上市的侵略性**：包含投入早期試用之資源，用以吸引市場或是低調上市，以避免驚動市場領導者。
4. **新產品競爭優勢的類別**：差異化、低價格或是快速上市（速度）。
5. **產品線替代**：上市策略之一是考量產品競食的議題。競食是本身開發的新產品，侵蝕了原有產品的市場，也就是新產品取代了舊產品。產品競食策略（Cannibalization Strategy）指的是由新產品取代舊有產品的決策或規劃（McGrath, 2000, pp. 257）。因爲大部份新產品都與公司現有產品有關，因此新產品上市需考量對現有產品線的影響。

   Saunders 和 Jobber（1994）認爲產品競食策略包含完全產品替代、淡季轉換、旺季轉換、逐步更換、降級、分離式通路等。上市時機亦需要考量產品線的平衡問題。
6. **競爭關係**：包含不針對競爭者、直接針對競爭者、避免針對競爭者。
7. **進入市場的範圍**：也就是市場測試的範圍，可能是逐步上市（Rollout）、快速逐步上市、全部導入等。
8. **品牌形象問題**：是用全新品牌形象、改變品牌形象或是不改變品牌形象。

決定上市時機的主要策略選項爲先佔市場（First-to-Market）與快速跟隨（Fast Follower）策略，如表 10-1 所示。

表 10-1　上市策略選項的優缺點

策略選項	優點	缺點或條件
先佔市場	1. 先佔優勢 2. 獲得豐富顧客知識 3. 建立產業標準之機會	1. 科技風險 2. 須具備先進科技
快速跟隨	成本較低	1. 失去先佔優勢 2. 須具備模仿及創新能力

先佔市場策略具有一些優點，第一，先佔市場能夠攻佔市場，提高佔有率，不論是提供產品平臺、新產品等，均可能獲得先佔的優勢；第二，先佔市場能夠獲得顧客知識與經驗，因爲產品先導入市場，對於顧客需求的了解也越豐富，這些寶貴的知識可作爲開發下一代產品或改善產品之依據，以及規劃更有效的行銷策略；第三，先佔市場能夠獲得建立產業標準的機會，產品規格若成爲產業的標準，對於市場的優勢將有極大的幫助，例如：早先的錄影帶，VHS 標準獲得市場之接受，而 Beta 則否，VHS 產品銷售量也就大幅領先。

圖 10-2　VHS 錄影帶
（圖片來源：Shutterstock）

先進入市場者一般具有先佔優勢，具有攻佔市場的效果，但也具有風險，例如：科技突然改變，後進入市場者可能反而有利。採取先佔市場策略者須有一些條件，包含需要有最先進的技術來開發領先的新產品，並持續讓產品創新、快速因應市場變化以及開創新市場的能力。

快速跟隨策略乃是依據新的市場區隔，快速地追隨新產品，而推出自己的產品。此種策略所需的技術及市場開發能力較少，但是需要有快速模仿或創新的能力，例如：採用逆向工程（Reverse Engineering）的方式，將新產品加以拆解，已得知技術與製造方式，快速地跟隨推出。在競爭者之後進入市場則可能發現競爭者的弱點，而適時予以反擊。

除了先佔市場與快速跟隨之外，上市時點的考量也包含與競爭者同時上市，此種上市時機可以相互平衡先佔優勢，也可能加速市場成長的速度。

產品經理手冊

上市策略需要考量內外部因素，內部因素包含本身研發進度、產品的特質以及目前產品組合，外部因素包含市場需求與競爭者動態，產品經理應當審慎地評估。

10-2 上市計畫

一 上市的障礙

上市的行銷計畫主要內容包含：

1. 市場區隔與產品定位。
2. **考量產品價值**：包含核心利益、實體產品與服務、包裝、購買前和購買後的服務、無形資產（例如品牌形象等）。
3. **考量品牌管理**：品牌名稱、商標與註冊。
4. 包裝設計。
5. 考量推廣與通路。

在上市時，主要考量將新產品有效送達目標市場，這包含了將上述重要的行銷訊息（公司形象定位、產品核心利益等）傳達給市場消費者，也包含透過上市的活動以及通路的鋪貨將產品傳達給市場消費者。

上市是複雜的活動，因此在討論上市流程之前，先說明上市的障礙。許多的因素影響上市，包含消費者、媒體、商品、通路等：

1. **消費者**：消費者需求、態度或是價值觀的改變等，均影響上市的績效，上市的產品與方法若未能反應這些變化，上市往往不能成功。例如：生活風格的注重，對於產品的象徵需求以及購買方式均有所不同，上市的方案應該能夠隨之調整。

圖 10-3　消費者需求是影響產品上市的重要因素（圖片來源：Delsys）

2. **媒體**：媒體的技術越來越發達，能夠用來選擇的媒體越來越多，傳播的訊息數量也越來越大，這一方面對產品上市是一個福音，但同時也分散消費者的注意力。
3. **商品**：市面商品的種類與數量越來越多，能夠吸引消費者的注意就越來越困難，包含曝光的機率、吸引人的特色等都需要花費一番功夫。

圖 10-4　市面上各個種類的商品眾多（圖片來源：iMore）

4. **通路**：通路的狀況也與媒體一樣，通路越來越多、通路中銷售的商品既多且雜，對於新產品上市也造成阻礙。

二 目標市場與產品生命週期

上市之前需要了解消費者的購買行爲，消費行爲主要從兩個觀點來看：第一，從消費者對於創新產品的偏好來了解，這對於新產品上市尤其重要；第二，從消費者購買或使用產品的流程來了解其行爲，這對於一般產品獲得新產品的行銷活動規劃有所幫助。

對於創新產品的偏好指的是個人的創新偏好程度，Roger 將個人創新程度定義爲「將個人相對於他人，較早接受新構想的程度。」（唐錦超譯，民 95）Roger 認爲每個產品領域都有所謂的「消費先驅」或早期採用者，如某些電腦玩家會購買最新款式的電腦；有些消費者會率先買新手機；有些消費者會試用最新減肥與美容藥品。消費者對於創新產品的偏好程度，如圖 10-5 所示：

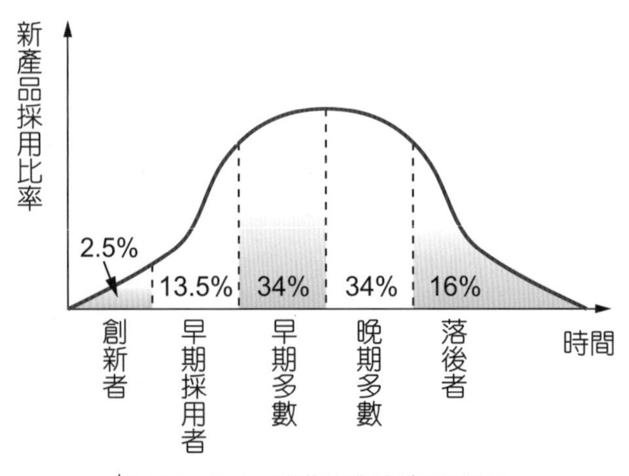

圖 10-5　消費者對創新之偏好

1. **創新者**：約佔 2.5%，即採行新產品的人，勇於接受新產品，並具備獨立判斷、主動積極、敢於冒險、承擔風險與自信的特質。他們通常較年輕且教育程度與收入較高。
2. **早期採用者**：約佔 13.5%，早期採用者的態度上比創新者更小心翼翼，但對新產品的接納比大多數人早，往往是團體中的意見領袖，也大多是時尚創造者。
3. **早期多數**：約佔 34%，其具有深思熟慮的特性，會蒐集資訊，採用之前會向意見領袖或有使用經驗者探聽新產品，其大多是上層社會人士，較能溝通，也較注意周圍環境的動靜，比一般人更早接受新事務，但非以領導者的姿態出現。
4. **晚期多數**：約佔 34%，這些人通常是「很多人有了，我才要有」，易受身邊親友影響，甚至是感受團體壓力之後，才決定使用新產品，他們大多是較低階層的社會人士，較不願意改變，以中年人士居多。

5. **落後者**：約佔 16.0%，受限於傳統社會規範，對變動感到遲疑，和其他保守的人來往，當創新獲得傳統的認可後才會接受。

在購買或使用行爲方面，依據消費者行爲理論，顧客行爲指的是顧客的決策行動及其背後的動機，爲了分析方便，我們仍以消費者的決策過程爲中心，再考量其背後動機，動機的考量主要的目的是要了解顧客的深層需求，以便進行更有效的互動。

顧客行爲可以從幾個角度來說明，第一個代表性的顧客行爲是顧客的採購決策過程，主要區分爲四個階段：知悉（Awareness）、興趣（Interest）、決策（Decision）、行動（Action），也就是所謂的 AIDA 流程；其次，可以從顧客服務生命週期來描述顧客購買與使用行爲，區分爲：需求（Requirement）、取得（Acquisition）、擁有（Ownership）、修正（Refinement）等四個階段（Ives & Mason,1990）；第三，顧客資源生命週期乃是從顧客的角度，將企業售出之產品視爲顧客本身的資源，從資源的取得、擁有、使用、報廢，形成顧客資源的生命週期（Gonsalves, et al, 1999）；最後，可以從顧客的生活模式來了解消費行爲，有些企業爲了提供更有創意的產品或服務，需要很密切地觀察消費者的日常生活，例如：觀察兒童刷牙的動作而設計出適合兒童用的牙刷柄，觀察跑步動作而設計出適合的跑帶等。

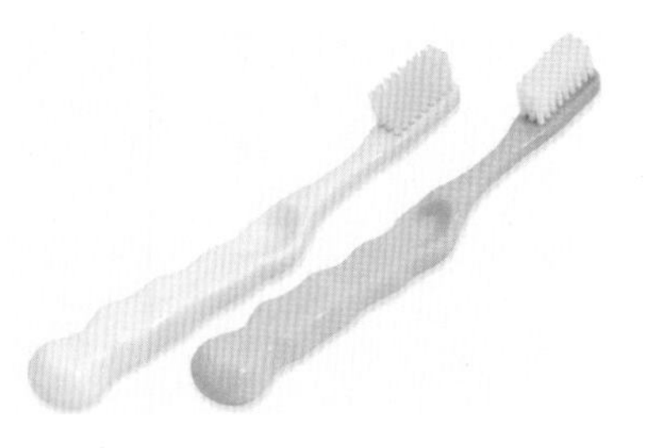

圖 10-6　兒童牙刷
（圖片來源：NUK）

依據上述之理論，整理顧客行爲階段說明如下：

1. **知悉**：指的是顧客知悉某家廠商有銷售自己有意願購買的商品，其前提便是顧客有購買的動機，此時企業與顧客互動的主要內容便是運用各種媒體，刺激顧客的購買動機，並且讓顧客對企業有所了解。
2. **興趣**：當顧客找到自己可能購買商品的對象時，便會進行評估與比較，以選擇最適當的產品，此時企業與顧客互動的主要內容便是提供產品的規格型錄，或是進一步提供採購建議以及客觀的產品比較表，使得顧客能夠順利選擇所需的商品；興趣與顧客的需求相關。
3. **購買**：購買主要的過程便是交易活動，企業與顧客的互動內容主要在於提供便利的取貨、付款、配送流程以及對產品的說明，使得顧客能夠方便、安全、可靠地進行交易。
4. **使用**：顧客購後的使用及與使用產品相關的行爲，包含意見反應、抱怨訴求、問題諮詢、維修需求等，此時企業與顧客互動主要的內容便是提供暢通的回饋管道，並建立顧客服務、抱怨處理（或服務復原 Service Recovery）等流程，以滿足顧客的需求。
5. **報廢**：產品報廢的方式、途徑、受理單位等。

若從產品生命週期的角度來說，上市階段屬於產品導入期以及導入期的前後，產品導入期是指產品開始銷售之前，也就是產品於市場的銷售量接近於零的階段，此時需要做的事情是上市前的準備工作，包含上市相關計畫以及配套措施的擬定；在此階段，市場的銷售量緩慢上升，此時上市的工作是要進行產品發表（Announcement）以及搶灘（Beach head）的工作；上市的工作也需要持續至產品成長期的前半段，此時產品的市場銷售量有較大幅度的提升，需要安排行銷傳播工作以及通路的整備。

上市的主要工作包含上市前的準備、預先發表、發表與搶灘等，如圖 10-7 所示。

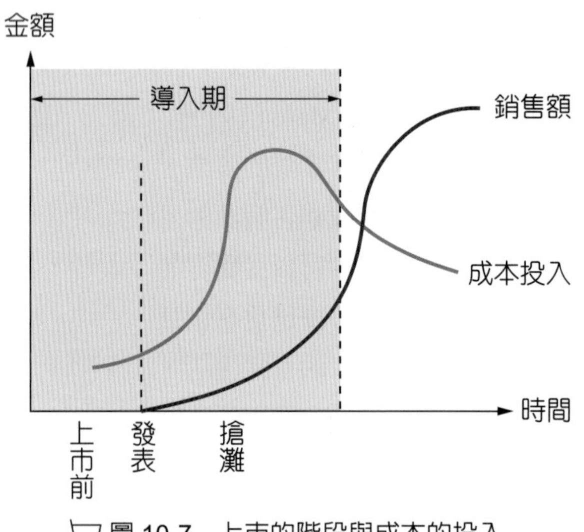

圖 10-7　上市的階段與成本的投入

三 上市計畫

上市也是一種行銷活動，仍需要擬定上市計畫。上市計畫的目標，主要在上市後某段時間之內的銷售量或銷售金額。上市方案主要包含兩部分：一是新產品發表，二是通路整備。新產品發表的工作內容包含上市媒體選擇與訊息製作、預先發表、新產品發表等；通路整備的工作內容包含通路商的通路計畫、選擇通路夥伴、鋪貨、通路商支援與管理等。除了新產品本身的因素之外，這些工作內容均爲影響上市是否成功的關鍵。

產品經理手冊

上市需要擬定周全的計畫，且要顧及上市的時機，不能因為時間急迫而匆匆上市，也不能為了周全計畫而耽誤時機，這考驗產品經理的智慧。

10-3 上市流程

依據上述產品生命週期與目標市場的考量，上市的內容包含上市前的準備、預先發表以及新產品上市等步驟，各有其相對應的行銷方案。上市流程如圖 10-8 所示。上市流程執行完畢之後進行上市後的評估。

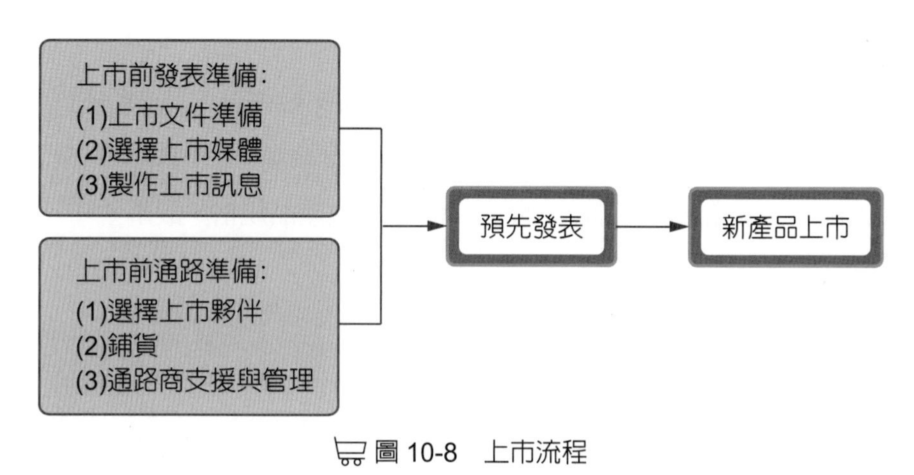

圖 10-8　上市流程

一　上市前發表準備

上市前的發表準備，包含上市相關計畫以及配套措施的擬定，其主要工作內容包括上市文件準備、選擇上市媒體、訊息製作等活動，如表 10-2 所示。

表 10-2　上市前發表的準備工作

項目	定義	內容
上市文件準備	決定上市之前需要準備的文件	1. 試銷檢查表 2. 市場及產品概況 3. 主要活動計畫 4. 支援產品上市的行銷策略 5. 績效指標及監控計畫
選擇上市媒體	選擇適當的媒體作為上市宣傳之用	1. 配銷通路媒體 2. 促銷與推廣媒體 3. 公共關係媒體 4. 關係行銷媒體
訊息製作	製作上市宣傳的主要訴求及訊息內容	1. 製作的原則：正確性、一致性、淺顯易懂等 2. 製作的形式：手冊、型錄、影片、照片、電子等

(一) 上市文件準備

上市準備文件除了試銷檢查表外，還需要其他準備文件，主要包括四種內容：(1) 市場及產品概況；(2) 主要活動計畫；(3) 支援產品上市的行銷策略；(4) 績效指標及監控計畫。以市場及產品概況爲例，須要考量產品組合與時機，包含產品組合廣度、時間（產品刪除與預先發表時機等），以及上市之新產品所扮演的角色。

(二) 選擇上市媒體

上市過程中可能需要運用調查、焦點團體的方式來了解市場，討論和執行上市方案，了解需求與上市銷售，均可能需要用到許多媒體，包含網路媒體、平面媒體、電子媒體等。

1. **網路媒體**：善用網際網路媒體，例如於網站上置放產品規格、故事。

圖 10-9　產品規格（圖片來源：BenQ 網站）

2. **平面媒體**：例如報章雜誌等。
3. **電子媒體**：例如電視、收音機等。

上市媒體工具如下：

1. **配銷通路**：展示與實地示範、技術支援、配銷結構、鋪貨率密度、配銷獎勵。
2. **促銷與推廣**：廣告、折價券、公關宣傳、樣品等。
3. **公共關係**：包含出版品、企業識別標誌、主管與員工的對外活動、贊助、公共報導等。
4. **關係行銷**：口碑相傳、體驗式行銷。

消費者可能因爲購買階段不同而有不同的行銷目的，上市媒體工具的選擇可以依據購買階段來進行。例如：折價的主要目的是吸引顧客，因此特別適用於知悉階段；公共關係及展示較適合用於產生興趣的階段。

(三) 製作上市訊息

上市訊息之製作主要依據公司的使命宣言（Mission Statement）、新產品特性以及行銷目標來擬定。

上市訊息依據詳細程度，包含重點式的一兩句首要訊息、支持該首要訊息的扼要說明、關鍵詞與關鍵訊息、答問集、產品說明、相關數據或證據等。這些訊息的製作原則包含正確性、一致性、淺顯易懂等。

上市訊息依據製作的形式可區分為手冊、型錄、影片、照片、電子等方式。這些訊息形式選擇的原則主要是易於取用、易於接觸等。

圖 10-10　線上型錄
（圖片來源：TOTO 網站）

產品新趨勢

馬自達的上市前準備

2018 年九月，在日本靜岡縣小山町的「富士賽道」，有五千位馬自達車主及粉絲舉辦了活動，兩百名馬自達員工（其中大多數為工程師）參加這項活動。從與粉絲的互動，馬自達的技術可以獲得許多啓發，進而一起創造汽車。最具「共創」象徵的汽車，就是 2015 年上市的雙人敞篷車「MX-5」，在上市前一年，粉絲就參加非官方活動，公開了底盤。後來的完成車，也在衆多粉絲參與下，首度向全世界發表，在正式銷售前，就聽取粉絲的聲音。

圖 10-11　NEW MAZDA MX-5 RS
（圖片來源：MAZDA Motor Taiwan- 官網）

資料來源：聽八位讀者群聊 日雜躍升龍頭，雀巢、馬自達也愛的業績翻升密技。商業周刊，1620 期。2018-11，pp. 90-92。

評論

馬自達的雙人敞篷車「MX-5」上市前準備的工作，包含粉絲參加非官方活動、衆多粉絲參與發表，正式銷售前聽取粉絲的聲音等。

二 上市前通路準備

上市前通路準備的工作包含選擇上市夥伴、鋪貨、通路商支援與管理（例如：銷售與推廣人員之訓練、服務能力之建立、經銷商層級之進貨安排等），如表 10-3 所示。

表 10-3　上市前通路準備的工作

項目	定義	內容
選擇上市夥伴	選擇對新產品上市有助益的合作對象	1. 協助行銷與銷售：聯合促銷公司、廣告代理商、公關業者或公關代理商、外部代理商等 2. 協助設計：設計公司或美術設計公司等 3. 協助商品測試：消費者
鋪貨	在適當的通路上擺設新產品	績效指標：可及性、鋪貨率、鋪貨品質
通路商支援與管理	與通路商進行有效的分工合作	教育訓練、通路商支援、通路商激勵、報價

(一) 選擇上市夥伴

上市準備的重要工作項目之一是選擇上市夥伴，上市夥伴是指對新產品上市有助益的合作對象，例如：行銷夥伴可以協助銷售的工作，銷售的方式包含通路代理、廣告促銷、公共關係等方式，上市的夥伴也就包含聯合促銷公司、廣告代理商、公關業者或公關代理商、外部代理商等。其次，產品設計或行銷過程，也需要進行品牌、形象、包裝、訊息之美學設計，上市的夥伴也就包含設計公司或美術設計公司。第三，上市的夥伴也可以直接尋找消費者，作爲商品測試的對象。

選擇上市夥伴時，應該相當謹愼，使得上市的過程與品質能夠順利，選擇上市夥伴考量的因素包含產品市場符合度、夥伴的專業能力、合作的態度以及相互信任的程度等。

1. **產品市場符合度**：上市夥伴經營的領域範圍、地理範圍、策略重點與本身產品線、目標市場、地區覆蓋（例如：彌補缺口或避免重疊）等之符合度。
2. **專業能力**：上市夥伴對於產品及市場的專業知能需要有相當程度的了解，方能夠提出有效的上市方案；其次，是行銷銷售能力，包含業務能力、業務與主管之穩定度、行銷能力、交易支援能力等，上市夥伴也需要具有觀察市場與技術變化的靈敏度以及高度的創意，方能夠提出出奇致勝的上市方案；第三，經營管理能力也是重要的考量，包含經營能力、服務支援能力（例如：安裝、技術支援、零件供應、保證等）、形象與聲譽。

3. **合作的態度**：企業與上市夥伴之間的合作態度也是關鍵因素之一；合作態度是對於上市方案內容態度的一致性，上市方案內容包含經費預算、上市目標以及上市方案的方法與過程。如果雙方意見不一，則上市效果將大打折扣，例如：上市夥伴對於企業提供之上市預算的使用態度，是否視如自己的金錢一樣善用；上市的目標是成功地上市，還是僅僅完成執行方案、消耗預算。這些都是影響上市績效的因素。

4. **相互信任的程度**：企業與上市夥伴是合作的關係，卻又是隸屬不同的組織，需要有某種程度的信任，但卻又不可以完全放任，期間的拿捏相當微妙，有時需要加以信任，有時又需要運用合約加以規範。其中一個重要的信任議題是對於上市產品的上市時機、產品規格、上市通路、上市方案的內容等，需要做適度的保密。一方面上市夥伴必須了解企業與商品，另一方面上市夥伴因爲代理其他公司，也對其他競爭對象有所接觸與了解，這些都需要愼重考量。

(二)鋪貨

鋪貨是在適當的通路上擺設新產品。也就是說，當消費者想要購買此項商品的時候，在通路的貨架上是否找得到，這是鋪貨的重要績效指標，稱爲「可及性」（Availability）。影響可及性的因素包含鋪貨率（Distribution Level）與鋪貨速度，鋪貨率是指新產品上市就能夠在多少通路上鋪貨以及鋪貨的數量。在通路上「鋪貨」所需的時間就是鋪貨速度（林英祥，2013，CH7）。在預估新產品鋪貨率時需要考慮通路的數量，例如：便利商店、量販店、超級市場、傳統雜貨店的家數以及網路通路，須注意各類通路的家數及銷售量，估計時需要加以考量。

圖 10-12　商品陳列的方式影響鋪貨品質
（圖片來源：Twitter）

除了可及性之外，在通路商鋪貨的品質也是重要的議題，也就是說，在賣場的貨架上，如何讓我們的新產品被消費者看見，這就是鋪貨品質。鋪貨品質通常以陳列位置、陳列數量與包裝能見度來評量（林英祥，2013，CH8）。有關產品應該放在貨架的哪一層、貨架陳列的方式（例如單排、雙排等）都是需要考量的議題。

(三)通路商支援與管理

產品上市時，通路亦需要加以配合，本節僅就教育訓練、通路商支援、通路商激勵、報價等議題加以討論。

1. 業務人員教育訓練

銷售策略指的是銷售所欲達成的目標，以及達成目標的方法。傳統的銷售主要的策略是聽取顧客的需求，以便提供產品服務方案，漸漸地，銷售的策略逐漸進展至說明、說服、信服型的銷售（野口吉昭，2001）。說明型的銷售以產品爲導向，對顧客進行說明；說服型銷售以行銷爲導向，透過說服的方式，指引顧客進行產品或服務之選擇；信服型銷售則是從合作關係的角度與顧客共同討論，使得顧客能夠發自內心地信服。

圖 10-13 業務人員進行銷售
（圖片來源：Pinterest）

銷售流程從銷售前的準備、見面的開場、話題的開啓，直到成交以及事後的追蹤，是一個不斷的過程。要將產品正式引介給市場，此時，產品經理的工作是教育、激勵以及維持前進的動能，對銷售團隊和通路加以訓練，並且提供誘因。

針對銷售人員所需進行的教育訓練包含專業知識、銷售技巧等，均爲銷售自動化不可或缺的能力。

銷售訓練之前應先了解銷售目標，新產品的銷售目標主要是吸引顧客試用，例如「鎖定 25% 的現有客戶升級使用新產品」或是「吸引 25% 的潛在顧客嘗試使用新產品」，接下來就應該讓銷售人員了解有哪些行銷或銷售方案能夠達成目標，銷售訓練的目的是激勵銷售團隊去銷售該產品。

易言之，就是依據銷售流程進行教育訓練，包含產品利益與功能的資料內容、介紹或解說新產品的能力、目標顧客名單與拜訪流程、角色扮演方式演練銷售情境等。

2. 通路商支援

通路成員合作過程中，各有其角色之扮演，製造商角色包含產品與技術、行銷與銷售、訓練、管理等。因此通路商支援項目包含宣傳支援、銷售與技術支援、教育訓練等（陳瑜清、林宜萱譯，民 93）。

(1) 宣傳支援：宣傳支援的方式包含「拉式策略」與「推式策略」。拉式策略用以鼓勵消費者透過該通路來取得產品或服務，包含廣告、公關、貿易商展活動等，製造商運用這些方式提升產品與品牌的知名度與喜愛；推式策略用以鼓勵通路商將產品和服務推薦給消費者，例如：宣傳補助、合作廣告、提供廣告宣傳工具等。

(2) 銷售與技術支援：協助經銷商達成銷售目標的銷售方案、解決顧客問題所需技術等方面的支援，製造商應該評估哪些通路商需要什麼程度的銷售與技術支援。

(3) 教育訓練：教育訓練包含產品訓練與技術訓練，產品訓練提供通路成員有關產品特色、優點、競爭地位等基本知識；技術訓練著重於具體的銷售、行銷、商業管理、庫存管理等知識。「銷售訓練」目標在於讓通路商如何有效銷售產品；「行銷訓練」教育通路商有關廣告、促銷、展示等行銷技巧；「商業訓練」主要內容在於策略、人力資源培育、財務管理、契約管理；「庫存管理」主要的內容則為預估、補充、控制庫存等。這些教育訓練的目的都在於提升通路的績效。

通路商的促銷活動是吸引行銷的中間機構，而非直接針對消費大眾的促銷，常見的促銷方案包含（林正智、方世榮編譯，民 98）：

(1) 交易折讓：給零售商和批發商在購買或促銷特定產品的財務獎勵。

(2) 購買點（POP）廣告：在實際購買決策點旁擺設的商品展示或促銷活動。

(3) 商品展覽會：由產業貿易聯盟所發起，供給產業銷售者對聯盟成員陳列及展示產品。

圖 10-14　Panasonic 商品展覽會
（圖片來源：Business Wire）

(4) 經銷商獎勵、競賽和訓練課程：製造商實行經銷獎勵計畫，並為零售商和銷售人員舉辦競賽，作為增加銷售量及促銷特定產品的獎酬依據，或提供零售銷售人員專業化的訓練，以因應較昂貴和複雜度高的產品。推銷獎金：直接以銷售的產品單位數給銷售人員現金獎賞。

3. 通路商激勵

評估通路成員之績效指標主要包含銷售目標、交貨時間、庫存、對顧客的服務品質等。通路商激勵也是要促成通路商達到這些目標。

通路商激勵主要的方法是提升通路商的銷售動機。激勵的重點不一定是向通路商推銷產品品質，而是協助通路商容易銷售、利潤更高、佣金更高、強化顧客關係。激勵是刺激人們努力滿足其需求，對通路商而言，不同層級人員有不同的需求，需要加以考量。例如：通路商高階主管期望的是獲利與財務之需求；中階主管在意產品對於員工的熱忱度、顧客定著力之影響以及跟作業系統之相容性；櫃檯、銷售、技術人員則重視產品品質銷售容易度、政策執行容易度、技術支援與佣金。

依據上述原則，通路商激勵的主要方法包含：

(1) 增加通路商的單位數量：例如提供卓越的產品、協助行銷技巧、給予配銷商某種型態之獨占、播放廣告、提供銷售協助（例如展示、購買點、贊助、訓練、共同廣告等）。

(2) 增加通路商的單位利潤：例如提高基本邊際利潤比率、提供特別折扣、提供折讓與特別給付、提供預付折讓等。

圖 10-15　2018 世足賽贊助廣告
（圖片來源：Select Sports Artists）

(3) 降低通路商的營運成本：例如提供訓練、贊助訓練費用、改善產品退貨政策、提供送貨到府服務、商品預先定價、協助包裝等。

(4) 改變通路商對產品的態度：例如提供較佳的產品介紹等。

4. 報價

報價亦為上市過程中重要的活動，依據行銷策略中的價格策略來進行報價活動，同時報價方式必須視許多產業情況而定，包括競爭趨勢、成本結構、傳統慣例及個別企業的政策。

報價的方式包含定價與減價（林正智、方世榮編譯，民 98）。定價乃是報給潛在購買者的價格。減價則是因為各種情境而提供一些優惠措施，也就是市價，是消費者購買的價格，可能會以定價為基礎進行折扣與折價，因此不一定與定價相同，減價的方式包含：

(1) 現金折扣：消費者、工業採購者或通路成員以現金付款享有折扣，折扣條件 2/10 net 30 表示顧客必須在 30 天內付款，若 10 天內付款則享有 2% 的折扣。

(2) 商業折扣：支付給通路成員執行行銷功能的款項。

(3) 數量折扣：大量購買的減價，賣方認為折扣合理，因數量大的訂單會降低銷售費用，而且可以將倉儲、運輸、融資的某些成本轉移到買方。數量折扣可能是累積的或是非累積的，累積數量折扣是依據在一定期間之內所購買的數量來降低價格，例如：每年購買數量 25,000 個以上有 3% 的折扣，若超過 50,000 個則會增至 5%；非累積數量折扣則提供一次性的減價。

(4) 折讓：包含抵換與促銷折讓。抵換通常會使用在耐久物品上，新產品的基本定價不變，但是賣方會收到舊產品；促銷折讓企圖整合配銷通路中的促銷策略，製造商時常會退還買方為通路成員支出廣告與銷售支援的費用。

(5) 退款：製造商退還部分購買價格的金額。

在國際貿易中，因爲地理區域及運輸的因素，買賣雙方可能需要用下列幾種方式來處理運費（林正智、方世榮編譯，民 98）：

(1) 港口交貨定價法（FOB）：報價當中並不包含長途運送費用，買方必須支付從製造商將貨送至裝貨港口之後的所有費用，賣方也可以自行吸收運費，這些條件允許買方自帳單中扣除運輸費用。
(2) 統一交運定價法：對於所有買方都報相同的含運費價格之定價系統。有時候亦稱爲郵票定價法。遠距客戶事實上付出較少的運輸成本，而近距離客戶付出所謂的虛增運費。
(3) 分區定價法：依照各地區的市場制定不同運費的定價系統，整合每區的平均運輸成本，大量減少虛增運費的情況，有益於賣方在距離遠的市場上競爭。
(4) 基點定價法：產品的價格包含工廠的定價與距離消費者最近的基點城市之間的運費。基點指的是運費是用哪一個點來計算，並不一定是貨物眞正送達的地方。

三 預先發表

預先發表可能運用一些媒體的影響力，例如公關稿、新聞稿、產品提供等方式，持續影響相關的人員，包含媒體業者、研究者、顧客等。預先發表可能是有意或無意的，需要微妙地發表訊息，提升顧客對即將上市產品的興趣，鼓勵顧客對於新產品的期待等，作爲正式發表的鋪路與醞釀。這需要有保密的考量。發出訊息的方式可以利用價格公告、廣告、商展、業務人員之評論、配銷商的進貨請求等。

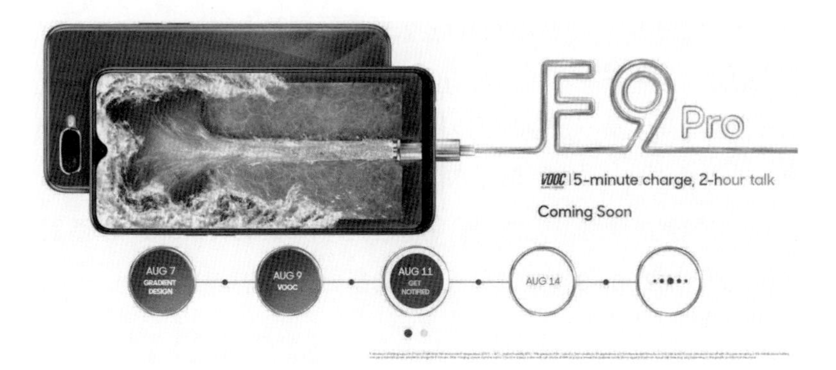

圖 10-16　OPPO F9 預先發表（圖片來源：OPPO）

四 產品發表與搶灘

產品發表是市場最為混亂的階段，也最難管理。產品發表與搶灘的最主要目的是要顯著提升產品的銷售量，欲達到此目標，可能需要投入相當大的資源。上市預算的多寡依據產品類別而異，同時需考量上市各階段工作項目的分配，例如廣告、教育訓練、上架費用等。

產品新趨勢

吉列公司熱感應刮鬍刀的上市流程概要

美國吉列公司（現併入寶僑全球美容部）主要業務為刮鬍用品與個人護理產品製造，曾是稱霸全球的刮鬍刀之王，也曾是股神巴菲特最愛的企業之一。

吉列核心產品刮鬍刀的研發，越來越從使用者出發。研發人員發現有不少男性在刮鬍前，習慣使用熱毛巾熱敷或熱水浸濕，減輕刮鬍的不適感，因而開發出熱感應刮鬍刀，作為新系列 GilletteLabs 的第一個產品。研發人員在刮鬍刀的刀頭下方安裝金屬棒，只要按下按鈕，便可在一秒內加熱到攝氏四十三或五十度，內建四個感測器，可以確保溫度維持穩定，避免過熱，引發危險。

圖 10-17 GilletteLabs Heated Razor Starter Kit
（圖片來源：Gillette 官網）

熱感應刮鬍刀的行銷模式也不同於以往，二〇一八年九月，吉列選擇先在衆籌平臺 Indiegogo 推出新產品，包含一〇九至一四四美元四種價格的選擇，希望吸引真正有興趣、願意支付高價的早期使用者（Early-Adopter），避開低價競爭。

「我們清楚知道，這個產品不是大衆市場，不是每個人都需要熱感應刮鬍刀，也不是每個人都願意花一百五十美元買一支刮鬍刀，」吉列品牌經理湯瑪斯（Matt Thomas）說。兩個月活動期間，累積一千多人訂購，這些人提供許多實用的產品修改意見。

二〇二〇年，這款熱感應刮鬍刀獲得紅點設計獎（Red Dot Award）的產品設計獎。

資料來源：吳凱琳（2022-05-30）。年輕人都沒聽過？吉列如何擦亮品牌。天下雜誌，749 期。2022-05-30。

評論

吉列公司熱感應刮鬍刀重要的上市活動，是在衆籌平臺 Indiegogo 推出新產品。群衆募資兼具募資與產品測試的功能，吉列公司選擇這種方法作為上市流程之一環。

產品經理手冊

上市的流程包含前鋒與後勤，前鋒就是善用媒體打響新產品，後勤就是整配通路與鋪貨，產品經理需要平衡兩者，不可顧此失彼。

10-4 上市後評估

上市後評估主要是評估上市新產品的產品本身以及相關的行銷計畫是否適當，以便做適當的修正。除了修正產品及行銷計畫之外，上市後評估的結果也可能用來決定繼續上市或是停止上市。

上市後評估主要是評估銷售狀況與之前預估是否有差異。如果有差異，那就需要去分析到底問題是出在哪個環節，例如：新產品設計不良、知名度不夠、知道此產品的消費者有沒有購買、使用後喜不喜歡、回購意願有多高等。透過上市後評估，可以將產品知名度、滿意度的調查數據與開發期間的預估做比較。

上市計畫可能是短程計畫，也可能是長程計畫。短程計畫主要用於監視產品的上市狀況，並在必要時提供修正，短期計畫的重點在於決定該以哪些項目作爲評估標準以及評估的流程。長程的上市計畫通常稱爲生命週期計畫（Life Cycle Plan），長程計畫的重點在於探討產品長遠發展性、影響的變數、改進的方式等。也就是說，長程的上市計畫應該將該新產品的上市週期納入公司長期的產品策略中。

上市後評估的計畫並非在產品上市之後才擬定。事實上，在上市準備的過程中，就應該要有一套備援或是控制計畫，上市後計畫在上市階段早期即應展開，以便根據訂定的標準衡量方案的表現。

在產品上市一段時間後（通常是 6-18 個月），新產品方案告一段落，方案小組宣告解散，產品成爲公司產品線中的一員。此時也是對產品方案及產品表現進行檢討的時機。相關人員將最新的收入、成本、費用、利潤及上市時機與預期的數字相比較以評定績效，找出實際表現與預測之間的差別，並探討原因。上市後稽核可以對方案的優勢及弱點進行評估，由方案中吸取教訓，研擬在下一個方案中該如何改進，最後爲整個方案劃上句點。需注意的是，上市專案小組成員及領導人在整個上市後階段仍應對產品的成敗負責，一直到上市後檢討才算結束。

上市後評估的主要項目是評估產品的銷售量，以及蒐集上市後市場之資訊，據以進行繼續上市或結束上市之決策。上市若不順利或有其他策略上的考量，應該結束上市，上市結束的時間點是一個重要的決策。

銷售量及相關資訊之分析結果應該用於改善產品本身、產品發展流程、通路商關係以及產品行銷傳播之方案，甚至檢討產品策略、市場策略或上市策略。上市後評估的架構如圖 10-18 所示。

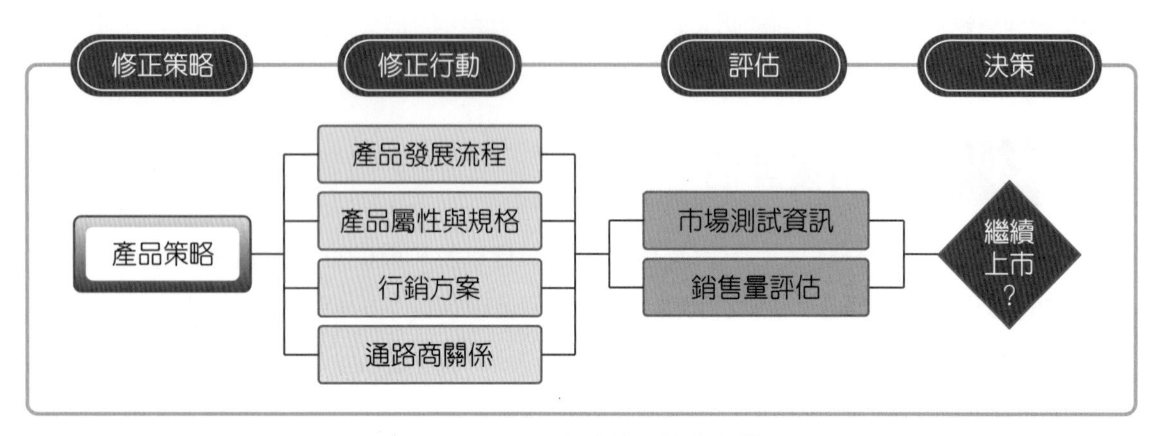

圖 10-18 上市後評估的架構

產品經理手冊

上市是產品初次導入市場，其成果需要加以評估，再進行繼續銷售或是撤退之決策，產品經理應該依據上市評估的結果，調整個別產品的產品規格、行銷方式，並審視公司產品組合。

本章摘要

1. 決定上市時機需要考量的因素包含滿足顧客需求的類別、考量上市的持續性、上市的侵略性、新產品競爭優勢的類別、產品線替代、競爭關係、進入市場的範圍、品牌形象問題等。
2. 上市時機的主要策略爲先佔市場與快速跟隨策略。
3. 影響上市的因素包含消費者、媒體、商品、通路等因素。
4. 上市的內容包含上市前的準備、預先發表以及搶灘等步驟。上市前的準備包含上市相關計畫以及配套措施的擬定，其主要工作內容包含上市文件準備、選擇上市夥伴、選擇上市媒體、訊息製作等活動。預先發表可能運用一些媒體的影響力，例如公關稿、新聞稿、產品提供等方式，持續影響相關的人員，包含媒體業者、研究者、顧客等。產品發表與搶灘的最主要目的是要顯著提升產品的銷售量。
5. 產品上市時，通路需要加以配合，包含教育訓練、通路商支援、通路商激勵、報價等議題。
6. 上市後評估的主要項目是評估產品的銷售量，以及蒐集上市後市場之資訊，據以進行繼續上市或結束上市之決策。銷售量及相關資訊之分析結果應該用於改善產品本身、產品發展流程、通路商關係以及產品行銷傳播之方案，甚至檢討產品策略、市場策略或上市策略。

本章習題

一、選擇題

(　　) 1. 下列何者不是先佔市場策略的優點？　(A) 能夠攻佔市場，提高佔有率　(B) 能夠獲得顧客知識與經驗　(C) 能夠獲得建立產業標準的機會　(D) 能夠因應科技突然改變。

(　　) 2. 勇於接受新產品，並具備獨立判斷、主動積極、敢於冒險、承擔風險與自信的特質，這是 Rogers 對於創新的哪一種類別？　(A) 創新者　(B) 早期採用者　(C) 早期多數　(D) 以上皆非。

(　　) 3. 依據 Rogers 對於創新採用者的分類，早期採用者大約占多少的比率？　(A) 2.5%　(B) 13.5%　(C) 34%　(D) 16%。

(　　) 4. 口碑相傳是屬於哪一種上市媒體工具？　(A) 配銷通路　(B) 促銷與推廣　(C) 公共關係　(D) 關係行銷。

(　　) 5. 下列何者不是上市訊息的製作原則？　(A) 正確性　(B) 一致性　(C) 淺顯易懂　(D) 華麗性。

(　　) 6. 新產品上市就能夠在多少通路上鋪貨以及鋪貨的數量稱之為　(A) 鋪貨率　(B) 鋪貨速度　(C) 鋪貨品質　(D) 以上皆非。

(　　) 7. 合作廣告、提供廣告宣傳工具等，是屬於哪一種通路商支援項目？　(A) 宣傳支援　(B) 銷售與技術支援　(C) 教育訓練　(D) 以上皆非。

(　　) 8. 提供特別折扣是屬於哪一種通路商激勵的方法？　(A) 增加通路商的單位數量　(B) 增加通路商的單位利潤　(C) 降低通路商的營運成本　(D) 改變通路商對產品的態度。

(　　) 9. 下列何者不是減價的方式？　(A) 定價　(B) 現金折扣　(C) 商業折扣　(D) 折讓。

(　　) 10. 下列何者為上市後評估之分析結果之應用範圍？　(A) 改善產品本身　(B) 改善產品發展流程　(C) 檢討產品策略、市場策略或上市策略　(D) 以上皆是。

二、問答題

1. 決定上市時機需要考量的因素包含哪幾項？
2. 請比較上市的先佔市場與快速跟隨策略優缺點。
3. 上市的行銷計畫主要內容包含哪幾項？
4. 上市的主要工作包含哪幾項？
5. 上市前的發表準備與上市前的通路準備，主要工作內容分別有哪些？
6. 選擇上市夥伴考量的因素有哪些？
7. 上市後評估的目的及內容為何？

三、實作題

請以 iPhone 的任何版本為例，尤其新產品發表會的相關訊息，描述其上市過程。

流程	項目內容	iPhone 的做法	備註
發表準備	文件		
	媒體		
	訊息		
通路準備	上市夥伴		
	鋪貨		
	通路商支援及管理		
預先發表	預先發表的方式		
新產品發表與搶灘			

參考文獻

1. 林正智、方世榮編譯（民 98），《行銷管理》，初版，臺北市：新加坡商勝智學習。
2. 林英祥（2013），《從創新到暢銷：新產品上市成功的秘密》，一版，臺北市：遠見天下文化。
3. 唐錦超譯（民 95），《創新的擴散》，初版，臺北市：遠流。
4. 野口吉昭編（2001），《CRM 戰略執行手冊》，初版，臺北市：遠擎管理顧問股份有限公司。
5. 陳瑜清、林宜萱譯（民 93），《通路管理的第一本書：規劃有效通路架構與策略，打通產品銷售的關鍵命脈》，初版，臺北市：麥格羅希爾。
6. 韓懷宗譯（民 87），《Starbucks 咖啡王國傳奇》，初版，臺北市：聯經。
7. Gonsalves, G.C., et al.,（1999）, “A Customer Resource Life Cycle Interpretation of the Impact of the World Wide Web on Competitiveness: Expectations and Achievements”, *International Journal of Electronic Commerce*, **4:1**, pp. 103-120.
8. Ives, B.,& Mason, R. O.（1990）, “Can information technology revitalize your customer service?” *Academy of Management Perspectives*, **4:4**, pp. 52-69.
9. McGrath, M. E.（2000）, Product Strategy for High Technology Compane, 2nd ed., NY: McGraw-Hill.
10. Saunders, & J. Jobbers, D.,（1994）. “*Product Replacement: Strategies for Simultaneous Product Deletion and Launch*,” Journal of Product Innovation Management, **11:5**, Nov. pp. 433-450.

11

生產與供應鏈管理

學習目標

本章內容描述產品經研發測試之後，進到生產線生產時，所面臨到的生產管理、供應鏈管理以及品質管理等相關議題。

節次	節名	主要內容
11-1	生產與作業管理	描述產線從投料到產品產出，所牽涉的生產模式、時程管理、物料管理等相關內容。
11-2	供應鏈管理	描述製造商與上游供應商、下游通路商之間，因物料或成品流動，所需的分工協調相關內容。
11-3	品質管理	描述製造過程中，有關零件、半成品、成品等確保品質的方法與流程。

引導案例

宏全國際與客戶形成夥伴關係

宏全國際位於臺中工業區，氣派的寶特瓶型大樓，門口設有噴水池，內部開闊大氣，頗有教堂的氣勢。這是臺灣最大的飲料包裝材料公司，從傳統的工廠剽悍成長，業務也從生產瓶蓋、瓶子，延伸到飲料代工。

圖 11-1　宏全國際公司大樓
（圖片來源：宏全國際集團官網）

宏全國際秉持「正派經營、照顧員工、回饋社會」的企業宗旨，展現在這塊土地落地生根，永續經營的決心，未來將以國際化的前瞻性眼光，展開全球佈局。宏全國際集團董事長戴宏全表示，宏全國際從生產瓶蓋、瓶子、飲料代工，到提供解決方案，公司透過 In-House 策略，到客戶工廠內設置設備生產瓶子，和客戶形成長期夥伴關係。同時也和客戶共同開發，例如配方要怎麼配這樣的過程，客戶就會在開發階段一同參與。為落實 In-House 策略，宏全在 2016、2017、2019 年分別與緬甸、越南、泰國廠商合作設立 In-House 連線吹瓶廠。

在這種整體解案與合作開發的模式之下，生產線的安排也極為重要。從產品品項來說，在成熟的飲料市場，少量多樣的比較多，量大的比較少。這是因為飲料的消費型態從碳酸飲料、果汁、茶、水，有一個轉變的邏輯。例如非洲現在的飲料市場以碳酸飲料為主，宏全在非洲就提供碳酸飲料包材，但臺灣就不是以碳酸飲料為主，宏全就跟著調整。

客戶的特性以及與客戶的關係也影響到宏全生產的方式，以中國飲料市場為例，宏全在包材、飲料生產這兩個品項都有。大品牌像是可口可樂，當然佔很大的市場，但是小品牌也不斷出現，例如地方性品牌透過網路行銷推出，或是直銷通路推出自有品牌。對於大品牌客戶，宏全的生產都是以少樣多量為主；而小品牌是多樣少量。現在宏全在臺灣也進入了多樣少量的市場，這類客戶有自己的小型充填線去生產，比較不適合一條龍，宏全就以發展包材為主。

這種少量多樣的生產管理模式，跟過去大量生產的管理模式不同，宏全要能彈性調整生產模式。這其實也在因應未來工業 4.0 的發展，工業 4.0 的重點就是多樣多量，發展出客製化、個人化的生產模式，但在客製化的同時，它並不會因為多樣多量而造成成本的增加。

戴宏全在訪談中提及，「在供應鏈的分工上，飲料品牌商會考慮區域性或是口味上的不同，我們很難去改變客戶的配方，畢竟這是他們的核心。但是我們幫他們代工，可以試著給他們建議，例如在味道，或是容量上面。但也面臨一些挑戰，以包材 PET 來講，客戶自己做的機率是蠻大的。過去的鋁罐、鐵罐、玻璃瓶，飲料廠自己可能不會去生產，但是寶特瓶可以，你在廠區裡面連線生產，客戶只要肯學，對於包材生產營運願意涉入，他可以自己買機臺跟飲料線搭配生產，這就會影響我們 In-House 策略的效果。」（資料來源：從包材到提供解決方案。EMBA 雜誌，389 期。2019-01-14，pp.104-109；宏全國際集團官網，https://www.honchuan.com/tw，2023-01-13）

產品會依據市場需求的不同而改變，而生產則需要搭配產品的變化，所需考量的變數主要包含生產模式（例如少量多樣或大量生產）、物料供應、產線安排與時程、成本、品質等因素。生產線遇到的可能是新產品，也可能是量產的常規產品。針對新產品，需要考量較多的技術問題，之後，良好的生產與供應鏈管理就是確保品質與時程的核心工作。

11-1 生產與作業管理

生產是接續研發的流程，研發的產出可能是技術或是產品原型，所謂產品原型是實驗室製造的產品，通常數量不多，進入生產線後，則爲大量生產。不論是零件採購、治具設備、生產流程與生產線安排，都須因應情況調整。因此生產部門的第一個功能是生產技術，也就是負責從研發部門移轉到生產線所須克服的技術問題。

其次，生產有賴於良好的時程規劃、物料安排、產線安排等工作，這需要良好的管理。因此生產部門的第二個功能是生產管理或生產管制，也就是所謂的作業管理（Operation Management）。

第三，所有生產的執行是由生產線來負責。因此生產部門的第三個功能是製造，也就是依據生產規劃，將零組件轉成產品。

由上述可知，生產部門負責生產與生產管理兩部分，管理的工作稱爲生產與作業管理或作業管理（Operation Management），其目標是有系統地進行資源的規劃與控制，並依據產品規格及時程需求，將零組件轉換成產品與服務，以創造出顧客價值和利益。生產與作業管理，可以分爲規劃與控制等兩大部份。

一 生產模式

針對產品的生產，安排機器設備、產線及流程，以達到最佳的生產效果，稱爲生產模式。生產模式主要區分爲以下三種：

1. 小批量生產（**Small-Batch Production**）：是指一次只生產一單位，或少數幾個單位的產品，這類的產品通常是客製化產品。小批量生產的優點是具有高度彈性，工作的流程可自由調整，而員工則需要具有較高的專業性及自主的判斷，方能維持該彈性，而且小批量生產的生產成本相對要高出許多。

2. 大量生產（**Mass Production**）：是指大量生產標準化的產品，產品標準化意味著生產線也可以標準化，包含自動化機器、標準作業流程、物料零件等均可大幅提升效率。因爲生產數量很大，物料管理就成爲關鍵議題，物料與零組件必須在適當的時間送達生產線。

圖 11-2　標準化產品可進行大量生產
（圖片來源：Freepik）

3. **彈性生產（Flexible Production）**：是指能兼顧大量生產與小批量生產的優點，既能維持在小批量的客製化效果，又能生產多類型的客製化產品。最重要的是，要將成本維持到與大量生產一樣的水準。這就需要生產技術來配合，例如電腦整合的製造系統。當然，彈性生產的任務必然較爲複雜，工作團隊的專業水平以及彈性調配，也都是彈性生產的必要條件。

二 生產規劃

生產規劃主要的工作，包含廠址選擇、廠房佈置、產能規劃、生產方法之規劃以及排程等工作。

(一) 廠址選擇

廠址選擇主要是評估並選擇廠房的位置，針對實體產品的生產，廠址位置必須考量生產地點與市場、原物料的供應地的遠近，以評估運輸成本的高低。同時也需考慮勞工供應的狀況，以及當地政府稅率、法規狀況，甚至社區人民的生活習慣等因素。

(二) 廠房佈置

廠房佈置（Layout）是指針對工廠內的機器設備與生產線的安排，除了生產設備之外，也需要考慮倉儲與維修等非直接生產所需區域，以及辦公室、休息室、廁所、停車場等支援設備的安排。

廠房佈置會影響生產效能和效率。廠房佈置的種類包含：

1. **程序佈置（Process Layouts）**：程序佈置是依照功能（工作類型）來安排生產設備，常見於服務業，例如醫院、銀行、汽修廠。
2. **單元佈置（Cellular Layouts）**：單元佈置是針對相類似的系列產品，將其共同流程（例如機器群組）視爲單元，在每一單元內，讓不同類型的設備依照固定的順序緊密地安排在一起，以執行某一生產流程。
3. **產品佈置（Product Layouts）**：產品佈置是依照產品的生產順序，以直線或輸送帶的方式，逐步生產。

圖 11-3　服務業多採用程序佈置的方式擺放生產設備
（圖片來源：Pexels）

(三) 產能規劃

產能規劃是指評估未來的顧客需求，並隨著需求的增加而擴充產能。當然，產能擴充有一定的成本，如果需求估算不準確，就可能造成產能擴充的成本花費過多卻無產量，或是因爲產能不足所失去的市場占有率。

(四) 方法規劃

方法規劃（Methods Planning）是指設計最佳的生產方法或流程，以便減少廢料並提高效率。程序流程圖（Process Flowchart）是方法規劃有效的工具，用以界定生產步驟與物料移動。

(五) 排程

排程（Scheduling）是針對需要生產的各項產品，安排所需的資源。此處的資源包含人員、機器設備、時間等，也包含物料。常用的作業排程工具，包括甘特圖與 PERT 圖。以下將針對物料管理做詳細說明。

三 物料管理

物料管理的工作主要有五大項：

1. **運送**：指的是考量原物料或零組件，從供應商到生產廠商的運送問題，也包含成品從生產廠商到最終顧客的運送過程。
2. **供應廠商選擇**：零組件或原物料均有其供應商，如何篩選最合適的供應商也是物料管理的工作，包含供應商的供貨能力、價格、品質、時程等，甚至考量與供應商的合作關係，均爲篩選供應商應考量的因素。
3. **採購**：指的是向供應商購買生產所需的原物料與零組件的流程，通常是由物料管理部門提出需求，而由採購部門執行。
4. **倉儲**：指的是原物料、半成品和最終產品的儲存。
5. **存貨控制**：針對原物料、半成品和最終產品庫存數量的掌握，包含入庫驗收、數量盤點等。

圖 11-4　物料管理需考量原物料或零組件的運送過程
（圖片來源：Pexels）

我們以實體產品製造爲例，說明物料、製程與產品之間的關係。產品的訂單主要包含該產品項的數量、規格與交貨時間。當銷售部門將產品訂單轉給生產部門，就需要轉爲生產計畫。

首先，我們需要了解產品與零件之間的關係，物料單（Bill of Material,BOM）是描述產品所有零組件數量的工具，例如一臺個人電腦產品是由一顆 CPU、一個電源供應器、八顆 DRAM、十顆電阻……等所組成，物料單描述得非常詳細，包含幾張標籤，幾克膠水都會詳細記錄。

如果訂單上面要求製造 100 臺個人電腦，那馬上就知道需要 100 顆 CPU、100 個電源供應器、800 顆 DRAM、1000 顆電阻。此時物料管理人員就需要到倉儲領料，依據生產線的位置及時間，將適當的零件數量送至適當的位置。

如果物料遞送與原訂計畫不符，就需要加以跟催（Follow-up），或是生產進度不符合生產規劃之預期，也需要加以調整。這就稱為生產管制或作業控制，也就是將生產計畫、排程進度與實際執行結果進行比較，以便監控績效。跟催（Follow-up）是作業控制的一個關鍵部分。

有許多工具可以提升物料管理的績效，例如即時存貨系統（Just-in-time, JIT），主要的目的是避免事先儲存物料，只有在生產時才有物料入庫，零庫存的目標可以降低成本，但也需要做妥善的規劃。在觀念上，生產才進料也意味著零組件的庫存壓力轉到供應商身上，因此，與供應商之間也需要做良好的協調。

又例如物料需求規劃（Material Requirements Planning, MRP）系統，能夠快速計算物料需求、領料時間和庫存數量。一個產品的零組件數量可能相當多，況且生產線上可能同時生產數種產品，而且每個產品之間，零件可能是相同也可能不同，將訂單的產品數量轉為零組件的數量，是相當龐大的運算，MRP 運用電腦程式，可以快速得到結果，其主要功能包含：

1. **領料**：快速計算各零件所需的數量及時間，有助於倉儲領料。
2. **庫存管理**：領完料之後，判定所剩之庫存是否不足（通常會由安全庫存來判定，而安全庫存又由訂購期間與平均用量計算而得），若已不足，便提出採購需求。
3. **物料成本**：零件均有其價格，加總價格除以數量就成為物料成本，加上人工成本與管理成本分攤就可估算製造成本。

圖 11-5　物料需求規劃包含庫存管理等功能

（圖片來源：Unsplash）

如果 MRP 擴充，加上其他製造流程，例如成本、會計、銷售與配銷，就成了第二代的 MRP 系統，稱為製造資源規劃系統（Manufacturing Resource Planning, MRPII）。

現今的企業系統稱為企業資源規劃系統（Enterprise Resource Planning, ERP），包含了財務、人資、供應鏈介面的各個模組，支援企業的銷售、製造、財務及人力資源流程。

(一) 銷售與訂單管理流程

銷售部門可能經由銷售預測或接單方式，提出生產的要求，包含產品品項、規格、數量、交貨時間等，也包含對品質的要求。然後追蹤產品是否順利出貨，因此銷售與訂單管理流程中主要活動包含預測、接單與出貨，與此相關的 ERP 模組包含生產規劃模組、配銷規劃模組。

(二) 生產與製造流程

此流程中包含生產部門進行生產規劃，包含產能規劃、排程、物料管理等，採購部門依據生產規劃進行物料採購，物料入庫或投入生產，生產之後產品入庫等待出貨。因此生產與製造流程主要活動包含採購、生產、入庫，也包含來自銷售與訂單管理流程的品質要求，所進行的品質管理。與此相關的 ERP 模組包含物料規劃模組（包含排程、產能規劃等）、物料及倉儲管理模組。

(三) 財務會計管理流程

財會部門將採購所花費的金額，以及銷貨相關收入加以記錄，稱為財務會計，並將生產過程中之物料、人工及管理成本加以記錄，稱為成本會計。這些成本及收益資料進一步編製財務報表，並做財務報表分析，因此財務會計管理流程主要活動包含成本會計、財務會計、財報分析，其相對應的 ERP 模組包含應付帳款模組、應收帳款模組、成本會計模組，也包含現金管理、固定資產會計等。

(四) 人資與行政管理流程

包含人力資源的招募與訓練、薪資與福利、出勤與考核等活動，也包含預算管理、專案管理等行政活動，其相對應的 ERP 模組就包含人資管理模組、行政管理模組，其中人資管理模組又包含招募與訓練、薪資與福利、出勤與考核、人力資源管理等子模組。

產品新趨勢

貿聯的資訊系統與數位轉型

連接器線束大廠貿聯 BizLink，成立於 1996 年，研發生產連接器、線材、光電子元件等產品，長期為消費性電子產品、工業機臺、醫療設備、光通訊及太陽能領域，提供優異的互聯解決方案。

貿聯現於 13 個國家設有據點，共有 17 個生產基地，面對生產基地分佈三大洲，員工人數超過一萬人，如何有效管理，是重要課題。貿聯董事長梁華哲選擇的方式是「數位化」。

圖 11-6　BizLink
（圖片來源：貿聯集團官網）

2000 年前後，貿聯就採用資訊系統，逐步整合財務、銷售、人資、庫存等資訊。此時系統解案分頭尋找，尚未共同使用平臺軟體，但異地協作、數位化系統可以解決問題這樣的概念，已經植入人心。

2011 年是公司上市的階段，此時面臨上下游串聯的問題，貿聯開始導入全球系統。其後十年，貿聯陸續啓用跨國商務管理系統，舉凡 ERP 企業資源整合、CRM 客戶關係管理、MES 製造執行、PLM 產品生命週期管理、雲端文書協作系統等，每年外部軟體投資高達 500 萬元臺幣。除了覆蓋範圍龐大的平臺型軟體之外，還另購置使用範圍較小的地區型軟體，以及內部資訊團隊自行撰寫的應用程式，數位化應用層次非常細緻。

資料來源：羅之盈（2021-08）。董座領軍轉型任務 貿聯力拼四小時報價。遠見雜誌，2021-08。

評論

貿聯針對 17 個生產基地，採用資訊系統做為生產與作業管理的工具，提高生產效率，包含 ERP 企業資源整合、CRM 客戶關係管理、MES 製造執行、PLM 產品生命週期管理、雲端文書協作系統等，均達某種程度的數位化，也許未來可朝智慧工廠的方向前進。

四　智慧工廠

資訊通訊技術的演進，從資料庫到大數據、從資料處理到人工智慧、從網際網路到物聯網，再加上行動運算與社群運算，對人類的日常生活產生影響，對於企業也造成影響，同時對產業產生改變。

物聯網（Internet of Things，IoT）是能夠將網際網路與普通物體互聯互通的網路。要達到網路與實體連結的目標，我們可以想像，在物體上裝設類似晶片（Tag）的感測元件，經過讀取工具讀取之後，透過網際網路（尤其是無線網路）傳輸，再加以處理，便可以得到網路與物體互聯的效果。由感測器或其他資料蒐集裝置所獲得的資料（可能包含數據、圖片、影像等結構或非結構化的資料）。透過無線網路的傳輸，便可傳到伺服器，由於資料量相當龐大，就是所謂的大數據，目前的5G已經有相當高的速度及低延遲，而有效地傳輸大數據，而人工智慧更可以快速有效地分析這些資料，作爲預測或其他的應用。

典型的應用包含：

1. **工業 4.0**：即智慧工廠（以下詳述之）。
2. **商業 4.0**：虛實整合成爲全通路的經營模式，由生產者爲中心的思維改爲「以消費者爲中心」的商業思維，建構優良的消費體驗。
3. **金融科技（FinTech）**：智慧化的資訊科技支援金融、保險等產業，主要的支援流程包含支付、存貸、籌資、投資、保險等。
4. **智慧農業**：智慧科技支援農業的應用，農業生產和服務的智慧化，以及農業資料蒐集與處理。

工業 4.0 對應的就是第四次的工業革命，前三次工業革命主要的變革爲蒸汽機造成的機械化、動力造成的自動化、資訊科技造成的資訊化。第四次的工業革命大概從 2010 年開始，其主要的動力是智慧化，也就是延伸第三次工業革命，建構出具有智慧能力的資訊系統，也就是建構智慧工廠。所謂智慧（智能），就是系統能夠模擬人類感官辨識與新制學習的能力。

舉例來說，如果在機器上面裝設感測器，用以蒐集機器的震動頻率、振幅、溫度等資料（可稱爲特徵），透過機器學習，想要知道機器維修的最適時間，以將維修成本最低化（如果太早維修或是故障之後再送修，其損失相對較大）。人工智慧讀入許多筆機器的特徵資料及機器狀況（例如正常、即將故障、故障等，可稱爲標籤），便可以學習到標籤與特徵資料之間關係的模式。之後，透過感測器蒐集的資料，經過 5G 傳輸，人工智慧程式便可依據所學習到的模式之震動頻率、振幅、溫度等參數值，預測該機器是否即將故障而送修。

運用數位科技進行企業變革，通常稱爲數位轉型，智慧工廠也是數位轉型的形式之一。建構智慧工廠對於產能、客製化、品質等生產績效均有很大的幫助，當然也需要投入不小的經費。

智慧工廠主要的特色包含以下事項（林東清，2018）：

1. **協同作業**：工廠內的設備、零組件之間，運用 RFID 或物聯網技術，進行協同合作，包含機臺對機臺，或機臺對零組件之間的合作。
2. **視覺化**：運用視覺化軟體模擬系統，來監控機器設備之操作。
3. **分散式自主**：工廠內的智慧機臺具備自我監測、自我評估等自主能力，而不需由中央機臺控制，此種自主可提升許多效率。
4. **及時化**：運用物聯網技術，可及時蒐集工作流程或機器設備的資料，進行分析並採取及時的行動。
5. **模組化**：爲配合智慧化技術，許多機器設備本身的設計就是模組化設計，增加彈性與機動性。

圖 11-7　數位科技可有效應用於企業生產的流程
（圖片來源：Unsplash）

產品新趨勢

養雞是否也可以建構智慧工廠？

綠野農莊為國內第一家政府核准設立家禽電動屠宰場之超秦企業的雞肉品牌，超秦集團董事長卓元裕希望超秦結合智慧科技的分切方式，再搭配不同的料理方式，能帶動一套國內完整雞肉飲食文化。

圖 11-8　綠野農莊
（圖片來源：QiN 超秦企業）

「與製造業自動化不同，他們的產品有固定的標準規格、零件模組；但我們每隻雞的重量、部位長短都不盡相同，就算有自動化設備也需要搭配經驗豐富的人才，評估分切部位、數量。」超秦企業副總經理吳興松解釋道。

以契作養雞場為例，必須掌握農場飼養資訊、重量管理、毛雞供應、毛雞車運送排程等資訊，進一步作為分級 / 分切處理依據。再以雞隻分切為例，國產生鮮雞肉可分切里肌肉、清肉、翅腿、二節翅、骨腿等部位，必須針對顧客（超市）不同需求，排出最適化的生產排程。

超秦申請政府資源導入智慧農業後，緊接著導入生鮮食品供需預測及智造 AI 系統，AI 技術的管理「雞師」。

在導入系統前，吳興松建立營運、生產、資訊的三方決策小組。他猶如設計師般架構出全供應鏈的系統框架與邏輯；營運部門提供銷售資料；資訊部門則是與外部 SI 系統溝通對接，轉換內部資料成 AI 系統能識別的數據，一起規劃出整套 AI 系統的雛型。

經由 AI 系統，畜牧端能依靠訂單、成本、調控小雞投放數量，監控成長狀況；生產端依靠成本精算就能安排今日分切任務；物流端也能透過 GPS 定位規劃最佳動線、溫度監控確保品質安全。從以往的經驗生產，主管憑經驗推估生產量，到如今以數據化模組導出最佳飼養數量、分切規格，全面提升生產稼動率，不再有「知其然不知其所以然」的情形發生。也將以往傳統電宰業勞力密集型產業，一步步轉變為應用智慧科技的畜牧、電宰管理。

超秦不僅只是簡單導入 AI 系統，還進一步串聯整體供應鏈成為一個資訊決策平臺，從上游畜牧場的智農飼養，藉由大型風扇控制、水濂系統維持最佳飼養溫度等；電宰場藉由供應鏈分切與成本價格分析系統，推估最適生產組合；到下游的冷鏈物流系統，嚴密監控運輸溫度提升雞肉品質與安全，一起整合進同一平臺管理監測。

如今從「雞隻價量預測系統」就能從預先設定的參數（種雞數、月份、飼料費等）組成的價格預測模型，事先決策源頭飼養數量、排程飼養週期；再藉由「成本價格分析系統」精算出分切部位腿、翅、胸等個別成本，推估最適生產組合；而「供應鏈需求分切系統」可將當日合約部位雞隻需求量扣除，分析最高獲利價值方法分切雞隻販售，進而有效降低耗損率，達成最佳利潤組合。透過供應鏈同步整合過後的系統，經由每一環的參與者：畜牧端、電宰端、運輸端、銷售端等上傳資料，AI 整合資料後以數據圖表呈現，讓決策者不再依靠經驗，而是有真憑實據輔助決策。

資料來源：黃泓嘉（2022-09-05）。數據畜養 + AI 電宰 年輕人搶當「雞師」。能力雜誌，799 期。2022-09-05。

評論

超秦導入的 AI 系統，具有學習雞隻成長狀況、最佳路線、最適生產組合等模式，以預測雞隻價格，符合智慧工廠的條件之一；而串聯整體供應鏈成為一個資訊決策平臺，整合及協調供應鏈各種設備與參數調整，也是智慧工廠的條件之一。

產品經理手冊

生產製造是產品產出的主要過程，生產模式、生產規劃、物料管理，以及自動化或智慧化生產，對產品都有絕對的影響。

11-2 供應鏈管理

供應鏈管理（Supply Chain Management）是將製造廠商的運作和其供應廠商、主要中間商，以及顧客等相連結，以便強化其效率與效能。

某一產品的供應鏈是指資訊、物料，以及服務的流動，它起始於原物料的供應廠商，然後經過各個作業程序的階段，一直到產品送達最終顧客。

生產過程中，若追溯原物料的採購，或是延伸產品服務的銷售通路及最終顧客，就出現供應鏈管理的議題。零件原料採購是來自供應商，供應商又有其更源頭的供應商；產品銷售可能直接賣給最終消費者，也可能經過經銷商、零售商的通路到最終消費者手上。供應商、通路商等均爲外部企業，卻對本身生產過程、進度與結果造成影響，企業與這些外部企業構成供應鏈，供應鏈管理是重要的議題。

一 供應鏈的架構與類型

公司的供應鏈（Supply Chain）是由組織與企業流程所構成，用來採購原物料、將原物料轉換成半成品與成品，並配送到客戶手中。典型的供應鏈結構如圖 11-9 所示。

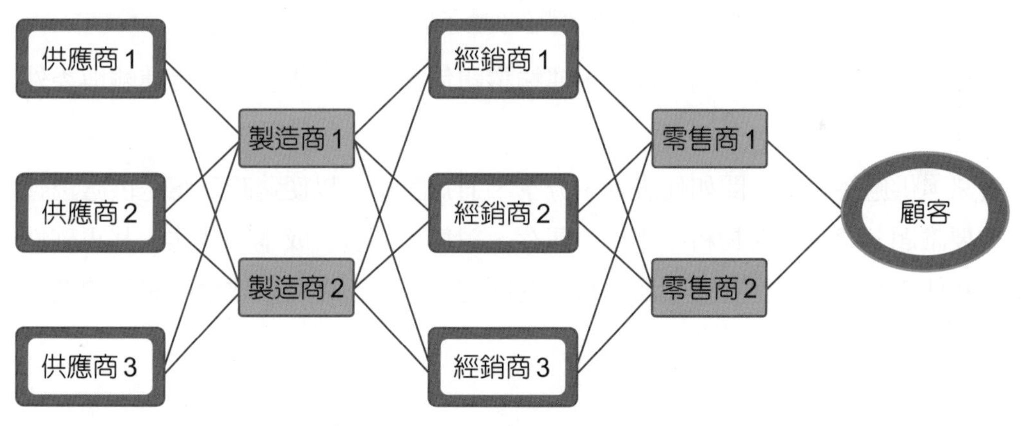

圖 11-9　典型的供應鏈結構

若以製造商爲中心，供應鏈上游（Upstream）包括公司的供應商、供應商的供應商，下游（Downstream）部分則有配送與遞交產品給最終客戶的經銷商或零售商。因此典型的供應鏈，包含供應商、製造商、經銷商、零售商等四大組織及顧客。

從需求驅動的角度來說，供應鏈區分推式模式與拉式模式兩大類型（董和昇譯，2017）：

1. **推式模式（Push-based Model）**：供應鏈的生產排程是依據預測，或產品需求的最佳猜測所推導而來，並把產品「推向」給客戶。

2. 拉式模式（**Pull-based Model**）：又稱爲需求導向或接單後生產模式，由供應鏈中的客戶實際下單或購買所觸發。

二 供應鏈的議題

(一) 影響供應鏈績效的因素

影響供應鏈績效的因素包含（劉哲宏、陳玄玲譯，2019）：

1. **設備**：設備是用在生產及配銷上的機器、廠房、設施，包括店面、倉庫、網站等，這些設備置於生產配銷流程的各個位置，其地點、大小、作業方式變得相當複雜。此外，若由於供應鏈成員溝通協調不佳，也可能造成零組件供應不穩定，造成生產線設備閒置。
2. **庫存**：指的是原物料、半成品之庫存，每家公司有許多不同類型的庫存品及其相對應的數量，庫存大小及管理方式就變得相當重要。針對庫存大小與生產出貨需求之間要能夠相對應，需求端要的是及時交貨，供給端需要考量庫存的成本，庫存管理常常在缺貨及成本之間拉鋸。庫存問題主要包含存貨成本太高，或是缺貨而造成損失。及時生產策略（Just-in-time Strategy）指的是零件會剛好在需要時送達，而成品會在離開生產線後立即出貨，此項策略考量了成本及缺貨的議題。
3. **運輸**：指的是物料及成品之移轉，運輸議題包含路線之規劃、自行運輸與委外之決定等。
4. **資訊**：供應鏈成員之間如何查詢、分享、通知訊息，以便適時反應是供應鏈管理的重要議題。資訊包含物料、生產、庫存、銷售、品質、成本等狀態，其正確性、可得和使用工具等都是重要議題。常見的問題是由於市場需求改變，訊息傳遞太慢，造成回應不及，喪失商機。

(二) 長鞭效應

長鞭效應（Bullwhip Effect）是供應鏈管理中會循環發生的問題，肇因於產品需求資訊在供應鏈成員間傳遞時產生扭曲（董和昇譯，2017）。也就是說，在供應鏈的各個階段中，訂貨量和訂貨時間的「變異度」會在下一階段擴大，零售商那端需求小小的變化會逐漸往供應鏈的上游擴大。因此，製造的數量無法反映顧客眞實的需求，長鞭效應的大幅波動強迫代理商、製造商和供應商庫存遠超過眞正所需，而降低了供應鏈的全盤獲利能力。

長鞭效應主要的原因是不確定性，不確定性區分爲三種（林東清譯，2018）：

1. **需求面**：需求面的不確定性包含消費者偏好改變、顧客對於數量及交貨時間的改變，以及預測的不準確等。
2. **製造面**：製造面的不確定性包含機臺損壞、品質不穩、員工曠職等。
3. **供給面**：供給面的不確定性包含供應商交貨時間、品質與數量之錯誤、價格變動等。

消除長鞭效應的一個辦法，是把零售商手裡的顧客需求資訊與整個供應鏈分享。

三 供應鏈軟體

供應鏈成員包含供應商、製造商、經銷商、零售商與客戶，這些成員之間也是由許多流程所組成，當然供應鏈管理系統的程式模組也要支援這些流程。主要的流程包含：

1. **採購管理**：主要是描述製造商對於供應商的採購作業。
2. **製造管理**：主要是製造商執行生產過程的管理活動。
3. **倉儲管理**：在供應端與製造進料端會有物流儲存活動，製造商及其下又均有成品庫存，這些都需要倉儲管理。
4. **運輸管理**：在物料及成本的運輸過程需要運輸管理。
5. **銷售管理**：從顧客、零售商、經銷商到製造商，都需要進行銷售活動。

供應鏈結構及供應鏈軟體模組之間的關係，如圖 11-10 所示（徐茂練，2022）。

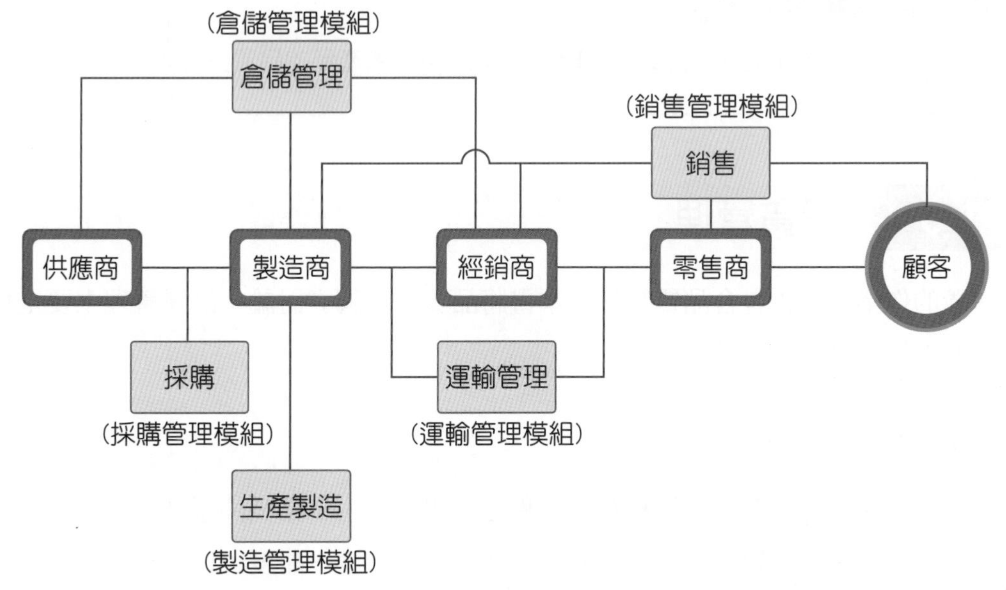

圖 11-10 供應鏈結構及供應鏈軟體模組之間的關係

由圖 11-10 可知供應鏈軟體在支援供應鏈功能方面，包含採購、製造、倉儲、運輸、銷售等五大模組，加上主規劃模組及資訊分享模組共七大模組，分別說明如下（林東清，2018）：

1. **採購規劃模組**：包含採購規劃、物料規劃。採購規劃主要考量供應商所提供的折扣條件（例如數量優惠、交貨地點等）及相關成本條件（庫存成本、管理成本、倉儲空間等）尋求最低成本的採購量；物料規劃則依據生產排程，適時提供原物料。
2. **製造規劃模組**：包含生產規劃與排程規劃，接受主生產計畫指令，將產能與原物料配合，快速做出生產規劃與排程。
3. **倉儲規劃模組**：包含補貨規劃、供應商存貨管理等功能。
4. **運輸規劃**：依據待運輸之產品，安排運輸交通工具、路線等，使得運輸成本最低、速度最快，也包含在運輸過程中產品之追蹤。
5. **銷售規劃**：包含產品組合功能設定、及時交貨、需求管理等功能。
6. **SCM 主規劃模組**：主要是依據企業的不同策略（例如不同客戶的產品、地點、服務優先性或利潤）及產能限制，整合及呼叫五大模組，做資源最有效之配置。
7. **SCM 跨組織資訊分享模組**：主要功能包含供應鏈上的協同合作、支援電子商務及供應鏈資訊分享等。

產品經理手冊

供應鏈成員之間的分工、協調、合作狀況，都顯著影響產品的品質與交期。

11-3 品質管理

廣義的作業管理也包含品質管理，本書將品質管理獨立討論。品質管理主要是針對產品服務以及流程兩部分來進行。

一 產品品質

品質是指產品或服務和規格相符合的程度。規格是由一系列的屬性或指標所構成，這些指標或屬性都有相對應的值。例如一杯咖啡，其濃度、甜度、口感、咖啡因等均爲可能的屬性，給予了相對應的值，就稱爲規格，比如半糖，是在每杯咖啡中加入多少克的糖。每個屬性的值都會有容許的誤差，在該值與誤差範圍內的就稱爲符合規格，符合規格即是有品質。

規格表達產品或服務的功能與特性，譬如電視螢幕的解析度，若解析度訂的越高，代表其性能越好，而符合該解析度的電視，就是好的品質。比如夜市的商品與精品，或是三星級與五星級的旅館，所訂出來的規格是不一樣的，其品質評判方式也不同。

圖 11-11　不同商品有各種品質評判的方式（圖片來源：PxHere）

針對產品與服務，需制定品質計畫，並加以執行，以確保品質。品質規劃（Quality Planning）就是對於產品設定其所應該達成的品質水準，亦即擬定公司的品質計畫，以確保產品、半成品、零件、流程及制度的品質。品質計畫包含公司的品質目標、執行方式、品質標準、允收水準等內容。

除了品質規劃之外，也需進行品質管制的工作。所謂制定品質目標是依據產品或服務的品質標準（就是規格指標值與容許的誤差，例如螢幕對角線必須在39±0.1吋之間），擬定可以接受的範圍，一般而言是以不良率來表示，稱爲允收水準。

此外，屬性或規格的品質也有重要程度之分，像是電腦的功能指標（例如速度或當機）相對於外觀指標（例如刮痕）是比較重要的，因此不符合功能指標是主要品質不良，不符合外觀指標是次要品質不良，不良率可以依據主要不良與次要不良分別訂定允收水準，例如主要不良率須低於 1%，次要不良率須低於 4% 等。

品質管制是依據品質標準與允收水準進行檢驗，並判定是否因符合品質而接受，或不符合品質而拒絕。品質管制的檢驗人員依據抽樣計畫針對產品進行抽驗，依據品質標準進行檢驗判斷，再依據允收水準進行判定。若該批產品被判定拒收，可能整批產品都要退回產品線重作。

上述是只針對企業的產出，也就是產品與服務進行品質管制。當然，品質部門針對進料（從供應商購買的零件）也需要進行檢驗，對於半製成品可能需要進行檢驗，其原則都與產品檢驗相同。

企業的產品流程與制度的品質，可能從品質管制獲得改善，也就是利用檢驗方式改進不良。當然也可能利用良好的產品或製程設計，讓錯誤比較不容易發生，也就是不用透過檢驗就可降低品質問題，而是利用設計或製造來提升品質，並非只用檢驗來確保品質。

二 流程品質

除了產品和服務之外，企業也會對公司的流程或制度制定標準。例如方法規劃（Methods Planning）就是規劃良好的生產程序，或是仔細檢討既有生產程序，希望透過最佳的執行步驟，提升效率（例如找出多餘或無效作業、找出造成延誤的原因等）並減少廢料和提高效率。程序流程圖（Process Flowchart），就是一種有效的方法規劃工具。

圖 11-12　流程圖有助於規劃良好的生產程序（圖片來源：Freepik）

三 全面品質管理

其次，做好品質不只是技術問題，人員的概念也是重要的因素，對品質重要性的認知稱爲品質意識，也就是除了按照程序做好品質之外，品質意識也是確保品質的重要因素。雖然其績效不太容易衡量，但已經漸漸爲人所信，並推動執行。組織所有成員具有品質意識並負有品質好壞之責，就是所謂全面品質管理（Total Quality Management, TQM）的核心概念。全面品質管理以顧客滿意爲目標，透過組織全員的計畫，將組織的分工或流程，包含設計、生產、行銷與銷售及顧客服務加以整合，以逐步改善的方式，達成顧客滿意的目標。

四 品質成本

品質不良對公司造成莫大的損失，例如造成重複施工、運送、賠償等具體的損失，也可能造成品牌信譽的傷害，影響顧客的信任。衡量品質除了用不良率之外，也可以從成本的角度來計算，稱爲品質成本。品質成本是因品質問題發生的成本，包含失敗成本、鑑定成本與預防成本。

失敗成本指的是因被發現不良加以改善，或補救所需的成本，例如重做、運送、賠償，如果不良是由顧客或外部人員發現，所發生的成本稱爲外部失敗成本，由品質人員檢驗得出的不良而需改善的成本，稱爲內部失敗成本。鑑定成本是指判定品質優劣所需花費的成本，例如檢驗所需的成本。預防成本是事先投入於研發、生產或管理流程，用以防止或降低品質問題所需耗費的成本。

大家可能已經發現，一樣的品質問題，外部失敗成本比起內部失敗成本要大的多，包含運送或是顧客抱怨的處理等，都是巨大的負擔，品質問題應該越早發現越好。其次，包含檢驗、測試等爲找出品質不良所需耗費的成本，稱爲鑑定成本，例如檢驗人員、檢驗設備費用等。而投入資源於預防品質不良所耗費的成本，稱爲預防成本，例如透過良好的製程設計或是品質教育等，均可能有效預防品質不良的發生。

產品經理手冊

產品經理須依據市場水準或顧客需求，擬定產品或服務的規格與品質要求，並了解公司確保品質的方法與產品服務的品質水準。

本章摘要

1. 針對產品的生產，安排機器設備、產線及流程，以達到最佳的生產效果，稱為生產模式。生產模式主要區分為小批量生產、大量生產、彈性生產三種。
2. 生產規劃主要的工作包含廠址選擇、廠房佈置、產能規劃、生產方法以及排程等工作。
3. 物料管理的工作主要包含運送、供應廠商選擇、採購、倉儲、存貨控制等五項。
4. 企業資源規劃系統支援銷售與訂單管理流程、生產與製造流程、財務會計管理流程、人資與行政管理流程，其程式模組包含生產規劃模組、配銷規劃模組、物料規劃模組、物料及倉儲管理模組、應付帳款模組、應收帳款模組、成本會計模組、人資管理模組、行政管理模組等。
5. 智慧工廠主要的特色包含：協同作業、視覺化、分散式自主、及時化、模組化等。
6. 影響供應鏈績效的因素包含：設備、庫存、運輸、資訊等。
7. 長鞭效應是供應鏈管理中會循環發生的問題，長鞭效應的大幅波動強迫代理商、製造商和供應商庫存遠超過眞正所需，而降低了供應鏈的全盤獲利能力。長鞭效應主要的原因是需求面、製造面及供給面的不確定性
8. 品質是指產品或服務和規格相符合的程度。品質管制是依據品質標準與允收水準進行檢驗，並判定是否因符合品質而接受，或不符合品質而拒絕。品質規劃是指對於產品設定其所應該達成的品質水準。
9. 組織所有成員具有品質意識，並負有品質好壞之責，是全面品質管理的核心概念。全面品質管理以顧客滿意為目標，透過組織全員的計畫，將組織的分工或流程，包含設計、生產、行銷與銷售及顧客服務加以整合，以逐步改善的方式，達成顧客滿意的目標。
10. 品質成本是因品質問題發生的成本，包含失敗成本、鑑定成本與預防成本。失敗成本指的是因被發現不良加以改善，或補救所需的成本，包含外部失敗成本與內部失敗成本；鑑定成本是指判定品質優劣所需花費的成本；預防成本是事先投入於研發、生產或管理流程，用以防止或降低品質問題所需耗費的成本。

本章習題

一、選擇題

( ) 1. 標準化產品通常採用哪一種生產模式？ (A) 小批量生產 (B) 大量生產 (C) 彈性生產 (D) 以上皆非。

( ) 2. 依照生產程序來安排生產設備，是屬於哪一種廠房佈置的方法？ (A) 程序佈置 (B) 單元佈置 (C) 產品佈置 (D) 以上皆非。

( ) 3. 下列何者不是物料需求規劃系統（MRP）的內容？ (A) 訂單 (B) 領料 (C) 庫存管理 (D) 物料成本。

( ) 4. 物料規劃是屬於企業資源規劃系統（ERP）的哪一個模組？ (A) 生產與製造流程 (B) 財務會計管理流程 (C) 人資與行政管理流程 (D) 以上皆是。

( ) 5. 工業 4.0 的最主要特色是什麼？ (A) 智慧工廠 (B) 虛實整合 (C) 全通路零售 (D) 以上皆是。

( ) 6. 工廠內的智慧機臺具備自我監測、自我評估等自主能力，而不需由中央機臺控制，這是智慧工廠的哪一項特色？ (A) 協同作業 (B) 視覺化 (C) 分散式自主 (D) 及時化。

( ) 7. 接單後生產模式是哪一種供應鏈模式？ (A) 拉式模式 (B) 推式模式 (C) 整合模式 (D) 以上皆非。

( ) 8. 產品品質不穩爲造成長鞭效應的哪一類不確定性因素？ (A) 需求面 (B) 製造面 (C) 供給面 (D) 以上皆非。

( ) 9. 一杯咖啡的甜度應達 5 分，這是什麼概念？ (A) 產品品質 (B) 產品規格 (C) 允收水準 (D) 以上皆是。

( ) 10. 由公司品質人員檢驗得出的不良而需改善的成本，屬於？ (A) 外部失敗成本 (B) 內部失敗成本 (C) 鑑定成本 (D) 以上皆非。

本章習題

二、問答題

1. 生產模式主要區分爲哪三種？
2. 生產規劃主要的工作包含哪些？
3. 物料管理的工作包含哪些？
4. 企業資源規劃系統包含哪些程式模組？
5. 智慧工廠主要的特色有哪些？
6. 影響供應鏈績效的因素有哪些？
7. 何謂長鞭效應？會有何不良後果？
8. 何謂全面品質管理？
9. 何爲品質成本？品質成本有哪三類？

三、實作題

請就你本身所使用的手機，參考手機的規格，描述其中 1-3 個零件，以及該零件可能的供應商。

手機廠商或品牌商：

手機型號：

零件名稱	零件規格	可能的供應商	備註
零件 1 名稱			
零件 2 名稱			
零件 3 名稱			

參考文獻

1. 林東清（2018），《資訊管理：e 化企業的核心競爭力》，七版，臺北市：智勝文化。
2. 徐茂練（2022），《管理資訊系統概論》，二版，新北市：全華圖書。
3. 董和昇譯（2017），《管理資訊系統》，十四版，新北市：臺灣培生教育出版；臺中市：滄海圖書資訊發行。
4. 劉哲宏、陳玄玲譯（2019）。《資訊管理》，七版。臺北市：華泰。

NOTE

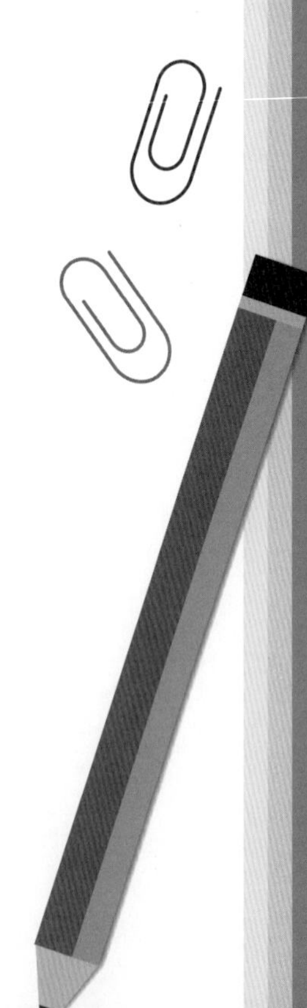

12

行銷與推廣

學習目標

本章內容為行銷計畫，包含行銷策略與行銷組合、推廣計畫與通路計畫，也包含電子商務與網路行銷，各節內容如下表。

節次	節名	主要內容
12-1	行銷策略與行銷組合概論	扼要整理行銷策略與行銷組合的內容，並介紹定價方式。
12-2	推廣計畫	說明推廣計畫的大綱、推廣的決策過程以及推廣的內容。
12-3	通路管理	介紹通路管理的主要內容，包含通路目標的設定、通路商的選擇、通路成員的合作與績效評估。
12-4	電子商務與網路行銷	介紹網際網路技術以及相關的網路行銷、社群行銷等議題。

引導案例

Lexus 的品牌故事

對於 Lexus 即將上市，銷售豐田汽車的美國公司認為，一個全新的經銷體系是必須的，如此，豐田在全世界的第一款豪華車才能進行銷售。1987 年夏天，美國的豐田汽車銷售公司為了吸引具前瞻性的經銷商，在首屈一指的商業期刊《汽車新聞》（Automotive News）和《Ward's Auto Dealer》買下全版廣告，簡潔地寫道：「Lexus 正在尋找最優秀的經銷商，銷售全世界最精良的汽車。」結果有一千五百多個經銷業者上門應徵。Lexus 訂下了一套資格標準：在獨立提供顧客服務的評量中，名列前茅；在當地的營運業績，始終超前同業的平均水準；擁有經營高利潤事業體的經驗證明；落實個人化服務的紀錄良好，致力投資並培訓銷售高級品牌的業務人才，這些標準稱為「Lexus 盟約」（Lexus Covenant）。

每個經銷商在和美國豐田汽車銷售公司訂定契約時，都得簽下這個盟約。對於這些通路商，Lexus 的產品擁有強大的後盾，包括經銷商提供的全面售後保固和免費熱線，以及經銷商無法處理的緊急救援服務。豐田也設立一個全國性的道路救援計畫，不但領先業界，而且涵蓋內容最廣。此外，豐田提供操作手冊，讓經銷商在處理問題時，有基本原則可以依循，例如：車子出售後多久得追蹤一次，或如何舉辦焦點團體訪談，取得回饋的意見。（資料來源：黃碧珍譯，民 94，pp. 186）

1991 年，全美已有 141 家 Lexus 經銷商，銷售量也遠超過賓士和 BMW，成為全美銷售第一的豪華進口車品牌。2013 年，Lexus 在全球有 200 多家經銷代理，總部和代理商之間長期以來建立有效的顧客意見回饋機制，任何消費者抱怨都會被忠實反應到企業總部，並進行審視和分析，以找出妥善的解決方案，或成為下一世代車型改良的重要依據。（資料來源：趙惠群，2013-05-09。品牌故事／ Lexus 日系豪華的逆襲。聯合新聞網。2013-05-09）

圖 12-1　Lexus 豪華車款
（圖片來源：Lexus）

「全世界的第一款豪華車」是 Lexus 的定位，在此定位之下，進行 Lexus 的產品開發，在開發過程中，同時進行了行銷傳播（如廣告）以及銷售通路管理的工作，也設計了顧客服務的流程。本個案最主要的重點是針對這些議題進行討論。

12-1 行銷策略與行銷組合概論

一 定位策略

行銷規劃包含產品、價格、推廣、通路等行銷組合規劃。產品組合包含產品的規格、品牌識別等；價格組合乃是採用適當的定價策略，本章針對推廣及通路進行介紹，包含推廣方案的規劃、通路方案的規劃，並介紹賣場行銷與展覽行銷。

行銷最主要的目的便是促成交易，也就是透過買賣雙方的價值交換來創造效用，例如：商品服務的加值效用、時間節省的效用、地點的方便效用等。因此，行銷規劃主要的目標，就是要提供顧客價值以達到企業的目標，主要的行銷目標包含「績效指標」與「顧客指標」。績效指標包含營業額、利潤、市場佔有率及成長指標；顧客指標則包含提升品牌知名度、提升公司形象、建立顧客關係等。

傳統行銷的做法包含定位、行銷組合與行銷研究，行銷功能的主要內容如圖 12-2 所示。

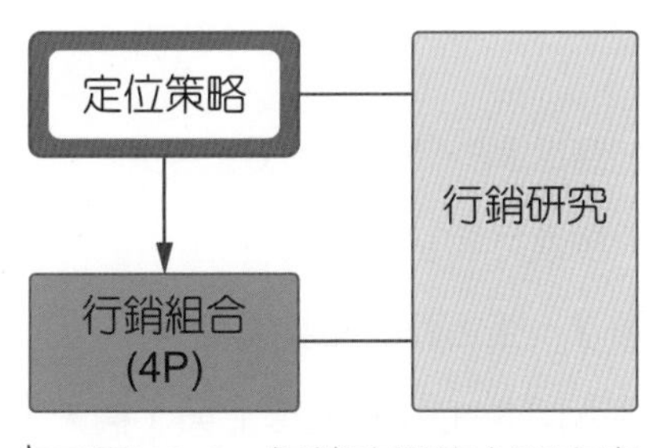

圖 12-2　行銷功能的主要內容

定位是定義企業以及企業在產業中的地位，包含技術、產品、形象等在顧客心目中的地位。行銷定位通常是透過市場區隔、定義目標市場、定位等三個步驟進行之。例如：賓士車的豪華與 TOYOTA 的可靠、城市咖啡的便利與星巴克咖啡的體驗、著重旅遊與著重洽公顧客的飯店等均是定位的例子，這些定位的屬性大多與價格有相當高的關係。

圖 12-3　City Cafe 講究便利
（圖片來源：City Cafe）

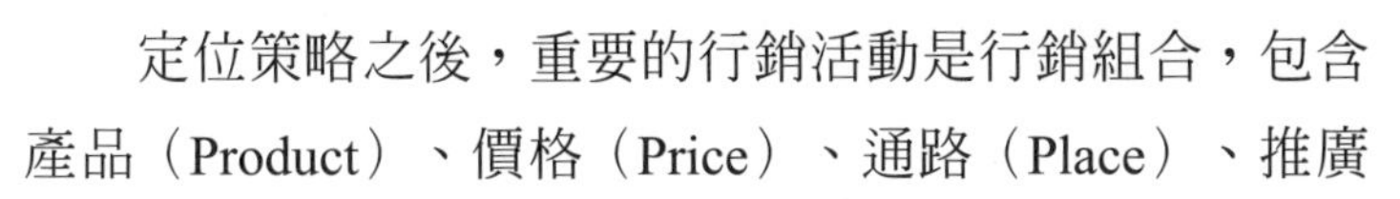

定位策略之後，重要的行銷活動是行銷組合，包含產品（Product）、價格（Price）、通路（Place）、推廣（Promotion）等內容。而行銷研究則是在擬定定位策略或行銷組合方案時，所做的顧客或市場分析，如顧客需求偏好等，其方法可能包含調查、焦點團體等。

在產品方面，主要的內容包含產品組合、新產品、品牌及包裝等議題，這些議題都是產品決策或新產品發展的重要議題，前面章節已經詳細描述。

產品新趨勢

KKday 的產品組合

KKday 在宣布三級警戒後的一週內，就搶時效快速推出「臺南天團全明星備戰糧包」，這個糧包網羅許多人臺南必吃、必買餐點的組合，規劃 600 組，一上架就飛快秒殺完售。從「臺南天團全明星備戰糧包」到後續各縣市的美食組合包，是無意間促成的新產品方向。

圖 12-4　臺南天團全明星備戰糧包包裝

（圖片來源：KKday 官網）

2020 年的疫情，KKday 將業務重點轉為國旅，公司內部分為十組，各自推出親子、離島或是和航空公司合作的國旅專案。2021 年五月疫情三級警戒，許多國旅的餐飲夥伴接到大量退訂，消耗這些庫存就變得很重要。

美食組合包秒殺的關鍵有三：

1. 在地商家串聯主導，縮減前置準備時間，搶時效上架。
2. 結合旅遊體驗與排隊美食，創造行銷話題。
3. 依專案分工組成彈性調度團隊，整合商品開發與行銷。

例如 KKday 找到有冷凍宅配經驗的「錦霞樓」與「糯夫米糕」，作為美食包的主食和湯品，加上「蜷尾家」冰淇淋當甜點，又找了「Moonrock 酒吧」和「St.1 Cafe'」的無酒精調飲與咖啡，以完整一套組餐的概念組合進行販售。

KKday 身為提供旅遊體驗的線上平臺，美食包與旅遊體驗的關聯性最重要，對於消費者來說，這些商品必須與當地旅遊的印象密切結合。

資料來源：王志銘（2021-08）。KKday 食尚玩家餐桌旅行趣 高 CP 值再掀囤糧潮。能力雜誌，786 期。2021-08。

評論

KKday 的「臺南天團全明星備戰糧包」與「美食組合包」是針對疫情期間的客群所推出的產品，定位在美食組合與時效。在此產品定位下，進行產品開發、結合旅遊體驗與排隊美食等行銷組合方案。

二 定價

定價是決定商品價格（Price）的過程，狹義的定義是爲了取得產品所須付出的金額，廣義的定義則是包含取得產品所須付出的代價，包含金錢、精力、時間等。

價格在行銷管理上的角色，主要表現在企業的營業額與利潤，價格一有所變動，營業額與利潤也就會受到影響，因此調整價格會影響經營績效，除了這些銷售績效之外，更有出清存貨、創造人潮、調節供需求等功能，價格更可以傳達出產品的某些資訊，如果消費者對於產品的功能規格不甚了解時，常常運用價格來判斷其價值。

價格常用來搭配其它行銷組合，協助達成公司目標，例如：快速佔有市場往往採用低價策略、塑造領導品牌與優質形象往往採用高價策略。

價格的訂定受到一些因素的影響，主要的因素爲產品成本，其次，公司的策略與目標亦需要加以考量。就外部因素而言，定價仍需考量消費者認知、競爭者的產品定價、通路因素、法律規定等。

定價方式有許多種，可能依據成本、消費者利益等方式加以考量，也有可能依據消費者心理、價格彈性的考量、產品線考量、產品品質、促銷方案的配合等來評估，常見的定價方式說明如下：

1. **成本導向定價**：運用成本加成、售價加成的方式定價，或是利用目標利潤的方式定價。
2. **消費者導向定價**：由消費者對產品的品質、形象等認知價值來決定價格，例如，炫耀性產品可透過提升形象等價值而提高售價，亦可利用低價格來吸引消費者，讓消費者認爲物超所值，稱爲超值定價。
3. **競爭者導向定價**：參考競爭產品的價位來擬定價格，例如，設定與競爭產品一樣或是有一定差距的價格等。競標的方式需要預測競爭者的價格，也就是競爭者導向定價。
4. **產品組合定價**：產品組合可以運用同類產品、互補性產品或是搭售的方式來定價。
5. **其他的定價方式**：例如心理定價是考量消費者名望、習慣等因素來定價；差別定價是依據顧客型態、銷售時間、銷售地點、產品特性等因素來決定價格；促銷定價則是在適當時機，運用各種優惠折扣的方式來定價。

產品新趨勢

高雄漢來飯店的行銷計畫

圖 12-5　漢來大飯店
（圖片來源：高雄漢來大飯店官網）

有「南霸天」之稱的高雄漢來，向來是高雄單價最高的五星級飯店，過去六成以上都是海外高端商務客入住。疫情爆發後，這群穩定客源瞬間歸零，他們還面臨另一重衝擊——萬豪酒店、洲際酒店等兩大國際品牌進入高雄市場。

「按照飯店業以往的習慣，這時候就是降價，」漢來飯店事業群總經理林子寬直言，但是他考慮兩點：第一、降價通常就再也拉不回來；第二、高雄五星級飯店每年住宿人次約六十萬左右，供需大致平衡，但隨著兩大品牌進駐，供給量將瞬間被拉到一百二十萬，「量變大了，但是客人還減少！所以最重要的一件事，是去找新客源。」

他們的策略，是直接把自家飯店分切為兩個截然不同的客群，大膽拉開商品區隔。漢來飯店共有五百多個房間，將較低樓層、有獨立電梯的九十九個房間分切出來，成立子品牌「漢來逸居」，推出針對年輕小資族的無人旅館，主打自動化服務，這是漢來過去從未經營的市場。

其房價大約只有漢來的三分之一左右，訂房使用 App，check in 用自助報到機，從付款、掃描證件到給房卡都能搞定。旅客報到完成後，一旁佇立的小型機器人就會啓動，帶著你從一樓大廳去搭電梯、穿越走廊、找到正確的房間，搭電梯時甚至還會講笑話。點客房服務，來按門鈴送餐的也是機器人，將「非接觸」發揮的淋漓盡致。

至於原本的漢來飯店，為再拉開差異，林子寬找上日本三麗鷗，斥資三千萬元打造「主題房樓層」，十八個房型從 Hello Kitty、大眼蛙到酷企鵝，角色一應俱全，單價約比一般房型再高出一倍。

資料來源：蔡茹涵、韓化宇（2022-07-21）。讓危機成為新能力老師　漢來布局無人旅館、雄獅推 7 萬鐵道國旅。商業周刊，1810 期。2022-07-21，取自：商業周刊知識庫。

評論

定位與定價有密不可分的關係，若定位較高檔的市場，貿然降價，可能造成不好的影響。高雄漢來飯店的做法是分切為兩個截然不同的客群，大膽拉開商品區隔，不同的區隔代表定位不同，價格也有所差異。但是，產品（客房）定位不同，對消費者會有不同印象，這是否會影響飯店整體的形象也需要考慮。

行銷是運用適當的媒體，傳播有關公司與公司產品的訊息給社會大衆，產品經理需要了解：針對不同的閱聽衆，需要採取什麼媒體、運用多少預算才能獲得預期的效果。

12-2 推廣計畫

一 推廣計畫的格式

規劃主要的內容是定義目標以及定義達成目標的途徑。目標需要具有合理性，也就是在能夠達成（能力）與需求（例如顧客或市場需求）之間能夠取得平衡。一般而言目標需要滿足具體可衡量、適度的挑戰性、利於權責分配（分工與績效評估）等原則。達成目標的途徑主要是談工作內容與資源分配，也就是運用了哪些資源做了哪些工作內容之後，能夠達到所設定的目標。工作內容一般以活動及各項活動的先後次序來表示，資源可能包含人力、資金（財務）、時間、機器設備等。工作內容配合時間及人力要求，會構成計畫的時程表，工作內容配合成本則構成預算，這些都構成計畫的重要因素。其次，每項工作內容或相關活動的品質也是重要的指標。推廣計畫的組成元素如圖 12-6 所示。

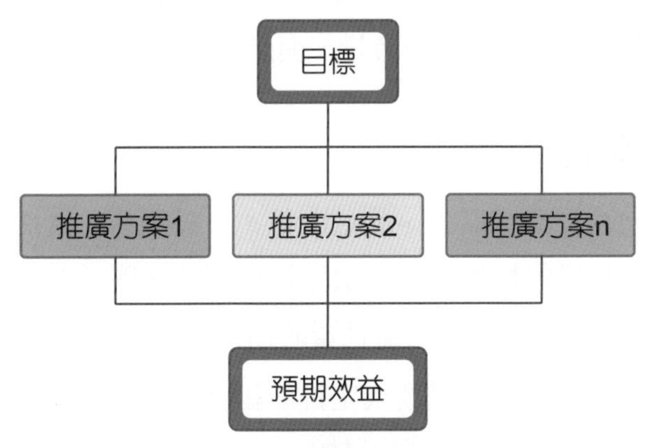

圖 12-6　推廣計畫的組成元素

由圖 12-6 可知，計畫的三大要素就是目標、方案與預期效益。如果要定義適當的目標，需要進行環境分析與本身的能力分析；要擬定適當的推廣方案，除了環境分析之外，也需要有創意，提出方案之後還需要根據適當的準則加以評選，做出適當的資源分配；預期效益則是所評選出來的方案的預期效益之加總，須符合目標的設定。

依據上述的組成要素，可以擬定推廣計畫的大綱。推廣計畫與行銷計畫的格式類似，主要內容都包含目標、環境分析、行銷或推廣的策略方案、資源分配、預期效益或績效評估等內容，以下分別簡要說明推廣計畫的大綱：

1. **緣起或目的**：主要敘述本計畫的背景、原因、目的或是問題定義，以便快速了解此項計畫的來龍去脈。
2. **目標**：主要敘述本計畫所欲達成的目標，目標需要具體、明確、可衡量，也與可否達成、分工及評估績效有關。例如，本推廣計畫透過推廣活動，能夠在三個月內提升新客戶數 10%。
3. **環境分析**：環境分析主要是了解總體環境、產業環境、競爭者、顧客或市場的狀況，以便擬定適當的策略或推廣方案。
4. **方案擬定**：整體的行銷計畫進行時，常在環境分析之後擬定行銷策略，例如定位策略。若是擬定推廣方案，則是在環境分析之後，針對市場或顧客有所了解，而提出適當的方案，例如促銷、廣告等，這在行銷計畫中屬於行銷組合的範圍。
5. **資源分配**：針對每一項方案，均需要列出方案子目標、執行步驟、所需資源、預期效益等內容，再進行評選，這就是資源分配。
6. **編列預算**：依據各項方案資源分配的結果來編列預算。例如，評選出促銷及廣告兩項方案，分別給予 50 萬與 30 萬的經費，則將 80 萬預算依據成本科目予以編列。
7. **預期效益**：每一個方案均有其預期效益。例如，促銷及廣告兩項方案均有其預期效益，再將這些預期效益加總或整合考量，與計畫目標相比對。

二 推廣計畫的架構

常見的推廣活動包含促銷、廣告、公共關係、人員銷售、直接銷售等方式。推廣計畫主要的內容便是定義推廣的目標，以及決定進行哪些推廣活動才能達到前述的目標，決定了推廣哪些活動，也就初步決定所需耗費的預算了。

因此推廣計畫很重要的決策便是要決定推廣組合，推廣組合是依據推廣的預算，適當地分配於各種推廣活動，以達成推廣的目標。

推廣的目標可能是目前顧客中有 30% 能夠升級改使用此新產品，或是希望吸引多少顧客來試用新產品等。當然也可以採用實際經營層面的銷售金額、利潤、市場佔有率、品牌形象等。也包含該推廣方案的媒體效果，如閱聽、印象、記憶、購買意願、購買行爲等。

推廣組合決策則是依據上述目標，提出可能的推廣活動類型及內容（例如進行促銷活動），每一項推廣活動的提出，都需要敘述具體做法、預期效益以及所需預算。提案之後便開始進行評估，以便選出最適合的推廣活動組合。進行促銷組合決策時所需考量的因素，包含產品因素與市場因素，產品因素包含產品本身的特質以及產品生命週期的階段；市場因素則包含市場特性、價格等。影響促銷組合效能的因素整理如下（林正智、方世榮編譯，民 98）：

1. **市場的本質**：當市場只有少數的購買者時，人員銷售可能是有效的手段，當市場特性爲許多潛在消費者分散在範圍相當大的地理區域時，大量使用廣告爲較有效的方式，人員銷售在目標市場是企業購買者或零售與批發購買者較合適。

圖 12-7　人員銷售（圖片來源：Fotolia）

2. **產品的本質**：高度標準化及最少服務需求的產品，通常比技術複雜或需要經常維護的訂製產品較不依靠人員銷售。消費品比企業商品更加依靠廣告。
3. **在產品生命週期的階段**：在導入期，會使用人員與非人員銷售，來使行銷中間商與最終顧客了解新產品的好處。大量的人員銷售有助於把新產品或服務的好處告知目標市場。廣告與促銷方案，也有助於創造知名度、解答問題與刺激早期的購買。進入成長與成熟期時，藉由廣告說服顧客進行購買相對更重要。行銷人員促進行銷中間商的銷售，擴展銷售量。愈多競爭者進入市場後，廣告開始強調產品差異。在成熟期與衰退期的初期，則減少廣告與促銷的支出。
4. **價格**：低單位價值的產，品其人員銷售的每次接觸成本較高、電話銷售的單位成本也高，而經常採用廣告；高價產品則可用銷售人員進行接觸。

圖 12-8　低價產品通常採用廣告做推廣——飲料廣告
（圖片來源：麥香）

圖 12-9　高價產品通常以人員直接進行銷售——房屋仲介
（圖片來源：Herpmeds）

5. **可供進行促銷的經費**：進行促銷策略時的實際障礙是促銷預算的多寡。

決定推廣組合之後，便可執行各項推廣活動。從專案管理的角度，每一個推廣活動都可定義成一個專案，例如促銷專案、廣告專案等。每一個專案都會有其專案目標，以及時間、成本等規劃活動，每一個專案目標都要對推廣目標有貢獻。理論上來說，所有專案目標的總和應該等於推廣目標。

推廣活動或專案執行之後，接下來便是績效評估及檢討活動。績效評估主要是將執行的績效與先前設定的目標相比較，達成該目標的比率是推廣活動的重要績效指標。推廣決策如圖 12-10 所示：

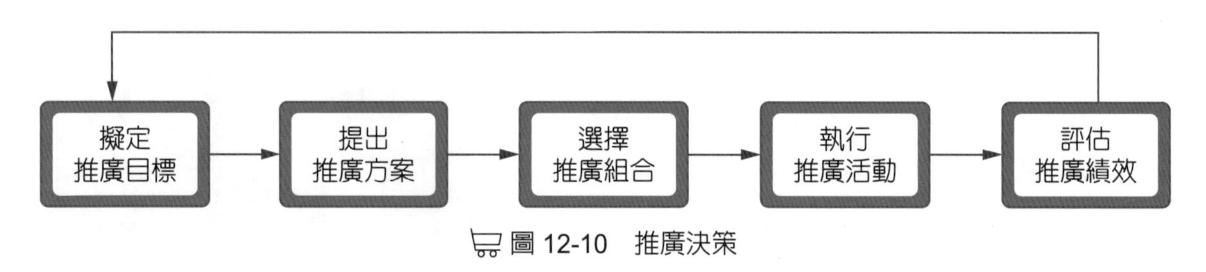

圖 12-10　推廣決策

三　推廣活動的內容

前面已經敘述推廣決策的過程以及計畫書格式，為了要更明確地提出與評估推廣活動，需要針對推廣活動的內容加以介紹。

(一) 促銷

促銷（Sales Promotion）是在一定期間內，為刺激銷售，而針對消費者或中間商所進行的推廣工具。促銷的目的主要是激發買氣，促銷也可以喚起消費者注意產品的存在，或是讓消費者認為這是廠商善意和回饋。促銷通常是短期的活動，希望快速刺激消費者購買。

促銷可以對象來劃分，包含消費者促銷與中間商促銷。消費者促銷是利用折扣優惠等方式刺激消費者快速購買；中間商促銷是製造商為了促使中間商密切合作，所推出的獎勵或優惠活動。

促銷計畫（或專案）是決定促銷目標與促銷方案的過程。促銷目標主要在於提升銷售量、銷售金額或銷售利潤，也可能包含提升知名度、產品或品牌印象等目標。

促銷方案可能是針對消費者或通路商進行促銷活動。消費者導向的促銷方案包含（林正智、方世榮編譯，民 98）：

1. **折價券和抵價**：折價券是最常使用的促銷方案，提供購買產品或服務的價格折扣，通常出現在信件、雜誌、報紙、包裝嵌入品、網路、超商收據以及報章雜誌裡的夾頁廣告（Free-Standing Insert Advertisement）；抵價是當消費者提供購買某項（或多項）產品的證明而退還的現金。

圖 12-11　報章雜誌中的夾頁廣告
（圖片來源：Pinterest）

2. **樣品、超值包及加贈**：樣品發送是免費發送產品，企圖獲得未來的銷售。「試試看，您將會喜歡它」；超值包是一種給購買者以平常價格獲得較大份量的特別包裝；加贈是購買產品時，免費贈送其他禮品或降低價格的其他物品。
3. **競賽和摸彩**：競賽是需要參與者完成一個任務；摸彩是藉由機率來選擇獲勝者。
4. **特製品廣告**：附上廣告者名稱、地址及廣告訊息的促銷方式。

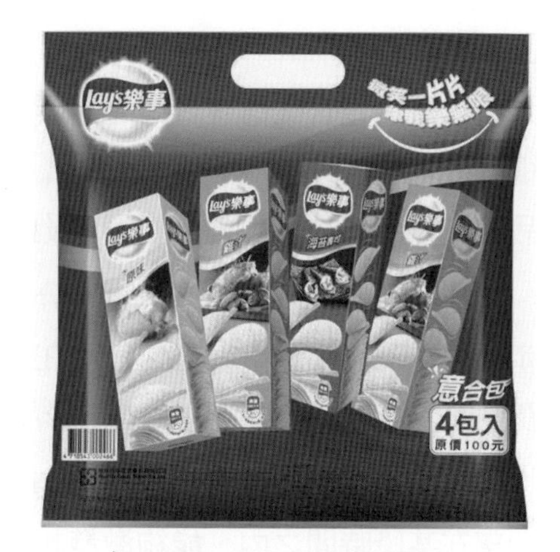

圖 12-12　零食超值包
（圖片來源：樂事）

促銷方案也需要評估其效果，也就是測試促銷方案達成目標的程度。促銷效果基本衡量工具有兩種（林正智、方世榮編譯，民 98）：

1. **直接測試銷售結果**：顯示每一塊錢的促銷支出對銷售利潤的影響。
2. **間接評估**：強調可量化的效能指標。包含回憶（Recall）——目標市場成員中有多少人記得某產品或廣告；讀者（Readership）——訊息閱聽者的數量與組成。

圖 12-13　廠商透過摸彩活動吸引消費者
（圖片來源：YAMAHA）

若將圖 12-10 推廣決策中的執行推廣活動再加以細部規劃，以促銷爲推廣活動之一，可以得出促銷規劃的流程，如圖 12-14 所示。

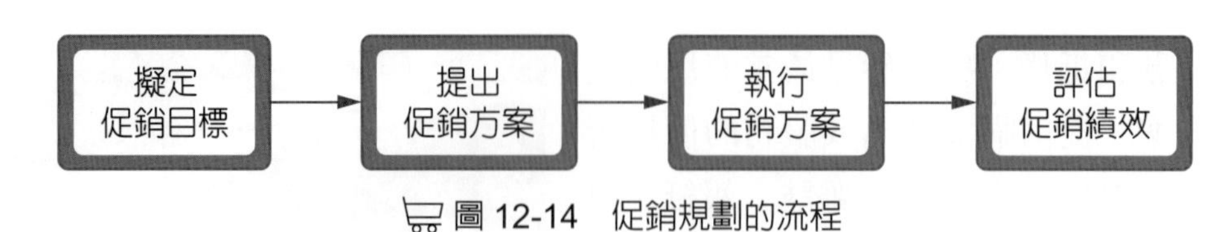

圖 12-14　促銷規劃的流程

圖 12-10 中，擬定促銷目標需要依據推廣目標（圖 12-6）來擬定，也就是促銷目標應該對推廣目標有貢獻。提出促銷方案也需要依據選擇推廣組合（圖 12-10）中對於促銷方案的描述，加以更詳細地規劃。而評估促銷績效則是評估促銷活動的執行成效，並納入推廣成效中（圖 12-10）。從上市的角度來說，促銷活動重要的目標是能夠盡量接觸到新產品目標族群，接觸的人數越多越好。

(二) 廣告

廣告種類包含機構廣告與產品廣告。機構廣告的目的是提升組織的形象與商譽、傳達組織的理念和精神、提供組織資訊、表達組織對某個事件的看法、回應外界的批評等。產品廣告的目的主要是推廣產品或服務。

從達成目的的角度，廣告可區分為告知、說服與提醒。告知的目的在於增進消費者對產品的知曉與了解；說服的目的在於運用本身品牌與產品的優勢，說服消費者，提升購買意願；提醒則是喚起消費者對於品牌與產品的注意。

廣告決策亦需要著重目標的擬定，以及達成該目標所需的預算。廣告的目標，主要是期望在某段時間之內，能夠激發起目標對象上述的告知、說服、提醒的效果，而產生與品牌形象或銷售行為方面的反應。

廣告預算的擬定，主要考量廣告的訊息內容、訊息呈現與媒體的選擇：

1. **廣告訊息**：消費者所接觸到的廣告文案和圖案，又稱廣告創意策略。就新產品而言，廣告的訴求與訊息應該強調產品的功能與特性，包含該產品對顧客的效益、該產品相對於競爭者的優勢，以及這些訴求的佐證資料。

2. **訊息呈現**：廣告訊息是消費者將要接觸到的廣告文案和圖案，該訊息需要有強調的主題與訊息訴求；廣告主題是廣告的主軸或焦點，需具有獨特性。訊息訴求可分為三類：理性訴求（Rational Appeal）主要是傳達產品的特點或功能，以及對消費者有何利益；感性訴求主要是打動消費者內心的情緒或情感；道德訴求（Moral Appeal）則是傳達社會價值觀

圖 12-15　廣告的訊息訴求
（圖片來源：全聯基金會）

或規範。訊息表現方式可能包含生活片段、生活形態、美好形象、幽默好玩、產品示範、科學證據、現身說法、產品個性化、卡通動畫、想像、音樂等。

3. **媒體的選擇**：依據各種媒體的特性、傳播能力以及成本等因素，進行媒體的選擇。常見的媒體類型包含印刷媒體（報紙與雜誌等）、廣電媒體（電視和電臺）、戶外媒體（看板、公車廣告、海報等）、網際網路（電子報、電子郵件及網頁）等。

圖 12-16 廣告看板林立的紐約時代廣場
（圖片來源：Finanzen100）

(三) 公共關係

公共關係是企業在公眾心目中建立良好聲譽與形象的手段，也就是與組織利害關係人維持良好關係並建立組織形象之推廣工具。利害關係人包含顧客、潛在顧客、股東、員工、工會、社區、媒體、政府等。

公共關係與廣告均有推廣公司與產品的目的，其最大的不同在於行銷對象與行銷目標。公共關係在推廣的過程中，並不限於特定對象，而是廣泛的對象，廣告則有明確之對象；廣告的行銷目標較偏重於產品與服務的推廣與銷售，公共關係的目標則重在提升公司的品牌與形象，產品與服務的推廣與銷售則是較為間接的效果。

公共關係具有許多優點，採用公共關係的方式相對於廣告而言，具有較低的成本，能以較廉價的方式獲得展露的機會，並建立市場知名度和偏好度。其次，公共關係能夠提升企業形象，讓消費者產生好感且印象深刻，進而增加產品購買的機會。第三，成功的公關能夠提高公眾對公司的信心，使得公司與企業相關利害關係人維持較好的關係，對於需要公眾團體協助、資金投資、學術支援等均能夠較為順利。

圖 12-17 蘋果手機上市記者會
（圖片來源：蘋果日報）

公共關係是上市推廣階段的重要行銷策略，例如：製造新產品的新聞性、製造上市事件的新聞性、名人代言、內容贊助、故事行銷等。公關進行時需要製作所需之公關材料，包含新聞稿、實品展示、測試的結果、產品介紹（強調核心利益）、企業的歷史背景與定位等。

常見的公共關係方案有：

1. **出版品**：年度報告、週年刊物、定期通訊、宣傳冊子等。
2. **企業識別標誌**：企業的識別標誌能使公眾輕易地抓住公司的形象特徵，加深對公司的印象。可運用名片、建築、制服、車輛、信封、信紙、宣傳小冊等宣傳公司識別形象。
3. **對外活動**：參與政黨、社會團體、工商組織、學術機構等的活動，或是受邀在外演講、參加座談會、接受傳播媒體的訪問等，也是建立公共關係的途徑之一；公共服務也是方法之一。
4. **舉辦或贊助活動**：藉由舉辦和企業本身有密切關係的活動，企業可以邀請特定的關鍵對象參加，並與之建立關係。爲了建立良好的回饋形象，企業也可以「取之於社會，用之於社會」，贊助、協辦公益活動或出錢出力協助其它團體舉辦活動。

圖 12-18　公益路跑廣告
（圖片來源：Citytalk 城市通）

5. **公共報導**：透過大眾傳播媒體上的新聞報導，免費對外進行溝通。
6. **其他**：新聞、演說、事件（記者會、研討會、成立大會、週年慶）等。

產品新趨勢

台灣櫻花的 KOL 推廣

台灣櫻花祭出品牌戰，用體驗行銷抓住意見領袖，甩開國民品牌平價包袱，拚出貴一倍也賣得掉的高毛利金礦。過去櫻花能崛起的一大關鍵，就是比林內等舶來品便宜兩成到三成，也成了「櫻花怎麼可能賣那麼貴？」的障礙。面對困境，該公司的關鍵策略是，抓著影響消費者的關鍵意見領袖（KOL），如建商、設計師、裝修師傅推薦，讓這群人了解到台灣櫻花產品的改變是首要任務。

圖 12-19　台灣櫻花客戶服務

（圖片來源：櫻花廚藝生活館官網）

台灣櫻花實際請這群人到總部參訪，了解產品研發解決哪些問題、銷售到生產的便利。沒有捷徑，只能土法煉鋼，一步一腳印，「現在它就是做到了，我自己隨機打三通電話亂問，都只聽到推薦櫻花，而不是林內的聲音。」從旁輔導台灣櫻花轉型的永續企業經營協會總顧問詹志輝說。

過去台灣櫻花只要單價超過一萬元就賣不動，但成功翻轉印象後，現在消費者願意溢價一倍以上、花數萬元來買櫻花創新的中高端產品。根據財報，二〇二二年前三季毛利率約三四%，相較二〇一三年，已成長逾三個百分點。

資料來源：林洧楨（2022-11-17）。台灣櫻花 3 路改革甩平價宿命　「聽媽媽的話」淨利翻倍。商業周刊，1827 期。2022-11-17，取自：商業周刊知識庫。

評論

推廣的方式有很多種，傳統的方式是廣告與促銷。在社群媒體發達的時代，採用關鍵意見領袖（KOL）或是網紅行銷，是常見的方式，台灣櫻花採用 KOL 方式，行銷效果相當不錯。

產品經理手冊

推廣的方式有很多種，其成本效益也各不同，產品經理面對這麼複雜的問題，需要有很好的規劃要領與決策過程來引導。

12-3 通路管理

通路指的是「參與一個可供消費或使用的產品或服務之製造過程的一群相互依賴的組織」（陳瑜清、林宜萱譯，民 93），通路事實上是創造競爭優勢的垂直價值鏈。通路過程所處理的內容包含實體移動、倉儲及（或）產品所有權，更包含訂單處理、賒帳和收款，以及各種支援服務；通路過程所涵蓋的價值鏈活動也可能包含售前、交易和售後服務。

通路可區分爲銷售通路與配銷通路。銷售通路包含直接與間接的銷售通路。直接的銷售通路包含直接銷售人力、電話銷售、直接郵件、網際網路、銷售店面；間接的銷售通路包含獨立銷售代理商、經銷商（Distributor）、交易商（Dealer）和零售商（Retailer）。配銷通路（Distribution Channel）指的是產品從賣方配送到買方的過程中，所涵蓋的代理商、批發商、零售商等單位。

一 通路計畫

通路計畫包含了策略面與戰術面的活動。通路策略方面，主要的策略選項之一是通路運作的啓動方式，一種是「推」的策略，一種是「拉」的策略。推的策略採取逐步進行的方式，依據上市流程逐步進行，上市過程也是由小型通路到大型通路商、由小地區至大範圍的方式進行；拉的策略指的是採用一些方法提升消費者對於該項新產品的需求，而提升對於通路商的談判籌碼，讓通路商更願意同意該商品的上架或是降低上架費用。例如：先免費提供新產品給零售通路銷售，待商品銷售變好之後，便可與零售通路商談判，取得較佳的上架條件。

在戰術方面，配銷通路要能夠達成上述的策略與功能，需要進行管理，通路管理主要內容包含決定通路目標、通路設計、選擇通路成員、通路成員之合作、評估績效等。分別說明如下。

(一) 決定通路目標

主要是依據目標市場、地理區域、服務水準等因素，來設定通路目標，以便提升顧客滿意度。由於通路商之分工或職責可能不同（例如偏重庫存管理或技術支援），因此製造商與通路商在策略及目標方面應該要有所調適，確認各別的功能。通路目標主要的內容是說明企業希望通路成員所應該具備的條件，包含可獲得之效益、服務、規模、彈性與企業形象等（周文賢、林嘉力，民 90）。

(二) 通路設計

通路設計主要工作是決定通路的長度、密度（例如密集的、獨家的）等，據以規劃通路之型態。通路長度是指產品由生產者交付到消費者手中所需經過的中間商數目；通路密度則是中間商的數目，例如獨家式配銷，指的是單一配銷，中間商負責產品之配銷，密集式配銷則是由多個通路據點所構成。

通路設計的考量因素包含內部的企業目標、策略、資源、對通路的控制性、產品等；也包含市場類型與規模、中間商的專業、形象等因素。或是目標市場的地理涵蓋範圍、潛在顧客數量、通路成本、競爭性等。

(三) 選擇通路成員

依據通路目標與型態來選擇通路成員，選擇的依據包含市場或產品專業、合作意願、經營目標等。依據通路的交易、交易促成、後勤等功能，通路成員也需要具備這些能力，評估通路成員的準則包含信譽、銷售能力、獲利能力、償債能力、存貨控制能力、服務品質、組織結構、產品定位、人員素質、顧客特質、行銷規劃的配合度等。

例如，美體小舖（The Body Shop）創辦人羅迪克（Roddick）選擇通路夥伴的方式非常個人化。她親自進行最後一關的面試，並在每場面試中，試圖了解潛在通路夥伴的人格特質。她看中的是對「創造改變」比創造利潤更感興趣的人，結果發現女性比男性更能與她共享相同的社會與環境價值觀。這就是何以美體小舖早期有九成的連鎖店，都是由女性管理。毫無疑問，這種加盟連鎖方式非常成功，在加盟連鎖的第一個十年間，美體小舖每年的成長達到了 50% 左右（顏和正譯，民 100，pp. 144）。

圖 12-20　美體小舖（The Body Shop）
（圖片來源：Retail News Asia）

(四) 通路成員之合作

通路成員合作包含價值觀層次、策略層次與戰術層次：

1. **價值觀層次**：通路成員合作應該確認潛在合作夥伴擁有的獨特價值，以確定是否與自己的獨特價值相互契合。通路成員也需要抱持著共享的概念，也就是共同追求利潤、追求雙贏。在企業與通路夥伴的合作關係中，若是存在公平價值，就比較容易在通路架構中協調價格穩定度，因而提升整體通路的經濟效益。公司要將價值行銷給通路夥伴的第一步，就是要了解通路夥伴本身的價值（顏和正譯，民 100，pp. 146）。

2. **策略層次**：企業在管理通路夥伴時，應該了解通路夥伴所重視的策略議題。例如，對產品的利潤貢獻度、庫存週轉率與一般性策略的重要性、品牌能見度、顧客對通路商的形象認知與滿意度。通路成員在策略層次上應該要維持策略的簡單性、策略的差異與獨特性，以及行銷策略的一致性。
3. **戰術層次**：企業必須對通路成員持續進行管理與控制，確保通路體系的順利運作以發揮最大效益。主要內容包含激勵通路商、派遣業務指導人員、提供經銷工具、舉辦教育訓練、資訊分享等。

通路成員之間需要密切合作，有時需要採取知識移轉（教育訓練）、激勵等方式，提升通路成員之間的合作。成員之間若有衝突（例如過度競爭、權力不平衡、顧客與市場等因素）發生，亦需要積極溝通、處理。製造商需要激勵通路商有效地執行前述的功能，以達到設定的通路目標。需要考量的事項包含產品的品質水準、可接受的庫存或進貨數量、合適的報酬、製造商提供的保證以及相互的信任等。

激勵銷售的方式在短期方面包含折扣、銷售宣傳活動、產品保證等；長期方面則包含數量折扣、長期契約、功能性折扣等。數量折扣用以刺激顧客購買大量的商品；長期契約包含均一價格，或保證在某段期間不調整價格等；功能性折扣是支付給執行特定功能之通路成員的費用，例如：商品櫥窗、安裝服務等支援性的服務功能。通路有時需要加以整合，通路的整合方式包含水平式整合與垂直式整合等。水平式整合是同層級的組織（同行或異業）所形成的合作體系；垂直式整合則是利用某廠商領導、連鎖體系等方式爲之。

圖 12-21　折扣屬於激勵銷售
（圖片來源：YepOffers）

產品新趨勢

台灣櫻花的通路商合作

走進櫻花的門市，除了如同樣品屋漂亮裝潢的舒適空間外，最特別的是，只要說出自家廚房是 L 型、一字型與寬度、高度，拿著平板電腦的店員，就能立即調出所有類似廚房的規劃圖給顧客參考，只要像拼積木，按照自己喜好做出品項選擇，就能立刻獲得明確圖面設計與報價。不僅如此，之後消費者也只要一鍵下單，後端工廠就會立刻接單，安排生產，最快一週內就能送貨到府，是讓工廠與通路商都做到零庫存的智慧生態系。

圖 12-22　熱水器維修安檢服務

（圖片來源：台灣櫻花官網）

但這看似先進的生產改革，卻從一開始砸數千萬元完成軟硬體與平臺 App 研發後，就面臨全臺數百家通路商拒絕配合的大反彈危機。

除了解釋利害關係之外，也以教育訓練為由，一批批召回這群戰友，動之以情的勸說；另一方面拍攝說明影片，搭配限時限量的促銷價優惠，讓經銷商搶到優惠就能有更高的利潤空間，建立平臺使用習慣。最後恩威並施下，苦撐將近一年，隨著經銷商生意越做越簡單，台灣櫻花終於解除風險，成功留著所有經銷商。「櫻花現在給經銷通路滿大的安全感，售後服務完整，對我們很有幫助。」櫻花經銷商、漢斯廚飾負責人陳億說。

資料來源：林洧楨（2022-11-17）。台灣櫻花 3 路改革甩平價宿命　「聽媽媽的話」淨利翻倍。商業周刊，1827 期。2022-11-17，取自：商業周刊知識庫。

評論

與通路商之間的分工合作、教育訓練，是通路管理的重要工作。若有適當的資訊系統，可以促進雙方溝通，提升工作效率。台灣櫻花採用 App 來提升通路管理的績效。當然，資訊系統的導入也會造成抗拒、操作等議題，需要加以克服。

(五) 評估績效

通路績效直接影響銷售績效，提升通路績效的方法包含行銷傳播、事件行銷、業務員支援、競賽、合作廣告等。

評估通路成員之績效，績效指標主要包含銷售目標（銷售量、銷售達成率、目標客群的銷售率、達成的業務配額、市場佔有率、利潤）、交貨時間、庫存（存貨週轉率、平均存貨、存貨維持量、庫存銷售比、缺貨率、退貨率）、對顧客的服務品質（損壞率、顧客滿意度、顧客抱怨、業務拜訪）等。通路商本身對個別的績效表現應該進行評估，通路商評估可以透過正式或非正式的調查、組成經銷商顧問委員會進行評估、組成代理商顧問委員會進行評估等方式爲之。

產品新趨勢

順天堂的通路管理

成立超過七十年的順天堂，前後花了十年，才把中藥龍頭的身分放下，學習改當一名新兵，布局西藥局、連鎖藥妝通路。

圖 12-23　順天堂臺灣清冠一號
（圖片來源：SNQ 國家品質標章）

順天堂原本專心做中藥房、中醫院所生意。到了二〇〇〇年，它成為第一個跨足新藥研發的中藥廠，成立順天生技（編按：現更名為順天醫藥、於二〇一六年上櫃）。可是，當藥材成本上升，健保的給付卻不變，後起新秀例如莊松榮、仙豐、港香蘭等中藥業者陸續出現，中醫院所市場逐漸被後進者所侵蝕，順天堂藥廠獲利因此下滑。

他們發現，中藥廠真正的競爭對手，不是其他同業，而是西醫。中藥要與西藥競爭，就得選定自己的戰場。順天堂鎖定西醫無法對症下藥的病症，例如，骨質疏鬆症、失智症、白髮增生，以現有中藥古方，減緩它的病程。而且，這類慢性病，需要長期服藥，這正好可發揮中藥副作用低的優勢。

藥師談起西藥，能如數家珍展現專業；但碰上中藥，會因為不熟悉而回答不出來，為了提升藥師銷售意願，順天堂甚至成立 LINE 群組，由公司的研發、業務常駐，隨時解答疑問。一開始先選擇與固定舉辦教育訓練的連鎖體系藥局、藥妝合作，由技術主管王坤謄組織團隊，從傳統中藥的起源故事開始說起，加深印象。接著，由研發人員以現代醫學研究、報導，提出數據佐證，證實其療效，說服西藥師。

接著，順天堂順應新的通路，改變中藥成藥的服用方式。過去，中藥成藥多是以黃色塑膠瓶販售，內含上千顆丸劑，即使一次吃五顆、一天兩次，也得四個月才吃得完，而且量大使得價位不低，讓新客卻步。

順天堂改變過去思維，站在消費者角度，學習西藥的吞服方式，把藥丸改成藥粉，並強調沒有西藥的副作用。

不過，順天堂轉型發展成藥，與原有的中醫院所、中藥行客戶利益衝突，招致反彈，連自家業務也一度不挺他。後來才慢慢產生效果，在大樹藥局、屈臣氏等通路還有順天堂的專屬櫃位。一八年以前，OTC 占營收很低，不到五%，現在已經有一〇%，今年也還在成長，營收、獲利都提升。

資料來源：游羽棠（2022-10-20）。清冠一號大賣的贏家　順天堂放下龍頭包袱賺更多。商業周刊，1823 期。2022-10-20，取自：商業周刊知識庫。

評論

中藥打入西藥的通路，的確是通路的創新，除了採用教育訓練、群組溝通的方式，來強化新通路的績效之外，還需要注意通路衝突的議題。

產品經理手冊

與通路商的關係是重要的議題，既競爭又合作，如何平衡兩者，考驗產品經理的智慧。

12-4 電子商務與網路行銷

一 電子商務流程

電子商務的流程是運用網際網路技術來支援商務活動，商務活動可能包含交易過程、交易之前的行銷活動，以及交易之後的售後服務。較廣義的商務也包含企業內部活動。

電子商務就是運用電子媒體來支援這些商務活動。電子媒體包含網際網路的某項服務（如 WWW、E-mail）、網際網路、其他電子媒體（如電話、傳真）、非電子媒體等。基本上，電子商務網站本身就兼顧市場與通路或媒體兩種角色，產品或服務在網站上銷售，或是運用網站作為行銷通路已經是非常普遍的現象。

從交易對象來說，電子商務可區分為企業間電子商（B2B）、企業對消費者（B2C）、消費者對消費者（C2C）三大類型，各有其不同的經營模式。近年來也逐漸形成由消費者發動的電子商務（C2B）。

以 B2C 爲例，電子商務的基本流程如下：

1. **下單**：消費者進到商家網站瀏覽商品，將中意的商品置入購物車，完成下單手續。
2. **商家確認**：網路商店依據最終購物車選定的商品進行結帳，並提供消費者進行確認。
3. **付款**：消費者確認後選擇付款方式（例如信用卡付款、貨到付款等）。以信用卡爲例，消費者同意付款，將付款訊息轉金融單位，加以驗證。
4. **撥款**：將款項由發卡銀行中的消費者帳戶，轉到收單銀行的網路商店帳戶，完成撥款手續。
5. **託送**：網路商店委託物流業者進行送貨。
6. **配送**：物流業者將商品運至消費者手中。

因此，爲了有效執行電子商務，需要有下列成員之加入：

1. 買家或消費者。
2. 賣方或網路商店。
3. **銀行與付款服務單位**：其中買方的信用卡銀行稱爲發卡銀行，商家開戶的銀行稱爲收單銀行。經驗證後，便可將信用卡中的金額轉入收單銀行的商家帳戶。
4. 認證與公信單位。

二 電子商務網站系統功能

電子商務網站系統功能通常依據顧客的決策過程來建立，也就是顧客從知悉、了解、評估、下單、收件、售後服務、訴怨等流程，每一個活動均可能透過網站與企業進行互動。典型的互動項目包含吸引顧客、產品建議、個人化促銷、下單與付款、自動服務、意見反應，以及社群討論等，分別說明如下：

1. **吸引顧客**：企業透過登錄搜尋引擎、網路廣告、名片或產品包裝加印網址等方式，可以讓顧客知道本網站，也可透過網站活動或是主動以 E-mail 通知等方式來吸引顧客。
2. **產品建議**：對顧客進行客觀、專業、深入的產品解釋及建議。對顧客而言是一個重要的服務，這種建議越專業、越個人化，則顧客心動的機率也越高。
3. **個人化促銷**：所謂個人化促銷乃是依據顧客的個別需求，採取特定的促銷手法。顧客的個別需求乃是由顧客的基本資料、偏好資料、交易資料分析而得。根據特定需求，提供滿足該需求的促銷手法，較能打動顧客的心。
4. **下單與付款**：提供下單功能的網站技術稱爲購物車，顧客能夠在網站下單，便能感受到方便性。若能夠在網路上付款，更是便利（當然需要考量安全性）。

5. **自助服務**：透過網路分享自助服務的類型，包含 FAQ 的查詢服務、軟體下載等資訊分享，以及可數位化的安裝維修服務等。
6. **意見反應**：透過網站上的留言版以及 E-mail 信箱，可以讓顧客有充分反應意見的管道。當然意見有正面的、負面的，均需要妥善加以處理，所提供的資料也需妥善運用。
7. **網路社群**：電子商務可以提供顧客對顧客交談的社群功能，提供不同主題的社群討論。

電子商務網站主要的互動流程，包含上述的吸引顧客、產品建議、個人化促銷、下單與付款、自助服務、意見反應以及網路社群，其主要的互動介面乃是透過網站及電子郵件來進行。WWW 網站本身已經有良好的互動效果，如果有必要，更可配合虛擬實境技術，使得顧客互動更爲密切，例如邀請專家線上諮詢、座談，或是動畫影片等。

三 電子商務經營模式

電子商務執行時有許多特定的模式，以下針對 B2C、B2B 電子商務與行動商務列舉幾個比較常見的經營模式。

B2C 電子商務經營模式之例如下（林東清，2018）：

1. **入口網站**：主要的功能是運用搜尋引擎供瀏覽者搜尋，以作爲瀏覽者進入其他內容網站或目的網站的入口，其主要的收入是來自廣告費，例如 Yahoo!、Google 等。
2. **線上內容提供者**：主要的功能是提供數位內容的網站，包含新聞、期刊、電影、音樂等，主要收益來自訂閱收入，例如 Netflix、YouTube 等。
3. **線上零售商**：主要功能是透過網站來銷售實體產品，主要收益來自銷售收入，例如 Amazon 等。
4. **線上仲介商**：主要功能是透過搜尋方式，尋找買賣雙方，並協助進行交易，主要收益來自佣金收入，例如 104 人力銀行、trivago 等。
5. **線上市場創造者**：主要功能是創造一個交易市場，並制定交易規則，也就是拍賣網站，主要收益來自佣金收入，例如 Alibaba 等。
6. **線上社群提供者**：主要是經營社群、聚集消費者，以分享資訊或是進行交易，主要收益來自廣告或佣金收入，例如 Facebook、LINE 等。
7. **應用服務提供者**：主要是在網站上租賃 Web 的應用系統，諸如 ERP、CRM、SCM 等，或是提供其他的雲端服務，包含 IaaS、PaaS、SaaS。

圖 12-24　Yahoo! 收益來自廣告費
（圖片來源：Yahoo 奇摩官網）

圖 12-25　104 人力銀行收益來自佣金收入
（圖片來源：104 人力銀行）

B2B 電子商務經營模式之例如下（林東清，2018）：

1. **電子化採購（e-Procurement）**：以一家大型買方企業爲主，建置自動化採購網站，匯集有合作關係的產品、目錄，並提供自動化採購流程、廠商搜尋、比價、訂單追蹤等功能。
2. **直接銷售（Direct Selling）**：大型買家爲了降低中間商剝削，自行建置 Extranet 系統進行交易活動。
3. **電子批發商（e-Distributor）**：大型批發商建置 B2B 交易系統，匯集各家供應商多種產品，提供自動化客戶搜尋、比價、推薦、物流、金流等服務。
4. **電子交易市集（e-Exchange）**：由第三方中立單位，建立交易平臺，提供多對多的買賣交易。

四　網路行銷

由於網際網路技術的進步，在運算、傳輸、內容方面的能力快速提升，對於行銷及電子商務活動也產生相當大的衝擊，行銷人員亦應充分運用網際網路，作爲行銷之媒體、通路或市場，並與其他行銷媒體充分整合。

透過網站進行行銷活動也是普遍的現象，這可能搭配原有的 4P 行銷，在網路上進行廣告、促銷、比價等活動，或將網站視爲銷售通路，甚至運用網站提供新產品或服務（包含數位產品）。

主要的網路行銷手法包含：

1. **E-mail 行銷**：運用電子郵件進行訊息或電子報內容傳播。
2. **網路廣告**：以付費方式在網路上投放廣告，包含網站的橫幅廣告、社群媒體廣告，或是向 Google Ads、Amazon Sponsor Ads 購買關鍵字廣告等。

圖 12-26　Google Ads 網站介面（圖片來源：Google Ads）

3. **搜尋引擎行銷（Search Engine Marketing, SEM）**：運用關鍵字設定等方式，提升公司在搜尋引擎搜尋結果的排序。主要包含關鍵字行銷及搜尋引擎最佳化（Search Engine Optimization, SEO）。關鍵字行銷指的是企業透過付費贊助（Paid Inclusion Policy）與競標方式，將自己的網站列入搜尋引擎關鍵字的搜尋結果頁；搜尋引擎最佳化則是利用網頁不同的設計與撰寫技巧，讓自己的網站列入搜尋結果的最前面，而吸引消費者點選（林東清，2018）。此時需要了解搜尋引擎排序的原則，其主要的指標包含普及率（例如流量、與其他網站連結、評論網站的排名等）、內容相關性（關鍵字與網頁關鍵字、標題、目錄等相關性）等。
4. **推薦引擎行銷（Recommendation Engine Marketing）**：運用類似搜尋引擎的技術，辨識消費者的消費行為，而適時推播給目標客群的行銷手法。推薦引擎主要包含內容導向篩選（Content-Based Filtering）、協同過濾（Collaborative Filtering）、知識導向篩選（Knowledge-Based Filtering）三種技術（林東清，2018）。
5. **內容行銷**：製作適當的內容（包含文字、照片、影片等），提供潛在顧客即時且有價值的資訊。
6. **社群媒體行銷**：運用社群媒體來進行行銷，例如經營臉書粉絲專頁等。
7. **網紅行銷（Key Opinion Leader, KOL）**：網紅指的是在網路上具有影響力的人，也就是對一定數量的網友具有感染力，而能夠影響這群人的想法或行動的人（林東清，2018）。網紅行銷就是在 Instagram、Facebook 等社群平臺，透過與網紅的合作，達到代言或業配等行銷效果的手法。
8. **聯盟行銷（Affiliate Marketing）**：運用網站交換廣告的方式進行行銷，以互蒙其利，例如幫商家分享產品連結。
9. **智慧行銷（Intelligent Marketing）**：主要是透過人工智慧的機器學習或類神經網路之深度學習技術，協助網路行銷，包含更了解瀏覽者的瀏覽行為、做更具體的預測或是監測廣告績效等，以提升網路行銷之績效。例如聊天機器人的應用、預測消費模式、精準推薦等。

除了上述行銷策略及行銷組合議題之外，前面各節討論的推廣計畫、通路計畫也都是商品管理的重要議題。

產品新趨勢

伴手禮業的網路行銷

伴手禮是疫情爆發迄今，經常被人們所遺忘的另一個重災區。當海外客全面歸零，本地客也大幅減少出門旅遊的機會，他們如何自力救濟？

總億食品董事長兼糕餅公會全國聯合會理事長周子良坦言，如今的伴手禮總體銷量不到疫情前的一半，但大家也很快發現另一塊處女地——電商。

圖 12-27　總億食品

（圖片來源：總億食品 - 高級餡料的專家 Facebook）

原來，不少歷史悠久的老字號糕餅舖，過去根本未曾接觸過網路。但這一次，大家全都放下競爭之心，合力開設「寶島伴手禮旗艦店」，主打一次購足多家商品，運費可合併計算，光是鳳梨酥就達十四個品牌。此外，也透過貿協等單位，將產品賣進美、英、新加坡等通路，並跨入團購市場，正大舉招募團媽與 KOL 加入帶貨。

「因為時間比以前多，大家研發的口味也增加很多，」周子良指出，過去光是集中在鳳梨酥一項就能賣到飽了，如今從柚子、香蕉、荔枝、鳳梨釋迦到火龍果，各種本土水果入餡的新品誕生，「東南亞國家特別喜歡臺灣的伴手禮，等到這波中秋節忙完，大家就要開始準備啦！」周子良說。

資料來源：蔡茹涵、韓化宇（2022-07-21）。讓危機成為新能力老師　漢來布局無人旅館、雄獅推 7 萬鐵道國旅。商業周刊，1810 期。2022-07-21，取自：商業周刊知識庫。

評論

網路既是媒體也是市場，電子商務與網路行銷已經被採用多年，效果也相當不錯，目前社群媒體發達的時代，社群行銷與社群商務也越來越普遍。網路技術的採用，不分行業，只須評估其成本效益，伴手禮業採用網路行銷，也有相當不錯的效果。

五 社群商務

第二版的全球資訊網技術 Web2.0 最主要的特色，是網站允許使用者提供內容，這樣的技術形成許多的社群網站，例如 Facebook、Instagram、Twitter、wiki、YouTube 等等。這些社群網站提供框架，由使用者貢獻內容。使用者可以進行社交、意見分享、團隊討論、互通訊息等，因而加入社群網站。透過這樣的分享，網站聚集人氣、蒐集會員資料、蒐集內容，可以做出很多的應用，當然需要在隱私權的範圍中執行。

(一) 社群媒體的分類

有這麼多的價值需求，加上技術的進步，社群媒體日益昌盛。社群媒體的分類包含（林東清，2018）：

1. **協同專案型（Collaborative Project）**：如維基百科、開源軟體等（Open Source Software）等。
2. **部落格和微型部落格（Blogs and Microblogs）**：如痞克幫（PIXNET）、Twitter、微博等）。
3. **內容社群（Content Community）**：如 YouTube、Instagram 等。
4. **社交網站**：如 Facebook、LINE、微信、LinkedIn 等。
5. **虛擬遊戲世界（Virtual Game Worlds）**：如 World of Warcraft 等。
6. **虛擬社會（Virtual Social World）**：如 Second Life 等。

就企業而言，主要的目的是採用資訊技術以提升競爭力。當然，一般的企業也可以經營社群，用以凝聚員工共識、知識交流或是提升知名度，甚至顧客忠誠度。而企業如何運用這些社群網站，進行商務及行銷活動也是重要的議題，例如在 Facebook 可以投廣告、可以經營粉絲專頁；在 YouTube，可以做影片行銷。

圖 12-28 社群媒體隨著需求與技術不斷增加（圖片來源：Freepik）

社群企業運用社群媒體主要的目的，包含產品促銷、關係建立、了解意見、獲得創意、顧客服務、口碑提升、夥伴互動等（林東清，2018）。

(二) 社群商務

社群商務主要的意義是運用社群媒體提升商務績效，這裡的商務與電子商務所指的商務是一樣的。但是運用社群媒體，卻產生更多可能的商業模式，例如共享經濟中所談的平臺模式，代表性的例子是 Uber、Airbnb 等。又例如社群採購模式，團購網站運用優惠折扣，吸引大量的買家共同採購某項商品或服務。

運用社群網站也可以提升許多行銷的績效，例如線上口碑行銷（包含線上評論）、部落格行銷、YouTube 行銷、社群採購、社群直播行銷等。

社群商務也衍生出群眾募資的方案，包含群眾募資、群眾投票、群眾創意等。群眾募資並非純粹募款，而是行銷手法，其目的是先確認是否有需求，再依據該需求進行製造，因而降低產品賣不出去的風險。

產品經理手冊

對產品而言，網際網路可能成為產品銷售的市場，也可能是行銷的通路或工具。產品經理人需要評估採用網際網路技術的成本效益，以便適時導入來提升產品銷售績效。

本章摘要

1. 行銷的功能包含定位、行銷組合與行銷研究。定位是定義企業以及企業在產業中的地位，包含技術、產品、形象等在顧客心目中的地位；行銷組合包含產品、價格、通路、推廣等內容；行銷研究則是擬定定位策略或行銷組合方案時所做的顧客或市場分析。
2. 推廣組合是依據推廣的預算，適當地分配於各種推廣活動，以達成推廣的目標。推廣的目標可能是升級改使用此新產品的比率、試用新產品的顧客數等。常見的推廣活動包含促銷、廣告、公共關係、人員銷售、直接銷售等方式。
3. 進行促銷組合決策時，所需考量的因素包含：產品因素與市場因素。產品因素包含產品本身的特質以及產品生命週期的階段；市場因素則包含市場特性、價格等。
4. 通路管理主要內容包含決定通路目標、通路設計、選擇通路成員、通路成員之合作、評估績效等。
5. 電子商務可區分為企業間電子商（B2B）、企業對消費者（B2C）、消費者對消費者（C2C）三大類型，B2C 電子商務的基本流程包含下單、商家確認、付款、撥款、託送、配送等步驟。
6. 電子商務網站典型的互動項目包含吸引顧客、產品建議、個人化促銷、下單與付款、自動服務、意見反應，以及社群討論等。
7. B2C 電子商務經營模式包含入口網站、線上內容提供者、線上零售商、線上仲介商、線上市場創造者、線上社群提供者、應用服務提供者等；B2B 電子商務經營模式包含電子化採購、直接銷售、電子批發商、電子交易市集等。
8. 主要的網路行銷手法，包含 E-mail 行銷、網路廣告、搜尋引擎行銷、推薦引擎行銷、內容行銷、社群媒體行銷、網紅行銷、聯盟行銷、智慧行銷等。
9. 社群企業運用社群媒體主要的目的，包含產品促銷、關係建立、了解意見、獲得創意、顧客服務、口碑提升、夥伴互動等。

本章習題

一、選擇題

(　　) 1. 利用目標利潤的方式定價是屬於哪一種定價方式？ (A) 成本導向定價 (B) 消費者導向定價 (C) 競爭者導向定價 (D) 產品組合定價。

(　　) 2. 下列何者是促銷的目的？ (A) 激發買氣 (B) 喚起消費者注意產品的存在 (C) 讓消費者認為這是廠商善意和回饋 (D) 以上皆是。

(　　) 3. 目標市場成員中有多少人記得某產品或廣告，是屬於哪一種促銷的評量方式？ (A) 直接評估 (B) 間接評估 (C) 混合評估 (D) 以上皆非。

(　　) 4. 下列何者不是機構廣告的目的？ (A) 推廣產品或服務 (B) 提升組織的形象與商譽 (C) 傳達組織的理念和精神 (D) 以上皆非。

(　　) 5. 下列何者不是公共關係的特性？ (A) 針對廣泛的對象 (B) 偏重於產品與服務的推廣與銷售 (C) 提升公司的品牌與形象 (D) 以上皆非。

(　　) 6. 下列何者不屬於直接的銷售通路？ (A) 電話 (B) 店面 (C) 經銷商 (D) 以上皆非。

(　　) 7. 產品由生產者交付到消費者手中，所需經過的中間商數目稱為通路的 (A) 長度 (B) 密度 (C) 深度 (D) 以上皆非。

(　　) 8. 線上內容提供者主要的收益為？ (A) 廣告費 (B) 訂閱收入 (C) 銷售收入 (D) 佣金收入。

(　　) 9. 由第三方中立單位建立交易平臺，提供多對多的買賣交易，是屬於哪一種 B2B 商業模式？ (A) 電子化採購 (B) 直接銷售 (C) 電子批發商 (D) 電子交易市集。

(　　) 10.運用社群媒體進行銷售以提升商務績效，稱為？ (A) 虛擬社群 (B) 網路廣告 (C) 社群商務 (D) 社群行銷。

本章習題

二、問答題

1. 行銷功能的主要內容為何？網路行銷有哪些手法？
2. 影響促銷組合效能的因素有哪些？
3. 推廣決策的進行步驟為何？
4. 常見的公共關係方案有哪些？
5. 人員銷售的步驟為何？
6. 銷售通路與配銷通路的內容為何？
7. 就戰術面而言，通路管理主要內容包含哪些？
8. 電子商務網站系統功能為何？
9. B2C 與 B2B 電子商務各有哪些經營模式？
10. 主要的網路行銷方法有哪些？

三、實作題

請就你本身所使用的手機，描述該手機運用的行銷手法。

手機廠商或品牌商：

手機型號：

行銷方案類別	行銷手法內容	附註
定價		
推廣方案（如促銷、廣告、公共關係、直接銷售）等		
網站銷售		
網路行銷		

參考文獻

1. 林正智、方世榮編譯（民 98），《行銷管理》，初版，臺北市：新加坡商勝智學習。
2. 林東清（2018），《資訊管理：e 化企業的核心競爭力》，七版，臺北市：智勝文化。
3. 周文賢、林嘉力（民 90），《新產品開發與管理》，初版，臺北市：華泰。
4. 陳瑜清、林宜萱譯（民 93），《通路管理的第一本書：規劃有效通路架構與策略，打通產品銷售的關鍵命脈》，初版，臺北：麥格羅希爾。
5. 黃碧珍譯（民 94），原作者：卻斯特・道森，《LEXUS 傳奇：車壇最令人驚艷的成功》一版，臺北市：天下雜誌。
6. 顏和正譯（民 100），《行銷 3.0：與消費者心靈共鳴》，一版，臺北市：天下雜誌。

13

銷售與服務

學習目標

本章內容為銷售與服務，包含銷售管理、商業展覽與賣場管理，以及顧客服務的內涵與要領，各節內容如下表。

節次	節名	主要內容
13-1	銷售管理	介紹銷售管理流程，以及人員銷售、直接銷售等要領，以及銷售模式的類型。
13-2	商業展覽	介紹主辦展覽的主要活動，以及參加展覽的策略面與戰術面議題。
13-3	賣場管理	介紹賣場的功能、空間規劃、安全管理，以及賣場行銷的做法。
13-4	顧客服務	介紹各類型顧客服務模式，以及客服中心的運作方式。

引導案例

星巴克的店面銷售與顧客服務

星巴克成立於 1971 年，發源地與總部位於美國華盛頓州西雅圖。成立之初僅銷售咖啡豆，之後轉型為現行的經營型態，在快速展店之下，成為美式生活象徵之一，並以自營、合資或授權等方式，展開國際市場布局，目前是全球最大的連鎖咖啡店。此外，亦多角化經營，跨足茶飲、食品市場。星巴克公司的市場定位，是將其店面定位成一種生活中的第三生活空間，也就是定位介於顧客的家和工作場所的地方。

圖 13-1 星巴克草山門市店面
（圖片來源：星巴克官網）

星巴克的櫃檯部分，分成點餐結帳區、飲料區、咖啡豆及甜點區。一個星巴克店員主要執行點餐結帳、飲料區以及漂浮物的製作（如：卡布奇諾上的泡沫或是星冰樂上面的奶油）。一般店內一個區域會有兩個店員，如果是夏季或是店內人數增多，冷飲或熱飲區就會加派人手。有些店面還會專門指派一個店員專門負責星冰樂的製作，也有的店會增加一個負責管帳的店員。店員之上就是「值班經理」，一般是較資深的店員才能升至此一職位，值班經理在店經理不在的時候，需負責代理經理的職務。有時店員人手不足之時，監督也必須負責櫃檯的工作。

以往零售店提供顧客常見的購物流程，是當顧客於店內點餐或選購完成，前往結帳櫃檯前排隊等候結帳，在消費的尖峰時段，常出現大排長龍等候結帳的狀況。對店家而言，增加調配人力的困難度與提高人事成本。還有一個重要的問題，就是對於顧客的喜好與習性都難以掌握，尤其是非會員顧客，更是如此，這對於店家預測顧客消費行為，以及提供客製化服務都是很大的障礙。

為了有效改善店內結帳效率，星巴克自 2009 年便領先市場，在美國西雅圖和海灣地區的 16 家門店推出行動支付服務，會員只需出示專屬的一維條碼給店家的 POS 機掃描，即完成結帳。2014 年 12 月星巴克再推出自家的「Mobile Order & Pay」App。會員透過此 App 點餐並預先付款，到店時只要向咖啡店員取餐即可，而不需要排隊點餐，進一步改善結帳速度。

當會員使用星巴克行動支付 App 後，星巴克便能了解會員的點餐偏好，進而讓會員在未到店時，能直接重複點餐。同時，星巴克還能根據會員到店消費的頻率、地點、喜好，提供會員下次到店的優惠及專屬服務，提高顧客對星巴克的品牌忠誠度。（資料來源：詹文男等合著，民 109。《數位轉型力：最完整的企業數位化策略 X50 間成功企業案例解析》，初版，臺北市：商周出版，家庭傳媒城邦分公司發行；維基百科：https://zh.m.wikipedia.org/zh-tw/ 星巴克）

星巴克的店面包含了許多銷售與顧客服務的工作，銷售與服務的方法也透過人員與電子界面來進行。

13-1 銷售管理

一 銷售

銷售管理的活動，包含銷售預測、銷售策略與計畫（例如採取說明、說服、信服之銷售策略）、產品管理、行程安排、工作追蹤、溝通與公告、知識管理等活動，以便達成銷售目標。

銷售是將商品或服務推展到顧客手上的活動，銷售主要的目標或成果表現在銷售量額或銷售金額，也表現在顧客開創與銷售績效的維持，即新顧客人數、流失顧客人數。其次，銷售目標也包含銷售效率的考量，就是銷售績效相對應於銷售成本。第三，銷售績效可以從顧客的滿意度或忠誠度來考量。具體定義銷售目標是重要的，也就是須定義某銷售人員（或部門）在某期間、某市場範圍內、針對某些產品服務，所須達成之績效指標。

銷售活動主要是由業務人員來負責，業務員主要扮演的角色，包含爭取訂單、接單、提供銷售支援等。爭取訂單即針對新顧客的招攬，以及說服舊顧客繼續購買或購買更多。接單主要是依據企業銷售流程進行接單的動作，通常是比較制式化的工作，包含透過電話、傳眞、網路接單，再進行後續訂單處理，也可能在拜訪顧客，或與顧客接觸過程中接單。提供銷售支援主要的工作，是協助銷售與管理的工作，包含銷售規劃、教育訓練、化解糾紛、提供售後服務等。

針對業務員的表現也有一些評估的方式，包含具體的績效成果，以及所具備的職能。具體的成果除了上述的銷售額、銷售量、銷售成本、顧客滿意度之外，也需要更具體衡量其執行過程，包含拜訪次數、平均拜訪成本。業務員所具備的職能，包含專業能力、工作態度、配合度等等。

圖 13-2 業務員負責爭取訂單等銷售活動
（圖片來源：Pexels）

(一) 銷售流程

一般的銷售流程步驟如下：

1. **發掘潛在顧客**：發掘潛在顧客，是辨識潛在顧客以便尋找銷售機會的過程。有效發掘顧客的管道，包含人脈關係的推薦介紹、陌生拜訪、信函聯繫、運用網路或電話聯繫、參加商展與相關活動、名錄等。

2. **銷售準備**：銷售準備主要的工作，是對潛在顧客有基本的了解，以及進行銷售前的準備。了解顧客可以進行顧客分析，包含顧客的背景與需求，例如職業、家庭、教育程度、生活型態、產品需求與重要性等。銷售前準備主要的工作，則包含競爭者分析、銷售計畫之擬定等工作。競爭者分析主要是了解本身與競爭者的異同，方能有效擬定銷售計畫，銷售計畫包含銷售目標、銷售策略（例如說服、感性策略等），以及詳細的銷售執行細節（例如，拜訪內容、方式、時間、地點、路線安排等）。
3. **推介與解說**：推介與解說是銷售人員或媒體與顧客第一次正式的接觸，因此給顧客留下的印象是相當重要的，以面對面銷售而言，儀表、談吐或符合顧客背景的話題是重要的。推介與解說，是將產品服務等與銷售相關的資訊傳達給（潛在）顧客，有可能是正式的簡報、解說，或是非正式場合的說明。如果有必要，可能需要利用展示的方式，讓顧客對產品與服務有更深入的了解，並提供銷售人員與顧客雙方互動的機會。在推介與解說過程中，顧客經常表達其拒絕、推託或是抗拒（異議）的態度，此時銷售人員亦需要妥善回應。除了眞實誠懇地加以解說之外，也需要將這類態度視爲重要的訊息或線索，作爲檢討分析之用。
4. **成交與簽約**：成交與簽約是正式完成交易的過程，業務員須盡力促成成交。在推介與解說以及顧客同意之間，銷售人員也扮演重要的角色，例如觀察出顧客發出對產品有高度興趣，或是想要購買的訊號，此時業務員可以表達希望成交的訊號，並運用一些促成交易的方式（例如立即成交的優惠、對顧客的顧慮做更有力的說服）來達成交易。
5. **追蹤與服務**：成交之後需要加以追蹤，包含之前的承諾是否實現，並關心產品的使用狀況，甚至只是表達關心。售後追蹤相當重要，可以建立與顧客更強的連結，並影響顧客是否再購或是推薦他人，因此需要妥善規劃進行。

(二) 人員銷售

人員銷售是以銷售團隊直接進行產品說明與銷售。人員銷售成本較高，因此高單價產品較適合採取人員銷售方式。人員銷售的優勢是可建立較爲緊密的銷售關係，因爲人員銷售具有雙向互動的效果，能夠做深入的產品解說，也能夠即時回應顧客的問題；同時，銷售人員能與顧客做長時間的接觸，因此可以更有效地與顧客建立及維持良好的關係，提升顧客的忠誠度。

圖 13-3　電話行銷（圖片來源：Senati）

人員銷售主要有實地銷售與電話行銷兩種型態。實地銷售主要是在企業本身場地、賣方的店面（例如賣場）或是顧客所在位置進行人員銷售。電話行銷則是透過電話與顧客進行行銷與銷售活動。電話銷售可以節省許多拜訪成本，加上技術日新月異，由強化的自動撥號功能與人性化的介面，使得電話銷售越來越普遍。

一般而言，人員銷售有一些流程及原則可供參考，銷售的流程如下（林正智、方世榮編譯，民 98）：

1. **發掘與評選**：發掘是辨認潛在顧客的過程，有效發掘潛在顧客的方式與管道多，發掘前先須清楚公司銷售什麼、顧客要什麼；評選是決定所發掘到的確實是潛在顧客，銷售人員決定潛在顧客有權力及資源來下購買決策，潛在顧客必須認同銷售人員提供這項產品或服務的選擇。
2. **接近**：指銷售人員初次和潛在顧客聯繫。此聯繫需事前規劃，銷售人員蒐集相關資訊以對潛在顧客進行了解，並使其產品和顧客的需求間做妥善的連結。了解的內容包含目標族群以及目標族群的工作、教育程度或知識水準、對產品的熟悉度、需求與期望、對公司的認知與期望等。
3. **推介**：將銷售資訊傳達給潛在顧客。此步驟的內容是由銷售人員描述產品的主要特色，指出其優點，並引用成功的案例作爲推介的基礎。
4. **展示**：將產品或服務展示給潛在購買者，吸引顧客注意。其主要目標是讓顧客有興趣、說服顧客並強化顧客記憶。展示過程中，銷售人員亦須接受及回答顧客問題，並與其互動。
5. **應付抗拒**：銷售人員如何應對顧客的抗拒也是銷售過程重要的一環。潛在顧客對銷售的拒絕通常以推拖的形式出現，如「我需要再想一想」或「我再回你電話」。技巧純熟的銷售人員知道如何應付抗拒，將抗拒作爲一個提供產品額外資訊的線索，集中自己所提供的特色及優點，並避免批評競爭者。
6. **成交**：指顧客下購買決策。銷售人員應該辨識即將成交的訊號並適時促成成交，其重點是對潛在顧客購買的顧慮提供具說服力的論點，以及爲潛在顧客提出有利的選擇。例如：「你願意嘗試看看嗎？」、「我能爲你解答更多問題嗎？」。
7. **售後追蹤**：追蹤銷售之後，顧客使用產品的相關資訊，例如，使用滿意度、操作的便利性、對生活或工作的影響等。售後追蹤是了解顧客是否會成爲再購顧客的售後活動，有助於強化銷售關係中銷售人員嘗試與顧客建立的連結。

提升人員銷售績效的方法包含銷售人員訓練、激勵方案、競賽與競爭等。

(三) 直接銷售

直接銷售也稱爲直效行銷，直效行銷是利用郵寄、電話、網路等方式進行銷售，使得消費者不必親自到賣場而可達成購物之目的。直效行銷是指除了人員銷售接觸之外，買賣雙方間用以產生銷售、資訊請求及商店或網站瀏覽的直接溝通，包含電話行銷（也可列爲人員銷售的方法）。直效行銷的方法有下列幾種（林正智、方世榮編譯，民98）：

1. **直接郵件**：行銷人員直接以銷售信函、明信片、小冊子、型錄與其他類似的溝通形式，傳遞訊息給消費者。直接郵件行銷需要顧客通訊資料，資料蒐集來源包含內部與外部的資料庫、調查、會員名單與活動資料等。
2. **型錄**：型錄是相當普遍的直接郵件形式之一。透過紙本型錄或電子型錄來銷售產品，是具有相當彈性的銷售方式。
3. **電話行銷**：電話行銷有兩種方式，一種是銷售人員僅使用電話來接觸顧客，降低人員拜訪的成本，稱爲向外（Outbound）行銷；一種是由消費者所啓動，通常是顧客撥打公司提供的免付費電話，以獲得資訊或進行購買，稱爲向內（Inbound）行銷。
4. **直接回應式廣告**：直接回應式廣告是在電視或電臺廣播，通常長度爲 30、60 或 90 秒的簡短廣告。
5. **購物頻道**：透過購物頻道進行銷售，可全天候播送，提供顧客多樣的商品。

圖 13-4 型錄（圖片來源：Guzzle）

圖 13-5 購物頻道（圖片來源：Shutterstock）

6. **資訊式廣告**：採用劇情式的方式提供產品資訊，可能是 30 分鐘或更長的產品廣告，類似於一般的電視節目。
7. **電子直效行銷通路**：指網路廣告。

(四) 銷售模式

常見的銷售模式包含以下幾種：

1. **預售模式**：採用事先付費或訂購的方式銷售商品或服務。
2. **租賃模式**：採用租賃的方式取得商品或服務。
3. **自動化模式**：運用電腦輔助銷售人員進行銷售流程。
4. **搭售模式**：採用產品搭配的方式，提供顧客方便性及提升銷售量（金額或利潤）。
5. **人員銷售**：以銷售人員或其他相關人員進行銷售活動。
6. **產品推薦模式**：依據產品特性及消費者行爲，推薦適當的產品。
7. **訂閱制**：近年來訂閱制又受到大家的重視，是因爲付款的方便性以及雲端運算的成熟。

產品經理手冊

銷售是產品生命週期的一環，產品經理人了解銷售流程、方法或要領。運用有效的銷售手法，或是與銷售人員有效溝通，可以提升銷售績效。

13-2 商業展覽

一 舉辦商業展覽

商業展覽是針對某產業或商品類的主題所進行的展覽活動，「展覽行銷」則是指供應者尋求合適地點，展示產品或服務，並從過程中刺激顧客需求、發掘潛在顧客、強化顧客關係，以及塑造企業形象的一種方式（周錫洋，2008）。

一般展覽的類型以目標市場區分，計有國際展、國家展、地區展等類別；若以展品性質分，則計有專業展、綜合展及消費展等類別。

從目標市場的角度來說，商業展覽需要考慮到產業主題、觀眾背景與地理涵蓋（段恩雷撰稿，民 96），產品主題的範圍需要考量到經濟利益，而且需要考量競爭者區隔、展覽品質等因素；觀眾背景包含一般觀眾或（與）企業觀眾；地理涵蓋則考量參展廠商與參觀觀眾的當地性或國際性。

從定位的角度來說，展覽可能是以最大、最完整、最專業、最多元等方式加以定位，例如：世界最大的傢俱展、亞洲最大的醫療用品展等。

圖 13-6 國際旅展（圖片來源：TVBS）

策展主要的工作包含：

1. **招展**：進行招展活動宣傳，招募參展廠商。
2. **招商**：進行招商活動宣傳，招募參觀廠商。
3. **會展活動**：舉辦展覽過程中的活動，例如開幕閉幕典禮、競賽活動、表演活動、研討會活動等。
4. **佈展與旅運服務**：佈置展覽會場以及安排交通運輸服務。
5. **行銷活動**：包含 CI 設計、宣傳推廣、網站建置等方式。
6. **現場服務與管理**：展覽過程中，現場的各項服務以及安全管理等活動。

二 參加商業展覽

企業參加商業展覽是重要的行銷手段之一，參加展覽可以有效地招攬新顧客、提升知名度、增加銷售額。參加展覽需要妥善地規劃，可以區分爲策略面與戰術面來考量，策略面是以公司的角度，考量年度或某段期間需要參加哪些展覽、預算爲何；戰術面則是針對參加某一項展覽所做的管理活動，包含展前、展中、展後三階段的工作（可視爲專案管理），如表 13-1 所示。

表 13-1　參加商業展覽的行銷管理工作

管理層次	階段	主要工作內涵
策略面	參展選擇	1. 決定參加哪些展覽 2. 預算分配
	攤位策略	1. 攤位選擇 2. 攤位設計 3. 展品陳列
戰術面	展前	1. 擬定參展目標 2. 決定參展產品項目 3. 參展準備工作 4. 展前行銷 5. 組成參展團隊 6. 後勤支援
	展中	1. 展場整備 2. 展中行銷
	展後	1. 展區復原 2. 資料整理 3. 展後行銷 4. 參展檢討

1.　策略面

參加商業展覽是典型的行銷手法之一，企業需要擬定參展策略、分配參展資源。首先需要決定未來一整年度需要參加哪些展覽，再針對所欲參加的每項展覽進行規劃。

選擇要參加哪些展覽所需要考量的因素有：展覽主辦方的主題、定位與區域、規模或參展人數等，也包含本身的目標市場、行銷目標、行銷預算等。企業亦須評估參展的攤位選擇、攤位設計、展品陳列等策略，除了成本考量之外，還需要考量位置（如展場中心區域）與重要廠商相鄰或是交通因素等。

最後，參展企業應針對年度所參加的全部展會進行全盤檢討，以作爲下年度訂定公司行銷策略、計畫，或年度參展目標與策略的依據。

2.　戰術面

針對參加某一場的展覽，主要的活動內容可以依據展前、展中、展後三階段來說明。展前是參展之前所需進行的工作，主要包含下列各項：

(1) 擬定參展目標：一般來說，參展目標可能是提升銷售，可能是開拓市場，也可能是提升企業品牌形象。

(2) 決定參展產品項目：參展企業必須要有嚴謹的挑選展品步驟，擬定展品主題的內容，並確認展品的開發方式，再來是開發作業，最後進行包裝與裝箱作業。

(3) 參展準備工作：包含產品、器材等整備。

(4) 展前行銷：展前行銷工作包含寄邀請函、刊登專業雜誌等。

(5) 組成參展團隊：參展前應該挑選適當人員組成參展團隊，並進行人員訓練。人員必須在短時間內讓買家了解本身的產品，因此須具備專業、溝通、體力三大要件。專業是指對產品核心利益或特色、產品規格、產品包裝及製程、價格、交易條件等內容都要有充分的了解；溝通指的是接待、產品解說、表達的技巧；體力則是要應付展場忙碌的工作。

(6) 後勤支援：包括展場人員的交通、食宿安排、展品運輸，以及展中促銷工具的製作與送達等工作。

展中的工作主要包含展場整備（包含裝潢布置等）與展中行銷活動，分別說明如下：

(1) 展場整備：包括裝潢佈置、產品擺設等，其擺設有不同方式，例如運用主題陳列或是重點陳列方式等。裝潢佈置須注意主題明確、動線流暢與美感。

(2) 展中行銷：包含接待客戶、展中促銷、商情蒐集等。接待客戶須注意接待技巧與顧客關懷，現場報價需依據明確的流程；展中促銷項目包括新產品研討會、記者會、試吃試用、專業表演秀等，也包含靜態的 DM 發放；在展覽中也需要利用適當的機會收集商業情報，例如，至其他攤位蒐集競爭情報、尋找可能的合作夥伴。

展後活動包含展區復原、資料整理及展後行銷等工作，也包含參展檢討，分別說明如下：

(1) 展區復原：指的是展場設備以及產品的復原。展場設備歸還與復原，展品復原則包含展品點交、運送、歸位等事項。

(2) 資料整理：展覽過程中各項資料整理，包含工作記錄、情報蒐集（例如名片資料）、財務資料等，財務資料包含各項單據的核銷與處理，確認經費執行結果。

(3) 展後行銷：是指在展覽結束、返回企業後，業務人員根據展覽期間所蒐集的訪客資料再次與客戶聯絡，聯絡的事項可能包含致謝、表達關心、顧客交辦事項之回應、促成客戶下單等。

(4) 參展檢討：參展檢討主要是進行績效評估作業，評估的項目包含是否達成參展目標、展覽的攤位佈置、接待行動或是促銷活動是否成功等，可將績效與其他展次或是與去年參展績效做比較。

針對上述的各項工作內容，需要進行規劃與準備，可以採用專案管理的方式來進行，其步驟包含（詳見第十六章）：

1. 由高階主管指定承辦人員（專案經理），並授權佈達。
2. 專案經理組成專案團隊。
3. **進行專案規劃**：包含參展產品、參展目標、工作內容（如前述三階段工作）、時程、成本預算、風險等。
4. **專案執行與控制**：依據時程，逐步執行展前、中、後三階段的工作，並進行進度與績效報告、修正（必要時）、展後檢討等工作。
5. **結案**：記錄參展過程、檢討參展績效、整理財務資料、記錄心得經驗等，並撰寫結案報告。

產品經理手冊

參加商業展覽是企業重要的行銷手段，包含策略與戰術層次，即使是參加某項展覽的戰術層次，也可能包含數種參展的產品，產品經理人應該依據本身的職責，規劃及執行參展活動。

13-3 賣場管理

一 賣場的功能

賣場主要指的是零售商店，一般的零售商店包含雜貨店、專賣店、百貨公司、超級市場、便利商店、量販店、購物中心等，也包含郵購、網購等無店面商店。

消費者在零售商店購買商品的流程包含：產生興趣、搜尋商品及商店、評估與比較、購買、使用，賣場行銷也就依循這樣的流程來進行，因此，賣場或門市的功能包含（袁國榮、呂育德編著，2009）：

圖 13-7　量販店

（圖片來源：Taiwan Tourism Bureau）

1. **商流**：商品交易程序與所有權移轉的過程和相關作業，如商品企劃與開發、採購計畫、促銷活動、付款方式、文件程序（契約、發票、憑證等）。

2. **物流**：商品交易後（商流）所產生必須執行的實體商品運送過程。
3. **金流**：商品交易後（商流）所產生必須執行的資金流通移轉相關作業，如現金、刷卡等。
4. **資訊流**：商品交易過程（商流）所產生的資料（如採購、進貨、銷貨、請款、付款等資料）以及資料統計分析所得有價值的資訊，可作爲提升交易品質與營運績效的依據。
5. **人才流**：人力資源管理相關的作業，如徵才選才、培育人才、留任人才等。

賣場最核心的工作是銷售，銷售管理主要的工作內容包含：

1. **收銀作業**：處理有關結帳、現金管理、顧客退換貨等工作。
2. **銷售支援**：支援銷售工作，包含標價、補貨、上架、變價等。
3. **銷售與促銷**：包含接待與對應顧客、產品解說、配合廣告、促銷等工作。

二 空間規劃

欲達成前述賣場功能與銷售管理的工作，賣場的空間規劃也是重要的議題。賣場空間規劃的目的是要讓消費者有良好的購物環境，以及容易找到所需的商品。良好的購物環境包含舒適、輕鬆、美感等，讓顧客有愉悅的心情，而顧客停留的時間越長，購買的機率也越高；容易找尋商品則跟商品的分類及標示有關係。如果你的產品被擺在賣場的某個地方銷售，則需要考量產品的包裝設計與貨架位置。

圖 13-8　賣場擁有良好的購物空間，可吸引消費者

（圖片來源：台北 101 官網）

賣場的空間主要是由商品空間、店員空間、顧客空間三部分所組成：

1. **商品空間**：商品空間區分爲前場與後場，前場是指陳列展售商品的場所，包括貨架、櫥窗等，商品空間設計的原則是空間足夠、挑選方便。後場則指倉儲部分，用以存放及運送商品。

2. **店員空間**：店員空間也包含前場與後場，前場是指接待及服務顧客的空間，包含收銀機、服務臺、包裝服務等。後臺則是辦公室、餐飲或是處理其他事物的空間。

3. **顧客空間**：指顧客參觀商品及購買商品的空間，有時候也包含後場的廁所空間。與賣場空間規劃相關的議題包含商店配置（Store Layout）、動線安排與氣氛營造。

圖 13-9　收銀臺屬於賣場的店員空間
（圖片來源：GU）

在商店配置方面，上述的賣場空間可以做不同的配置，一般而言，商店配置共有三種基本類型（許英傑、黃慧玲譯，2015）：

1. 自由式（**Free-form**）：將商店內的商品及設備呈不規律的狀態擺設，顧客可自由地移動，採用曲線型動線。

2. 格子式（**Grid-form**）：將商品的展示與走道互相平行，動線呈直線型，此種方式為最有效利用空間的一種，採用直線型動線。

圖 13-10　自由式的商店配置
（圖片來源：HTC）

圖 13-11　格子式的商店配置
（圖片來源：每日頭條）

3. 小商店式（**Boutique-form**）：小商店式的走道形狀像一個迴路，每間小商店可以是一家專賣店，因此可有自己的特色及主題，在整體安排較具彈性。

圖 13-12　小商店式的商店配置
（圖片來源：Kiehl's）

其次是動線安排的議題，動線是指店內人與物品移動的路徑與通道，賣場動線的種類有顧客動線、店員動線及管理動線三種。原則上，顧客動線是方便顧客走動；店員動線是方便店員服務顧客，縮短人員走動的距離；管理動線是使賣場和倉庫的距離縮短，利於管理、補貨、取貨、相互支援工作等。

第三是賣場的氣氛營造，除了效率的因素之外，賣場氣氛營造也是重要的議題。賣場外觀、內部的環境都會影響消費者，甚至一般大眾對商店整體的認知及印象，也會影響到顧客停留店內時間的長短，因此其美觀設計、感官刺激、服務人員的服裝儀容等，都會影響顧客的購買意願。因此諸如材質、色彩、燈光、音樂、溫度等都需要加以考量。

圖 13-13　每到年底，各大賣場都會裝置聖誕樹，營造浪漫氣氛
（圖片來源：Newtalk）

三 賣場安全與危機處理

由於賣場是屬於人潮聚集的公共場所，任何人皆可自由進出，因此安全上的防範相當重要。安全問題主要來自交易的現金、高價位商品（如高級服飾、珠寶等）所引發的竊盜、搶奪等問題；安全問題也來自天然或人爲災害，例如：地震、颱風、停水、停電等問題。這樣的安全問題延伸至顧客與員工的安危，也影響了商店與社區的關係，以及自身的企業形象。因此，賣場安全與危機處理包括內部的財務管理、防竊、恐嚇、災害應變等，也包含公共安全管理，如消防、防颱、防震等。

四 賣場的行銷管理

賣場的行銷也以行銷組合表示，其主要內容包含產品組合與促銷。

在產品組合方面，產品組合之決定，有不同的表示方式，例如：依據產品類別或產品特性來區分。依據產品類別分類方式如下（邱繼智，2008）：

1. **業種（Kind of business）**：以販賣的商品種類來區分，一般以主力商品的單一名稱表現之，例如服飾業、飲食業等。
2. **業態（Type of operation）**：依照消費者生活立場而構築的商品組合型態，例如購物中心、百貨公司、量販店、超級市場等。

圖 13-14　業種——服飾業
（圖片來源：Marketeer）

圖 13-15　業態——超級市場
（圖片來源：Discover Hong Kong）

3. **部門或稱品類（Category）**：商品的最大分類，例如服飾業可區分爲淑女服飾、紳士服飾、童裝等。
4. **品種（Kind）**：商品的分類較細，或指另一種分類，例如紳士服飾區分爲襯衫、褲子、配件等。
5. **商品線（Merchandise Line）**：指部門或品種中的某個價格範圍，例如襯衫的價格介於 $500 至 $2,500。
6. **品目（Item）**：商品的最小單位。

其次，產品組合也可以依據產品特性分類來擬定（邱繼智，2008）：

1. **主力商品**：代表商店形象，是營業額與利潤主要來源，條件是必須有新鮮感、獨創性與競爭力。
2. **輔助商品**：與主力商品相關，並支持該店的主力商品，彌補主力商品在數量、品質、價格等方面之不足。
3. **相關商品**：包含易接受商品、安定性商品、日常性商品等，與商店銷售相關的商品。

圖 13-16　IGNITE Limitless 鞋款為 PUMA 之主力商品
（圖片來源：PUMA）

4. **刺激商品**：包含戰略性商品、新開發商品、特殊性商品等，用以刺激銷售的商品。

促銷方面，賣場或零售店的促銷管理也包含廣告、公共報導、直接行銷、人員銷售等方式，促銷人員應該掌握適當的時機進行促銷，例如節令、天氣、時事活動等。促銷的目的包含（邱繼智，2008，CH7）：

1. **店鋪**：提升形象與知名度、提升來客數、活絡店鋪氣氛、抵制競爭者促銷活動、配合節慶、彌補其他促銷工具的不足。
2. **商品**：新商品（新服務、新款式）推出、招徠顧客的商品、帶動關連商品（組合商品）、季節性商品、配合商品生命週期、小瑕疵的商品、存貨與滯銷品出清。
3. **顧客**：喚起顧客購買動機與慾望、開拓新顧客、擴大商圈範圍、提升顧客購買量、維持現有顧客的忠誠度、增加顧客對產品服務的知識、建立顧客資料庫。
4. **業績**：提高營業額、提高客單價、增加短期銷售金額或數量、增加現金流量、提高市佔率（防競爭者介入）。
5. **人員**：作爲未來教育訓練之參考、提振員工工作士氣。

比較專屬適用於賣場的廣告是 POP（Point of Purchase）廣告，適當的 POP 廣告對賣場而言是很重要的，常常能夠收到很好的效果，POP 依照使用目的區分爲（邱繼智，2008，CH7）：

1. **店外廣告**：以引人注目爲目的，於商店外壁和和四周圍設置廣告，如招牌、垂幕等。
2. **店頭廣告**：以吸引顧客上門爲目的，於櫥窗、門口屋簷、門口壁面、門口地板等處設置廣告，如貼紙、海報、布條、氣球、掛旗、地面籃子等。

3. **店內廣告**：以店內導引、指引商品陳列處爲目的，於天花板、壁面、層面等處設置廣告，如垂吊式陳列、掛旗、海報、壁面鑲板、地面立牌、立桿陳列等。

4. **展示架廣告**：以說明商品特色爲目的，可能附在商品上（如標籤、標價卡）、可能在貨價側面（如貨價卡）或在貨架平面之上（如陳列檯、櫃檯架、櫃檯籃子等）。

產品經理手冊

賣場主要的工作是銷售，卻也是促銷的重要場合，搭配事先規劃的產品組合、定價等行銷手法，產品經理需要釐清自己在賣場所扮演的角色。

13-4 顧客服務

一 顧客服務

(一) 顧客服務內容

企業針對顧客所提供的有價值的活動，均屬於顧客服務的範圍。

顧客服務的內容，包含售後服務、維修服務、顧客滿意度調查、顧客抱怨處理、顧客諮詢服務、顧客服務保證等。例如現場服務、售後服務及維修、技術支援與諮詢等，均爲服務方案之例。顧客服務也可以從售前、售中、售後來分類：

1. **售前服務**：在銷售商品或服務前，一切促進產品或服務銷售的活動。其目的在於提供充分的資訊給消費者知曉，才能吸引消費者購買。例如商品資訊傳遞、會員型錄的寄送等均爲售前服務。

2. **售中服務**：從消費者開始採購商品或服務，至結帳完畢的過程中，所有對幫助、促進消費者採購商品的活動。

3. **售後服務**：意指消費者在結帳完成後，所提供的各項協助服務。包括商品的配送、安裝、退貨、換貨、諮詢、客訴處理等。

顧客服務流程，主要包含需求分析、服務規劃（目標與服務流程）、服務傳送、績效評估等步驟。顧客服務相關互動方案，則包含顧客自助服務、FAQ。

(二) 顧客服務模式

上述顧客服務的互動模式，主要區分為服務與保證兩大類，包含自助服務模式、主動服務模式、抱怨處理模式、保證模式等。

1. **自助服務模式**：設計相關設備或流程，供顧客自行操作相關的客服活動。
2. **主動服務模式**：在適當的時機，主動建議或提醒顧客進行某項服務或購買商品。
3. **服務復原模式（抱怨處理模式）**：建立有效的顧客抱怨處理流程，降低服務失效的衝擊。
4. **保證模式**：針對所銷售的產品或服務提供適當的保證，提升顧客信心與購買意願。

(三) 客服中心

客服中心的主要任務是負責收發電話，其主要功能區分為被動式的顧客服務（Inbound），以及主動出擊的電話行銷（Outbound）兩大類。

以接收電話的顧客服務之功能而言，其內容包含接收訊息、議題分類、分配工作和回應顧客，主要的任務包含受理訂貨、受理詢問，以及受理申訴三大類。就以主動出擊的電話行銷而言，主要是透過顧客需求分析、定義方案的方式，進行主動式行銷，其主要的功能包含促銷活動及市場調查。

圖 13-17　客服中心主要的任務為收發電話（圖片來源：Pexels）

1. 受理訂貨

受理訂貨包含接收訂單，以及催繳貨款等有關訂貨的業務，其服務的品質表現在親切禮貌，並讓顧客明確了解產品庫存與訂單處理的狀況。親切禮貌是構成顧客心理效益的方式，包含良好的態度、關懷與尊重等。讓顧客對產品庫存與訂單處理狀況的了解，也是讓顧客有安心的感覺。其次顧客訂貨的方便性以及快速交貨，亦是受理訂貨的重要品質因素，這對顧客而言，產生快速、方便等經濟效益。

2. 受理詢問

受理詢問主要的服務，是答覆有關服務流程（如採購、付款、維修等）、產品規格、技術等問題。其服務品質除了前述的親切禮貌之外，最重要的是快速而正確地回答問題。由於顧客問題包含服務、產品、技術等專業領域的問題，接線生不一定有足夠的專業知識立即回答顧客的問題，因此有關企業的服務流程、常見問題及其解答等，均可事先以常見問答集（FAQ）的方式，置於資訊系統（資料分析工具）的資料庫中。接線生可以在電腦上迅速查詢到顧客問題的相關答案，快速而正確地回答而使得顧客感到滿意。若顧客的問題較爲特殊，則由接線生轉至相關單位處理。

3. 受理申訴

顧客若有不滿或遭受不平的待遇，需要妥善加以處理，這種事後的處置稱爲「服務復原」（Service Recovery）。服務復原的快速、即時，以及正確的處置是重要的品質指標，客服中心的受理申訴提供良好的回應管道，接收到申請電話之後，需快速辨識顧客，對申訴問題做一個分類及嚴重性的判斷，再交給相關單位處理，提供適當的對策。因此，企業的申訴流程是支援申訴互動的重要依據，當然親切的態度也不可免。而資訊系統，則負責辨識顧客，並儲存及處理申訴事件與處理記錄，協助分析出造成問題的原因、解決之道以及防範的方式。

圖 13-18　客服中心需妥善處理顧客的申訴
（圖片來源：Unsplash）

4. 促銷活動

促銷活動主要的要領，在於找到適當的顧客進行正確的促銷活動。個人化的促銷是顧客關係管理的重要能力之一，不但能提升促銷的效果，也節省許多電話費用及人工成本。

5. 市場調查

市場調查乃是透過主動與顧客的電話接觸，發掘顧客的問題或得知顧客的需求，發掘問題之後用以擬定解決方案，或進行服務復原的動作。得知顧客的需求可做爲新產品，或服務規格定義的依據，甚至提供客製化的產品或服務。

產品新趨勢

良興電子的偵探式顧客服務，店員診斷需求，變身顧問級 3C 專家

圖 13-19 良興電子
（圖片來源：良興 - 台北光華店 Facebook）

從服務的角度來說，「智者」要回答的是：消費者在哪裡可以得到最好的忠告？「有次一個朋友跟我說，那天去你們店裡……，」良興電子總經理賴志達說，「他說，想買個插頭轉換器，竟然就聽店員介紹了三十分鐘！」

「哈！」賴志達其實有點得意，這表示員工很有服務熱忱，因為轉接頭單價不高，卻很關鍵。如果客人到了國外才發現買錯，重點不是錢，而是會掃了遊興，甚至與旅伴吵架。因此賣場員工很在意能否賣對，總在消費者上門時扮演起偵探，反覆確認要去的地點，就連去歐洲都要細問是哪些國家，免得在兩種歐規中，押錯了邊。

因為現代人選擇太多、時間成本太高，很多人根本沒時間自己做功課，良興的每個店員就得升級成顧問專家。為此，各分店開門營業前的早會上，由員工輪流簡報，分享怎麼給客戶專業意見，並把相關教材放上網，收納在「良興圖書館」。

例如，光是插頭轉接頭，員工還能用歷史告訴你，哪些國家曾是英國殖民地，所以插頭一樣；歐洲哪些國家插頭屬於德國派、哪些又是自由派。而上班族最苦惱的 HDMI 轉接線規格不符，在賣場甚至準備了二十條線，讓客戶可帶電腦來一條條試用。

賴志達分析，網路比價太容易，導致賣場價格大同小異，這時客戶下單時的考量反而是：最想要被誰服務。「要做到客戶一動念想買，就會來找你。」賴志達說。

資料來源：蔡靚萱（2022-08-24）。全家拍微電影、cama 在古蹟賣體驗　企業 10 種角色扮演翻身贏家。商業周刊，1815 期。2022-08-24，取自：商業周刊知識庫。

評論

顧客服務模式包含自助服務模式、主動服務模式、抱怨處理模式，以及保證模式等，但要提供到什麼程度也需要考量。如果顧客有需求，你提供了服務，當然很好；如果你主動考慮到顧客的需要，或是為顧客設想，提供顧客可能沒想到的服務，會不會更好呢？熱忱與專業，是否會為顧客留下美好的印象，還是只是耗費成本之舉？

產品新趨勢

賓士汽車的維修服務

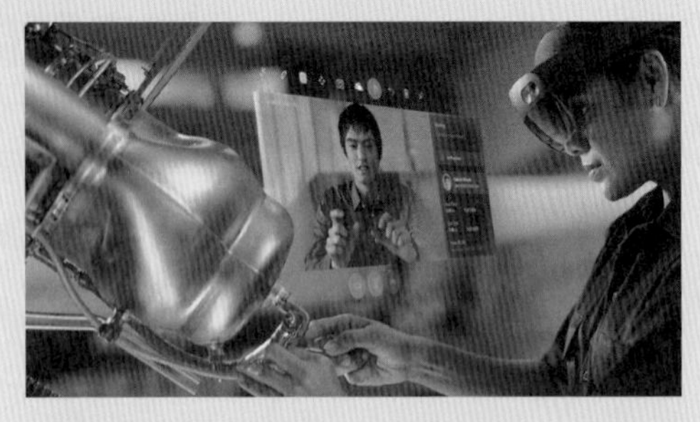

圖 13-20　Dynamics 365 Remote Assist
（圖片來源：Microsoft 官網）

要讓汽車維持良好狀態繼續行駛，所需的維修工作已經變得更加複雜。因此，為了幫助技術人員更有效率地維修車輛，賓士美國公司（Mercedes-Benz U.S.A.）與微軟合作，將虛擬實境（Virtual Reality, VR）和線上協作引進車輛的維修服務，「虛擬遠距支援」（Virtual Remote Support）的技術可以結合 VR 頭盔及視訊會議技術，大幅縮短維修服務的時間。微軟推出的 HoloLens 2 VR 頭盔是不可或缺的利器，結合微軟協作工具 Dynamics 365 Remote Assist 後，成為一項混合實境工具，利用賓士龐大的遠距技術專家系統，協助經銷商的車輛診斷技術人員即時解決維修問題。

舉例來說，美國賓士汽車的技師只要戴上 HoloLens 2 VR 頭盔後，在 Dynamics 365 Remote Assist 的協助下，就能與遠在德國的賓士技術專家溝通，即時詢問汽車零件或系統維修問題。甚至，當德國專家想要了解汽車內部機械時，技師只要用手勢指向引擎，就會顯示出 3D 投影圖。專家透過電腦觀看，同時讓技師將目光看向特定零件或感應器，專家就將車子的配線圖、各項紀錄或是其他視覺訊息，直接分享到 HoloLens 2 VR 頭盔的畫面上。

除此之外，德國專家還可以在 3D 投影圖上標示引擎或零件，用視覺告訴技術人員應該如何做，例如：該到哪裡調整特定電線，必要時也會邀請其他賓士專家加入視訊會議。美國賓士的數位轉型，可稱為「虛實維修」。

資料來源：胡林（2021-01）。賓士 VR 遠距　重新定義汽車維修。能力雜誌，779 期。2021-01，pp. 52-54。

評論

對汽車業而言，汽車維修是重要的售後服務，賓士汽車的維修服務採用虛擬實境技術，進行線上協作與虛擬遠距支援，這樣的虛實整合服務，提升成效並降低成本。

產品經理手冊

顧客服務是產品生命週期的一環，產品經理人了解顧客服務的內容與模式，可以為產品設計適當的服務流程，提高顧客滿意度及忠誠度。

本章摘要

1. 銷售管理的活動包含銷售預測、銷售策略與計畫（例如採取說明、說服、信服之銷售策略）、產品管理、行程安排、工作追蹤、溝通與公告、知識管理等活動，以便達成銷售目標。
2. 一般的銷售流程步驟包含發掘潛在顧客、銷售準備、推介與解說、成交與簽約、追蹤與服務等。
3. 常見的銷售模式包含預售模式、租賃模式、自動化模式、搭售模式、人員銷售、產品推薦模式、訂閱制等。
4. 參加展覽可以策略面與戰術面來考量，策略面是以公司的角度來考量年度或某段期間需要參加哪些展覽、預算為何；戰術面則是針對參加某一項展覽所做的管理活動，包含展前、展中、展後三階段的工作。
5. 賣場或門市的功能包含：商流、物流、金流、資訊流、人才流等。賣場銷售管理主要的工作內容，包含收銀作業、銷售事務管理、銷售及促銷等。
6. 賣場的空間主要是由商品空間、店員空間、顧客空間三部分所組成，與賣場空間規劃相關的議題，包含商店配置（Store Layout）、動線安排與氣氛營造。
7. 賣場產品組合的擬定可以依據業種、部門等產品類別來分類，也可以依據主力產品、輔助產品等產品特性來分類。
8. 顧客服務的內容包含售後服務、維修服務、顧客滿意度調查、顧客抱怨處理、顧客諮詢服務、顧客服務保證等。顧客服務的互動模式，主要區分為服務與保證兩大類，包含自助服務模式、主動服務模式、抱怨處理模式、保證模式等。
9. 客服中心的主要任務是負責收發電話，其主要功能區分為被動式的顧客服務，以及主動出擊的電話行銷兩大類。顧客服務主要的任務，包含受理訂貨、受理詢問，以及受理申訴三大類；主動出擊的電話行銷，包含促銷活動及市場調查。

本章習題

一、選擇題

(　　)1. 下列一般的銷售流程步驟，何者應該擺在其他流程的前面？ (A) 銷售準備 (B) 推介與解說 (C) 成交與簽約 (D) 發掘潛在顧客。

(　　)2. 下列何種情況較不適合人員銷售？ (A) 市場只有少數的購買者 (B) 產品單價低 (C) 技術複雜的訂製產品 (D) 以上皆非。

(　　)3. 銷售人員將銷售資訊傳達給潛在顧客，是屬於人員銷售的哪一個步驟？ (A) 發掘與評選 (B) 接近 (C) 推介 (D) 以上皆非。

(　　)4. 進行招展活動宣傳，招募參展廠商，是屬於策畫商展的哪一項工作？ (A) 招展 (B) 招商 (C) 佈展 (D) 行銷。

(　　)5. 下列何者不是展中行銷的工作？ (A) 展場整備 (B) 接待客戶 (C) 展中促銷 (D) 商情蒐集。

(　　)6. 賣場中的貨架、櫥窗是屬於哪一種空間？ (A) 商品空間 (B) 店員空間 (C) 顧客空間 (D) 以上皆非。

(　　)7. 能最有效利用空間的是哪一種商店配置類型？ (A) 自由式 (B) 格子式 (C) 小商店式 (D) 以上皆是。

(　　)8. 與主力商品相關，並支持該店的主力商品，彌補主力商品在數量、品質、價格等方面不足的產品稱爲？ (A) 輔助商品 (B) 相關商品 (C) 刺激商品 (D) 以上皆非。

(　　)9. 建立有效的顧客抱怨處理流程，降低服務失效的衝擊，是屬於哪一種顧客服務模式？ (A) 自助服務模式 (B) 主動服務模式 (C) 服務復原模式 (D) 保證模式。

(　　)10. 下列何者是客服中心主動出擊式的服務項目？ (A) 受理訂貨 (B) 受理詢問 (C) 受理申訴 (D) 市場調查。

本章習題

二、問答題

1. 一般的銷售流程步驟為何？
2. 人員銷售的優缺點為何？
3. 常見的銷售模式有哪些？
4. 選擇要參加哪些展覽，所需要考量的因素有哪些？
5. 參加商業展覽的戰術層次有哪些工作內容？
6. 與賣場的空間規劃相關的議題有哪些？
7. 賣場的產品組合如何決定？
8. 顧客服務有哪些服務模式？
9. 客服中心主要的工作有哪五項？

三、實作題

請以你去便利商店或賣場購買某些商品為例，列出所接收到的（或可能接收到的）銷售及服務內容。

便利商店或賣場名稱：

購買商品項目：

項目	流程（若有請打勾）	說明	備註
銷售	□發掘潛在顧客 □銷售準備 □推介與解說 □成交與簽約 □追蹤與服務		
服務	□售前服務 □售中服務 □售後服務		

參考文獻

1. 林正智、方世榮編譯（民 98），《行銷管理》，初版，臺北市：新加坡商勝智學習。
2. 邱繼智（2008），《門市營運管理——門市服務技術士技能檢定完全理解》，二版，臺北縣中和市（新北市）：華立圖書出版。
3. 段恩雷撰稿（民 96），《會展行銷規劃》，臺北市：經濟部。
4. 周錫洋（2008），《高績效展覽的行銷策略與要訣》，臺北市進出口商同業公會貿易雜誌電子報，201 期。
5. 袁國榮、呂育德編著（2009），《現代門市經營管理實務：門市經營導入收銀大師 POS 系統實作手冊》，初版，臺北市：大進文化圖書。
6. 許英傑、黃慧玲譯（2015），譯自：Levy / Retailing Management 9e，《零售管理》，臺北市：華泰文化。
7. 詹文男等合著（民 109），《數位轉型力：最完整的企業數位化策略 X50 間成功企業案例解析》，初版，臺北市：商周出版，家庭傳媒城邦分公司發行。

14

產品生命週期管理

學習目標

本章內容介紹產品生命週期管理，先介紹產品績效的評估方式，再介紹產品生命週期各階段的管理要領，最後介紹顧客關係管理，各節內容如下表。

節次	節名	主要內容
14-1	產品績效的評估	說明評估產品特質、銷售績效的方法，以改善銷售績效、調整產品線等決策。
14-2	產品生命週期	說明產品生命週期的導入期、成長期、成熟期、衰退期四個階段，及其產品特色、市場狀況、競爭狀況、行銷要領。
14-3	顧客生命週期與顧客關係管理	說明顧客關係管理的定義、特色，以及設計有效顧客互動方案的要領，並介紹顧客或會員經營的方法。

引-導-案-例

戲院口魷魚的產品生命週期

大家熟知的「珍珍魷魚絲」，品牌是新和興海洋公司所擁有，其魷魚絲與鮪魚糖產品是獨占七成以上市場的雙冠王，該公司總經理陳皇州卻發現該公司的產品發生了「無法與年輕人接軌」的斷層，使得經營上面臨重大困難。

現代的年輕人飲食選擇多元化、飲食習慣國際化、消費行為網路化，因此食品要能夠讓口味與消費者記憶連結，相當困難，而珍珍魷魚絲想要靠原來高齡顧客消費，終究不是長久之計。

因此陳總經理運用三年的時間，針對年輕人進行市場調查，開發出一款「戲院口魷魚」新產品，希望能夠打入年輕市場，該產品光在好市多（Costco）通路就有五千萬的年營收，而且也讓企業年營收維持 3% 的成長。該項產品是用新鮮阿拉斯加帶皮魷魚，透過高溫輾壓機直接壓成魷魚片，做出帶著焦香味的產品，一組約有五到六斤，定價在 400 元左右，走的是中高價位的定價策略。

圖 14-1　戲院口魷魚
（圖片來源：新和興海洋公司官網）

在廣告方面，公司將電視廣告的行銷費用分散到捷運、公車、網路等年輕人容易接觸的媒體，更重要的是選擇好市多作為關鍵的合作通路，因為該通路很能針對年輕人炒熱美食話題，除了實體通路之外，該公司也利用網路銷售該項產品，包括好吃市集、PChome 商店街等購物平臺，當然也仍維持傳統的實體店家通路。針對這些實體商家，其促銷策略也有其原則，陳總經理一開始就堅持「除少數經同意的限時限量促銷活動外，不准有破盤價」，同時承諾「只要查到店商降價，珍珍就必須補差價給其他沒降價的客戶」，穩住傳統店家的軍心，之後再全面衝刺店商銷售，這種平行策略造成該產品多了一到兩成的年輕客源，成功跨越消費斷層。

（資料來源：林洧楨，2018-02-13。魷魚絲老將穿上懷舊外衣，年輕客多兩成。商業周刊，1579 期。2018-02-13）

本章主題是產品生命週期管理，魷魚絲屬於成熟期的產品，請大家思考：珍珍魷魚絲在這個階段所採取的產品創新與行銷組合策略是否適當。

14-1 產品績效的評估

產品銷售績效的指標包含銷售量、銷售金額、利潤等指標，而產品可能包含在市場銷售的產品項，也包括某類產品的銷售績效，或是全公司所有產品的績效，例如，需要了解咖啡產品、飲料產品、食品或是全部產品的績效。其次，績效也包含不同的時間範圍，例如：統計本日、本週、本月、本季、本年的銷售績效。第三，這些績效需要與本身銷售績效目標、其他產品銷售績效、競爭產品銷售績效做一些比較。產品經理需要掌握產品銷售績效的狀況，以便進行改善銷售績效、研發新產品、淘汰舊產品、產品線的調整等決策，因此需要了解資料處理的概念。

一 資料處理

資料是代表事實的符號，更具體言之，資料乃是對某個對象或事件的屬性，以特定的值描述之，因此資料的表示包含下列三大元素：

1. **個體（Entity）**：是資料要表達的對象，可能是一個人、事件或物件，一個個體代表一個資料檔案。
2. **屬性（Attribute）**：爲描述個體的構面或指標。例如，人的屬性可能爲姓名、性別、年齡、職業、收入等；產品屬性包含規格指標、價格、庫存等，而產品銷售的指標包含銷售時間、銷售數量、購買者等。
3. **值（Value）**：指的是屬性的相對值，包含數值或文字符號之描述。例如，姓名之值爲陳志明，年齡之值爲 20 等。

一個個體的資料就構成資料檔案，所有資料檔案加起來就是公司的資料庫。描述資料檔案之間關係的模式稱爲資料模式，常見的資料模式包含階層式、網路式及關聯式資料庫管理系統（Database Management Systems, DBMS）。

以關聯式資料庫管理系統（Relational DBMS）爲例，該系統是由一些相互關聯的資料表所構成，該資料表就是上述個體的檔案，屬性即爲資料表中的欄位名稱，而每一個個體的各個欄位所構成的值的集合，即爲一筆記錄，例如：顧客資料表中有一千個顧客的資料，代表該資料表有一千筆記錄。

圖 14-2　DBMS
（圖片來源：Vector Stock）

資料庫中有數個資料表，而每個資料表中會有特定的欄位與其他資料表進行關聯，該特定欄位稱為鍵值（Key），與產品銷售相關的資料庫包含顧客資料表、產品資料表及交易資料表。顧客資料表、產品資料表及交易資料表之例，分別如表 14-1、14-2、14-3 所示。

表 14-1　會員（顧客）資料表

代號	姓名	性別	居住縣市	居住鄉鎮區
C01	張得功	男	臺中	霧峰
C02	王瑪莉	女	臺中	太平
C03	林珍妮	女	臺中	霧峰
C04	李得勝	男	臺北	大安

表 14-2　產品資料表

產品編號	產品名稱	產品小類	產品中類	產品定價	產品成本	商品庫存(3/31)	安全庫存	月目標銷售量
AX01	鮮奶	飲料	食品	35	25	100	30	500
AX02	綠茶	飲料	食品	20	10	60	30	500
AX03	果汁	飲料	食品	25	15	35	30	600
AY01	麵包	烘焙	食品	40	30	80	30	400
AY02	蛋糕	烘焙	食品	50	30	80	30	200
AZ01	便當	餐點	食品	80	50	40	30	800
AZ02	涼麵	餐點	食品	50	30	36	30	350
AZ03	酸辣湯	餐點	食品	30	20	40	30	450
BX01	書籍	書刊	辦公用品	300	20	20	15	120
BX02	雜誌	書刊	辦公用品	250	150	30	15	250
BY01	原子筆	文具	辦公用品	15	10	30	15	150
BY02	橡皮擦	文具	辦公用品	10	50	30	15	50
BY03	鉛筆盒	文具	辦公用品	50	40	30	15	80

表 14-3 交易資料表

訂單編號	交易日期	產品編號	銷售數量	會員代號
001	1070101	AX01	20	C01
002	1070105	BX03	30	C01
003	1070105	BX01	20	C02
004	1070106	AY01	10	C02
005	1070122	AZ01	20	C01
006	1070130	AZ03	10	C04
007	1070202	AX02	20	C01
008	1070205	BX02	30	C01
009	1070206	BY01	30	C01
010	1070207	AY01	10	C01
011	1070207	BY02	30	C03
012	1070220	AZ01	20	C02
013	1070225	AZ02	40	C01
014	1070301	BX01	20	C01
015	1070310	AY02	30	C04
016	1070310	BY02	20	C04
017	1070318	BY02	20	C01
018	1070322	AZ02	10	C01
019	1070403	AX03	60	C04
020	1070405	AX03	30	C01
021	1070411	BY01	20	C01
022	1070412	AY02	30	C02
023	1070417	AY01	100	C03
024	1070421	AZ02	40	C01

從使用者的角度而言，資料處理的功能，是要將讀入的資料或資料庫中的資料，轉換爲對使用者有用的資訊；進行該資料轉換動作的元件，稱爲應用程式。使用者依據本身業務上的目的，從系統中取得資訊；資訊的取得，乃是透過應用程式的運算、分析及

查詢而得。舉例而言，使用者可能爲業務經理，爲了要了解某種產品四月的銷售金額，以便調整其促銷手法（業務目的），必須由系統中取得某產品四月份的銷售金額，此時應用程式的主要功能如下：

1. 讀入產品名稱、時間（月份）。例如：產品 AX03，日期介於 1070401 到 1070430。
2. 至產品資料表中找出相對應產品的價格資料，此時 AX03 的價格爲 25。
3. 至交易資料表中，調出四月份該產品的交易數量，得知 1070403 銷售數量爲 60，1070405 銷售數量爲 30。
4. 將合乎條件（四月份）的各筆資料之價格與交易數量相乘後加總，即得到某產品四月份之交易額，也就是交易額 = 60*25 + 30*25 = 2,250。
5. 列印結果於報表。

上述交易金額的計算，只是應用程式將資料轉換資訊的方法之一，還有許多資料處理的方法。應用程式處理資料的方法包含篩選、計算、分析及判斷，分別說明如下：

1. **篩選**：主要的處理方式是從資料庫中，選取合乎某些條件的資料紀錄或資料紀錄的部分欄位；所謂合乎的條件稱爲準則，準則包含欄位名稱及其條件值。例如，可從交易資料表中，篩選顧客 C01 的交易紀錄，其中會員代號爲欄位名稱，「= C01」則爲該欄位之值，又如摘錄出銷售數量大於 50 的產品，銷售數量爲欄位名稱，「> 50」爲欄位值。
2. **計算**：主要是運用數學公式或統計的計數等方式，計算所欲求得的結果。例如，欲計算利潤，乃是經由「（價格－成本）× 銷售量」這個公式計算而得。計算過程中的資料項目亦來自資料庫欄位，或是使用者輸入之條件。
3. **分析**：乃是透過統計、管理科學或計量經濟等模式進行分析，例如，運用線性規劃模式來分析生產線之最適生產量，或是運用迴歸模式與時間數列模式來做銷售預測。分析模式與計算公式主要的不同點，在於前者的變數是不確定性的，例如，「銷售預測」得出下個月的銷售金額爲 500，該數值並非準確的而是機率性的，也就是銷售預測值有某百分比（例如 95%）的機率介於（500 – x）和（500 + x）之間。
4. **判斷**：指的是應用程式仿如人腦一樣具有推論的功能。傳統的專家系統便是具有判斷能力的應用程式，將專家的知識加以表達，並儲存於知識庫中。應用程式仿如一個具有推論功能的引擎，稱爲推論引擎，透過此種過程使得應用程式具有推論的功能。例如，醫生依據是否發燒、流鼻水、咳嗽來判斷是得了哪一種感冒或其他疾病，其推論的依據就是症狀與疾病之間的關聯性。

我們一般將資料處理的產出結果稱爲資訊，資料庫中各資料表的產品名稱、價格、交易日期、交易數量等欄位值稱爲資料，而輸出結果「某產品四月份的交易額」稱爲資訊。資料與資訊最主要的差別，在於資訊是對使用者有價值的、可能會影響其決策或行動的，例如：因銷售金額不佳而調整其廣告預算或提升其產品品質等。

雖然資料與使用者並無直接相關，但是資訊卻都是經由各項資料計算、分析、篩選而得到，使用者對於資訊的需求，也就決定資料庫的欄位以及應用程式運算的方式。以前述計算某產品四月份銷售金額的例子來說，前述三個資料表的欄位是足夠的，但若要運算某產品四月份的利潤，我們可以得知運算公式如下：

利潤 ＝ 銷售量 ×（價格－成本）

因此產品資料表（表 14-2）必須要有「成本」（產品成本）這個欄位，應用程式才能計算出利潤。亦即，若使用者有需要利潤這項資訊，則在資料庫設計時，必須在產品資料表中加上「成本」欄位，並在應用程式中加上前述的利潤運算公式。

由前面的敘述我們可以明瞭，資料庫中的資料表與其相關欄位，都是由使用者的需求來決定的，使用者要做什麼事，就需要哪些資訊，需要這些資訊，就決定了所需的資料。例如：業務經理爲評估銷售績效，需要求取銷售量、利潤等資訊，爲了預估市場需求，也是由歷史銷售量來推估。就邏輯的觀點，資料庫的結構最主要的便是資料庫中應該包含哪些資料表，而各個資料表所需的欄位有哪些？當然，所有的資料蒐集活動，也都是依據這些資料庫的欄位來蒐集。

二 統計產品銷售績效

爲了方便分析，在此也介紹基本的資料倉儲概念。表達資料庫的邏輯是運用資料模式，如階層式模式、網路模式或關聯式資料庫模式。表達資料倉儲所採用的模式最常見者稱爲多維度模式（Multidimensional Model）。由於資料倉儲的重要目的之一，是要讓使用者能依據本身的需求做更簡易的分析，資料倉儲乃是以交易主體（如顧客、產品、業務員等）做爲其儲存分類之依據。例如，以銷售作爲主體，描述銷售的內容（資料欄位）包含以訂單編號爲鍵值，其他欄位包含產品編號、顧客編號、銷售地區、日期等，以及衡量銷售狀況的指標，即銷售數量價格等。

上述的產品、銷售地區、日期等，便可定義爲銷售主體的維度，各維度有不同的解析度，分別說明如下：

1. **產品維度**：衡量產品的數量，產品維度中的產品可能指的是某一種、某一系列的產品或本公司的所有產品，表 14-2 的產品解析度是產品項、小類、中類之區隔。
2. **地區維度**：描述某地區的銷售量，其解析度由大而小分別爲某鄉鎮、某縣市、某地區、某國家的銷售量。
3. **日期維度**：由時間（日期）維度來描述銷售量，解析度由大而小分別爲某日、某週、某月、某季或某年的銷售量。

衡量銷售主體的維度資料均因分析層次的不同而有不同的解析度，稱爲顆粒（Granularity）。例如，描述某地區的銷售量，其解析度由大而小分別爲某鄉鎮、某縣市、某地區、某國家的銷售量。

依據維度模式所建立之資料儲存體便是資料倉儲，也就是說，資料倉儲儲存了所有維度各種可能解析度的運算結果以供查詢，例如：某產品項四月份在太平市的銷售量、某小類產品四月份在太平市的銷售量、某小類產品四月份在臺灣地區的銷售量等。

資料倉儲的資料包含公司內外部的資料，而且包括整個歷史資料，其資料量相當龐大，建立資料倉儲的工程也頗爲浩大，但是使用者很容易依據本身的業務需求進行分析，只要按下維度與解析度的按鈕，便迅速得到所需的結果。例如，銷售經理欲得知某中類產品四月在中部地區之銷售量，便是運用產品、時間、地區三個維度，其解析度分別爲「中類」、「四月」、「中部地區」。不同使用者進行分析時，其所需維度與解析度不同，高階主管需要彙整性的資料，其解析度小，基層主管則需解析度較大的資料。

使用者在線上直接查詢各種可能維度及解析度的資料，稱爲線上分析處理（On-Line Analytical Processing, OLAP），亦即使用者透過資訊系統軟體，可以在線上直接進行決策分析。例如：分析某顧客在某個時段的交易量時，運用了顧客及時間兩個維度，而此項分析的目的是爲了支援促銷方案的擬定。

我們可以用簡單的例子說明資料倉儲的概念，依據表 14-3 之交易資料表，該資料表理論上應該已經整合公司所有內外部資料。資料倉儲將可能分析的構面定義爲維度，包含顧客、產品、時間等，將可能的分析均計算出來，例如，北區顧客（顧客維度）交易金額是 10*30 + 30*50 + 20*10 + 60*25 = 3,500 元，北區顧客的食品（產品維度）交易金額是 10*30 + 30*50 + 60*25 = 3,300 元，而北區顧客的食品在三月份（時間維度）交易金額是 30*50 = 1,500 元。這些可能的結果均儲存於資料倉儲中，透過分析處理工具，可以快速得到所需的結果。

三 評估產品成本

產品單位成本是由產品的總成本除以產量而得，成本主要是由物料成本、人工成本、管理成本所構成，物料成本是由產品的零組件的價格所構成，構成產品的所有零組件的集合稱爲物料單（Bill of Material, BOM），物料單中註明了產品所需的零組件名稱、數量與價格，而加總所有零組件的「數量乘以價格」就是該產品的物料成本（單位成本）。人工成本就是投入此項產品的人工費用，除以產量就是此產品的單位人工成本。管理費用可能包含經理人薪資、水電設備等費用，通常是整體計算的，會計上必須將該費用以適當的比例分攤給本項產品，所分攤的成本再除以產量就是該產品的單位管理成本。

爲了說明物料成本估算，我們假設有 CD 及 DVD 的影音產品各一，其 BOM 分別如表 14-4、14-5 所示。由表 14-4 可以得知，CD 產品的單位成本爲 236.2 元，DVD 產品的單位成本爲 366.2 元。BOM 還有另外的重要功能是領料與採購，也就是在安排生產時，由訂單中的產品數量乘以 BOM，就得出物料數量，生管人員據此至倉庫領料，領料後若該料件庫存不足，則需進行採購，此非本章重點，讀者若有興趣請自行參閱生產管理相關書籍。

表 14-4　CD 產品的 BOM

零組件名稱	零組件編號	數量	單位成本
CD 光碟片	D001	2	10
包裝盒（兩片裝）	P002	1	15
封面貼紙	C001	1	1
標籤	T001	1	0.2
錄音檔	K001	1	200

表 14-5　DVD 產品的 BOM

零組件名稱	零組件編號	數量	單位成本
DVD 光碟片	V001	2	25
包裝盒（兩片裝）	P002	1	15
封面貼紙	C001	1	1
標籤	T001	1	0.2
影像檔	M001	1	300

四 預測產品銷售績效

進行產品相關決策時，也需要進行產品銷售績效之預測；預測是依據既有的資料或是純憑直覺推測未來，因此，預測的方式包含定性的與定量的方法。

定性法（Qualitative）是依據人的判斷來進行預測，可能包含專業的判斷或是個人的直覺，可能由自己本身進行預測，也可能請由外部專家。定性預測屬於主觀判斷，常見的定性預測方法包括：市場調查、焦點團體、德爾菲法、專家意見等。

定量法（Quantitative）是運用客觀的歷史資料，以及適當的預測模式（數學模式）執行預測。定量方法主要包含時間序列、因果模型與模擬三大類。

1. **時間序列**：假設未來與過去相似，因而用歷史資料推估未來，例如，運用移動平均、指數平滑等方法來預測未來，這些預測模式可能還需要考量繼絕或循環等變數。例如：移動平均法常用前三個月的平均來預測下個月的銷售量，表 14-3 中，一至四月的銷售量分別爲 110、180、100、280，五月份的銷售預測就可以用二至四月的平均來估計，即（180 + 100 + 280）/ 3 = 187。
2. **因果模型**：假設需求與某些內、外部因素有關，而運用這些解釋變數預測未來，迴歸分析是常見的分析模式，計量經濟模型或是投入產出模型也屬於此類。
3. **模擬**：運用小型的或虛擬的條件來推測實際狀況，因此運用模擬模式來做預測，可以預測的條件或變數做一定程度的假設，並且改變變數各種可能的數值，觀察可能的狀況。

上述定量方法可以結合前項的多維度資料分析方法，將時間維度設定爲未來（未來一週、一季、一年等），便可將預測的結果作爲資料倉儲，供線上分析。

五 評估產品競爭績效

產品有核心利益（顧客價值），以及各種屬性或是產品規格，一般而言評估產品績效就是針對這些屬性進行評估，包含與本身產品、競爭產品或是市場其他產品相比。例如，競爭矩陣圖（Competitive Matrix，或稱感受地圖），此種方法是用兩個座標來表示兩個產品的重要屬性，然後將本身產品（產品 A）與競爭者的產品（產品 X、Y、Z）置於矩陣圖的適當位置，便可比較優劣或相對的優勢，如圖 14-3 所示。

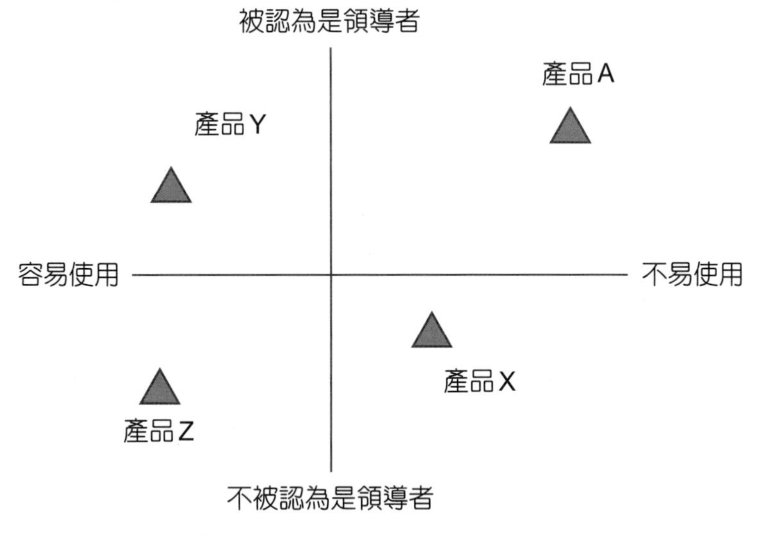

圖 14-3　產品的競爭矩陣圖
（資料來源：戴維儂譯，2006）

如果有數個產品屬性需要比較，也可以運用「產品比較尺度」（戴維儂譯，2006）來進行比較。其具體的做法是將產品的各個屬性製成連續的量尺，具有正負兩極的刻度，將產品的各項屬性予以評分來做比較評估。例如，某產品具有性能、操作性、安全性、價格合理性等四大屬性，分別具有高與低兩個極端，假設市面上有 X、Y、Z 三個產品，針對這三個產品在這些屬性上的評估，便可以繪出「產品比較尺度」圖，得知各產品的優劣點，如圖 14-4 所示。

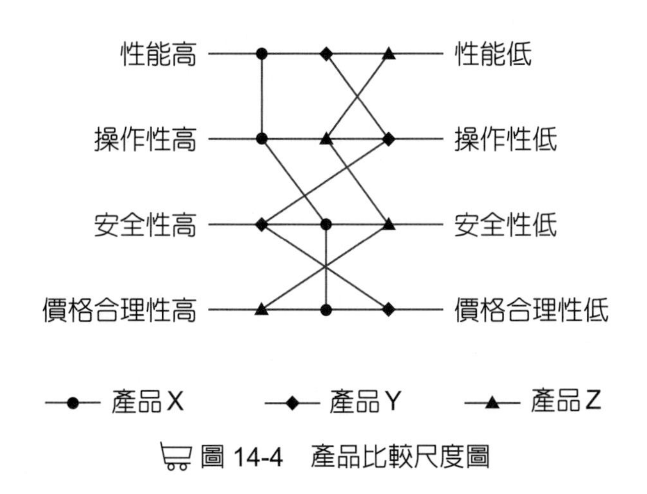

圖 14-4　產品比較尺度圖

除了各項效益屬性之外，成本也是重要的評估項目（也可視爲屬性），也就是說，成本效益是最主要的評估準則。

六 產品線評估

產品線由一系列的產品所構成，當然我們也可以產品線作爲比較的單位，比較的項目可能包含產品線的完整性、產品線的銷售金額或利潤等。產品線完整性的比較方式是列出某一產品線中的可能產品，然後比較本身產品線與競爭者產品線各具有該產品線中的某項產品，如果其他競爭者都有該項產品而貴公司沒有，這可能需要加以填補。

評估銷售金額或利潤，則須列出某產品線的銷售金額或利潤（爲該產品線中各產品的銷售金額或利潤之和），再與自己產品線之歷史績效或競爭者產品線進行比較。

產品經理手冊

產品績效評估包含產品本身的特質與銷售績效，也包括與自身產品以及與競爭者做比較，產品經理應該了解產品評估的方法，對產品有正確而客觀的認識。

14-2 產品生命週期

一 產品生命週期的四階段

產品生命週期一般分爲導入期、成長期、成熟期、衰退期四個階段，每個階段有其管理的重點。例如，在萌芽期，研究發展及上市是重要的管理；成長期則著重生產管理、產品改良及行銷。本書所稱的導入期在上述架構中是屬於產品發展及上市階段，各階段內涵說明如下（如表 14-6 所示）：

1. 導入期

導入期是指產品從設計、投入生產、市場測試，直到開始上市。導入期因爲只有少數領先者領先開發與上市，因此產品品種少，顧客對產品還不了解，會對這些新產品有興趣的顧客是創新者，他們對於新鮮、新奇的產品較有興趣，社會大眾則鮮少購買。就生產者而言，其生產技術受到限制，製造成本高，而且投入於創新者的行銷費用也比較高，因此價格較高，銷售量低。

依據 Kotler 等人的看法，導入新產品策略的方式，依據價位與促銷程度區分爲四種（謝文雀編譯，2000），如圖 14-5 所示。

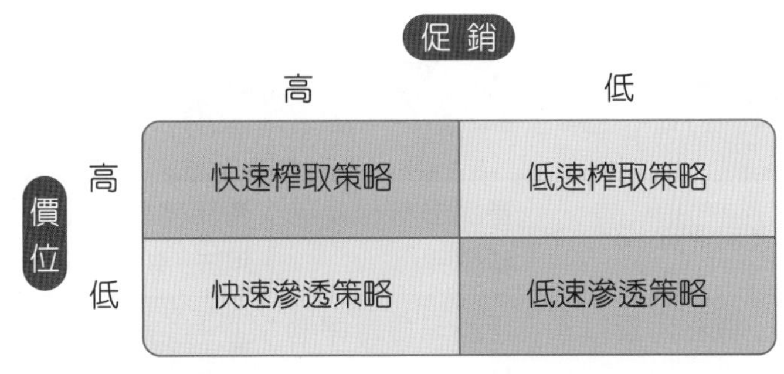

圖 14-5　新產品上市的四種策略

(1) 快速榨取策略（Rapid-Skimming Strategy）：兼用高定價與高度促銷手段，以便取信於消費者並獲得較高毛利。

(2) 低速榨取策略（Slow-Skimming Strategy）：訂定高價位，但不積極促銷，以降低行銷費用，前提是產品爲人所知，消費者願意付高價，而競爭者無法立即反擊。

(3) 快速滲透策略（Rapid-Penetration Strategy）：運用低價位與高度促銷來推廣新產品，當產品對市場而言是陌生的情況下適用此策略。

(4) 低速滲透策略（Slow-Penetration Strategy）：運用低價位與低促銷來進入市場，當消費者對產品價格敏感時適用此策略。

2. 成長期

當購買者逐漸接受該產品，產品銷售成功之後，有大量的購買者購買產品，便進入成長期。就生產者而言，生產成本大幅度下降，利潤迅速增長。當然也因此吸引競爭者的注意，紛紛進入市場，使得產品供給量增加，價格隨之下降。

3. 成熟期

當產品技術穩定，大量生產，而購買者人數增加，市場趨於飽和，便進入成熟期。就生產者而言，日趨標準化，成本低而產量大，而購買者已經無法快速增加，因而競爭激烈，此時需要以降低成本或是產品改良的方式來競爭，例如增加新的功能、新樣式，或是精進品質。行銷方面也有許多可能的做法，包含市場區隔、推廣新特色、建立新通路等。

4. 衰退期

因爲產品的競爭激烈、消費習慣的改變、新產品的上市等因素，產品已經老化，銷售量和利潤持續下降。就生產者而言，主要的決策是要退出市場或是繼續銷售，再撐一段時間，這段時間，廠商應該盡量讓行銷活動的效率提高以降低成本，並刪除未能獲利的品項或型號，直到該產品已經無法銷售，所有競爭者完全撤出市場，生命週期也就結束。

表 14-6　產品生命週期各階段的比較

比較項目＼階段	導入期	成長期	成熟期	衰退期
產品特色	產品新穎	產品多樣化及品質改良	產品差異化（新用法、新特色）	淘汰或另做改良
市場狀況	少數創新偏好者購買	產品銷售量突然增加	產品銷售量穩定	產品銷售量下滑
競爭狀況	技術領先者佔據市場	競爭者增加	競爭激烈	競爭者逐漸撤退
行銷要領	1. 定價高 2. 訴求產品性能	1. 訴求品牌差異 2. 擴展市場	1. 價格競爭 2. 重視品牌	產品線調整

調整產品線需要進行一些分析，才能夠進行有效的產品線決策。

首先是將產品進行評估，一般而言，產品是按照產品線來分類，也就是以產品組合、產品線、產品項等區分。產品經理在分析產品時，還可以按照產品的銷售表現或發展潛力加以區分，這種分類的方式主要是掌握 80 / 20 法則，將注意力專注於有績效、有潛力的產品上，例如，採用波士頓顧問群（The Boston Consulting Group, BCG）之概念，按照產品及市場的潛力，將產品區分爲「金牛」（Cash Cow）、「明星」（Stars）、「問號」（Question Mark）、「落水狗」（Dog）等，據以進行產品線調整的決策。

圖 14-6　波士頓顧問公司 BCG
（圖片來源：LinkedIn）

其次，也可以依據產品生命週期來區分本身產品。產品在市場上的生命週期可分爲導入期、成長期、成熟期、衰退期等四大階段，產品經理可以將本身的各項產品歸在適當的生命週期，以進行適當的行銷策略、產品改良或淘汰等決策。

依據 Linda Gorchels 的觀點，成熟產品的決策可分爲維持、重生及合理化三類（戴維儂譯，2006），如表 14-7 所示。

表 14-7 成熟產品的決策分類

決策	意義	方法
維持的決策	針對銷售狀況還不錯的產品，維持既有的行銷做法，不需要投入太多額外的行銷費用	1. 維持現狀 2. 縮小規模 3. 防禦疆界
重生的決策	針對銷售不如預期之產品，採取一些作為，提升銷售績效	1. 增新價値 2. 重新定位 3. 延伸基礎
合理化的決策	針對明顯不具競爭力、銷售力大幅下滑、企業已經開發出取代產品，或已經到達生命週期最後期的產品，採取必要的措施	1. 降低售價並清倉 2. 轉讓或授權給其他公司 3. 直接淘汰

維持的決策指的是針對銷售狀況還不錯的產品，維持既有的行銷做法，不需要投入太多額外的行銷費用。這類的產品可能是品牌雄厚的核心產品，或是未遭逢太多競爭的第二線產品。雖然說不需要投入太多額外行銷費用，但是需要保護既有的市場佔有率，也就是防止競爭者來搶奪。

依據 Linda Gorchels 的觀點，維持的策略有以下幾種（戴維儂譯，2006）：

1. **維持現狀**：維持現有的產能、行銷預算與顧客關係，只要維持一定的銷售量就好。
2. **縮小規模**：將某項產品規模縮小，專注於利基市場，避免被淘汰。
3. **防禦疆界**：採取一些防禦措施來防止競爭者的啃食，例如，針對忠實顧客進行優惠或促銷，或是強化產品正面訊息等。

重生的決策是指採取一些作爲，提升銷售績效，也就是說，如果產品無法得到預期的銷售水準，便需要採取更多的行銷作爲，來引發新需求、增加客戶使用率、提升市場滲透率等。重生的策略有以下幾種（戴維儂譯，2006）：

1. **增新價值**：進行產品創新以提升其價值，例如提升或修正性能，結合、取代某些屬性等，流程改善以降低成本等。
2. **重新定位**：重新定位是稍微比較大規模的創新，可能爲產品的形象定位改變、市場定位改變等。
3. **延伸基礎**：運用增加顧客或是提高每位顧客購買金額的方式來衝高銷售量。

合理化的決策是針對明顯不具競爭力、銷售力大幅下滑、企業已經開發出取代產品，或已經到達生命週期最後期的產品，很有可能將它淘汰，就是合理化策略。合理化的策略有以下幾種（戴維儂譯，2006）：

1. 降低售價以刺激銷售並清倉，或藉由提高售價鼓勵既有顧客轉向購買替代產品。
2. 轉讓或授權給其他公司。
3. 直接淘汰。

二 永續經營與循環經濟

在永續經營的趨勢之下，企業除了善盡企業責任，也要考量生態議題與永續經營的因素。2015 年聯合國宣布了「2030 永續發展目標」（Sustainable Development Goals, SDGs），SDGs 包含 17 項核心目標，其中第 12 項目標就是確保永續的消費和生產模式。ESG 指的是環境保護（E，Environment）、社會責任（S，Social）以及公司治理（G，Governance），ESG 是一種新型態評估企業的數據與指標，ESG 代表的是企業社會責任，許多企業或投資人會將 ESG 評分，視爲評估一間企業是否永續經營重要的指標及投資決策。

在此前提之下，循環經濟（Circular Economy, CE）就將這些規範變成更具體的實施方案。循環經濟主要的目的是珍惜資源、減少浪費，其具體做法是從產品生命週期著手，透過產品零組件生命週期的擴充，改善資源效率，進而提升環境社會與經濟價值。最基本的 CE 聚焦於 3R 原則，也就是減少（Reduce）、重複使用（Reuse）、再生（Recycle）。

傳統的生產流程，從原物料、加工製造、購買使用、丟棄，是一種線性的生產及消費活動。爲了解決資源問題，循環經濟逐漸成爲生產模式的重要趨勢。循環經濟的生產消費是一個循環的過程，包含生產、使用、再利用（Reuse）、再製作（Remake）、再循環（Recycle），然後投入生產，構成循環。其主要原則是資源再利用、降低浪費、減少廢棄物。透過產品設計、物流規劃、強化回收等方式，讓副產品、不良商品或是使用後的商品，都能成爲新的原料或素材，納入該循環當中。其效益表現在環保、降低成本、資源善用共生，最終目標當然是永續經營。

下列爲可以擴充產品生命週期，而成爲循環週期的方法（維基百科：https://zh.wikipedia.org/zh-tw/%E5%BE%AA%E7%92%B0%E7%B6%93%E6%BF%9F，2023-05-28）。

1. **零廢棄設計**：產品設計時，考慮到生物與非生物的資源循環過程，以及分解再利用的可能性，使生物材料無毒，可回歸自然；使非生物材料可以最小耗能保留最高品質，使其可再被利用。

2. **以多樣性強化適應能力**：將材料與產品設計得容易拆卸、重組、分解、回收，所以面對環境改變時，模組化、多元化的設計與材料可快速地因應、進行改變。
3. **使用再生能源**：一邊節能，一邊使用再生能源，例如：維修、翻新產品所需的能源，遠低於製造全新的產品需要的能源。
4. **系統性思考**：仿效自然，以宏觀的角度去了解生產體系，理解系統中每個單元的相互作用與影響，重視整體運作的關聯性，將每個單元視爲自然環境與社會脈絡的互動，以交替循環促進生產模式整體性的大幅進步。
5. **透明反映成本**：爲達成循環經濟體系，產品價格必須透明，所有的外部成本都應該計入，包含社會成本、環境成本的實際價格，才是正確的市場資訊。
6. **保持殘留最高價值**：以正確的方式處理廢棄產品，可保存殘留最高價值，在產品出現衰老或損壞時，以耗能小且能存留最高價值的方法進行再利用的先期處置。例如，廚餘由焚燒改爲肥料或製成沼氣，產生更高的價值。

產品新趨勢

統一泡麵的產品生命週期管理

臺灣人愛嘗鮮，唯獨對泡麵始終專情。放眼各大零售通路的泡麵銷售排行榜，幾乎長年都由統一肉燥麵、來一客、維力炸醬麵等老面孔霸佔。進口泡麵愈來愈多，國內大廠似乎都只是那幾款。以食品大廠統一為例，過去三年，共研發四十二款新品，平均一年開發十四款，的確不及日清、農心等國際大廠推新速度。

圖 14-7　統一麵
（圖片來源：統一企業集團 PECOS）

國內食品大廠不是不創新，是消費者對特定泡麵很死忠，即便消費者期待業者端出新品，卻持續買單經典款。像統一肉燥麵這種明星產品，鹹香味符合國人味型，加上很早進入泡麵市場，已成臺灣人戒不掉的習慣。統一企業生活食品事業部部長陳冠福，揭開其稱霸臺灣市場五十年的祕訣。

祕訣 1　為經典品牌催生新口味

很難想像，統一麵、來一客和滿漢大餐都推出至少三十年，至今銷量還能繼續提升，甚至拉抬泡麵新品牌的業績。關鍵就在於，統一持續為經典品牌推出新口味。新口味不但能夠吸引新顧客，也能提醒老客戶回購既有商品。

祕訣 2　把既有品當新品賣

「務必把既有品當新品推，」陳冠福強調，泡麵是感性的食物，消費者從小就養成口味習慣，統一一年花二・四億做泡麵行銷，就是希望讓泡麵與生活情境產生連結，「有了情感，就是差異化，無法複製。」陳冠福說。

祕訣 3　接近現做，才活得久

想研發一款「活得久」的泡麵，首先麵體必須接近現做。統一本來就有超過二十款麵體，搭配不同湯頭和醬料，像乾麵講求咀嚼的口感，湯麵則必須滑溜、好吸。陳冠福透露，光麵條就必須考量 Q 度、咬感、吸附湯頭的程度，以及嘴唇接觸麵的阻力等等，「嘴唇跟麵條接觸，應該要像跟另一半接吻般滑順。」他形容。

祕訣 4　湯頭要讓人記得

泡麵想在貨架上活得久，湯頭也必須讓人一喝就記住。統一每款泡麵的湯頭，都有高達十五個評量指標，像大補帖藥燉排骨必須夠甘甜、適當小苦、有少許中藥味，顏色也要夠紅、夠黑；滿漢大餐「黃燈籠辣椒」金牛肉麵，則以酸度、辣度、黃色為指標。研發團隊為每款新品訂下指標後，就交由品評員把關。這群品評員會先為麵攤樣品評級，有了象限的標準值，再對比統一手上的研發品，每個步驟都馬虎不得。

資料來源：王一芝、羅璿（2023-02-08）。稱霸臺灣泡麵 50 年！統一食品部長：吃泡麵要像接吻一樣。天下雜誌，767 期。2023-02-08。

評論

產品生命週期一般分為導入期、成長期、成熟期，以及衰退期四個階段。到了成熟期，代表市場幾近飽和，競爭者衆，可能需要採取措施延長生命週期，或是退出市場。統一泡麵採用一些相當不錯的方法，延長泡麵產品的生命週期。

產品經理手冊

產品生命週期有不同階段，各階段有不同的管理重點，產品經理需要掌握產品生命週期的整個動態。

14-3 顧客生命週期與顧客關係管理

一 顧客生命週期

從顧客關係的演進來看，其生命週期可區分爲取得、增強及維持三個階段（Kalakota and Robinson, 2001）。取得指的是開發新顧客，主要可運用差異化、創新、便利等方式取得顧客；增強是強化與顧客的關係，例如降低成本、強化服務、交叉銷售、向上銷售等均可強化顧客關係；維持則是維持與顧客之間的關係，例如運用新產品、忠誠度方案等均可維持顧客關係。當然，如果關係不佳，顧客關係也有結束的時候。

顧客關係管理推動的重要步驟，包含取得顧客、區隔顧客、與顧客進行客製化互動等，這些活動包含顧客區隔、互動方案的設計與執行等。在策略指引之下，顧客區隔與互動方案不斷地改變顧客關係，其與生命週期關係，如圖 14-8 所示。

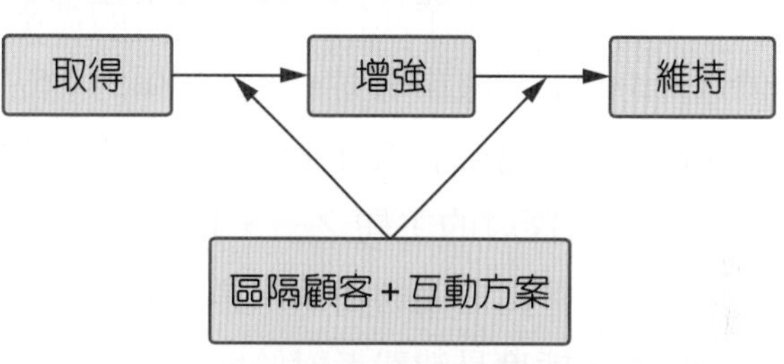

圖 14-8　顧客互動與顧客關係生命週期

顧客關係管理的運作，是要透過與顧客的持續互動，以便與顧客維持良性的關係，進而塑造終身價值。因此，有效的互動將是顧客關係管理的核心。

顧客互動乃是企業透過人員、電話、網路、機器等介面，與顧客進行知識或實體物料產品的交流，產品解說、個人化服務等均是典型的顧客互動項目。然而，顧客互動欲充分發揮效果，並不是第一線的行銷、客服人員所能獨立完成，好的互動方案需要有創意環境來支持，知識與實體的互動內涵，需要資訊流（資訊技術）與物流（後勤系統）的配合，適當的財務與預算，更是顧客互動的必備條件。而高階主管對於顧客關係管理的支持與承諾，也是成功的要素。

二 顧客關係的類型

一般而言，顧客關係可以區分爲企業之間的關係、企業與消費者之間的關係、消費者之間的關係。

1. 企業之間的關係

主要探討組織之間的價值交換行爲（如交易、生產等）中所形成的各種互動型態。與企業之間顧客關係較有相關的議題爲供應鏈、價值鏈及配銷通路，配銷通路爲價值網絡（Value Network）的一環，或是供應鏈（Supply Chain）的延伸。

企業與顧客之間的通路，可能包含物流配送、經銷商、廣告代理等單位，而企業的合作夥伴可能包含供應商、研發同盟、製造外包、資訊顧問等，這中間的關係視爲企業對企業（Business to Business, B2B）的關係，其合作或聯盟活動包含資訊或知識交換、其他資源交換以及研發、生產與後勤之互動。

圖 14-9　企業對企業（B2B）
（圖片來源：Pinterest）

2. 企業與消費者之間的關係

主要是描述企業如何了解消費者的需求，以提供適當的產品或服務解案，此種關係的重點應該擺在「消費者的需求」以及「消費者的決策過程」。消費者行爲探討的主題之一，是描述消費者的動機、態度、行爲之間的關係，其中動機表達了消費者的需求，態度是消費者對於廠商、品牌、產品、服務等的偏好；行爲則是消費者對於產品或服務的購買意願或行動。

圖 14-10　企業對消費者（B2C）
（圖片來源：LinkedIn）

就消費者的決策過程而言，消費者購買商品或服務的主要階段包含：需求確認、尋求資訊、方案評估、購買行動、使用與評估、使用後處理等階段。上述決策過程的各個階段，代表消費者對於產品或服務的了解增加，可能包含對於產品服務、企業等知識的增加，是一個學習的過程。

3. 消費者之間的關係

可以用社群關係來討論。社群（Community）可能是住在同一地區或具有共同利益的人所構成的人群，又或是共同參與某種事件或活動的人群，也就是說，有共同的利益才會促使社群的形成。

虛擬社群（Virtual Community）乃是藉由網路技術，打破時空限制所形成的社群。虛擬社群所著重的共同目的或利益，可能是社會性、經濟性、專業性與娛樂性的。社會性的虛擬社群包含交誼（情感交流）、社會支持或共同興趣（如登山社群）的結合；經濟性的虛擬社群主要以行銷、交易爲目的；專業性的虛擬社群包含專業經驗的分享（如醫生、工程師等）；娛樂性的虛擬社群主要指的是線上遊戲的社群。

圖 14-11　虛擬社群（Virtual Community）
（圖片來源：LinkedIn）

三 顧客關係管理的定義

顧客關係管理主要的目的是管理企業與顧客之間的關係，不但重視新顧客的招攬，更重視老顧客的維繫，也就是說，企業投入於維持顧客的經費效果，可能比招攬新顧客來得大。

近年來，顧客關係管理相當受到理論界與實務界的重視，其主要的推動力量來自兩方面，第一是「關係行銷觀念的崛起」，第二是「資訊科技的進步」。

關係行銷觀念的演進趨勢是基於顧客角色的改變，以至於企業對於顧客的維繫特別重視，顧客角色的演變包含：

1. **顧客由被動轉爲主動**：顧客的角色由被動轉爲主動，不只是被動地搜尋所需的商品，而且會主動尋找生產者或是要求銷售所需的商品。
2. **由產品服務的接受者變爲參與者**：顧客不僅只是產品的接受者而只購買所需的產品，顧客也可在產品上市之前，甚至在產品研發構想階段，提供對產品的看法及要求。
3. **顧客也可能扮演顧問、研發者或代言人**：顧客可以參與產品的研發、生產，其角色包含顧問或研發者，甚至共同創造商品或創造價値；顧客可以做有效的口碑行銷，其角色就是代言人。

資訊科技的進步方面，主要是因爲網際網路傳輸能力的進步、多媒體與高容量的資料處理能力，使得企業可以詳細地記錄個別顧客的基本資料、行爲偏好、交易記錄等訊息，進而提供客製化的產品、個人化的服務或促銷活動，也就是說，資訊技術可以支援關係行銷活動，包含資料庫行銷、銷售自動化、電話客服中心等。

圖 14-12　電話客服中心（圖片來源：iStock）

顧客關係管理乃是企業與顧客建立及維持長程關係，以提升顧客終身價值的管理活動。也就是說，顧客關係管理除了傳統的取得顧客作爲之下，還特別重視維持顧客關係。維持顧客關係是希望買賣雙方的關係持久，衡量持久關係的指標是「顧客忠誠度」，指的是顧客再購或是口碑推薦的意願與行爲。如果以顧客向企業購買的金額來衡量顧客價值，那顧客一輩子向企業購買的金額總和就是「顧客終身價值」（Life Time Value, LTV），顧客關係管理的目標就是顧客終身價值的極大化。

其次，顧客關係管理的第二個特色，是將投入於顧客互動的花費視爲投資，一般而言，行銷領域的觀點是將投入於行銷組合的金錢視爲費用，而顧客關係管理的觀點則是視顧客爲資產，認爲不同顧客群（顧客區隔）其投資報酬率有所不同，因此對於各顧客群所投入的金額亦有所不同，目標是所有顧客終身價值的總和爲最大。也就是說，企業需要將顧客依據潛在投資報酬率的大小來做區隔，這種區隔主要是以購買行爲作爲區隔變數，例如：最近購買時間（Recency）、購買頻率（Frequency）、購買金額（Monetary）等，這就是 RFM 分析。

四　顧客關係管理的執行

顧客關係管理的目的，主要是透過顧客互動方案來達成，例如，餐廳服務、服飾選購、理財網站等均爲顧客互動方案，良好的互動方案可提升顧客忠誠度或顧客終身價值，一般而言，顧客互動的內容或頻率越佳、個人化程度越高，則顧客關係越好（當然投入成本也越大），顧客關係越好則該顧客對企業而言，價值越高，價值可能表現於再度購買、口碑推薦、對品質價格的容忍度等。

圖 14-13　餐廳服務（圖片來源：ingimage）

而對於不同區隔群的顧客，企業則採取不同的互動方案，或採用不同程度的互動方案，不同程度的顧客互動方案可以構成不同的投資報酬，當然所投入的成本亦不同。而顧客互動方案的投資理念乃是對於不同的顧客區隔，投入不同的顧客互動方案，會得到不一樣的回報（增加購買），而期望總投入與總回報的投資報酬率最高。

顧客互動方案一般區分爲行銷、銷售、顧客服務、顧客忠誠度方案。

在行銷方面，各類型的行銷方案主要依據下列步驟擬定之：

1. **目標設定**：擬定行銷目標，例如提升品牌形象、增加銷售量與銷售金額、市場占有率等。
2. **方案選擇**：提出可能達成目標的方案，例如廣告、促銷等，也包含資料庫行銷（精準行銷、口碑行銷）、忠誠度方案。
3. **方案設計**：決定行銷方案之後，依據所需經費與方案內容，設計方案執行細節，包含資料蒐集與分析模式。
4. **方案試行與執行**：經設計之方案可能需要試行之後再執行，或直接執行。
5. **績效評估**：評估該行銷方案之成效。

與行銷相關的顧客互動方案如下：

1. **STP**：指的是市場區隔與定位，定位可能依據價值、差異化等方式而與競爭者有所不同。
2. **4P 行銷組合**：執行行銷組合時，可考量客製化與個人化、精準化、口碑、忠誠度方案等。
3. **資料庫行銷**：採用資訊化及顧客資料庫進行行銷，包含精準行銷、口碑行銷等。

銷售方面，銷售活動主要是由業務人員來負責，業務人員主要扮演的角色包含爭取訂單、接單、提供銷售支援等。銷售目標主要的指標在於銷售額或銷售量，以及顧客開創與維持績效，即新顧客人數、流失顧客人數。其次，銷售目標也包含銷售效率的考量，也就是銷售績效相對應於銷售成本。第三，銷售績效也可以從顧客的滿意度或忠誠度來考量。與銷售相關的顧客互動方案如下：

1. **銷售活動之執行**：包含前臺銷售、店外銷售、銷售人員解說、電子商務等。
2. **產品、服務或體驗之關聯或擴充**：包含交叉銷售、升級銷售等。
3. **自動化**：指的是以資訊系統支援相關銷售活動，例如銷售自動化系統。

圖 14-14　銷售人員解說
（圖片來源：CoinaPhoto）

顧客服務也是屬於顧客互動的一種形式，除了銷售、行銷之外，企業針對顧客所提供之有價值的活動均屬於顧客服務的範圍。

顧客服務的內容包含售後服務、維修服務、顧客滿意度調查、顧客抱怨處理、顧客諮詢服務、顧客服務保證等。例如，現場服務、售後服務及維修、技術支援與諮詢等均爲服務方案之例。顧客服務也可以從售前、售中、售後來分類：

顧客滿意度調查表

雄獅旅遊 www.liontravel.com

非常感謝您接受雄獅旅遊商務部安排的行程與服務，衷心地祝福您旅程愉快！為追求更卓越的商務服務品質，請將您寶貴的意見詳填本表提供給我們，成為雄獅商務持續成長改進之依據與動力。謝謝您！！

顧客基本資料

姓名： 公司： 部門：

職稱： 電話：

服務人員： E-MAIL：

紅字為必填欄位.

服務流程滿意度

以下針對雄獅服務人員為您所提供服務的流程中，希望能匯集您寶貴的意見，供我們做參考：

1. 請問當您撥打電話提出差旅需求，服務人員在多久的時間接聽您的電話?
立即接聽　3響以內　6響以內　9響以內　無人接聽　無撥打(若無撥打，請直接回答問題4)

2. 請問當您在電話提出相關詢問時，您對於服務人員的服務熱忱及親切態度，是否感到滿意?
很滿意　滿意　普通　不滿意　很不滿意

3. 請問當您在電話提出相關詢問時，您對於服務人員的專業知識及作業效率，是否感到滿意?
很滿意　滿意　普通　不滿意　很不滿意

4. 請問當您提出差旅需求時，我們在多久的時間將訂位結果以電話、傳真或電子郵件回覆給您？
2小時以內　6小時以內　12小時以內　24小時以內　24小時以上

5. 請問我們有無在您訂位時，提醒您開票期限?　有　沒有

圖 14-15　顧客滿意度調查（圖片來源：雄獅旅遊）

1. **售前服務**：在銷售商品或服務前，一切促進產品或服務銷售的活動。其目的在於提供充分的資訊給消費者知曉，才能吸引消費者購買。例如，商品資訊傳遞、會員型錄的寄送等均爲售前服務。
2. **售中服務**：從消費者開始採購商品或服務，至結帳完畢的過程中，所有關於幫助、促進消費者採購商品的活動。
3. **售後服務**：意指消費者在結帳完成後所提供的各項協助服務。包括商品的配送、安裝、退貨、換貨、諮詢、客訴處理等。

顧客服務流程主要包含需求分析、服務規劃（目標與服務流程）、服務傳送、績效評估等步驟。顧客服務相關互動方案則包含顧客自助服務、FAQ。

圖 14-16　會員型錄（圖片來源：墊腳石）

忠誠度方案（Loyalty Program）指的是根據顧客重複購買的行爲，來酬謝顧客的一種行銷流程（洪育忠、謝佳蓉譯，民 96，pp. 222）。典型的忠誠度方案是美國航空公司（American Airlines）所導入的飛行常客計畫（即 AAdvantage），針對顧客搭乘哩數越多者，給予越多的優惠，包含貴賓禮遇、旅館優惠等措施，此時需要針對此項方案定義執行流程、資源分配以及分工。另外，星巴克公司的星巴克卡也是忠誠度方案。

圖 14-17　星巴克隨行卡
（圖片來源：星巴克）

在適當的預算之下，顧客關係管理很重要的工作是提出有效的顧客互動方案。行銷、銷售、顧客服務、忠誠度方案等，都是顧客互動方案的類型，設計顧客互動方案可以從產品服務、互動媒介、顧客關係等方向思考。在產品、服務方面，可以針對產品、服務的內容加以擴充，如交叉銷售、升級銷售等，也可依據顧客的特定需求，將產品、服務與體驗予以客製化，甚至透過企業或產品服務的品牌與形象提升，來強化顧客關係。

當然善用互動媒介也可以設計出有效的顧客互動方案，例如：FAQ、銷售自動化、口碑傳播、個人化促銷或推薦、整合媒體等。採用多重媒體，將訊息一致性地傳給顧客，獲得強化的效果。顧客角色的改變或是關係的改變，也能成爲有效的互動方案，例如，提供讓顧客可以自主或自我服務的方案，在購買的前、中、後，協助顧客有關選購、購買、使用等相關事項，或提供相關知識。

產品新趨勢

Gogoro 的酬賓計畫

走過十個年頭，Gogoro 成功地打造出全球最大且最聰明的電池交換平臺，PBGN 聯盟在臺灣電動機車市場的市占率接近九成，穩居臺灣電動機車龍頭；而後推出 GoShare 移動共享服務，短短三年用戶數突破 160 萬，目前在臺灣每 12 人，就有 1 人使用過 Gogoro 服務。2021 年積極佈局海外市場，包括印度、印尼等，並赴美國納斯達克掛牌。

圖 14-18　台新 Gogoro Rewards 聯名卡
（圖片來源：台新銀行官網）

Gogoro 為「能源服務公司」，販售給消費者的不單是一臺電動機車，僅僅侷限於有形的產品，而是一個關於未來移動生活的體驗及服務的生態系。

一路走來，從車輛設計、推廣電動化、智慧電池設計、佈建電池交換網路、利用人工智慧，聰明地管理電池供需與安全的先進雲端服務等面向上，Gogoro 皆持續開創新局。日前 Gogoro 再度用突破性的創新揭開下一個五年新局，推出「Gogoro Rewards 點數獎勵計畫」，並聯手台新銀行整合數位金融創新，祭出「台新 Gogoro Rewards 聯名卡」跨域創新震撼業界。

消費者只要在 App 啓用 Gogoro Rewards、申辦台新 Gogoro Rewards 聯名卡，並將聯名卡綁定至 Gogoro Wallet，即可享受任意消費加速獲點（Gogoro Smart Points）的回饋。不僅能享有購買 Gogoro 智慧電動機車，以及繳納 Gogoro Network 電池資費最高 10% 回饋無上限，更網羅衆多知名連鎖品牌的加碼福利，包含全臺四大便利商店、麥當勞、摩斯漢堡、路易莎咖啡、cama café，消費可得 10% 回饋等多重好康；未來更將擴大 Gogoro Rewards 應用場景，預計涵蓋超過 5 萬個食衣住行通路據點，都能累積點數與折抵消費。

同時，用戶還能使用 Gogoro Wallet 支付功能。在全臺 Gogoro 實體門市購車時，使用掃碼支付、繳納電池資費，或支付 GoShare 騎乘費用；獲得點數後，用戶可用於直接折抵每月電池資費，以及每趟 GoShare 騎乘費用。點數越多，可折抵的金額就越多。2022 年底前，Gogoro 預計將陸續開放購車、維修、保養、網路商店訂單等消費點數折抵。

「Gogoro Rewards 點數獎勵計畫」領先業界，打造日常消費、點數回饋與都會移動的創新循環，隨時隨地消費就能自動累積 Gogoro Smart Points 點數，並直接用於折抵 Gogoro 生態系中所有消費，不僅大幅降低電動機車進入門檻與總體擁有成本，更再度改寫電動機車產業面貌。

資料來源：永續生活新態度，從 Gogoro Rewards 點數獎勵計畫開始。財訊雙週刊。2022-12-08。

評論

Gogoro 的酬賓計畫就是一種顧客忠誠度方案，稱為「Gogoro Rewards 點數獎勵計畫」，跨業折扣獎勵、累計點數與支付功能之支援，是造成此計畫成功的重要原因。

五 顧客經營

(一) 社群媒體經營流程

社群媒體是運用資訊科技，支援使用者在網路上分享內容的媒體，社群媒體能讓一群人透過共同興趣連結起來，形成社群。社群媒體的分類，包含協同專案型（如維基百科、開源軟體等）、部落格和微型部落格（如 PIXNET、Twitter、微博等）、內容社群（如 YouTube、Instagram 等）、社交網站（如 Facebook、LINE 等）。

社群經營主要的目地，是能夠與消費者或會員有更多、更深入的互動，同時也希望提供更豐富的體驗。社群經營主要有兩種型式，一是在自己的官網提供社群功能，例如意見箱、留言板、論壇、聊天室等。社群運作的過程中，透過分享、知識傳遞、討論等方式，達到社會、娛樂、心理及商業實質效益等效果。分享、知識傳遞、討論等方式越有效，社群效果越大。另一種是運用社群媒體平臺經營社群，例如 LINE@、Facebook 及 Instagram 社團或粉絲專頁等。

社群經營的步驟，主要包含擬定社群媒體目標、定義衡量指標、確定目標受眾、界定社群價值、建立個人連結，以及蒐集與分析資料等（劉哲宏、陳玄玲譯，2019），以下分別說明之。

1. **擬定社群媒體目標**：目標可能包含增加營業額、增加品牌知名度、提升轉換率、提升網頁流量、增加粉絲數量、提升粉絲黏著度等目標。
2. **定義衡量指標**：社群媒體的衡量指標，包含提升品牌知名度（受眾追蹤率、粉絲成長數等）、提升轉換率（例如內容點擊率、由點擊到購買的比率等）、提升網頁流量（例如造訪頻率、社群媒體的導引流量等）、提升粉絲黏著度（例如社群媒體互動次數、社群媒體內容轉載等）。
3. **確定目標受衆**：依據粉絲專頁類型、對象及品牌的核心價值，訂出目標族群，再加以研究該族群的偏好、習慣等生活型態。根據研究出的結果選定粉絲專頁特有的主題及風格，以吸引該族群的用戶成爲粉絲，並吸引粉絲持續關注。
4. **界定社群價值**：社群主題必須明確，而且要圍繞在品牌的核心價值，並據以界定社群價值，例如社會價值、娛樂價值、心理價值及實際效益等（林東清，2018）。
5. **建立個人連結**：企業或社群應該以個性化、人性化，和以關係爲導向的方式，使用社群媒體去跟顧客、員工，還有夥伴互動，社群媒體的眞正價值才可以展現。例如主動分享、即時互動、親切誠懇、提供粉絲發表意見的管道並聆聽等。

6. **蒐集與分析資料**：指的是運用適當的工具，針對社群的資料加以分析，以便更了解你的粉絲，了解社群媒體是如何影響企業，以及社群媒體運作是否有達成預期的目標。例如行銷評估 CPC（每次點擊成本）、CPM（每千次曝光成本）及 CPA（每次行動成本）、轉換率等。

(二) 粉絲專頁經營

粉絲專頁經營雖無固定步驟可循，但仍有一些原則可參考。以 Facebook 爲例，提供粉絲專頁（Pages）及社團（Groups）兩種社群，粉絲專頁無特定對象，如果你是想推廣知名度、建立品牌形象、長期與廣大粉絲互動，經營 Facebook 粉絲專頁較適當；社團比較具有隱私、規則性、向心力強的特性，主要目的若偏向同好交流、特定族群經營，建立 Facebook 社團較適合。

建立粉絲專頁，首先要了解你的目標受眾（Target Audience），包含人口統計變數（年齡、性別、居住地、教育、職業等）、興趣（關注的、有興趣的議題）及需求。同時也需要注意目標受眾與本身主題、內容相匹配。

圖 14-19　Facebook 可建立粉絲專頁或社團來經營顧客
（圖片來源：Pexels）

粉絲專頁經營的目標，包含吸引粉絲、增加黏著度、提升品牌知名度、促成交易等。粉絲專頁的經營也有一些原則可以參考：

1. **主題與核心價值**：要有明確的風格，以及注意核心價值（社群或商品之核心價值），要搭配目標受眾的需求。
2. **發布貼文**：貼文的形式（文字、相片 / 影片、相簿、相片輪播、輕影片）、內容、布局、貼文時間安排都需要注意。

3. **粉絲互動**：與粉絲互動需注意自己風格的一致性，對粉絲留言要及時回應，也要適當地舉辦一些活動來搭配。粉絲專頁的設計也需友善，例如適當的 CTA（Call to Action）按鈕等。
4. **粉絲專頁行銷**：針對粉絲專頁需要採取一些行銷手法，以提升粉絲專頁的經營績效，例如廣告、直播、外連至其他粉絲專頁等。
5. **資料分析**：需要定期或不定期進行資料分析，包含按讚、瀏覽、貼文、用戶等分析，社群平臺都有提供分析功能，便於了解粉絲狀況。

粉絲專頁的經營可以節省不少成本，但是顧客名單終究掌握在媒體平臺身上。長久之計還是要回到本身的會員經營。

(三) 會員管理

由於社群平臺的發達，企業與顧客或消費者之間的互動更爲頻繁，相對於運用社群平臺經營粉絲專頁或社團，會員經營能夠擁有顧客較完整的資料，而且能夠直接與會員溝通，這是目前顧客經營的重要方法。

會員經營第一個要考量的問題，是決定會員類型。依據高端訓（2019），會員可分爲五級，第一級是註冊即可成爲會員，例如 Uber；第二級是消費達到一定金額才能成爲會員，例如星巴克隨行卡；第三級是繳交年費而成爲會員，例如 Costco；第四級是聯名卡會員，例如王品集團與花旗銀行推出的「饗樂生活卡」；第五級則是受邀尊寵會員，是消費很高金額才會受到邀請，具有「高貴」、「尊榮」的象徵。

其次，針對不同會員要採取不同的獎勵措施，不同會員包含新會員、首購會員、活躍度很高的會員、沉睡會員等，也就是顧客區隔。對不同區隔的顧客可採取不同的獎勵或提醒措施，也就是忠誠度方案。

最後，會員經營會依據顧客區隔，將會員區分爲數個等級，然後爲每個等級的會員設計不同獎勵方案，或稱忠誠度方案。獎勵方案必須要有區隔性，而且能夠有效吸引會員往最高等級會員前進。例如一開始加入會員時，就告知最高等級會員有多大的吸引力。當然獎勵計畫既要有吸引會員的效果，也要考慮成本因素，不能因爲獎勵會員而虧本。而在會員經營過程中，也須隨時監控各級會員的比率，鼓勵會員往更高等級前進，這就需要一些促銷的手法了！

例如，美國滑雪公司針對最高頻率的滑雪客提供全區通行證，讓這些持有通行證的人，可以到該公司任何一處滑雪渡假中心滑雪。對那些無法達到全區通行證門檻的中等頻率滑雪客，他們創造了一種名爲「美好七日」的計畫，這項計畫讓滑雪客享有七天比一般票價明顯低廉的優惠。對低頻率的滑雪客，該公司也提供一項名爲「邊緣」（The Edge）的計畫，讓滑雪者可以在五天的行程後，獲得一張免費的電纜升降梯搭乘券（邱振儒譯，民 88，pp. 120）。

又例如華南金控有超過三百萬個有效客戶，這些客戶價值不一，為了因應金融風暴，創造更大的利潤，華南金控一群高資產、高貢獻的「高價值客戶」，建立一套管理機制，該機制包含觀察、解讀、研擬、行動、檢視等五大步驟，運用這套機制，可以將資源投注於重要的客戶，也可以及早發現客戶在資產及行為方面的變化而提早因應，更可透過有效率的銷售自動化系統，管理高價值顧客，強化顧客關係（胡宗聖、楊秉杰，民98）。

產品新趨勢

Nike 的會員經營

Nike 直營店 Nike Life，與大型店面 Nike Rise 比起來，只有其 150 坪的四分之一，而且門市常落腳於從沒插旗的地方鄰里社區。小型實體店，正是它力推會員制，牢牢黏住粉絲的最新行動。

不只可以線上訂鞋、門市取貨，在試穿內衣時也有一對一專屬服務。鞋子陳列架旁，是個仿造吧檯的空間，可以坐下來諮詢穿搭的疑難雜症。商品每兩週就根據當地需求更換一次，更替速度比過去快兩倍，就算常來逛也不厭倦。

圖 14-20　Nike By You 客製化鞋款服務
（圖片來源：Nike 官方商店）

出色的會員制，讓 Nike 擠身最懂圈粉的服飾品牌，2021 年全球會員突破三億人，比三年前成長兩倍，活躍會員數也超過七千九百萬人。

疫情之下，小型實體店是 Nike 加速「直接向消費者銷售」（DTC）策略的一環。Nike 把批發夥伴從三萬家，大砍到不到一百個。會員制驅動的 DTC 對整體營收的貢獻，已經從 2019 年度的 32%，提升到 2021 年度的 39%。

而小型實體店專為會員量身訂制，也凸顯了 Nike 正依循著新零售「人、場、貨」的邏輯，進一步深化品牌與會員之間長長久久的關係。「人」就是將會員擺第一，一改過去商品賣出後就形同結束關係的做法，將深度價值提供給顧客；「貨」就是除了根據會員需求提供商品，也不吝以 App 推出運動最需要的客製化課程，維持會員加入後的參與度，讓他們對品牌黏緊緊；「場」就是善用大數據，透過手機 App 抓取會員的產品喜好與位置，作為開設實體店面的依據，Nike 會分析會員的購物偏好，使用健身與跑步 App 的數據。當會員使用 App 購物時，會依照推薦順序列出產品，會員也可以客製化鞋款。

此外，這些實體店多配備線上訂貨取貨區，自動販賣機提供會員兌獎服務，能滿足會員彈性選擇線上、線下的購物需求，真正融入粉絲的疫後新生活。

資料來源：張方毓（2022-01-13）。Nike 開實體店卻賣起麵包？三億會員圈粉數大破解。商業周刊，1783 期。2022-01-13。

評論

會員經營很重要的特點是能夠掌握會員的資料，一方面要吸引會員加入，一方面也要黏住會員，最後達到促成交易的目標，這需要有良好的規劃。Nike 小型實體店的個人化服務、商品更新速度、方便的取貨流程，都是會員經營的關鍵因素。

產品經理手冊

顧客關係管理強調與顧客維持長期關係，這代表企業與不同顧客的關係程度不同，產品經理宜應用產品的特質，以及與不同的顧客互動的方式，來維持顧客關係。

本章摘要

1. 產品銷售績效的指標包含「銷售量」、「銷售金額」、「利潤」等指標，產品經理需要運用資料處理的方式來衡量產品績效，以進行改善銷售績效、研發新產品、淘汰舊產品、產品線的調整等決策。
2. 預測產品銷售績效的方式包含「定性」與「定量」的方法。定性法（Qualitative）是依據人的判斷來進行預測，包括市場調查、焦點團體、德爾菲法、專家意見等；定量法（Quantitative）是運用客觀的歷史資料，以及適當的預測模式（數學模式）執行預測，包含時間序列、因果模型與模擬三大類。
3. 評估產品績效是將產品的價格與重要屬性與競爭產品相比較，常見的方法包含競爭矩陣與產品比較尺度。
4. 產品生命週期分爲「導入期」、「成長期」、「成熟期」、「衰退期」四個階段，每個階段的產品特色、市場狀況、競爭狀況、行銷要領，各有其管理的重點。
5. 成熟產品的決策可分爲「維持」、「重生」及「合理化」三類，維持的決策包含維持現狀、縮小規模、防禦疆界三種；重生的決策包含增新價值、重新定位、延伸基礎等；合理化策略則包含降低售價並清倉、轉讓或授權給其他公司、直接淘汰等作法。
6. 循環經濟主要的目的是珍惜資源、減少浪費，其具體做法是從產品生命週期著手，透過產品零組件生命週期的擴充，改善資源效率，進而提升環境社會與經濟價值。最基本的 CE 聚焦於 3R 原則，也就是減少（Reduce）、重複使用（Reuse）、再生（Recycle）。
7. 顧客關係管理乃是企業與顧客建立及維持長程關係，以提升顧客終身價值的管理活動。維持顧客關係的指標是「顧客忠誠度」，包含顧客再購或是口碑推薦的意願與行爲，顧客關係管理的目標就是顧客終身價值的極大化。
8. 顧客關係管理將投入於顧客互動的花費視爲投資，認爲不同顧客群（顧客區隔）其投資報酬率有所不同，因此對於各顧客群所投入的金額亦有所不同，企業需要將顧客依據潛在投資報酬率的大小來做區隔，再進行適當的顧客互動。
9. 顧客關係管理很重要的工作是提出有效的顧客互動方案，以提升顧客忠誠度。在產品、服務方面，可以針對產品、服務的內容加以擴充，如交叉銷售、升級銷售等，也可以依據顧客的特定需求，將產品、服務與體驗予以客製化，甚至透過企業或產品服務的品牌與形象提升，來強化顧客關係；善用互動媒介也可以設計有效的顧客互動方案，例如：FAQ、銷售自動化、口碑傳播、個人化促銷或推薦、整合媒體等；顧客角色的改變或是關係的改變，也能成爲有效的互動方案，例如，提供讓顧客可以自主或自我服務的方案，在購買的前、中、後，協助顧客有關選購、購買、使用等相關事項，或提供相關知識。

本章摘要

10. 社群媒體發展的步驟，主要包含擬定社群媒體目標、定義衡量指標、確定目標受眾、界定社群價值、建立個人連結、蒐集與分析資料等。

11. 粉絲專頁經營的目標包含吸引粉絲、增加黏著度、提升品牌知名度、促成交易等。

12. 會員經營會依據顧客區隔，將會員區分爲數個等級，然後爲每個等級會員設計不同的獎勵方案，或稱忠誠度方案。獎勵方案必須要有區隔性，而且要能夠有效吸引會員往最高等級會員前進，例如一開始加入會員時，就告知最高等級會員有多大的吸引力。

本章習題

一、選擇題

(　　) 1. 預測未來的銷售數量，是屬於哪一種資料處理方式？ (A) 篩選 (B) 計算 (C) 分析 (D) 判斷。

(　　) 2. 由物料單（BOM）可以推估產品的哪一部分的成本？ (A) 物料成本 (B) 人工成本 (C) 管理成本 (D) 以上皆是。

(　　) 3. 指數平滑法是屬於哪一類的定量預測方法？ (A) 模擬 (B) 因果模型 (C) 時間數列 (D) 以上皆非。

(　　) 4. 下列何者不是產品線評估的內容？ (A) 產品線的完整性 (B) 產品線的銷售金額 (C) 產品線的利潤 (D) 產品的關鍵屬性。

(　　) 5. 產品品種少，顧客對產品還不了解，是屬於產品生命週期的哪一個階段？ (A) 導入期 (B) 成長期 (C) 成熟期 (D) 衰退期。

(　　) 6. 運用降低成本或是產品改良的方式來競爭，是屬於產品生命週期哪一個階段的行銷手法？ (A) 導入期 (B) 成長期 (C) 成熟期 (D) 衰退期。

(　　) 7. 針對銷售狀況還不錯的產品，維持既有的行銷做法，這屬於哪一種產品線調整策略？ (A) 維持 (B) 重生 (C) 合理化 (D) 以上皆非。

(　　) 8. 下列何者不屬於「重生」的產品線調整策略？ (A) 縮小規模 (B) 增新價值 (C) 重新定位 (D) 延伸基礎。

(　　) 9. 下列何者最不能成爲顧客區隔的變數？ (A) 收入 (B) 購買金額 (C) 購買頻率 (D) 最近的購買時間。

(　　) 10. 由點擊到購買的比率，是屬於哪一種社群媒體的衡量指標？ (A) 提升品牌知名度 (B) 提升轉換率 (C) 提升網頁流量 (D) 提升粉絲黏著度。

本章習題

二、問答題

1. 如何統計產品銷售績效？
2. 如何評估產品競爭績效？
3. 產品生命週期分爲哪四個階段？各階段行銷要領分別爲何？
4. 成熟產品的決策可分爲哪三類？各有哪些具體做法？
5. 循環經濟主要的目的及做法爲何？
6. 何謂顧客關係管理？顧客關係管理具有哪兩大特質？
7. 設計顧客互動方案可以從哪些方向去思考？
8. 社群經營的步驟爲何？
9. 如何區分會員等級？

三、實作題

請就你本身所使用的手機爲例，判斷該手機所處的產品生命週期階段，再蒐集其行銷手法（可採用 Ch12 實作題的資料），評估這些行銷手法是否恰當。

手機廠商或品牌商：

手機型號：

項目	說明（生命週期請打勾）	內容或理由	備註
產品生命週期	□導入期 □成長期 □成熟期 □衰退期		
行銷手法內容	可採用 Ch12 實作題的資料		
行銷手法評估	評估準則請參考表 14-6		

參考文獻

1. 林東清（2018），《資訊管理：e 化企業的核心競爭力》，七版，臺北市：智勝文化。
2. 洪育忠、謝佳蓉譯（民 96），Kumar · Reinartz 著，《顧客關係管理：資料庫行銷方法之應用》，初版，臺北市：華泰。
3. 邱振儒譯（民 88），《客戶關係管理：創造企業與客戶重複互動的客戶聯結技術》，初版，臺北市：商業周刊出版，城邦文化發行。
4. 胡宗聖、楊秉杰（民 98），〈淺談「高價值客戶管理機制」的觀念與運作〉，華南金控月刊，2009 年 74 期二月號。
5. 高端訓著（2019），《大數據預測行銷：翻轉品牌 X 會員經營 X 精準行銷》，初版，臺北市：時報文化。
6. 維基百科（2023），https://zh.wikipedia.org/zh-tw/%E5%BE%AA%E7%92%B0%E7%B6%93%E6%BF%9F。
7. 謝文雀編譯（2000），《行銷管理——亞洲實例》，二版，臺北市：華泰文化。
8. 劉哲宏、陳玄玲譯（2019）。《資訊管理》，七版，臺北市：華泰。
9. 戴維儂譯（2006），《產品經理的第一本書：完全剖析產品管理關鍵領域》，二刷，臺北市：麥格羅希爾。
10. Kalakota, R.,& Robinson, M., （2001）, e-Business: Roadmap for Success, 2nd Ed Addison Wesley.

15

產品專案管理

學習目標

本章說明專案管理的內容及進行方式，包含專案定義、專案組織、專案管理的流程步驟，並以與新產品相關的專案進行說明，各節內容如下表。

節次	節名	主要內容
15-1	專案定義及專案組織	說明專案管理的基本概念，包含專案定義及專案組織。
15-2	專案流程	說明進行專案管理的重要步驟，包含策略與專案層次。
15-3	專案管理的重要步驟	說明專案管理的流程與知識內容。
15-4	敏捷專案管理	說明敏捷專案的觀念與概要實施流程。

引導案例

LEXUS 產品專案

豐田汽車轉戰高級市場是豐田英二（豐田總裁）做出的重大決定，1984 年，豐田執行董事委員會任命神保正治為高級車款計畫領導人。神保在豐田精英雲集的商品發展企劃部、商品管理企劃部、設計部門及其他局處延攬好手，挑選有領導才能又具尖端技術的工程將才，組成一個 15 人小組，包括引擎單位的總設計師岩崎和人、色彩專家城克彥、車體結構專家鈴木一郎及其副手西緒正和、外觀總設計師內田邦博以及內裝總設計師山田友秀。大部分組員出身的世代，都和他們鎖定的美國買主差不多。他們展開由美國豐田汽車銷售公司商品企劃部門籌辦的焦點團體訪談，研究數十名豪華車主的觀感。

第一個車款是從 450 個原型中演化而來，這些原型都是工作團隊的心血之作。團隊包含 60 個設計師、24 個工程小組、1,400 位工程師、2,300 位技師和 220 個支援人員。光是研發經費（不包括設立經銷體系的龐大費用）就至少花了 10 億美元，甚至有人估算逼近 30 億美元。每一款新品上市，豐田照例會製作最多 2 到 3 個原尺寸原型，動員多達 200 的工程師，耗費 5 億美元以上的天價。（資料來源：黃碧珍譯，民 94，pp. 65）

專案團隊成立之後，依據專案規劃內容，首要的工作是找出主要顧客群，先派遣研究小組遠征美國，駐足丹佛、休士頓、洛杉磯、邁阿密、紐約和舊金山幾個主要城市，進行焦點訪談，研究數十名豪華車主的觀感。依據《天下雜誌》的報導，這些研究結果指向五個核心考量，豐田在打造豪華車時，必須適當衡酌：地位／名聲／形象、高品質（或更重要的，認知上的高品質）、再次銷售的價值／折讓價值、高性能（絕佳的高速舒適感、操控性和穩定度）、安全性。專案團隊據此進行概念設計、具體設計等工作。1989 年初，LEXUS 創業作品 LS400 在美國底特律車展展出，同年 9 月，第一臺 LEXUS 轎車從北美經銷商售出。（資料來源：編輯部，2011-04-19。Lexus 傳奇驚艷車壇的品牌故事。天下雜誌，323 期。2011-04-19）

圖 15-1　LEXUS 第一代 LS 400 轎車
（圖片來源：Wikipedia）

15-1 專案定義及專案組織

一 專案的定義

專案（Project）是爲達成特定的企業目標，所規劃一系列相關活動的集合。例如：營建工程、資訊系統、新產品或技術研發、設計案均爲典型專案。而婚禮的執行、刑事案件的破案團隊等亦都可視爲專案。

相對於一般的團隊而言，專案最重要的特色是具有目標性與特定的時間，也就是說，專案的形成是接受了特定的任務（例如開發新產品、淨山、舉辦婚禮等均有特殊性），而該專案具有明確的開始及完成時間。

圖 15-2　新產品的開發—— Apple Watch Series 4（圖片來源：LinkedIn）

專案管理（Project Management）是應用知識、技巧、工具與技術，在明確的預算與時間內達成特定的目標，也就是說，運用規劃、控制等管理功能，達成專案目標。專案管理主要是針對專案範圍、時間、成本、品質、風險等要素進行管理（宋文娟、宋美瑩譯，民 99）：

1. **範圍（Scope）**：專案範圍指的是未達成專案目標所需要產出的內容，這內容包含產品、半成品以及專案執行過程中所需完成之文件等，例如，資訊系統的程式碼、規格書、測試報告等。
2. **時間**：指整個專案進行的時間，以及各項工作內容所完成的時間。
3. **成本**：指整個專案進行所需花費的成本，以及執行各項工作所需的成本。成本項目可能包含人事費用、儀器設備費用、人力資源、維護費用等。
4. **品質**：指的是專案的產出、專案執行的過程均具有品質，產出品質是指產出能夠滿足顧客的需求；專案執行過程的品質，包含專案執行時各項工作內容的品質，以及專案流程是否順暢。
5. **風險**：風險是造成專案在上述四項指標受到影響的不確定性因素，例如，技術風險可能造成時程延宕或品質不良；人員流動的風險可能造成時程延宕或成本提高。當然外在環境改變、顧客需求改變、公司政策改變等，也都是風險的因素。

二 專案組織

一般來說，企業組織有其組織結構，執行其組織活動。該組織之中，可能有數個專案在進行，每一個專案構成一個團隊，而這些專案有可能各自獨立，也可能相互關連。

我們可以用比較概念性的方式來談專案的形成。專案之所以會形成是透過專案選擇的過程，也就是企業透過策略評估的方式，來決定專案，這種專案選擇是公司策略規劃項目之一。例如：某家建設公司決定要興建別墅與旅館兩個專案（這意味著其他專案，如樓房，並未中選），這是一個策略活動，稱爲專案選擇，如果已經決定要開發這兩棟房子，就會成立兩個專案。

企業可能同時有數個專案在進行，爲了能夠協調與整合，組織可能會成立整合性的專案管理單位，稱爲計畫（Program），也就是說，計畫經理需要協調所有的專案經理，包含專案目標、執行進度、成本之管控、成果之績效評估等。簡言之，計畫管理是管理公司的專案組合。

專案執行是特定且具有時間性的任務，因此專案團隊也可能是臨時性的組織。就組織結構而言，兩種極端的情況是「功能型組織」與「專案型組織」。功能型組織是傳統以部門爲分工基礎的組織，若成立專案，則專案經理的權限較低，專案成員花費在專案上的時間也相對較少，甚至是非專職的成員；若是專案型組織，專案經理對資源分配就有很大的權限，專案成員也都投入主要的心力於專案上。因此我們可以就專案經理權限、跨部門溝通方式、投入專案的時間等方式來看專案的比重。

上述功能型組織與專案型組織構成矩陣式組織，也就是說，矩陣式組織是一個兼具功能式與專案式兩者特性的組織。弱矩陣式組織（Weak Matrix）保留許多功能式組織的特性，而且專案經理的角色是擔任一個協調者（Coordinator）或促進者（Expediter）。強矩陣式組織（Strong Matrix）則具備許多專案式組織的特性，並且擁有被充分授權的全職專案經理，同時還有全職的專案行政人員。至於平衡矩陣式組織（Balanced Matrix）雖然認知其專案經理的需要，卻未給予專案經理對專案及專案經費充分的職權（陳威良等譯，2018）。

產品新趨勢

蘋果 iPhone 的紫色計畫

商業領域最傑出的專案，是 2004 年為了打造 iPhone 推出的「紫色計畫」。

身穿黑色 T-Shirt 的蘋果創辦人史蒂芬·賈伯斯（Steve Jobs）在第一代 iPhone 發表會上，展示了蘋果史上最成功的專案－打造出 iPhone 的「紫色計畫」，「iPod、手機加上網際網路，不是三個裝置，而是一種，它叫做 iPhone。」賈伯斯說。

以下分析紫色計畫，深入了解這個專案是如何執行的。首先是專案發起人，賈伯斯充分投入專案並費盡心力，發起人是專案的關鍵人物，要確保將必要資源分配給跨部門專案、在問題出現時做出決策、與高階主管有一致的目標、督促組織支持策略性專案。為了確保專案成功，最重要的正是來自高階主管的支持。

圖 15-3　紫色計畫為 iPhone 系列帶來銷售佳績

（圖片來源：Pexels）

其次是專案團隊，「紫色計畫」專案集結了公司內優秀同仁全職投入，成員皆為上上之選，包含工程師、程式設計師與產品設計師，像是第一位設計 iPod 與 MacBook 的設計師強納生·艾夫（Jony Ive）即負責設計 iPhone 外觀。

第三是專案風險管理，「紫色計畫」有個高風險是蘋果公司在生產手機方面毫無經驗，學習曲線可能得比原先計畫多好幾年。團隊為了因應研發風險，提出了兩個做法，一是把當時的人氣產品 iPod 轉換成手機，二是把現有的麥金塔電腦轉換成觸控式、可打電話的小型平板，同時研發兩種原型。再者，iPhone 發表時，手機功能其實還不完善，故蘋果在展示會上，輪流使用多隻 iPhone，讓一隻只展示一個功能，成功避免出錯。

該專案不只讓蘋果超越當時的手機領導品牌者黑莓機（BlackBerry）與諾基亞（Nokia）成為智慧型手機霸主，也為蘋果帶來接下來十年中，iPhone 系列手機全球銷售超過 10 億隻的好成績。

資料來源：蘇思云（2020-02）。掌握進度、爭取資源與支持、專案不再卡關。經理人，183 期。2020-02，pp. 44-45；取自：工商時報 https://ctee.com.tw/bookstore/selection/199656.html，2020-07-29。

評論

傑出的蘋果 iPhone「紫色計畫」的內容，包含了專案組織與專案風險，當然，這麼龐大的專案一定也包含範圍、時間、成本與品質管理，流程上也涵蓋專案起始、規劃、執行、控制與結案，專案最終的成果決定於專案管理的好壞。

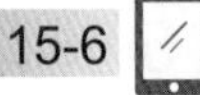

產品經理手冊

產品生命週期各階段可能有許多的專案，善用專案管理工具來管理這些專案，是專案經理應該具備的技能。

15-2 專案流程

一 專案五大階段

一般而言，各項工作的管理主要是依據計畫、執行、考核的方式進行，在品質管理中強調逐步改善的 PDCA（Plan, Do, Check, Action）循環也是相同的道理。基本做法是依據計畫書執行專案，包含細部規劃、目標、工作包及活動、資源分配（時間、人員、費用、其他資源、成本計畫），並完成專案目標。也須進行專案控制，依據實際執行狀況不足之處加以修正等，包含時程調整、預算與工作內容、計畫品質等。因爲專案具有時效性，需要有明確的開始與結束，因此專案管理的階段需要加上專案起始與專案結束兩個步驟。

依據《專案管理知識體系指南》（PMBOK）（陳威良等譯，2018），專案區分爲起始、規劃、執行、監視與控制、結束等五個階段（或稱流程群組）：

1. **起始階段**：主要是專案的發起與成立，爲了達成組織的某些特定目的（例如開發新產品），需要由發起人發起專案，專案發起人最主要是公司的主管。其次，起始階段也需要宣告專案的成立，並成立專案組織，由發起人指定並佈達專案經理。可能的做法是透過誓師大會（Kickoff Meeting）來佈達。大部分的專案組織均爲弱矩陣組織，專案經理的權利不足，因而需要有組織章程，取得專案發起人授與之權力。組織章程是起始階段重要產出文件，該文件載明專案的目的、目標，並需要專案經理及專案發起人的簽名，以賦予專案經理的權利。

圖 15-4 誓師大會（Kickoff Meeting）
（圖片來源：Bio4A news）

2. **規劃階段**：乃是設定目標（包含設定整個專案目標與 CRM 專案流程各階段工作目標）以及分配資源，以達成該目標的工作。規劃流程群組包含設定專案範圍、明確化專案目標，以及擬定達成這些範圍及目標所需採取的行動。其中專案的範圍是指專案執行過程中重要的產出，這些產出必須要有一定的品質、時間、成本等水準，也就是專案目標，爲了達成這些目標，專案在時程、成本、品質、溝通等各方面均需要加以規劃，以付諸實行。
3. **執行階段**：指用來完成專案管理計畫書中所定義的工作，以滿足專案規格的一系列流程。這些工作包含專案範圍所定義的各項活動的執行、品質管理活動的執行、溝通活動的執行，以及專案團隊成員的取得與發展。
4. **監視與控制階段**：乃是執行追蹤、檢討並調整專案進度與績效的流程。監視包括偵測專案執行現況與進度，並做適當的績效報告以及提供相關的資訊；控制包含偵測變異、決定矯正或預防行動，或重新規劃的後續行動計畫。監視與控制階段也需要進行各項變更的申請、核准，以及變更後的執行狀況監控等工作。
5. **結束階段**：檢視所有專案管理流程群組的活動，以正式結束專案或階段，或結束合約義務。一般而言，專案結束需要有兩個條件：第一個是專案對外採購的流程結束，第二個是專案所有的範圍均依據計畫書完成驗收，或該專案決議中止（例如：經評估成本與效益不符）。專案管理也強調經驗與學習效果，因此對於專案執行狀況需進行評估，記錄評估結果。

二 專案流程與九大知識體

欲完成上述各階段的專案工作，達成專案範圍、時程、成本與品質等目標，需要有不同的知識技能，美國專案管理學會就定義專案管理的知識體，包含九大領域（陳威良等譯，2018），也稱爲專案流程，以下分別說明之。

(一) 專案整合管理

專案整合管理首要的工作是「啓動專案」，啓動專案是利用專案章程，說明專案目標、目的、主要預算、時程等內容，並指定及授權專案經理；其次，需整合各項專案管理計畫書，指導專案能夠依據計畫書執行；第三，需監控計畫執行狀況以及計畫變更的控制；最後，執行專案結束或結案的動作。

(二) 專案範疇管理

專案範疇管理定義專案的範圍，專案範圍主要以交付標的與工作包來表示。定義這些內容需要透過資料蒐集及分析，整理成需求清單以及允收水準等內容，並將這些所需產出的成品、半成品、中間文件以及最終文件等，以工作分解結構（Work Breakdown Structure, WBS）來表達。

工作分解結構中若需要經過顧客或上級核可之產出或半產出，稱為交付標的（Deliverables），若有必要，交付標的可以分解成更細、更容易掌控的工作包。也就是說，工作分解結構是由一系列的工作包所組成，工作包是一種產出或成果的概念，工作分解結構也就是專案的範圍。

(三) 專案時程管理

專案時程管理主要是為專案排定工作時程，使得專案能順利進行，排定時程的主要依據是來自工作分解結構。首先將工作分解結構的工作包加以分析，定義完成該工作包所需的活動。例如：要完成測試報告這個工作包，可能需要準備測試軟體、訓練測試人員、進行測試等三個活動。將工作分解結構中的所有工作包分解為活動之後，便將這些活動的先後順序予以關聯，畫出網路圖或甘特圖；接下來再估計完成每項活動所需的時間，這樣就完成了專案的時程規劃。

(四) 專案成本管理

專案成本管理是依據 WBS 以及專案時程所需之資源、風險因應所需之資源、人力資源或溝通管理所需之資源，進行成本的估算。該成本之估算，除了算出專案成本的結構外，也搭配專案時程表，定義出每項工作包（對應到數個活動）所需耗用的成本，也就是未來可以得知何時需要花費多少成本，以及控制成本是否超支。

(五) 專案品質管理

專案品質管理主要是管理交付標的的品質，以及專案流程的品質。管理交付標的的品質方面，首先依據交付標的之允收水準（例如：場地布置必須滿足視覺美感、動線流暢、雜音過濾等原則），擬定出專案或產品服務之品質指標，並依據該指標來檢驗或測試專案執行成果是否達成品質要求，例如：設計審查、執行檢驗（列出檢驗週期、抽樣數量、允收水準……）等。在專案流程的品質方面，

圖 15-5 場地布置必須滿足視覺美感
（圖片來源：Booking.com）

爲了要讓專案執行的品質符合上述品質的度量指標，需要設計一套機制，並針對專案中各項流程，擬出分析流程的步驟，也就是制定流程改善計畫書，進行流程改善的動作。

(六)專案資源管理

專案資源管理主要是定義執行專案所需之資源需求與管理，包含規劃資源、估算活動資源，以及資源取得方式。專案資源管理亦包含專案管理團隊所需的規劃、控制、溝通、協調等能力，專案經理需要依據這些需求進行團隊發展與管理的相關措施，例如團隊運作、教育訓練、績效評估與激勵等。最後，專案資源管理須進行資源管制的動作，以確保資源運用的妥適性。若運用不當，須加以修正或進行專案變更。

圖 15-6　資源專案團隊
（圖片來源：Freepik）

(七)專案溝通管理

專案溝通管理主要管理專案對內與對外的溝通，溝通內容可能包含專案執行狀況、專案進度、專案績效與專案相關的議題等。在對內溝通方面，主要是專案經理與專案成員之間，或是專案成員之間的專案目標、規格、進度、品質等內容之溝通，可能是正式的會議或報告，也可能是非正式的溝通。對外溝通方面，主要是專案經理向客戶或上級報告專案進度及績效，也包含專案成員與外部利害關係者之間的溝通，例如：記者會、與居民關切議題之討論等。

圖 15-7　記者會（圖片來源：NATO）

專案在生命週期各階段，如何與各利害關係者進行溝通，均需要制定計畫，包含溝通類型、對象、內容與格式、週期或時程、媒體或方法、所需的資源等，稱爲溝通管理計畫書；再依據溝通管理計畫書執行發布資訊、管理利害關係者期望、報告績效等工作。

(八) 專案風險管理

造成專案失敗或是影響專案成效的風險包含：環境改變、組織資源或政策改變、專案本身人員或技術上的風險等。有些風險是可以預測的，可以估計其發生的機率以及造成的衝擊大小，此時可以預先提出因應的策略，先編出預算來執行。有些風險的機率低、衝擊小，或是有些風險無法事先預測（例如某些天災或恐怖攻擊），如此只能編列一些預算，等到風險發生再來因應。因此，專案風險管理主要的進行步驟便是辨識風險、評估這些風險的發生機率及造成的衝擊大小、擬定風險因應策略（例如規避、移轉、減輕、承擔等），最後再追蹤及控制這些風險的發生與因應狀況。因應風險的策略及預備用的預備金，均應於成本管理時加以考量。

圖 15-8　天災是無法預測之風險
（圖片來源：Pinterest）

(九) 專案採購管理

專案的某些交付標的或工作包如果需要外包時，就需要進行專案採購管理。首先，要先將等待外包的交付標的或工作包的規格擬定清楚，接下來就是徵求計畫、進行招標。專案依據事先擬定的外包廠商評估準則進行評選，最後決定外包商並簽訂合約。站在外包商的角度，接到這筆生意等於自己成立了專案來執行，而採購廠商則依據與其訂定的規格進行驗收，完成採購之程序。所有的採購程序必須全部完成之後，專案才可以結案。

產品經理手冊

具備專案管理技能的首要條件，是了解專案管理的知識內容。產品經理應該先了解這些知識，才能有效依據專案管理步驟進行專案管理。

15-3 專案管理的重要步驟

依據前述的專案流程群組（階段）及各項專業流程，以下將以專案的核心產出，即產出的產品、服務或制度爲核心，也就是從專案目標、需求、交付標的、工作包、規格及活動等爲中心，建立專案管理的步驟。

一 策略與專案選擇

一般來說，策略是組織分配資源的依據，若企業分析過後，認為開發新產品具有競爭力，便會投入資源來開發新產品。因此，產品組合策略指的就是投入適當的資源，來開發一種或數種新產品或平臺產品，稱之為產品組合。觀念上，若這個策略決定了，產品組合中有幾樣產品就成立了幾個專案，例如：公司的產品組合是開發平板電腦及筆記型電腦，這兩項新產品便分別成立了專案。

圖 15-9　平板電腦
（圖片來源：Samsung）

當然上述的策略需要進行分析，可能需要觀察外部環境，以便察覺需要或是辨識機會，並了解本身的問題以及技術能力，提出一系列的方案之後進行評估，決定優先執行之專案，以前述例子來說，就是產品組合。

企業內用以評估專案的內容稱為營運個案，評估內容包含策略、技術、操作與財務等方面之評估，都是用以證實特定資金投資的合理性。營運個案之說明對象並非外部資金籌措單位，而是公司的董事會與資深管理階層。

專案選擇是一種策略活動，著重於有效的資源分配。上述決定新產品組合的策略就是專案撰擇，例如，某電腦廠商因應市場需求與競爭壓力，將投入資源於下列事項：(1) 開發筆記型電腦；(2) 開發平板電腦；某企業希望透過 e 化來提升效率，進而強化競爭力，將投入資源於下列事項：(1) 發展 POS 系統；(2) 導入 ERP 系統；(3) 建置電子商務網站；某餐廳在大好日子，接了下列各筆生意：(1) 林李婚宴；(2) 某公司聚餐；(3) 某大老生日宴；某企業注重社會責任，擬於假日敦親睦鄰，將投入資源實施下列事項：(1) 淨山；(2) 淨灘。

圖 15-10　電子商務網站（圖片來源：flipkart.com）

這些是典型的內部產生專案的過程，企業許多的技術創新、流程創新、資訊系統導入等專案，也都可採取這樣的決策過程。當然，專案也可能來自外部，例如：從外面標得專案、顧客委託、政府或其他單位委託等，均可能成立專案，但通常還是需要經過策略分析或成本效益評估，才能決定是否接下該專案。接受外部委託的專案，其初步的規格要求，經常用專案工作條款（Statement of Work, SOW）來表達，也就是說，專案工作條款是專案所要交付產品或服務的一種敘述式的說明，包含顧客對專案所期望獲得之結果、專案應何時完成，以及用什麼方法來完成該結果。例如，飯店的營造專案，其專案工作條款包含：

1. 設計、建造位於某地址之五星級飯店。
2. 包含 5 間餐廳、2 間會議室、1 間運動健身房、20 間單人房、50 間雙人房，安全標準必須符合當地政府建管標準。
3. 飯店風格爲「日式」風格。
4. 簽約後兩年內完成專案及交付飯店。
5. 專案總金額不超過 4,000 萬新臺幣。

二 製作專案章程

專案選擇確定了公司即將要進行哪幾個專案，針對每一個專案均要成立專案團隊去執行。也就是要起始一個專案，專案起始包含以下三項主要工作：

1. **專案成立**：專案透過外部標案、顧客委託、政府指派或是內部提案，經由步驟一的專案選擇過程，決定執行某些專案時，代表該專案成立。
2. **專案內容**：每個專案在提案與評選時，已經有了初步的內容，包含顧客或發起人對專案的要求（主要是營運個案或工作條款的內容），以及提案者對於專案目的、產出內容、概略時程與預算等描述。這些內容在評選過程中可能會有些許修正。
3. **專案授權**：高階主管需要針對某個專案指定專案經理，並授與執行專案的權力，例如：調派人手、取得資源等。

上述三項工作可以用專案章程來表達，發展專案章程是專案起始階段最重要的工作之一。專案章程是正式授權一個專案的文件，記錄能滿足利害關係者初步需求與期望之流程。專案章程主要的內容包含下列幾項（整理自陳威良等譯，2018）：

1. **專案緣由**：簡述專案的緣由。例如，營建專案的緣由是營造廠受建築師事務所或屋主委託，決定承包此案。

2. **專案目的**：專案目的是比較抽象或是願景式的描述專案，例如，飯店需要寬敞、舒適、休閒風，能夠提升度假品質等；營建專案是依據建築藍圖蓋出合乎屋主需求的房子。

圖 15-11　休閒風飯店，提升度假品質
（圖片來源：TripExpert）

3. **專案目標**：目標應該明確可衡量，例如，利潤要比去年增加 10%；營建專案的目標是在時間內完成符合驗收標準的房子。
4. **交付標的**：交付標的是專案主要的產出，可能是半成品、成品或文件。例如，營建專案的交付標的可能是綁妥之鋼筋、混凝土強度測試報告、房子、使用執照等。
5. **高層次的需求與風險**：包含對專案內容與執行方式的需求、重要的里程碑與時程需求、初步預算需求、重要的風險等。
6. **專案授權**：主要描述專案核准的條件，以及被指派的專案經理、責任及其權限。例如，營建專案需要達成專案目標方能視爲成功，營造廠總經理（發起人）指派 A 君爲工地主任（專案經理），發起人及專案經理均需要在專案章程上簽名。A 君經過主管授權開始籌組專案團隊。

三　定義專案範疇

定義專案範疇是在專案章程的高層次需求前提之下，蒐集顧客或利害關係人的需求，並加以整理，以便得出交付標的與工作包，專案目標、交付標的與工作包之間的關係，繪製成工作分解結構，工作分解結構便是專案範疇的主體。定義專案範疇主要步驟如下：

1. **蒐集需求**

依據高層次的需求以及利害關係人的期望進行資料蒐集，得出需求清單。需求類別可分成功能需求（Functional Requirements）、非功能需求（Non-Functionnal Requirements）、品質需求與允收準則（Acceptance Criteria）等；也可以從產品功能屬性加以分類整理，例如，區分爲功能需求、品質需求、介面需求（人體工學）、美學需求、象徵性的需求（例如身份地位的需求、情感上的需求等）。

2. 定義交付標的

依據高層次的專案描述與產品特性，加上上述的需求清單，來定義交付標的。並由需求分析或競爭者比較，得出可以被接受的性能或品質標準，因而訂出允收準則。例如，資訊系統應用軟體開發專案的交付標的可能包含：需求規格書、設計規格書、軟體程式碼、操作手冊、技術維修手冊等；手機產品開發專案的交付標的可能包含：產品規格書籍、可移轉產品。這些交付標的均需定義其允收水準或規格指標。

3. 定義工作包

交付標的再分解成約80小時可達成的工作包（若有必要），以便於管理與分配資源。工作包與允收標準或規格，就可以構成工作分解結構。例如，手機產品開發專案的交付標的之一是可移轉產品，可以區分成產品結構圖、功能模型、產品測試報告、裝配圖面、零件圖、可移轉產品等六個工作包。只包含交付標的的工作分解結構，如圖 15-12 所示。

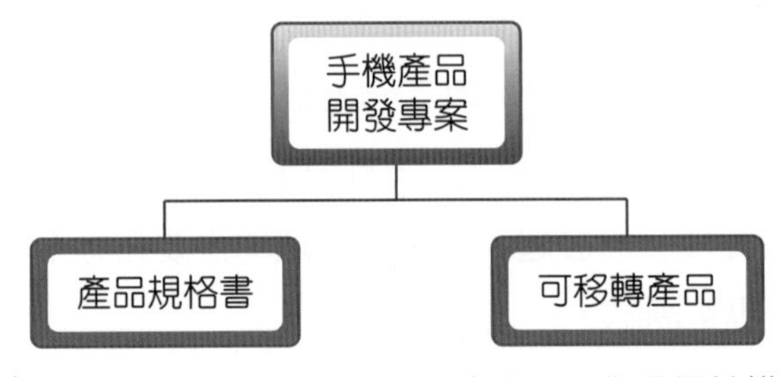

圖 15-12　手機產品開發專案的工作分解結構

4. 建立工作分解結構（WBS）

係指將專案交付標的專案工作細分成更小、更易管理的組成要素流程。WBS 組件中最底層所涵蓋的預劃工作，稱爲工作包（Work Package），在 WBS 的範圍內，所謂工作是指工作的產出或交付標的，是一種產出的概念，而非指工作的本身。每一個工作包都有其管制帳戶（Control Account）。建立工作分解結構的工具及技術爲分解術，進行分解術的原則如下：

(1) 以交付標的爲導向：交付標的可能是產品、服務、文件或能力。交付標的的最小單位爲工作包，工作包是工作成本及時程最能被可靠估算與管理的那個點。

(2) 分解成較小單位：分解的第一層可能有三種情況，即生命週期、主要交付標的、子專案等，三者之一作爲第一層。第一層建議以生命週期分階段；工作包盡量分解到約兩週的大小，使時間、成本、產出均適宜管理。

(3) WBS 結構：可用大綱式、組織表式、魚骨圖式或其他形式，並做驗證。驗證分解的正確性，需要判定次一層級的 WBS 組件，是否能充分及必要地完成相對應的上一層的交付標的。

(4) WBS 結果：是以「交付標的」產生，就是工作包（有識別碼），每一個工作包對應管制帳戶。每一個管制帳戶可能對應一個或多個工作包，但一個工作包只能對應到一個管制帳戶。

四 時程規劃

時程規劃是依據交付標的與工作包的產出要求，列出可完成該產出的活動。這些活動需要加以排出先後順序，依此繪出活動的初步網路圖或甘特圖，其次再估算每個活動的期程及資源，據以得出時程表。例如：某表演活動專案的「場地布置」這個交付標的可能需要租借場地、搬運設備、布置場地等活動。時程規劃步驟如下：

1. 列出活動清單

依據各個工作包的產出要求，定義活動。例如：工作包如果是測試報告，那活動可能就是準備測試軟體、執行測試、撰寫測試報告。活動是動作（動詞），是需要花費時間的。列出活動清單就是列出所有的活動並加以編號。例如，手機產品開發專案的活動清單如下：

(1) 概念發展

(2) 產品設計

(3) 產品測試

(4) 製程設計

(5) 零組件設計

(6) 生產線試作

2. 繪製網路圖

繪製網路圖有一些原則。首先，每一項活動與工作分解結構中的工作包均要有所對應；其次，先繪出主要架構，之後再擴展細部的網路圖；第三，活動的時間間距不要太長。

網路圖主要格式如圖 15-13 所示。

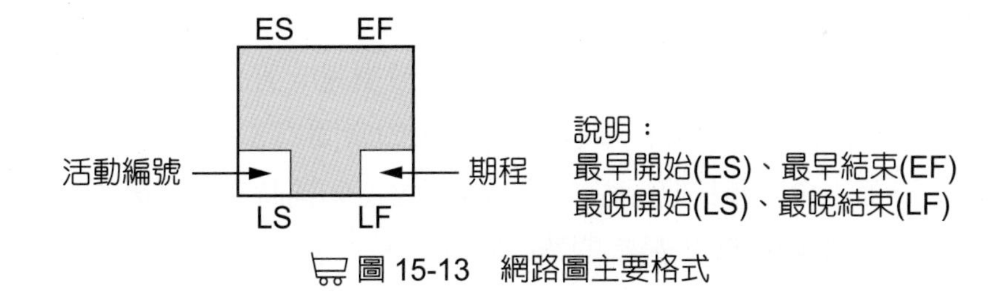

圖 15-13 網路圖主要格式

依據活動清單，將各項活動的順序，以及其前後活動的關聯性加以列表說明，如表 15-1 所示，並據以繪出網路圖，如圖 15-14 所示。

表 15-1　前後活動的關聯性

活動	編號	前活動	後活動
概念發展	1	-	2
產品設計	2	1	3
產品測試	3	2	4,5
製程設計	4	3	6
零組件設計	5	3	6
生產線試作	6	4,5	-

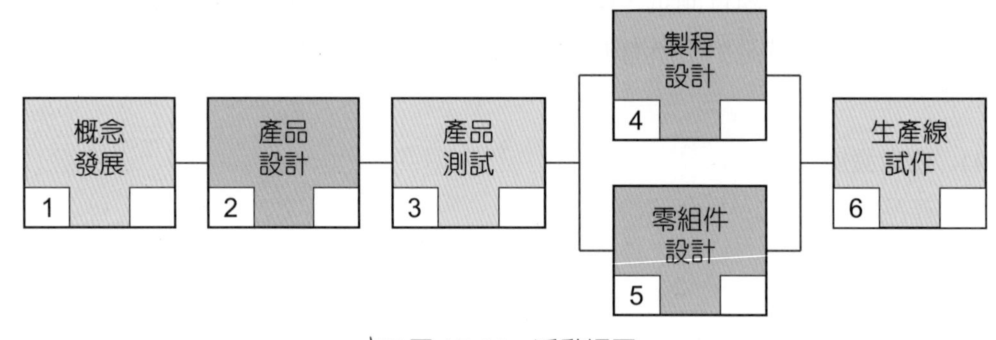

圖 15-14　活動網圖

3. 預估活動期程

分別針對各項活動，估計該項活動所需要花費的時間，例如三天、五週等。再將該期程填入網路圖的正確位置。

4. 時程計算

時程計算的意思，是決定每一項活動的開始執行以及結束的時間，而且開始及結束時間均有最早開始（ES）、最早結束（EF）與最晚開始（LS）、最晚結束（LF）之分。例如：某項活動 X，其活動期程是 5 天，如果受限於須完成前面活動 W 才能執行此項活動，其最早開始的時間爲 5 月 2 日，則其最早結束的時間爲 5 月 7 日；而該活動有可能可以晚一點進行，而不會影響其他行程（例如：X 與 Y 必須同時完成之後才能進行活動 Z，而活動 Z 需要 8 天），則活動 X 最晚開始的時間爲 5 月 5 日，其最晚結束的時間爲 5 月 10 日。

(1) 最早開始時間：當所有的前置活動完成後，該活動可以開始執行的最早時間，即稱之為最早開始時間（Earliest Start Time, ES）。

(2) 最早完成時間：作業自最早開始時間執行，在正常情況下所完成的時間，即稱之為最早完成時間（Earliest Finish Time, EF）。其公式為「EF = ES + 預估工期」。須注意前置活動最早完成時間最晚完成後，後續作業的最早開始時間方能開始，用公式表示是「ES = Max { 所有前置作業的 EF}」。例如，活動 6 的 EF = ES + 預估工期 = 170 + 20 = 190；活動 6 的 ES = Max { 所有前置作業的 EF}=Max（160,170）[活動 4,5 的 EF] = 170。

(3) 最晚完成時間：所謂最晚完成時間（Latest Finish Time, LF）是指為了在需求完成時間內達成專案，活動所必須完成的時間。最後一個活動的 LF= 預估工期 [本例為 180]）

(4) 最晚開始時間：所謂最晚開始時間（Latest Start Time, LS）是指為了在需求完成時間內達成專案，作業所必須開始的時間。其公式為「LS = LF- 預估工期」。須注意前置活動作業最晚完成時間最早完成後，後續活動的最晚開始時間即可開始，其公式為「LF = Min { 所有次活動的 LS}」。例如，活動 3 的 LS = LF- 預估工期 = 140 – 45 = 95；活動 3 的 LF = Min { 所有次活動 (活動 4 與活動 5) 的 LS} = min(140,150) = 140。

依據時程計算步驟，填入最早即最晚時間，如圖 15-15 所示。

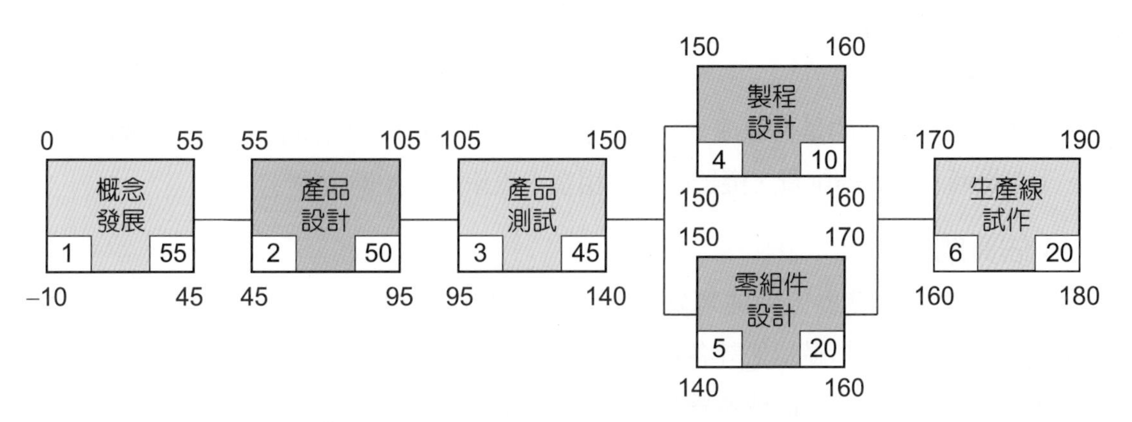

圖 15-15 加入最早及最晚時間的網圖

(5) 計算寬裕時間：總寬裕時間（Total Slack, TS），有時候也稱作閒置時間或浮動時間（Float）。計算公式是：

寬裕時間 = 最晚完成時間（LF）- 最早完成時間（EF）
總寬裕時間 = 最晚開始時間（LS）- 最早開始時間（ES）

時程整理如表 15-2 所示：

表 15-2　時程表

活動	編號	期程	最早開始	最早完成	最晚開始	最晚完成	總寬裕時間
概念發展	1	55	0	55	–10	45	–10
產品設計	2	50	55	105	45	95	–10
產品測試	3	45	105	150	95	140	–10
製程設計	4	10	150	160	150	160	0
零組件設計	5	20	150	170	140	160	–10
生產線試作	6	20	170	190	160	180	–10

5.　決定要徑

在網路圖中，耗時最長的路徑稱爲要徑（Critical Path），最長的那條路徑又稱爲主要要徑（Most Critical Path）。寬裕時間最小的路徑（= –10）就是要徑。圖 15-15 之要徑活動爲 1、2、3、5、6。

6.　時程基準的定義

前述的網路圖構成執行專案所需的時間規劃，該網路圖若經過核准程序，就成爲時程基準（Baseline），往後若需修改時程，需經過專案控制階段的專案變更程序進行之。

五　成本規劃

成本規劃最主要的是估算成本與決定預算，一般的成本項目可能包含人事費、材料費、下包廠商及顧問諮詢費、儀器設備、租金、差旅費、預備金等。

(一) 估算成本

估算成本係指發展出完成專案活動所需一財務資源概估的流程（陳威良等譯，2018）。估算成本的基礎是估計各項活動的成本，某工作包的所有活動成本總和，就是該工作包的成本，工作包的成本總和爲交付標的的成本，所有交付標的的成本就構成專案的成本。成本估算如表 15-3 所示。

表 15-3　手機產品專案的成本估算表

交付標的	工作包	活動	編號	成本（已分攤風險成本）	累計成本
產品規格書	目標規格	概念發展	1	150	150
可移轉產品	產品結構圖	產品設計	2	430	580
	產品測試報告	產品測試	3	40	620
	裝配圖面	製程設計	4	50	670
	零件圖	零組件設計	5	50	720
	可移轉產品	生產線試作	6	80	800

(二) 擬定預算

其次是擬定專案預算。有兩個方法可以分配總預算成本：

1. 由上至下法（**Top-Down Approach**）：先將工作範圍內的所有預算評估審視後，再將總預算按各工作包所需比例往下分配。
2. 由下至上法（**Bottom-Up Approach**）：先估計每項工作包的細項作業成本，再整合所有項目，彙總得到總預算成本。

除了上述的專案成本之外，可能需要編列一些預算來因應專案可能的風險，專案風險若經辨識之後，擬定因應對策，該對策所需之成本稱爲「應變準備金」。專案風險若無法辨識，也無法擬定因應對策，其做法是編列某種比率的預算，以應不時之需，該預算稱爲「管理準備金」。因此，專案預算的組成如下：

(1) 專案預算
(2) 管理準備金（不確定風險而預留）
(3) 成本基準
(4) 應變準備金（已辨識之風險準備）
(5) 專案成本估算
(6) 控制帳戶成本估算
(7) 工作包成本估算
(8) 活動成本估計值

(三) 成本基準的定義

配合活動時程與前述之成本架構，可以製作專案各時程所需花費的成本，通常這個成本採用累積預算成本的方式表示，也就是按每個時間週期累加之前的預算成本，所得就是累積預算成本（Cumulative Budgeted Cost, CBC），或稱成本的計畫值（Planned Value, PV），如圖 15-16 所示。這項累積預算成本若通過核准程序，就成爲成本基準，往後若要修改成本，需經過專案控制階段的專案變更程序進行之。

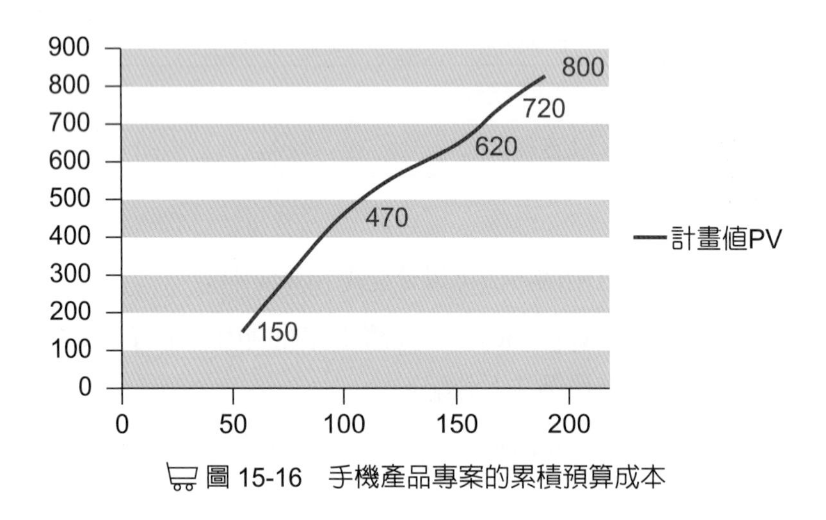

圖 15-16　手機產品專案的累積預算成本

六 品質規劃

品質規劃係指辨識專案與產品的品質需求及標準，並擬定如何符合品質要求的流程。在製作專案章程時，針對各個交付標的，已經初步擬出允收水準；建立工作分解結構時，更依據顧客或利害關係者的需求，擬出規格値。品質規劃的重要工作之一，便是依據這些允收水準及規格要求，訂出品質度量指標（例如：準時績效、預算控制、缺點發生頻率、失效率、可用度、可靠度、測試覆蓋率等），再設計能達成這些指標的流程或方法，例如：抽樣檢驗、品質稽核等。

其次，規劃品質也需要針對專案各項流程的品質進行管控，例如：人力獲得流程或教育訓練計畫如果不夠理想，就需要改善，此時可能需要設計一套稽核流程的計畫書，以便稽核流程適切性，並提出流程改善的方法，確保專案各項流程有效。

因此，規劃品質是要規劃上面兩大事項，擬出品質管理計畫書與流程改善計畫書。

七 專案控制

所謂控制是指在專案過程或結束時偵測執行的狀況，將該狀況與目標（來自規劃階段）相比較，若有顯著差距則採取修正行動。對專案管理而言，專案控制的例子如下：

1. **偵測（Detect）**：蒐集資料，記錄工作績效資訊。
2. **比較（Compare）**：監視與控制專案工作，將工作績效資訊與基準或規格比較（將進度、時間、成本、品質等工作績效資訊，與範疇、時間、成本等基準加以比較），得出工作績效資訊衡量值，後續整理成績效報告。
3. **修正（Act）**：若有差異，找出差距發生的原因，尋求改善之對策。須提出變更申請，經由相關委員會（例如：變更控制委員會）核准後修正實施。

控制對專案管理而言是重要的，若專案失控，可能會造成很大的損失。雖然有專案控制流程進行專案變更，也有可能造成變更失控的現象，造成專變更案失控的原因包含（許秀影等作，民 102）：

1. **沒有明確的授權**：誰有權提出變更申請？誰有權核准？
2. 變更未經變更控制委員會進行必要的審核。
3. 沒有評估變更事件的影響。
4. **未經授權及核准之變更來執行**：未經顧客授權及權責人員核准之變更來執行。例如，未依據構型管理（Configuration Management）的規定管理產品或服務的版本，造成團隊成員之爭執，以及變更難以追蹤。

(一) 時程控制

控制時程係指監視專案現況以更新專案進度，並管理時程基準變更的流程（陳威良等譯，2018）。時程控制往往採用「實獲值管理」的方法。

實獲值管理需要了解以下概念：

1. **計畫值（Plan Value, PV）**：計畫值是階段或工作包所分配到的預算值。
2. **實獲值（獲利價值，Earned Value, EV）**：是指實際執行的價值，也就是由實際上執行的進度來乘以所分配到的預算，例如設計工作，第一週完成了 10% 的工作，而該項工作的預算是 24,000 元，則其實獲值 EV = 24,000 * 10% = 2,400。

分析時程之績效有兩種指標：

1. **時程績效指標（Schedule Performance Index, SPI）**：公式爲「SPI = EV / PV」，若 SPI > 1，表示比預計完成工作要多（進度超前）；若 SPI = 1，進度一致；若 SPI < 1，則進度落後。
2. **時程變異（Schedule Variance, SV）**：公式爲「SV = EV – PV」，若 SV > 0，表示比預計完成工作要多（進度超前）；若 SV = 0，進度一致；若 SV < 0，則進度落後。

時程變異可以用圖表來表示，分別如表 15-4 與圖 15-17 所示。

表 15-4　手機產品專案的時程變異表

交付標的	工作包	活動	編號	期程	累計期程	PV	EV
產品規格書	目標規格	概念發展	1	55	55	150	135
可移轉產品	產品結構圖	產品設計	2	50	105	470	400
	產品測試報告	產品測試	3	45	150	620	-
	裝配圖面	製程設計 零組件設計	4、5	10、20	170	720	-
	可移轉產品	生產線試作	6	20	190	800	-

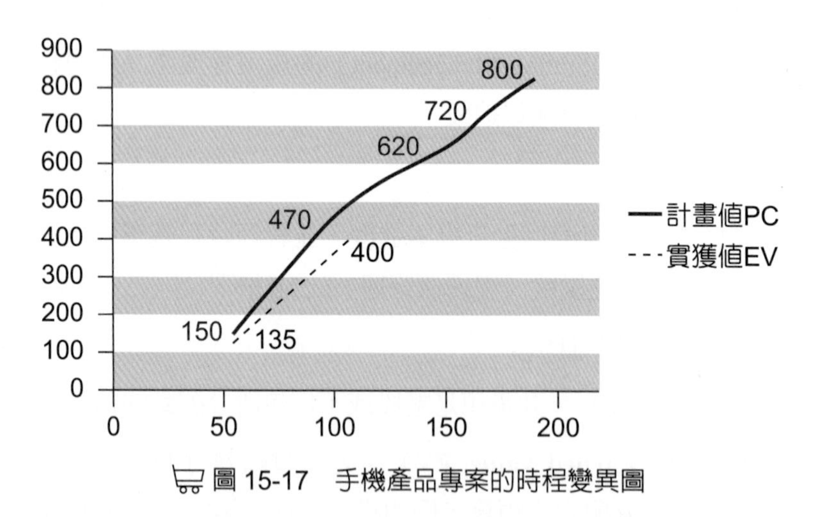

圖 15-17　手機產品專案的時程變異圖

從控制的角度，若時程績效指標不理想，可能要做一些調整的工作，例如：調整人力、變更工作包、修正專案之時程等。

(二) 成本控制

成本控制主要的步驟包含：決定實際成本、分析成本績效、決定工作包是否要採取校正行動。決定實際成本是依據各時間的進度，記錄其所耗用之成本，並以累積實際成本（Cumulative Actual Cost, CAC）表示。分析成本績效的意思，就是比較實際成本與預算成本（成本基準），並計算其差距或變異，也有兩種指標：

1. **成本績效指數（Cost Performance Index, CPI）**：其公式為「CPI = PV / CAC」，若 CPI > 1 代表在預算之內。
2. **成本變異（Cost Variance, CV）**：其公式為「CV = PV – CAC」，若 CV 為正，代表在預算之內。成本變異也可以用圖表來表示，分別如表 15-5 與圖 15-18 所示。

從控制的角度，若成本績效指標不理想，可能要做一些調整的工作，例如：調整往後之預算、尋求降低專案成本之方法、追加專案之預算等。

表 15-5　手機產品專案的成本變異表

交付標的	工作包	活動	編號	期程	累計期程	PV	CAC
產品規格書	目標規格	概念發展	1	55	55	150	180
可移轉產品	產品結構圖	產品設計	2	50	105	470	600
	產品測試報告	產品測試	3	45	150	620	-
	裝配圖面	製程設計 零組件設計	4、5	10、20	170	720	-
	可移轉產品	生產線試作	6	20	190	800	-

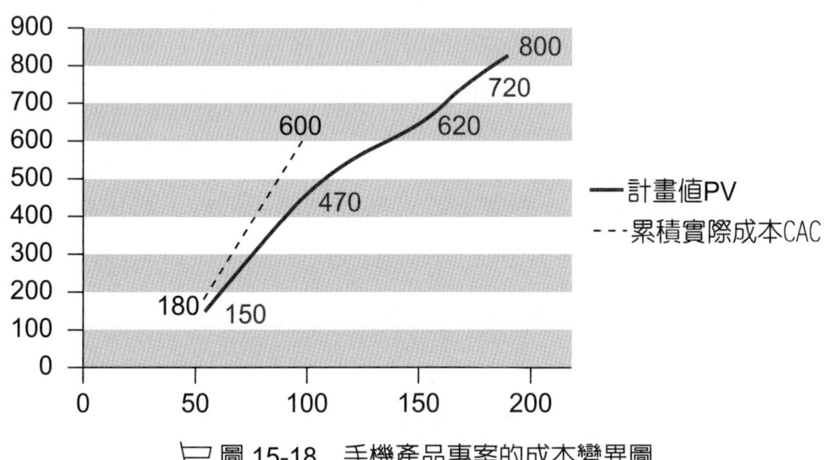

圖 15-18　手機產品專案的成本變異圖

(三) 品質管制

依據規劃階段的品質規劃（品質管理計畫書與流程改善計畫書），執行品質管制的活動。執行品質管制的產出爲品質管制衡量值，也就是計畫書中的品質指標與實際衡量結果的差距；若計畫書認爲某項產品外觀的品質指標，不容許有長達兩公分以上的刮痕，經檢驗之後就可得知是否符合此項標準。

品質管制的結果若未達要求，需要加以改善，可能是重新加工，也可能是改變規格，後者需要經過變更控制的程序，也就是提出變更申請。

(四) 變更控制

專案進行中，不論是工作包或交付標的的項目、內容品質、專案時程、專案成本等內容，均可能需要變更。主要變更的理由是客戶的要求、公司政策的改變、技術改變，或是專案的範圍、時間、成本、品質等指標不符合預期。

以下各項是專案本身的狀況，有需要提出變更者：

1. **專案範疇**：產品或服務的技術績效不符合目標、範疇需要改變等。
2. **時間成本差異**：時間成本差異分析有發現顯著差異時。
3. **品質**：工作包、交付標的或流程的品質不佳時。

提出變更申請時，須塡寫變更申請書，變更申請書的格式主要包含文件編號、申請單位、預計生效日期、變更原因、變更型態、變更內容（例如，規格、用量、位置等）、導入方式（包含變更後，製品與製成品或庫存品之處理方式）等，依據 PMBOK，主要的變更內容可能包含（陳威良等譯，2018）：

1. **矯正措施（Corrective Action）**：執行使未來專案所期望的工作績效，能與專案管理計畫書一致的專案工作之書面指示。
2. **預防行動（Preventive Action）**：執行一項活動，以降低專案風險之負面結果機率的書面指示。
3. **缺點改正（Defect Repair）**：對專案組件所識別出的瑕疵，提出修復或全部更換建議的正式書面紀錄。
4. **更新（Updates）**：爲反應對正式控制的文件、計畫等修正，或附加的意見及內容等所做的變更。

變更申請及核准需要有一套明確的流程，如果是工作項目的內容改變或順序調整等小的變更，專案經理來核准就可以。如果是影響到專案範疇的放大（或縮小）、交付的時間提前（或延後）與專案成本的增加（或減少）等基準變更的問題，必須透過變更控制委員會的審查與核准，才能夠進行變更，也就是說，變更控制委員會負責召開會議及審查變更申請，並核准或駁回申請。

其次，變更控制也需要管制變更之後的執行情形，包含工作包範圍、時間、成本、品質等，而且需要注意交付標的、文件、產品等各項變更之後的版本修訂，以及文件發行程序，包含發出、回收、銷毀等，這稱之爲構型管理（Configuration Management）。

一般而言，專案變更之核准單位的權力來源爲：

1. **專案經理**：在專案角色及責任中載明專案經理的權限。
2. **變更控制委員會**：變更控制程序中載明變更控制委員會之權限，其角色及責任須明確定義，並爲相關利害關係者所同意。一般而言，成員可能包含專案經理、高階主管、客戶或專家等。
3. 客戶：合約中可能載明變更須經由客戶核准。

八 專案結束

專案必須要有明確的結束，即使專案因爲某些原因需要中斷，也需要有一個明確的結案程序，並加以檢討。

結束專案係指完成所有專案管理流程群組所涉及的全部活動，以正式結束該專案或階段的流程，專案結束之條件如下（陳威良等譯，2018）：

1. **結束採購**：係指完成每一個專案採購的流程。針對專案所有外包出去的採購案，均需要進行驗證，確認所有工作及交付標的是可以接受的。此外，結束採購也涉及求償、更新記錄、資料建檔等行政活動。
2. **成果移轉**：專案的交付標的產出獲得客戶或贊助人的接受（Acceptance）。也就是說，需要執行專案結束後的審查，審查通過後才能驗收。
3. **資訊記錄**：記錄裁適（Tailoring）對任何流程所造成的影響。記錄經驗學習（Lessons Learned）、適當地更新組織的流程資產。將專案管理資訊系統（PMIS）內所有相關的專案文件建檔（Archive），以供歷史資料之用。

產品經理手冊

專案管理的步驟可以引導我們進行專案管理，產品經理應該熟練這些步驟，才能有效管理各項產品相關的專案。

15-4 敏捷專案管理

有兩個構面可以衡量專案的複雜度，一個是需求的不確定性，一個是技術的不確定性，傳統的瀑布式或流程式的專案管理模式，比較適合應用在需求及技術相對比較低，也就是複雜度比較低的情境。如果複雜度比較高，就適合採用敏捷式（Agile）的專案管理模式。

2001 年提出的敏捷專案管理方法，主要是針對複雜的軟體開發專案特性，引用精實（Lean）的觀念而提出的方法。面對複雜的專案，需要更有創意、更有彈性的方法。敏捷方法的重要原則是增量交付（Incremental Delivery），將產品分成一個個小功能，經由多次發布，陸續交付給客戶，而不是等到所有功能都開發完成，再一次交給客戶。

常見的敏捷專案管理的方法有 Scrum 及看板（Kanban）兩種，Scrum 針對高複雜度的專案，同時以高效生產力與創造性的方式，交付高價值的產品，強調的是團隊運用敏捷式的方法開發複雜性高的產品；看板是顯示進行中工作的地方，展現各階段工作流程及任務，可快速了解目前工作狀況（許秀影著，2019）。

敏捷專案可區分爲可行性分析、專案起始、發布循環、結束等四個階段（許秀影著，2019）。

一 可行性分析階段

主要工作是建立共同的願景、準備營運企劃案（商業論證），並核准專案。產品願景通常用簡短的話來描述產品的功能能夠爲目標客群做什麼事，而且與競爭產品有所差異；營運企劃主要說明執行此專案的理由，包含產品的成本效益或是投資可行性；核准專案則是依據投資決策，由高階主管核准此專案。

二 專案起始階段

主要工作包含：

1. **發展專案章程**：此爲敏捷產品專案第一個正式文件，載明專案目標、共同的工作規範，以及必要的資源與支援。
2. **識別用戶角色**：主要是辨識利害關係者，可以採用角色類別的方式辨識之。

3. **建立最上層的產品待辦清單**：將利害關係人的需求採用「用戶故事」的方式表達高層次的需求（傳統的專案採用「規格書」表達需求）。用戶故事表達用戶角色所需要的功能，以及該功能帶給用戶什麼價值。將各階段的用戶故事記錄下來，就成爲產品待辦清單（Backlog），待辦清單隨著專案進行可以越來越詳細。
4. **進行高階估算**：就是初步或概略地估計專案時程及預算，因爲專案一開始就要詳估預算是不切實際的。
5. **建立產品地圖**：將用戶故事以價值高低排序，決定主要工作與次要工作，也就是可分成「一定要」、「應該要」、「可以要」之重要性順序，搭配產品功能，而以產品地圖的方式表達之。

三 發布循環階段

依據增量交付的原則，專案將被區分爲數個發布期間，每個發布期間都需要進行發布規劃、必要的刺探（Spike，指的是經過快速試驗，以協助團隊獲得問題答案並決定前進方向）、進行多次的迭代循環，以及發布回顧。每經一次的發布，用戶故事可以做更細的分解，產品地圖也會跟著調整或細化。

四 結束階段

交付專案成果、進行專案回顧會議，結束專案活動。

產品經理手冊

敏捷專案管理也許是傳統專案管理的另一種選項，而且具有更高的速度與彈性，產品經理人可以評估此方法的適用性，適時採用此法於產品發展相關專案中。

本章摘要

1. 產品經理人的角色是扮演公司產品與市場顧客之間的橋樑，如果從產品歷程的角度來說，產品經理人需要關注市場需求、產品構想、產品開發、測試、量產到上市銷售的過程。
2. 產品經理人最需要具備的知識技能有策略技能、技術技能、市場技能、溝通技能等四項。
3. 專案是爲達成特定的企業目標，所規劃一系列相關活動的集合。專案管理是應用知識、技巧、工具與技術，在明確的預算與時間內達成特定的目標。專案管理主要是針對專案範圍、時間、成本、品質、風險等要素進行管理。
4. 專案區分爲起始、規劃、執行、監視與控制、結束等五個階段。專案流程包含了專案整合、範疇、時程、成本、品質、資源、溝通、風險、採購等九個知識領域的流程。
5. 專案的成立主要來自策略的選擇，也就是說由市場機會、顧客要求、主管指定等方式，提出可能的方案，這些方案經過評估與選擇之後，便形成專案組合，也就是等待執行的數個專案。
6. 專案章程是一份正式授權某個專案的文件，記錄能滿足利害關係者之初步需求與期望的流程。專案章程主要的內容包含：專案緣由及目的、專案目標、重要的交付標的、高層次的需求與風險、專案授權等。
7. 定義專案範疇主要步驟包含：蒐集需求、定義交付標的、定義工作包、製作工作分解結構等。
8. 時程規劃是依據交付標的與工作包的產出要求，列出可完成該產出的活動。時程規劃步驟包含：列出活動清單、繪製網路圖、預估活動期程、時程計算、決定要徑、定義時程基準等。
9. 成本規劃最主要的是估算成本與決定預算，並擬定成本基準。
10. 專案控制是指在專案過程或結束時偵測執行的狀況，將該狀況與目標（來自規劃階段）相比較，若有顯著差距則採取修正行動。專案控制主要的內容包含：範疇、時程、成本及品質，對於專案管理本身流程是否適當，也需要加以控制。
11. 結束專案係指完成所有專案管理流程群組所涉及的全部活動，以正式結束該專案或階段的流程。專案結束之條件包含：結束採購、成果移轉以及完成相關的資訊記錄。
12. 如果專案需求及技術的不確定性相對較高，也就是複雜的專案，適合採用敏捷式（Agile）的專案管理模式。敏捷專案執行可區分爲可行性分析、專案起始、發布循環、結束等四個階段。

本章習題

一、選擇題

( ) 1. 在專案管理的領域中，計畫（Program）是指 (A) 專案 (B) 專案組合 (C) 專案時程 (D) 以上皆非。

( ) 2. 製作工作分解結構，是屬於專案管理的知識體的哪一個領域（或流程）？ (A) 專案整合管理 (B) 專案範疇管理 (C) 專案時程管理 (D) 專案品質管理。

( ) 3. 下列何者不是專案品質管理的主要內容？ (A) 管理交付標的的品質 (B) 管理專案流程的品質 (C) 定義交付標的與工作包 (D) 以上皆非。

( ) 4. 專案管理中進行績效報告與進度報告，是屬於專案管理的知識體的哪一個領域（或流程）？ (A) 專案整合管理 (B) 專案範疇管理 (C) 專案人資管理 (D) 專案溝通管理。

( ) 5. 正式授權一個專案的文件是 (A) 專案章程 (B) 專案管理計畫書 (C) 專案範疇 (D) 以上皆非。

( ) 6. 專案在某個執行中途點，其計畫值與實獲值分別為 300、320，表示此時？ (A) 進度超前 (B) 成本超支 (C) 進度落後 (D) 成本節省。

( ) 7. 專案緣由與目的，最早來自下列哪一個文件？ (A) 專案章程 (B) 專案管理計畫書 (C) 專案範疇 (D) 以上皆非。

( ) 8. 以下對於成本基準之描述何者有誤？ (A) 是一種累積預算成本 (B) 須經過核准程序核准 (C) 核準之後不能再修改 (D) 以上皆非。

( ) 9. 下列何人有權提出專案變更？ (A) 客戶 (B) 專案經理 (C) 專案成員 (D) 以上皆是。

( ) 10. 下列何者是敏捷專案管理發布循環階段的工作？ (A) 可行性分析 (B) 發布規劃與發布 (C) 辨別用戶角色 (D) 建立產品地圖。

本章習題

二、問答題

1. 專案管理的五大要素爲何？
2. 弱矩陣式組織與強矩陣式組織如何區分？
3. 專案管理的五個階段（或稱流程群組）爲何？
4. 專案章程的目的爲何？專案章程主要的內容爲何？
5. 專案時程規劃步驟爲何？專案時程控制的內容爲何？
6. 專案成本規劃步驟爲何？專案成本控制的內容爲何？
7. 專案結束的條件有哪些？
8. 敏捷專案管理的適用情境爲何？
9. 執行敏捷專案管理的主要步驟爲何？

三、實作題

在餐廳的廚房，假設爲某一桌顧客出菜爲一個專案，廚師是專案經理，廚師助理、櫃檯人員及送餐服務員是專案成員，餐廳老闆希望能在 15 分鐘之內送出餐點到桌，而且餐點內容正確，品質符合規格。請製作專案章程。

項目	內容說明
專案目的或緣起	
可衡量的專案目標及相關的成功準則	
高層次的需求	
高層次的專案概述	
高層次的風險	
里程碑時程摘要	
預算摘要	
專案核准需求	
被指派的專案經理、責任及其權限	

參考文獻

1. 宋文娟、宋美瑩譯（民 99），《專案管理》，初版，臺北市：新加坡商勝智學習。
2. 國際專案管理學會著，陳威良、周龍鴻、林汶因……等譯（2018），《專案管理知識體系指南》，PMI 國際專案管理學會（A Guide to the Project Management Body of Knowledge, 6th ed.），初版，臺北市：社團法人國際專案管理學會台灣分會。
3. 黃碧珍譯（民94），〈LEXUS傳奇：車壇最令人驚艷的成功〉（原作者：卻斯特．道森），一版，臺北市：天下雜誌。
4. 許秀影等作（民 102），《專案管理基礎知識與應用實務：專案管理入門寶典》，六版，臺北市：社團法人中華專案管理學會。
5. 許秀影著（2019），《敏捷專案管理基礎知識與應用實務：邁向敏捷成功之路》，三版，新北市：中華專案管理學會。

NOTE

16

產品專案管理範例

學習目標

本章內容以手機產品發展相關的專案為例，說明其專案管理的進行方式，包含手機產品策略分析專案、產品發展專案、上市專案，各節內容如下表。

節次	節名	主要內容
16-1	手機產品策略分析專案	說明手機產品策略分析專案的專案選擇、專案規劃及專案控制的過程。
16-2	手機產品開發專案	說明手機產品開發專案的專案選擇、專案規劃及專案控制的過程。
16-3	手機產品上市專案	說明手機產品上市專案的專案選擇、專案規劃及專案控制的過程。
16-4	商展專案	說明參加商展專案的工作分解結構及活動清單，以利進行專案規劃。

引導案例

手機產品專案管理

假設某個案公司主要的事業領域是行動通訊產品（智慧型手機）之研發、生產與行銷，並能夠為顧客提供客製化的解決方案，包含市場研究、產品設計與製造、產品認證、產品維修等。

基於通訊科技的發展，以及與其他科技之間的整合，對人們造成很大的影響，包含工作、休閒與日常生活，因此個案公司的經營理念便是藉由行動通訊的技術，帶給人們生活的便利性。個案公司的核心價值觀是創新與品質，創新就是以技術創新、產品創新、服務創新作為重要的信念，隨時督促企業不斷成長；品質則是確保優良品質的產品與服務，塑造優良品質的形象，提升顧客的滿意度。

圖 16-1　各式智慧型手機
（圖片來源：Tech 4D）

個案公司的組織在董事長及總經理之下設有業務部、研發部、工程部、製造部、品保部、財務部、資訊部、行政部等部門，並設有創意中心、策略規劃、專案計畫辦公室等委員會組織。目前在臺灣及大陸均設有廠房，每月約有 50 萬支手機之產能。

在研發方面，個案公司具有相當不錯的研發能力，能夠掌握無線通訊領域的基頻、射頻、通訊協定、人機介面、應用軟體等關鍵技術，能夠有彈性地開發各類智慧型手機產品。在製造方面，個案公司的產能、客製化能力與品質保證的能力，加上良好的供應鏈管理，使得個案公司能夠與客戶維持良好的關係，並獲得客戶的信賴。

16-1 手機產品策略分析專案

一 策略與專案選擇

個案公司面臨經營上的一些挫折，以及手機產品、技術與市場競爭激烈，希望在本次中長程策略規劃之前，有較嚴謹的策略分析，作爲策略規劃的依據，因此希望針對策略分析的部份，成立手機產品策略分析專案，透過此專案，提出本公司未來五年具有前瞻性及策略優勢之新產品組合建議。根據提案，可能值得開發的手機包含（詳細的新產品提案應於策略分析專案中提出）：

1. 3G（CDMA、WCDMA）。
2. 4G（包括 LTE-A、WiMAX-A、LTE 等）。
3. 5G。

爲了選擇最爲適當的機種加以開發，需要進行資訊蒐集與評估。公司策略規劃委員會因而成立手機產品策略分析專案，指定研發部經理爲本專案之專案經理，經過宣達之後，由專案經理成立專案團隊，開始進行本專案。

二 製作專案章程

策略規劃委員會對手機產品策略分析專案的共識，是希望透過此專案擬定本公司未來五年，具有前瞻性及策略優勢之新產品組合。專案團隊需要以較爲嚴謹的方法，分析市場與技術的趨勢，並評估本身的能力與資源，據以得出對公司最具有競爭優勢的新產品組合。這些內容均敘述於專案章程中，如表 16-1 所示。

表 16-1　手機產品策略分析專案的專案章程

項目	內容說明
專案目的或緣起	手機產品、技術與市場競爭激烈，本次中長程策略規劃之前，需要有較嚴謹的策略分析，希望透過此專案擬定本公司未來五年，具有前瞻性及策略優勢之新產品組合
可衡量的專案目標及相關的成功準則	1. 策略所用之資訊品質（完整性、正確性、新穎性等） 2. 策略分析之過程嚴謹 3. 新產品組合具有可行性
高層次的需求	1. 環境分析須包含產業分析、市場分析、競爭分析 2. 新產品評選準則必須考量公司的策略方向

項目	內容說明
高層次的專案概述	策略分析專案依據內外部環境分析、提出策略方案、評估策略方案的方式，以半年的時間（2023 下半年）執行此專案，提出本公司未來五年，具有前瞻性及策略優勢之新產品組合建議
高層次的風險	1. 環境變化的不確定性 2. 企業策略可能修正 3. 成員策略規劃能力的不確定性
里程碑時程摘要	1. 擬定新產品策略目標：112 年 7 月 1 日 2. 定義新產品評選準則：112 年 11 月 1 日 3. 製作分析報告：112 年 12 月 31 日
預算摘要	1. 預算：經費 21 萬元 2. 經費來源：內部經費
專案核准需求	1. 經發起人簽署後，成立專案。當公司高層評估此策略符合規劃品質時，則視此專案為成功 2. 專案發起人：（簽名）
被指派的專案經理、責任及其權限	1. 專案經理權責：籌組專案計畫小組、擬定專案計畫書、執行督導與控管、召開專案計畫會議、統合協調專案計畫作業事項、彙整專案進度、定期報告執行進度 2. 專案經理：（簽名）

依據專案章程，專案目的是擬定本公司未來五年，具有前瞻性及策略優勢之新產品組合；專案目標是在時間成本範圍內，擬定嚴謹而且可行的新產品組合。策略規劃委員針對資訊蒐集、分析、決策準則等要求，均敘述於專案章程的「高層次的需求」中；針對專案的期程、主要里程碑等，則敘述於「高層次的專案概述」與「里程碑時程摘要」中。有關專案可能面臨的風險也列於「高層次的風險」欄位，初步預算也加以初步估算。

一般而言，專案章程是由專案經理草擬，經由發起人（本例是策略規劃委員會）核准，也有可能是發起人直接撰寫專案章程。不論如何，專案章程都是代表專案啓動與授權的正式文件，其內容需要達到雙方的共識。一方是發起人，代表的是整個公司、主管、客戶或是外部單位對於專案的要求，以及能夠提供的支援；另一方是專案經理，代表專案的規劃與執行，須考慮到專案的目標以及執行的可行性。

專案章程經簽署之後，專案的初步要求已經成形，而且專案經理也獲得公司授權，以便組成專案團隊與規劃專案所需資源。個案公司的組織雖設有創意中心、策略規劃、專案計畫辦公室等委員會組織，事實上還是偏向部門型的組織結構。因此專案經理要到各部門調派人手時，需要有此授權文件。

三 定義專案範疇

定義專案範疇是在專案章程的高階需求前提之下，蒐集顧客或利害關係人的需求，並加以整理。本專案是屬於策略研究專案，專案成員、專案辦公室以及公司其他部門均爲利害關係人，外部的利害關係人主要是與資訊提供有關的單位，諸如產業研究、學術單位等。顧客是最主要的利害關係人之一，就本專案而言，最主要的顧客就是公司的策略規劃委員會。

專案經理及其他成員透過閱讀公司策略文件，及訪談策略規劃委員會的成員，以便得出需求。整理之後，發現策略規劃委員會最在乎的是規劃的品質，也就是能夠得出可信的策略規劃報告。其中對於策略目標、評選準則（影響決策模式）以及最終的研究報告，都需要經過策略規劃委員會確認。因此，專案團隊將新產品策略目標、新產品評選準則、新產品評選報告等三者列爲交付標的。這些均需要經過公司高階主管或客戶審視之後，才能進行下一個階段的工作。

其次，將交付標的細分爲較詳細的工作包，專案團隊將專案區分爲以下六個工作包：

1. 環境分析報告
2. 新產品策略目標
3. 新產品方案
4. 新產品評選準則
5. 新產品組合
6. 新產品評選報告

專案目標與交付標的與工作包之間的關係，繪製成工作分解結構，如圖 16-2 所示。

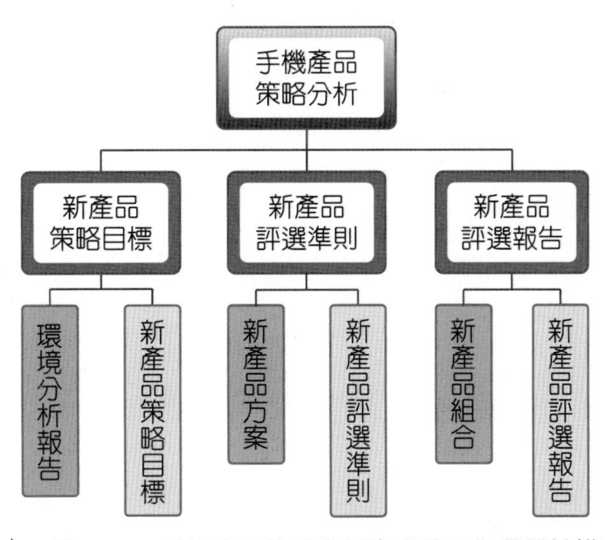

圖 16-2 手機產品策略分析專案的工作分解結構

四 時程規劃

依據交付標的與工作包的產出要求，專案團隊依據各工作包的產出需求，分別列出數項活動，例如：要得到「環境分析報告」這個工作包的結果，需要進行「環境分析」這個活動，當然若有需要，活動還可以細分爲產業分析、市場分析、競爭分析以及總和評估等子活動。又例如：要得到「新產品方案」這個工作包的結果，需要進行「產品分析」、「市場機會分析」、「產品提案」等三個活動。

活動是等待執行的工作，也就是過程。活動執行時有其先後順序，也需要時間與資源。因此，針對各項活動均需要估算上述的各項內容。本專案九項活動、排序活動、估算活動期程，如表 16-2 所示。根據這些活動的相關資料發展時程，得出時程網圖，如圖 16-3 所示。

表 16-2　手機產品策略分析專案活動時程表

活動	編號	期程
環境分析（產業分析、市場分析、競爭分析）	1	20
擬定新產品策略目標	2	5
產品分析	3	15
市場機會分析	4	15
產品提案	5	10
定義新產品評選準則	6	12
選擇新產品評選模式	7	5
新產品評選（技術、市場、策略）	8	6
製作分析報告	9	6

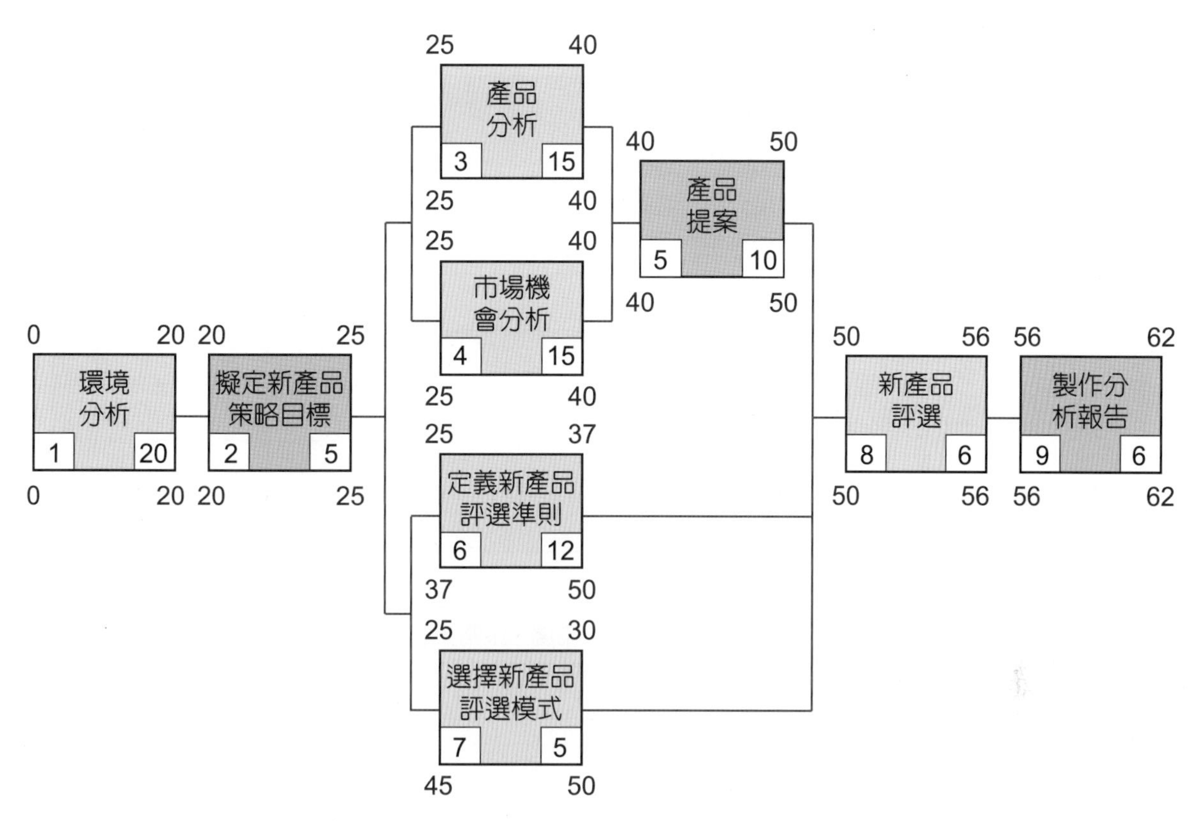

圖 16-3　手機產品策略分析專案的時程網圖

五 成本規劃

本專案之成本項目可能包含人事費、材料費、下包廠商及顧問諮詢費、儀器設備、租金、差旅費、預備金等。成本架構如表 16-3 所示。成本配合時程，以分攤之後，得出各時間點所需花費的成本累積額，稱為計畫值，如圖 16-4 所示。

表 16-3　手機產品策略分析專案成本估算表

交付標的	工作包	活動	成本（已分攤風險成本）	累積成本
新產品策略目標	環境分析報告	環境分析（產業分析、市場分析、競爭分析）	50	50
	新產品策略目標	擬定新產品策略目標	10	60
新產品評選準則	新產品方案	產品分析	40	100
		市場機會分析	40	140
		產品提案	15	155
	新產品評選準則	定義新產品評選準則	5	160
新產品評選報告	新產品組合	選擇新產品評選模式	5	165
		新產品評選（技術、市場、策略）	20	185
	新產品評選報告	製作分析報告	25	210

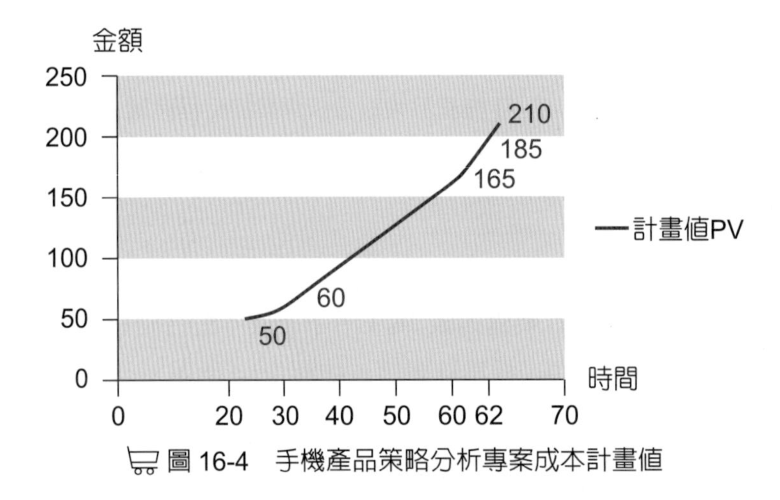

圖 16-4　手機產品策略分析專案成本計畫值

六　專案控制的討論

前述的工作分解結構（代表專案範圍）、時程表以及成本規劃（計畫值），稱爲專案管理的基準（Baseline）。也就是說，專案團隊規劃出上述內容之後，需要經過專案控制委員會的核准。核准之後若要變更，仍須該委員會之核准。專案控制委員會可能是由發起人、高階主管、顧客、專家顧問、專案經理等人所組成，針對專案基準的定義、變更均加以管控。

專案團隊依據專案基準執行各項專案工作，並隨時監控進度與績效，以便適時調整。針對時程控制來說，假設計畫進行到第 50 天時（專案預計 62 天完成），進行進度管控的工作。此時發現進度不理想，約只達原進度的 90%，計畫值是 165，而實獲值僅 150。其結果如圖 16-5 所示。

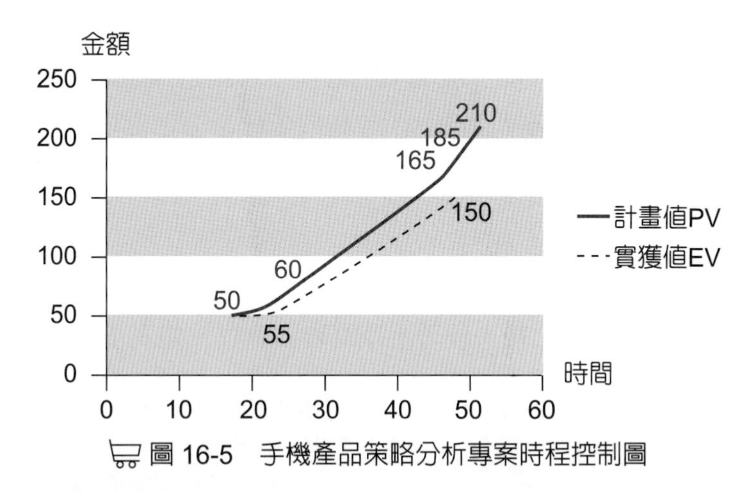

圖 16-5　手機產品策略分析專案時程控制圖

依據圖 16-5，專案團隊可以進行一些調整的工作，譬如調配人力使得分工更有效率、加班等。也可能延長專案時限，甚至減少工作包的內容，但這些都牽涉到專業基準的變更，需要提出申請，經過專案控制委員會的核准。

針對成本控制來說，假設計畫進行到第 50 天時（專案預計 62 天完成），進行成本管控的工作。此時發現成本耗用不理想，原計畫值是第 50 天 165（16.5 萬元），而實際上卻花費了 180（18 萬元）。其結果如圖 16-6 所示。

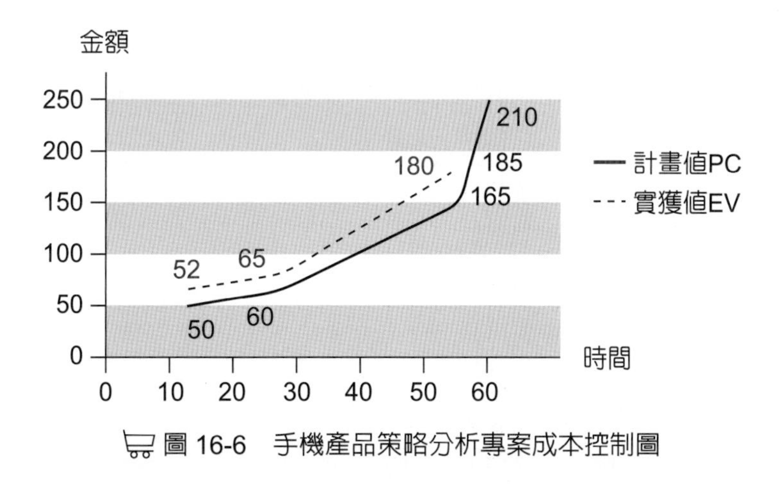

圖 16-6　手機產品策略分析專案成本控制圖

依據圖 16-6，專案團隊可以進行一些成本調整的工作，譬如重新分配後續工作所需的成本等。也可能追加專案成本，甚至減少工作包的內容，但這些都需要提出申請，經過專案控制委員會的核准。

16-2 手機產品開發專案

策略與專案選擇

個案公司依據前一個專案（提出本公司未來五年，具有前瞻性及策略優勢之新產品組合建議）之決議，成立手機產品開發專案。因此，專案選擇上，可謂是依據策略選擇的過程，假設該專案的結論是優先開發 5G 智慧型手機，公司高層依據此專案指派具有豐富經驗的研發部副理擔任專案經理。

二 製作專案章程

研發部副理接任專案經理之後，便著手撰寫專案章程，如表 16-4 所示。

表 16-4　手機產品開發專案的專案章程

項目	內容說明
專案目的或緣起	依據手機產品策略分析專案之新產品組合建議，成立此專案，希望能夠成功開發此項新產品
可衡量的專案目標及相關的成功準則	1. 品質：所開發之產品符合技術規格 2. 時間：專案時間符合專案時程基準 3. 成本：專案成本符合專案成本基準
高層次的需求	1. 產品規格需經過概念測試、技術及商業上的評估 2. 新產品需製作功能模組，並執行工程上的模擬分析
高層次的專案概述	手機產品專案依據本公司新產品開發流程，透過概念發展、整體設計、細部設計等階段進行產品研發，並執行概念測試及產品測試，在半年內（2023 上半年）內順利開發出新產品
高層次的風險	1. 手機技術的變動 2. 新競爭者的崛起 3. 研發人員技術能力的不確定性
里程碑時程摘要	1. 產品規格書：112 年 1 月 1 日 2. 具體設計：112 年 2 月 1 日 3. 細部設計：112 年 3 月 15 日 4. 試作：112 年 4 月 1 日 5. 新產品移轉：112 年 6 月 30 日
預算摘要	1. 預算：經費 800 萬元新臺幣（包含人力費用 250 萬元、儀器設備及材料等 550 萬） 2. 經費來源：研發預算

項目	內容說明
專案核准需求	1. 經發起人簽署後，成立專案。當公司高層評估在預定時程與成本範圍內，所開發之產品符合技術規格時，則視此專案為成功 2. 專案發起人：（簽名）
被指派的專案經理、責任及其權限	1. 專案經理權責：籌組專案計畫小組、擬定專案計畫書、執行督導與控管、召開專案計畫會議、統合協調專案計畫作業事項、彙整專案進度、定期報告執行進度 2. 專案經理：（簽名）

依據專案章程，專案目的是成功開發出具有競爭力的新產品，專案目標是在時間成本範圍內，成功開發出合乎規格要求的新產品。

爲了要提升產品開發成功的機率，新產品開發需要確認市場需求，經過概念測試、技術與商業評估、模擬分析等程序，並製作原型，這些需求均敘述於專案章程的「高層次的需求」中，針對專案的期程、主要里程碑、專案可能面臨的風險、初步預算也都列於專案章程中。

專案章程經核准之後，專案經理便開始籌組專案團隊。因爲 5G 是新一代手機，技術上的要求較高，加上美學設計是市場上競爭的要件，因此專案團隊包含電子技術工程師、工業設計師等研發人員，團隊成員亦包含行銷、財務人員，專案團隊包含專案經理共計 40 名。其中電子技術工程師又有如下的分工：

1. **硬體研發**：射頻工程師、電子、機構工程師約需 10 名。
2. **軟體研發**：Driver 軟體研發、OS 系統研發、測試軟體研發約需 20 名。
3. **專案管理**：EPM 研發工程、FPM 工廠工程約需 5 名。

三 定義專案範疇

顧客是手機產品開發專案最主要的利害關係人，專案經理及其他成員透過市場調查、焦點團體等方式進行顧客需求分析，以便蒐集顧客對手機的需求，例如：性能、使用方便性、設計、品牌忠誠度等。其次，通信業者也是重要的利害關係人，他們對於硬體、門號、作業系統等要求及銷售方式，均影響到手機的設計，此時透過業務部門人員（可邀請納入專案成員）來蒐集需求。此外，政府也是重要的利害關係者，有關通信的法規、制度等也都需要了解。

圖 16-7　智慧型手機重視性能、方便性與設計（圖片來源：HiComm）

依據所蒐集之需求，加以整理之後，便著手進行擬定產品概念與規格，產品概念經過評估與測試之後，再進一步決定手機的規格。這中間是一個來回的過程，也就是說，專案團隊必須依據蒐集需求整理出的初步概念，加以測試與評估，之後逐步修正，以便決定新產品的規格，該規格包含技術上的規格以及工業設計的規格。因爲規格是研發之前重要的指標，公司相當在意規格是否具有競爭力，因此專案經理將新產品規格列爲第一個交付標的。

決定規格之後便開始進行研發的動作，包含初步設計、細部設計、生產規劃等工作，也包含一系列的分析、模擬與測試。這些測試的結果連同產品技術規格、操作手冊以及最終產出的產品，構成可移轉產品，可移轉產品是第二個交付標的。

其次，將交付標的細分爲較詳細的工作包，交付標的與工作包之間的關係，繪製成工作分解結構，如圖 16-8 所示。

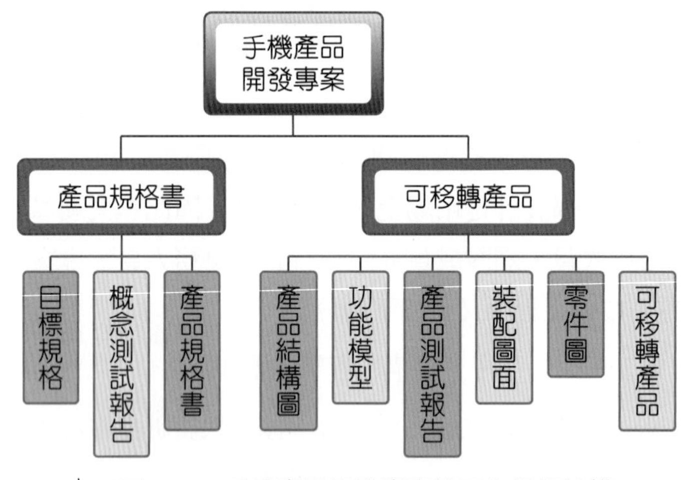

圖 16-8　手機產品開發專案的工作分解結構

四　時程規劃

基於交付標的與工作包的產出要求，專案管理團隊根據上述工作包列出九項活動，將這些活動加以編號，並估算活動期程，如表 16-5 所示。

表 16-5　手機產品開發專案活動期程表

交付標的	工作包	活動	編號	期程
產品規格書	目標規格	市場調查	1	15
		概念提案	2	20
		概念篩選	3	10
	概念測試報告	概念測試	4	5
	產品規格書	商業評估	5	5
可移轉產品	產品結構圖	功能模組設計	6	40
		工業設計	7	30
		具體設計	8	10
	功能模型	功能模型製作	9	20
		分析與模擬	10	10
	產品測試報告	產品測試	11	15
	裝配圖面	製程設計	12	10
	零件圖	零組件設計	13	20
	可移轉產品	生產線試作	14	20

專案管理團隊接續發展時程，假設專案要求完成時間為 180 天，得出時程表，如圖 16-9 所示。

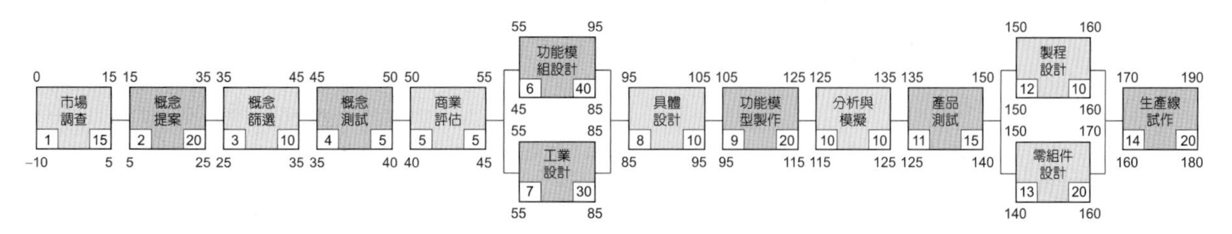

圖 16-9　手機產品開發專案的時程網圖

五 成本規劃

本專案之成本項目可能包含人事費、儀器設備、材料費及業務費等。人事費主要是專案團隊成員的薪資；儀器設備與材料費用於各項試驗、測試以及新採用之材料與零件；業務費包含顧問諮詢費、差旅費等。這些費用預估之後，加上風險因應的費用，再搭配專案的時程予以分攤，得出各個工作包相對應的成本，成本架構如圖 16-10 所示。累計成本的計畫值如圖 16-11 所示。

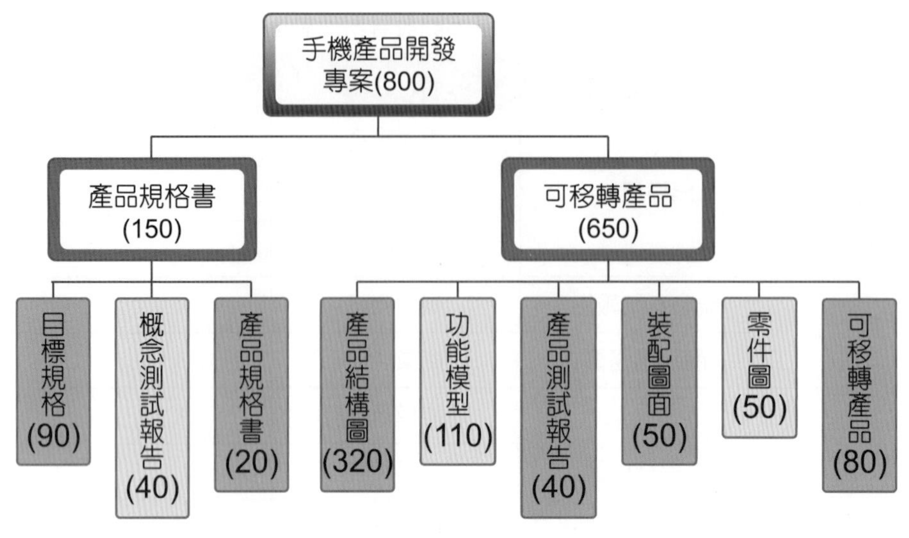

圖 16-10　產品開發專案的成本架構圖

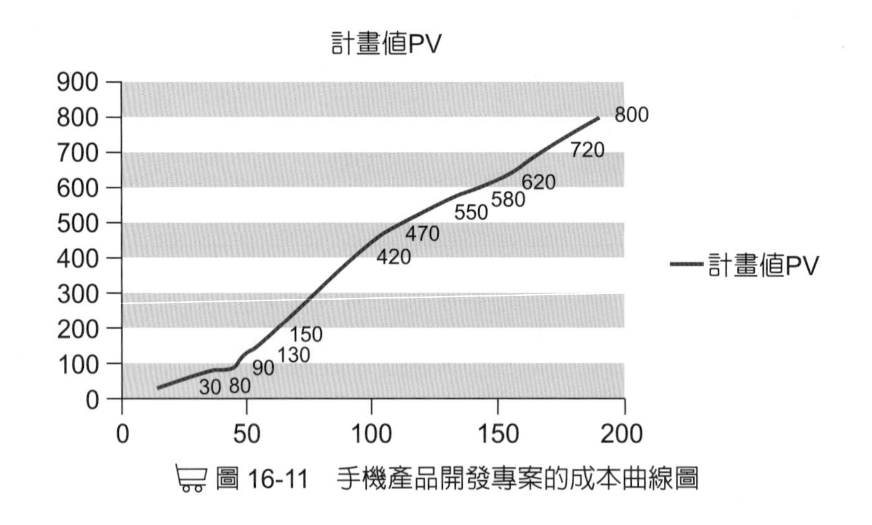

圖 16-11　手機產品開發專案的成本曲線圖

16-3 手機產品上市專案

一 策略與專案選擇

個案公司前一個專案（5G 智慧型手機）已經成功執行完畢，可移轉之產品已經進入生產線做量試與量產的工作。在 5G 智慧型手機專案執行過程中，為了要能夠保證產品上市成功，成立手機產品上市專案。公司高層依據此專案指派業務部經理擔任專案經理。

二 製作專案章程

專案經理取得專案章程之授權後，便開始籌組專案團隊，並進行專案規劃。

三 專案規劃

依據專案章程，手機產品上市專案的目標，是新產品能夠準時上市，並取得上市當時、上市三個月時分別的銷售量。本專案最主要的工作爲擬定上市計畫（包含媒體選擇、上市夥伴選擇、鋪貨等）、舉辦新產品發表會，並進行上市評估。

專案管理團隊將交付標的與工作包之間的關係，繪製成工作分解結構，如圖 16-12 所示。

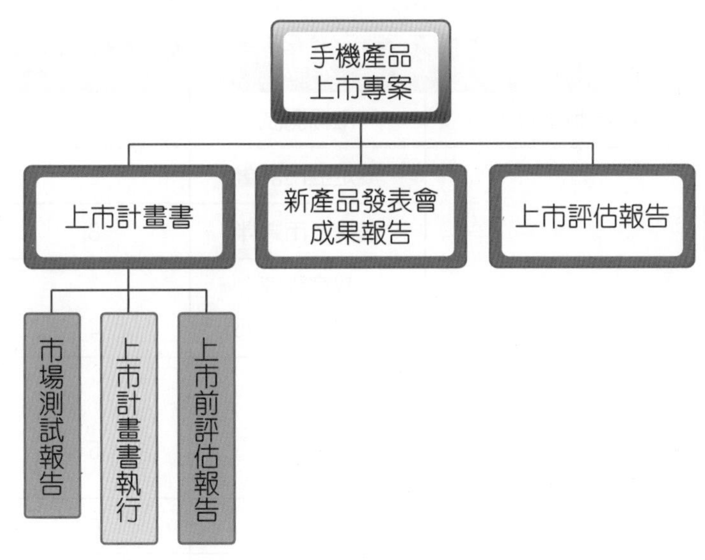

圖 16-12　手機產品上市專案的工作分解結構

由圖 16-12 得知，手機產品上市專案包含上市計畫書、新產品發表會成果報告、上市評估報告等三項交付標的。同時，專案團隊將上市計畫書區分爲以下三個工作包：

1. 市場測試報告
2. 上市計畫書
3. 上市前評估報告

其次，這三個工作包以及新產品發表會成果報告、上市評估報告這兩個交付標的，又被區分爲以下十項活動：

(1) 市場測試
(2) 擬定上市計畫

(3) 選擇上市夥伴

(4) 教育訓練（通路商與內部）

(5) 媒體造勢（廣告刊登、網路行銷）

(6) 鋪貨

(7) 上市前評估

(8) 新產品發表會

(9) 修正行銷計畫

(10) 撰寫上市評估報告

將這些活動加以編號，並估算活動期程，如表 16-6 所示。

表 16-6　手機產品上市專案活動期程表

<table>
<tr><th>交付標的</th><th>工作包</th><th>活動</th><th>編號</th><th>期程</th></tr>
<tr><td rowspan="7">上市計畫書</td><td>市場測試報告</td><td>市場測試</td><td>1</td><td>20</td></tr>
<tr><td rowspan="5">上市計畫書執行</td><td>擬定上市計畫</td><td>2</td><td>15</td></tr>
<tr><td>選擇上市夥伴</td><td>3</td><td>5</td></tr>
<tr><td>教育訓練
（通路商與內部）</td><td>4</td><td>10</td></tr>
<tr><td>媒體造勢
（廣告刊登、
網路行銷）</td><td>5</td><td>5</td></tr>
<tr><td>鋪貨</td><td>6</td><td>10</td></tr>
<tr><td>上市前評估報告</td><td>上市前評估</td><td>7</td><td>5</td></tr>
<tr><td>新產品發表會
成果報告</td><td>新產品發表會成果報告
上市評估報告</td><td>新產品發表會</td><td>8</td><td>2</td></tr>
<tr><td rowspan="2">上市評估報告</td><td>–</td><td>修正行銷計畫</td><td>9</td><td>5</td></tr>
<tr><td>–</td><td>撰寫上市評估報告</td><td>10</td><td>10</td></tr>
</table>

依據這些活動之編號、順序及期程，繪製時程表，如圖 16-13 所示。

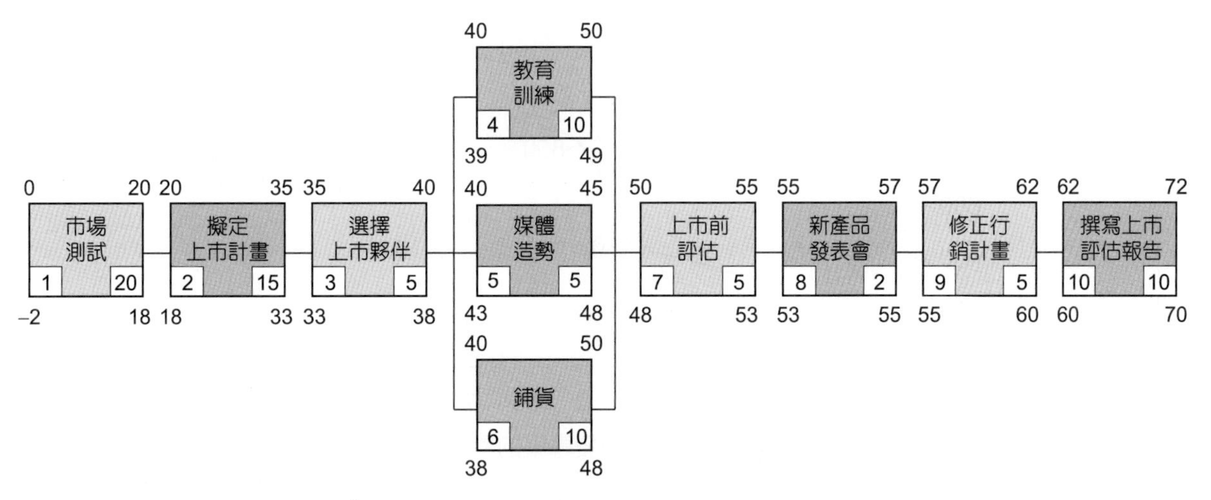

圖 16-13　手機產品上市專案的時程網圖

在成本規劃方面，則估計成本，手機產品上市專案各項活動之成本及累積成本，如表 16-7 所示。依據專案成本表繪製成本基準如圖 16-14 所示。

表 16-7　手機產品上市專案成本表

交付標的	工作包	活動	編號	成本	累積成本
上市計畫書	市場測試報告	市場測試	1	300	300
	上市計畫書執行	擬定上市計畫	2	100	400
		選擇上市夥伴	3	50	450
		媒體造勢（廣告刊登、網路行銷）	5	400	850
	上市前評估報告	上市前評估	7	50	900
新產品發表會成果報告	新產品發表會成果報告	新產品發表會	8	200	1100
上市評估報告	–	修正行銷計畫	9	50	1150
	–	撰寫上市評估報告	10	50	1200

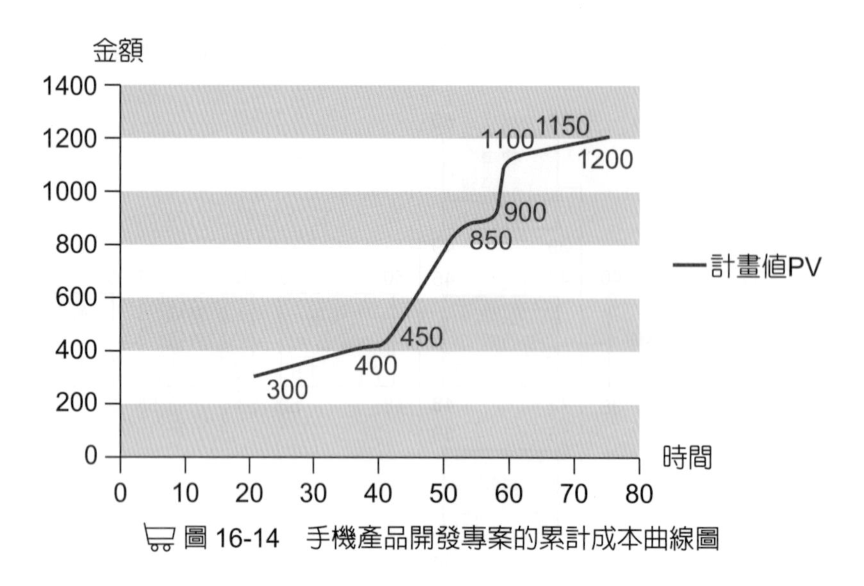

圖 16-14　手機產品開發專案的累計成本曲線圖

四　專案控制

本手機上市專案預計共執行 72 天，爲了說明控制的過程，假設於執行到上市前評估階段之前，做初步的績效統計。在這個時段，實獲值及實際耗用的成本如表 16-8 所示。

表 16-8　上市前評估階段之前的績效評估

期程	計畫值 PV	實獲值 EV	累積實際成本 CAC
20	300	270	400
35	400	350	450
40	450	400	600
50	850	750	1000
55	900	-	-
56	1100	-	-
61	1150	-	-
71	1200	-	-

依據表 16-8 的資料，分別繪製時程及成本控制圖，如圖 16-15、16-16 所示。由圖 16-15 及圖 16-16 可以得知，在執行 50 天之後，進度稍慢，成本超支。如果這種差距過大，就需要進行調整。

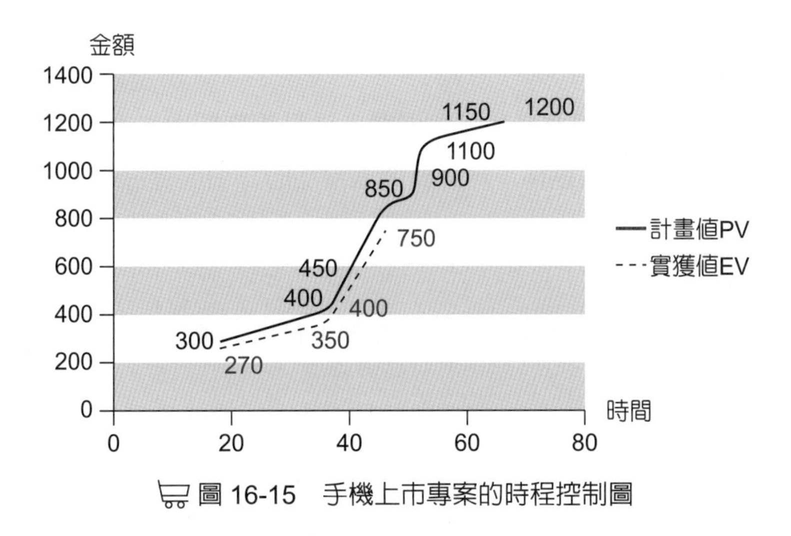

圖 16-15　手機上市專案的時程控制圖

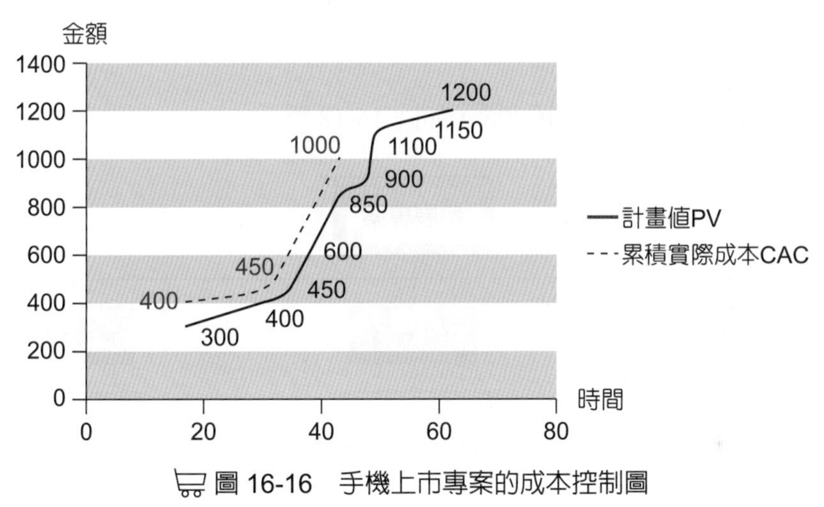

圖 16-16　手機上市專案的成本控制圖

16-4 商展專案

圖 16-17　商展盛況（圖片來源：XFastest News）

企業參加商業展覽可以有效地招攬新顧客、提升知名度、增加銷售額。參加展覽需要妥善地規劃，包含以策略面與戰術面來考量。策略面是以公司的角度，考量年度或某段期間需要參加哪些展覽、預算爲何；戰術面則是針對參加某一項展覽所做的管理活動，包含展前、展中、展後三階段的工作。本節將策略面與戰術面的活動，運用專案管理技巧加以整理，本節僅列出工作分解結構以及相關活動，讀者可參考前面三節的方式，完成會展專案的專案管理。

一 策略與專案選擇

企業決定未來一整年度需要參加哪些展覽，這是策略問題，從可能的展覽場次中選擇所欲參加的場次，就是專案選擇。再針對所欲參加的每項展覽進行規劃。

二 製作專案章程

依據專案章程的格式製作專案章程，由高階主管指定承辦人員（專案經理），並授權佈達。

三 專案規劃

專案經理組成專案團隊並進行專案規劃，包含參展產品、參展目標、工作內容、時程、成本預算、風險等。

依據參展目標，擬定工作分解結構，如圖 16-18 所示。

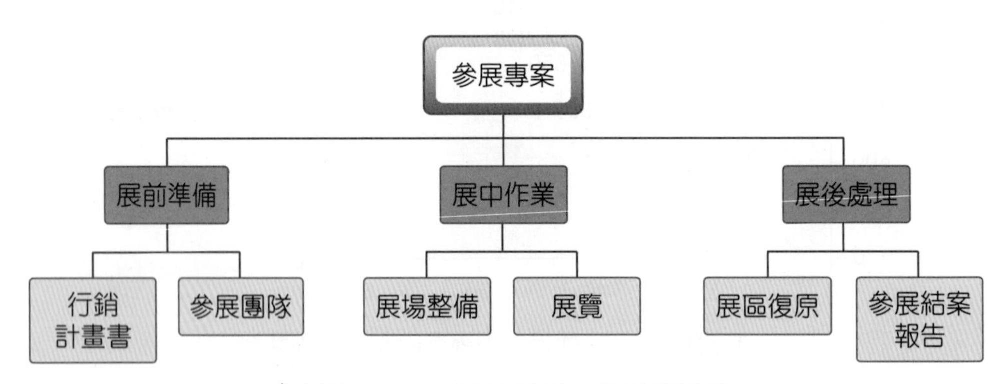

圖 16-18　參展專案的工作分解結構

依據各工作包列出各項活動，如表 16-9 所示。讀者可依據這些活動自行規劃時間及成本。

表 16-9　參展專案的活動清單

交付標的	工作包	活動
展前準備	行銷計畫書	決定展覽產品項目
		擬定展前行銷計畫
		擬定展中促銷計畫
		擬定展中客戶接待計畫
		擬定展後行銷計畫（顧客再聯繫）
	參展團隊	決定參展人員
		參展人員職責分配
		參展人員教育訓練
		處理人員往返交通食宿
		運送設備及展品
展中作業	展場整備	展場佈置裝潢
		展品擺設
	展覽	執行展中促銷
		接待客戶
		蒐集情報
展後處理	展區復原	展場設備復原
		展品處理
	參展結案報告	整理參展資料（包含財務資料）
		顧客再聯繫
		參展檢討
		撰寫報告

四　專案執行與控制

依據時程，逐步執行展前、中、後三階段的工作，並進行進度與績效報告、修正（必要時）、展後檢討等工作。

五　結案

記錄參展過程、檢討參展績效、整理財務資料、記錄心得經驗等，並撰寫結案報告。

本章摘要

1. 從手機製造廠商的角度爲例，在策略規劃階段，需先決定新產品組合，以便決定新產品專案。進行新產品組合決策可能是公司例行性的策略規劃活動，但針對該次策略，可成立手機產品策略分析專案。
2. 手機產品策略分析專案的目標，是提供產品和策略相關的資訊，因此需要有較嚴謹的策略分析，並考量公司的策略方向來擬定新產品評選準則。希望透過此專案，擬定公司未來五年具有前瞻性及策略優勢之新產品組合。
3. 透過專案管理的方法，專案團隊列出新產品策略目標、新產品評選準則、新產品評選報告等三個交付標的。再細分爲環境分析報告、新產品策略目標、新產品方案、新產品評選準則、新產品組合、新產品評選報告等六個工作包。
4. 個案公司依據策略規劃所選擇的新產品專案之一「5G 智慧型手機」，成立專案，並進行專案管理。
5. 手機產品開發專案團隊包含電子技術工程師（包含硬體及軟體）、工業設計師等研發人員，團隊成員亦包含行銷、財務人員，專案團隊包含專案經理共計 40 名。
6. 爲了新產品順利上市，可成立新產品上市之專案。手機產品上市專案的目標是新產品能夠準時上市，並取得上市當時、上市三個月時分別取得的銷售量。本專案最主要的工作爲擬定上市計畫（包含媒體選擇、上市夥件選擇、鋪貨等）、舉辦新產品發表會，並進行上市評估。
7. 企業參加展覽行銷亦可以成立專案進行之，其交付標的可以展前準備、展中作業、展後處理來表示，其工作包可能包含行銷計畫書、參展團隊、展場整備、展覽、展區復原、參展結案報告等。

本章習題

一、選擇題

( ) 1. 高層次的風險應該列於下列哪一個文件？ (A) 專案章程 (B) 專案管理計畫書 (C) 風險管理計畫書 (D) 以上皆非。

( ) 2. 下列何者是手機產品策略分析專案的利害關係人？ (A) 公司其他部門 (B) 專案成員 (C) 產業研究與學術單位 (D) 以上皆是。

( ) 3. 下列針對專案進度落後，專案經理能自行決定之調整方案敘述何者有誤？ (A) 調配人力使得分工更有效率 (B) 加班 (C) 延長專案時程 (D) 以上皆非。

( ) 4. 下列哪一項成本調整的工作，不需要經過專案控制委員會的核准？ (A) 重新分配後續工作所需的成本 (B) 追加專案成本 (C) 減少工作包的內容 (D) 以上皆非。

( ) 5. 「擬定上市計畫」可能是一項 (A) 交付標的 (B) 工作包 (C) 活動 (D) 以上皆非。

( ) 6. 「產品規格」不可能是一項 (A) 交付標的 (B) 工作包 (C) 活動 (D) 以上皆非。

( ) 7. 手機產品上市專案共有十個活動，每個活動均有其期程，專案時程不可能？ (A) 大於十個活動期程之和 (B) 等於十個活動期程之和 (C) 小於十個活動期程之和 (D) 以上皆非。

( ) 8. 專案在某個執行中途點，其計畫值與實獲值分別為 300、320，表示此時？ (A) 進度超前 (B) 成本超支 (C) 進度落後 (D) 成本節省。

( ) 9. 專案在某個執行中途點，其計畫值與實支成本分別為 300、320，表示此時？ (A) 進度超前 (B) 成本超支 (C) 進度落後 (D) 成本節省。

( ) 10.專案在某個執行中途點，其實獲值高於計畫值，表示此時？ (A) 進度超前 (B) 進度落後 (C) 成本超支 (D) 以上皆非。

本章習題

二、問答題

1. 請討論手機產品策略分析專案的專案章程內容是否適當？
2. 請依據圖 16-5 的時程控制圖，討論手機產品策略分析專案應該如何進行時程的調整？
3. 請依據圖 16-6 的成本控制圖，討論手機產品策略分析專案應該如何進行成本的調整？
4. 請討論手機產品開發專案的工作分解結構內容是否適當？
5. 請討論手機產品開發專案的活動項目是否適當？
6. 依據圖 16-13 手機產品上市專案的時程網圖，專案經理可以進行哪些管理事項（例如資源分配或專案控制）？

三、實作題

在餐廳的廚房，假設爲某一桌顧客出菜爲一個專案，櫃檯接單後點餐需要 1 分鐘，廚師助理準備菜餚及甜點需要 5 分鐘，廚師製作餐點需要 8 分鐘、製作甜點需要 3 分鐘，製作餐點與甜點可同時進行，所有餐點完成才能送餐，服務員送餐需要 2 分鐘，專案完成。請繪出專案時程網圖。

NOTE

NOTE

NOTE

國家圖書館出版品預行編目(CIP)資料

產品管理：從創意到商品化 / 徐茂練編著. --二版. -- 新北市：全華圖書股份有限公司, 2023.09
面； 公分
ISBN 978-626-328-645-0(平裝)
1.CST: 商品管理

496.1 112013331

產品管理－從創意到商品化(第二版)

作者 / 徐茂練
發行人 / 陳本源
執行編輯 / 林亭妏
封面設計 / 戴巧耘
出版者 / 全華圖書股份有限公司
郵政帳號 / 0100836-1 號
印刷者 / 宏懋打字印刷股份有限公司
圖書編號 / 0813102
二版一刷 / 2023 年 12 月
定價 / 新台幣 560 元
ISBN / 978-626-328-645-0
全華圖書 / www.chwa.com.tw
全華網路書店 Open Tech / www.opentech.com.tw
若您對書籍內容、排版印刷有任何問題，歡迎來信指導 book@chwa.com.tw

臺北總公司(北區營業處)
地址：23671 新北市土城區忠義路 21 號
電話：(02) 2262-5666
傳真：(02) 6637-3695、6637-3696

南區營業處
地址：80769 高雄市三民區應安街 12 號
電話：(07) 381-1377
傳真：(07) 862-5562

中區營業處
地址：40256 臺中市南區樹義一巷 26 號
電話：(04) 2261-8485
傳真：(04) 3600-9806(高中職)
(04) 3601-8600(大專)

讀者回函卡

掃 QRcode 線上填寫 ▶▶▶

姓名：＿＿＿＿＿＿ 生日：西元＿＿＿年＿＿＿月＿＿＿日 性別：□男 □女

電話：（ ）＿＿＿＿＿ 手機：＿＿＿＿＿＿

e-mail：（必填）＿＿＿＿＿＿＿＿＿＿

註：數字零，請用 Φ 表示，數字 1 與英文 L 請另註明並書寫端正，謝謝。

通訊處：□□□□□＿＿＿＿＿＿＿＿＿＿

學歷：□高中・職 □專科 □大學 □碩士 □博士

職業：□工程師 □教師 □學生 □軍・公 □其他

學校／公司：＿＿＿＿＿＿ 科系／部門：＿＿＿＿＿＿

・需求書類：

□ A. 電子 □ B. 電機 □ C. 資訊 □ D. 機械 □ E. 汽車 □ F. 工管 □ G. 土木 □ H. 化工 □ I. 設計

□ J. 商管 □ K. 日文 □ L. 美容 □ M. 休閒 □ N. 餐飲 □ O. 其他

・本次購買圖書為：＿＿＿＿＿＿ 書號：＿＿＿＿＿＿

・您對本書的評價：

封面設計：□非常滿意 □滿意 □尚可 □需改善，請說明＿＿＿＿＿＿

內容表達：□非常滿意 □滿意 □尚可 □需改善，請說明＿＿＿＿＿＿

版面編排：□非常滿意 □滿意 □尚可 □需改善，請說明＿＿＿＿＿＿

印刷品質：□非常滿意 □滿意 □尚可 □需改善，請說明＿＿＿＿＿＿

書籍定價：□非常滿意 □滿意 □尚可 □需改善，請說明＿＿＿＿＿＿

整體評價：請說明＿＿＿＿＿＿

・您在何處購買本書？

□書局 □網路書店 □書展 □團購 □其他＿＿＿＿＿＿

・您購買本書的原因？（可複選）

□個人需要 □公司採購 □親友推薦 □老師指定用書 □其他＿＿＿＿＿＿

・您希望全華以何種方式提供出版訊息及特惠活動？

□電子報 □ DM □廣告（媒體名稱＿＿＿＿＿＿）

・您是否上過全華網路書店？（www.opentech.com.tw）

□是 □否 您的建議＿＿＿＿＿＿

・您希望全華出版哪方面書籍？＿＿＿＿＿＿

・您希望全華加強哪些服務？＿＿＿＿＿＿

感謝您提供寶貴意見，全華將秉持服務的熱忱，出版更多好書，以饗讀者。

填寫日期： / /

2020.09 修訂

親愛的讀者：

感謝您對全華圖書的支持與愛護，雖然我們很慎重的處理每一本書，但恐仍有疏漏之處，若您發現本書有任何錯誤，請填寫於勘誤表內寄回，我們將於再版時修正，您的批評與指教是我們進步的原動力，謝謝！

全華圖書 敬上

勘 誤 表

書 號		書 名		作 者	
頁 數	行 數	錯誤或不當之詞句		建議修改之詞句	

我有話要說：（其它之批評與建議，如封面、編排、內容、印刷品質等・・・）